普通高等教育"十一五"国家级规划教材

全国高等医药院校药学类第四轮规划教材

U0383006

基础物理学

（供药学类专业用）

第 3 版

主　编　李　辛

副主编　陈　曙　章新友　支壮志

编　者　(按姓氏笔画排序)

王　勤 (贵阳中医学院)

王小平 (第二军医大学)

支壮志 (沈阳药科大学)

丘翠环 (广东药学院)

刘彦允 (四川大学)

李　辛 (沈阳药科大学)

张盛华 (桂林医学院)

陈　曙 (中国药科大学)

赵　喆 (沈阳药科大学)

章新友 (江西中医药大学)

樊亚萍 (西安交通大学)

中国医药科技出版社

图书在版编目（CIP）数据

基础物理学/李辛主编 . —3 版 . —北京：中国医药科技出版社，2015.7
全国高等医药院校药学类第四轮规划教材
ISBN 978 – 7 – 5067 – 7435 – 2

Ⅰ . ①基…　Ⅱ . ①李…　Ⅲ . ①物理学—医学院校—教材　Ⅳ . ①O4

中国版本图书馆 CIP 数据核字（2015）第 178048 号

中国医药科技出版社官网　www. cmstp. com　　医药类专业图书、考试用书及
　　　　　　　　　　　　　　　　　　　　　　　　健康类图书查询、在线购买
网络增值服务官网　textbook. cmstp. com　　医药类教材数据资源服务

美术编辑　陈君杞
版式设计　郭小平

出版　中国医药科技出版社
地址　北京市海淀区文慧园北路甲 22 号
邮编　100082
电话　发行：010 – 62227427　邮购：010 – 62236938
网址　www. cmstp. com
规格　787 × 1092mm $^1/_{16}$
印张　22 $^3/_4$
字数　462 千字
初版　2002 年 9 月第 1 版
版次　2015 年 8 月第 3 版
印次　2017 年 8 月第 2 次印刷
印刷　三河市双峰印刷装订有限公司
经销　全国各地新华书店
书号　978 – 7 – 5067 – 7435 – 2
定价　**49. 00 元**
本社图书如存在印装质量问题请与本社联系调换

全国高等医药院校药学类第四轮规划教材
常务编委会

出版说明

全国高等医药院校药学类规划教材，于20世纪90年代启动建设，是在教育部、国家食品药品监督管理总局的领导和指导下，由中国医药科技出版社牵头中国药科大学、沈阳药科大学、北京大学药学院、复旦大学药学院、四川大学华西药学院、广东药学院、华东科技大学同济药学院、山西医科大学、浙江大学药学院、复旦大学药学院、北京中医药大学等20余所院校和医疗单位的领导和专家成立教材常务委员会共同组织规划，在广泛调研和充分论证基础上，于2014年5月组织全国50余所本科院校400余名教学经验丰富的专家教师历时一年余不辞辛劳、精心编撰而成。供全国药学类、中药学类专业教学使用的本科规划教材。

本套教材坚持"紧密结合药学类专业培养目标以及行业对人才的需求，借鉴国内外药学教育、教学的经验和成果"的编写思路，20余年来历经三轮编写修订，逐渐形成了一套行业特色鲜明、课程门类齐全、学科系统优化、内容衔接合理的高质量精品教材，深受广大师生的欢迎，其中多数教材入选普通高等教育"十一五""十二五"国家级规划教材，为药学本科教育和药学人才培养，做出了积极贡献。

第四轮规划教材，是在深入贯彻落实教育部高等教育教学改革精神，依据高等药学教育培养目标及满足新时期医药行业高素质技术型、复合型、创新型人才需求，紧密结合《中国药典》、《药品生产质量管理规范》（GMP）、《药品非临床研究质量管理规范》（GLP）、《药品经营质量管理规范》（GSP）等新版国家药品标准、法律法规和2015年版《国家执业药师资格考试大纲》编写，体现医药行业最新要求，更好地服务于各院校药学教学与人才培养的需要。

本轮教材的特色：

1. 契合人才需求，体现行业要求 契合新时期药学人才需求的变化，以培养创新型、应用型人才并重为目标，适应医药行业要求，及时体现2015年版《中国药典》及新版GMP、新版GSP等国家标准、法规和规范以及新版国家执业药师资格考试等行业最新要求。

2. 充实完善内容，打造教材精品 专家们在上一轮教材基础上进一步优化、精炼和充实内容。坚持"三基、五性、三特定",注重整套教材的系统科学性、学科的衔接性。进一步精简教材字数,突出重点,强调理论与实际需求相结合,进一步提高教材质量。

3. 创新编写形式,便于学生学习　本轮教材设有"学习目标""知识拓展""重点小结""复习题"等模块,以增强学生学习的目的性和主动性及教材的可读性。

4. 丰富教学资源,配套增值服务　在编写纸质教材的同时,注重建设与其相配套的网络教学资源,以满足立体化教学要求。

第四轮规划教材共涉及核心课程教材 53 门,供全国医药院校药学类、中药学类专业教学使用。本轮规划教材更名两种,即《药学文献检索与利用》更名为《药学信息检索与利用》,《药品经营管理 GSP》更名为《药品经营管理——GSP 实务》。

编写出版本套高质量的全国本科药学类专业规划教材,得到了药学专家的精心指导,以及全国各有关院校领导和编者的大力支持,在此一并表示衷心感谢。希望本套教材的出版,能受到全国本科药学专业广大师生的欢迎,对促进我国药学类专业教育教学改革和人才培养做出积极贡献。希望广大师生在教学中积极使用本套教材,并提出宝贵意见,以便修订完善,共同打造精品教材。

全国高等医药院校药学类规划教材编写委员会

中国医药科技出版社

2015 年 7 月

全国高等医药院校药学类第四轮规划教材书目

教材名称	主　编	教材名称	主　编
公共基础课		26. 医药商品学（第3版）	刘　勇
		27. 药物经济学（第3版）	孙利华
1. 高等数学（第3版）	刘艳杰	28. 药用高分子材料学（第4版）	方　亮
	黄榕波	29. 化工原理（第3版）*	何志成
2. 基础物理学（第3版）*	李　辛	30. 药物化学（第3版）	尤启冬
3. 大学计算机基础（第3版）	于　静	31. 化学制药工艺学（第4版）*	赵临襄
4. 计算机程序设计（第3版）	于　静	32. 药剂学（第3版）	方　亮
5. 无机化学（第3版）*	王国清	33. 工业药剂学（第3版）*	潘卫三
6. 有机化学（第2版）	胡　春	34. 生物药剂学（第4版）	程　刚
7. 物理化学（第3版）	徐开俊	35. 药物分析（第3版）	于治国
8. 生物化学（药学类专业通用）		36. 体内药物分析（第3版）	于治国
（第2版）*	余　蓉	37. 医药市场营销学（第3版）	冯国忠
9. 分析化学（第3版）*	郭兴杰	38. 医药电子商务（第2版）	陈玉文
专业基础课和专业课		39. 国际医药贸易理论与实务	
		（第2版）	马爱霞
10. 人体解剖生理学（第2版）	郭青龙	40. GMP教程（第3版）*	梁　毅
	李卫东	41. 药品经营质量管理——GSP实务	梁　毅
11. 微生物学（第3版）	周长林	（第2版）*	陈玉文
12. 药学细胞生物学（第2版）	徐　威	42. 生物化学（供生物制药、生物技术、	
13. 医药伦理学（第4版）	赵迎欢	生物工程和海洋药学专业使用）	
14. 药学概论（第4版）	吴春福	（第3版）	吴梧桐
15. 药学信息检索与利用（第3版）	毕玉侠	43. 生物技术制药概论（第3版）	姚文兵
16. 药理学（第4版）	钱之玉	44. 生物工程（第3版）	王　旻
17. 药物毒理学（第3版）	向　明	45. 发酵工艺学（第3版）	夏焕章
	季　晖	46. 生物制药工艺学（第4版）*	吴梧桐
18. 临床药物治疗学（第2版）	李明亚	47. 生物药物分析（第2版）	张怡轩
19. 药事管理学（第5版）*	杨世民	48. 中医药学概论（第2版）	郭　姣
20. 中国药事法理论与实务（第2版）	邵　蓉	49. 中药分析学（第2版）*	刘丽芳
21. 药用拉丁语（第2版）	孙启时	50. 中药鉴定学（第3版）	李　峰
22. 生药学（第3版）	李　萍	51. 中药炮制学（第2版）	张春凤
23. 天然药物化学（第2版）*	孔令义	52. 药用植物学（第3版）	路金才
24. 有机化合物波谱解析（第4版）*	裴月湖	53. 中药生物技术（第2版）	刘吉华
25. 中医药学基础（第3版）	李　梅		

"*"示该教材有与其配套的网络增值服务。

前　言

《基础物理学》第 3 版是遵照全国高等医药院校药学类第四轮规划教材编写计划的基本要求，在第 2 版的基础上修订编写而成。

修订之前，编者广泛听取了有关医药院校一线教师和学生的意见，并吸取了上一版的风格和特点。修订时，编者们经过了多次集体讨论，确定了修订重点和方案，明确指出物理学课程的教学任务主要是使学生掌握物理学的基本知识和方法，培养学生分析问题和解决问题的能力，并为后续专业课程的学习打下牢固的基础。

本版教材在保持和发挥前版教材良好的风格和特点的基础上，优化了教材的结构，充实并完善了部分章节的内容，删除了个别章节；增加了学习目标、思考题和重点小结等有意义的栏目；同时，编者们对上一版教材进行了认真的审阅和修改，使本版教材内容更加精炼、文字更加通畅，更具时代感。

编者分工如下：李辛（绪论、第一章部分、第十章）、丘翠环（第二章）、支壮志（第三章、第六章）、张盛华（第四章、第十二章）、王小平（第五章）、章新友（第七章、第十六章）、王勤（第八章部分、第十三章）、赵喆（第九章、第十一章）、刘彦允（第十四章、第十七章）、陈曙（第一章部分、第八章部分、第十五章）、樊亚萍（第十八章）。

在本书编写过程中，我们得到了上一版《基础物理学》主编赵清诚教授的鼎力支持和帮助，衷心地感谢他及曾参加过本教材编写工作的所有老师，这本教材是他们辛勤劳动和智慧的结晶。

此外，本书还得到了沈阳药科大学教务处领导和物理教研室全体教师的大力支持，马骄老师在编写过程中做了很多具体工作，在此一并表示衷心感谢！

由于编者学识和水平所限，本书一定存在不足和疏漏之处，欢迎各位专家及使用本书的教师和学生提出宝贵的意见和建议。

最后要特别说明的是，本书编写中我们参考了大量同类教材，在此对编者表示衷心感谢！

本书及配套教材《基础物理学学习指导》可供高等医药院校各专业本科生使用。

编者
2015 年 4 月

目 录

第十章　光的干涉　/ 199

第十一章　光的衍射 ／ 219

第十六章 相对论基础 / 288

绪　　论

什么是物理学？这是长期以来人们不断思索的基础性问题。翻开任何一本《物理学》教材，都不难找到这样的定义：物理学是研究物质结构、物质相互作用和运动规律的自然科学，这是学术意义上的一种界定。作为一门课程，还有必要从多个方面探讨其更丰富的内涵。国际纯粹物理和应用物理联合会第 23 届代表大会的决议《物理学对社会的重要性》指出：**物理学是一项国际事业，它对人类的进步起着关键性的作用，包括探索自然、驱动技术、改善生活以及培养人才等方面。**

一、物理学是自然科学的基础

物理学的研究空间尺度之广和时间跨度之大是任何一门学科所不能比拟的。 物理学所涉及的空间尺度从最小的普朗克长度（约 10^{-35} m），到最大的宇宙，目前可探测到的最远的类星体的距离为 10^{27} m，如图绪 - 1 所示，可以说"至小无内，至大无外"。所涉及的最小时间尺度是普朗克时间（约 10^{-43} s），而最大时间尺度是宇宙年龄，约为 10^{18} s（约 150 亿年），如图绪 - 2 所示。可以说"从没有昨天的那一天开始，到没有明天的那一天为止"，或是宇宙的起源与终结。宇宙的浩瀚无际，时间的茫无头尾，难免让人觉得人生短暂，时间宝贵，在有限的时间内最大限度地探索空间、时间和万物存在的理由，才会使我们的心灵得到永恒的依托。

物理学一直有两个热门的研究领域：一个是"最小"的粒子物理学，另一个是"最大"的宇宙学。高能物理或粒子物理在最小尺度上探索物质更深层次的结构和运动规律，是物理学研究中的一个尖端前沿领域。20 世纪在这一领域中的辉煌成就是以 1995 年第六味夸克——顶夸克（top - quark）的发现为标志的**粒子物理标准模型**的确立。2012 年，科学家们在大型强子对撞机（LHC）内发现了希格斯玻色子的"踪迹"，这一重大发现也促使研究希格斯理论的希格斯（英国）和弗兰西斯·恩格勒（比利时）摘得 2013 年诺贝尔物理学奖桂冠。物理学中的另一个尖端领域是**天体物理**，它在最大尺度上追寻宇宙的起源和演化，最远观察极限是哈勃半径，尺度达 10^{27} m 的数量级。天体物理是物理学与天文学之间形成的边缘学科，也是物理学以及天文学的一个分支学科，20 世纪后半叶这方面的巨大成就是建立了大爆炸宇宙标准模型。这一模型认为，宇宙是在大约 150 亿年前的一次大爆炸中诞生的，在爆炸发生后的初期，物质处于尺度极小，温度和密度极高的状态，随后体积极快膨胀，温度和密度不断降低，直至冷却到今天的约 2.7K 的"宇宙背景温度"。与此伴随的是，逐渐依次产生并形成了粒子、原子、分子、星云、星球和星系。大爆炸宇宙的观点得到了很多观测结果的支持，现已被大多数学者所认可，当然也还面临着不少挑战。

物理学所研究的物质形态及运动特点包含了从微观到宏观、从简单到复杂的各种形式，不同的物质运动形式既服从普遍规律也有自己的独特规律，但是，我们相信从最小的基本粒子到最大的宇宙所遵循的物理规律是相同的。

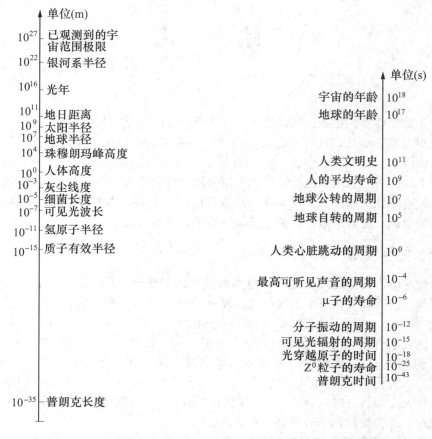

图绪-1　某些长度的数量级　　　　图绪-2　某些时间间隔的数量级

物理学的普遍性和规律性，使其与其他自然科学越来越广泛、亲密地结合，逐渐形成了一系列新的分支学科。与其他各专门学科相比，物理学更着重于研究物质世界普遍而基本的运动规律，这些运动规律普遍地存在于其他复杂的、高级的物质运动形式之中。物理学的基本概念、原理和规律被应用到了所有的自然科学，形成了诸如粒子物理、原子核物理、原子分子物理、凝聚态物理、大气物理、地球物理、天体物理及社会物理等名目繁多的新分支。同时，物理学还为其他各学科提供了诸如电子显微镜、激光、超导、X射线、中子衍射、核磁共振、扫描隧道显微镜等各种精密的测量仪器和现代化的实验手段，从而促使自然科学各领域更加迅速地发展。

当今，**物理学的触角已经伸向众多领域，形成了一系列的新型交叉学科。**中国著名物理学家赵凯华教授曾说："物理代表着一套获取知识、组织和应用知识的有效步骤和方法，把这套方法用到什么问题上，这问题就变成了物理学。"物理学和化学从来就是并肩前进的，它们相互结合而形成了物理化学、量子化学等边缘学科。物理化学是应用物理学的原理和实验手段来研究化学反应体系所遵循的普遍规律的一门科学，它与物理学中的热学、光学、电学等交叉渗透关系非常密切，它涉及化学反应体系的平衡和动力学以及与之相关联的结构与性能的理论，已发展成为化学科学的理论核心。

量子化学是在量子力学的基础上发展起来的，它深入研究原子结合力的本质、原子分子空间排列的方式以及原子结构与性能之间的关系。举世公认，物理学的实验方法和理论工具在化学中的应用促使化学科学得以深入地迅速发展。

物理学与生物学相结合形成了生物物理学，这是目前最活跃的一个交叉学科，近几十年来在两学科的交叉点上取得了一系列重大成就。20 世纪 50 年代，DNA 双螺旋结构的确定和用 X 射线衍射法对蛋白质晶体空间结构的测定，使生物学研究进入分子水平，奠定了分子生物学的基础。分子生物学的研究涉及了生命现象最核心、最本质的内容，使人类对生命的认识发生了重大飞跃，全面推动了生命科学的发展。1973 年 DNA 重组技术使得分离某个特定基因成为可能，这促使了 1977 年 DNA 测序技术的发明，标志着基因工程或遗传工程技术的诞生。1987 年开始至现在的人类基因组计划（HGP）的执行和完成，人们普遍认为，21 世纪将是生命科学的新纪元。有人预言，在 21 世纪，活物质和生命现象将成为物理学的重要研究对象，物理学将以生命科学为新的依托，由基本原理出发广泛而深入地探索生命系统的奥秘。因而可以预料，生命科学的长足发展必定是在与物理学更加密切的结合中实现。

物理学不但和其他自然科学结合衍生出许多新兴学科，一些物理学的思想方法、理论成果甚至被应用到社会科学中，同样也发挥着重要作用。比如说 20 世纪末出现的物理经济学就是将物理学的相关理论、方法、技术和模型应用于经济学，尤其是金融学领域，如金融市场建模、资本性资产定价、风险管理等，研究分析经济现象和金融系统中大量的实证数据之间的微观特征和内部关联，解释金融现象，揭示规律和问题，预测其发展趋势和避免金融风险。短短几十年，该学科迅猛发展，它所涉及的国民财富分布、金融市场的波动特性、组织与网络增长、人口经济与环境协调增长等多个领域结出了丰硕的理论成果。

因此毫不夸张地说，物理学是整个自然科学的基础之一。

二、物理学与科学发展和技术进步的关系

物理学与科学发展和技术进步是一种什么关系呢？我们不妨借鉴一下 2005 世界物理年（World Year of Physics 2005）活动关于物理和物理教学的评说。

"物理学是研究物质性质、运动规律及其相互作用的科学，是一项激动人心的智力探险活动，并为人类文明做出巨大贡献。"

"物理学拓展我们认识自然的疆界，扩展和提高我们对其他学科的理解，是技术进步最重要的基础。"

"物理教学为科学和技术培养训练有素的人才"。

"物理学的进步对社会发展和人类生活的改善有不可估量的影响"。

事实证明，物理学的发展不仅推动了整个自然科学的发展，而且广泛而直接地影响人类社会生产和生活的各个方面，成为推动科学技术发展和社会进步的巨大动力。

从 18 世纪 60 年代开始，牛顿力学、热力学的建立和发展使社会生产力发生了巨大的变革，引发了第一次技术革命，人类进入了机械化技术时代，主要标志是蒸汽机的广泛使用和机械工业的发展。从 19 世纪 70 年代开始，由于以法拉第、麦克斯韦的理论为代表的电磁学理论的发展和应用，掀起了第二次技术革命，使人类迈入了工业电气

化时代，主要标志是电力的广泛使用和无线电通信技术的发展。而以相对论和量子力学为代表的近代物理的发展，则推动了自 20 世纪 40 年代兴起、一直延续至今的第三次技术革命。它的特点是科学技术日益迅猛发展以及一系列高新技术和高科技仪器设备的出现。几十年来，核能的开发和利用，宇航技术的发展，半导体、激光、超导、核磁共振以及电子计算机等许多新产品和新装置的发明和应用，都极大地改变了人类的物质和精神生活，使社会面貌发生了深刻的变化。目前在世界范围内，正在进行着以信息技术、基因工程技术、新材料技术、新能源技术、海洋技术、空间技术等为主要内容的一场高新技术革命。从根本上来说，20 世纪以来科学技术的发展都是来源于 20 世纪初期物理学的三大成就，即**相对论、量子力学和原子核物理**。事实充分证明，自然科学的理论，特别是基础科学的理论研究一旦取得重大突破，必将极大促进科学技术的发展和社会的进步与繁荣。相对论和量子论已成为近代物理学和现代物理学发展的两大支柱，如果没有这些理论的建立，就不会有人类当今社会的物质文明。李政道先生在《物理的挑战》中曾提出 21 世纪物理领域所面临的四大难题：为什么一些物理现象在理论上对称但实验结果不对称？为什么一半的基本粒子不能单独存在而且看不见？为什么全宇宙 90% 以上的物质是暗物质？为什么每个类星体的能量竟然是太阳能量的 10^{15} 倍？可以预见，一旦拨去这几朵笼罩在天空中的乌云，物理学将会发生质的飞越，物理理论的应用将使科学和技术取得前所未有的突破。

21 世纪将是不同领域科学与技术创造性融合的时代。可以断言，物理学仍将作为一门重要的基础学科和关键性的带头学科，在与其他各学科的密切融合中，为推动 21 世纪科学和技术的发展创造出更加辉煌的成就。

三、物理学与医学、药学的关系

物理学作为严格的、定量的学科，其提供的技术与方法为医学和药学的研究和实践开辟了新途径，极大地推动了包括生命科学、医学和药学在内的其他自然科学的发展。例如原子能、自动化、激光、电子计算机等新技术的广泛使用，使医药领域的研究从宏观进入微观形态，从细胞水平上升到分子水平。这些技术衍生出的实验仪器，例如电导仪、电泳仪、气相色谱仪、薄层扫描仪、高压液相仪、红外分光光度计、紫外分光光度计、偏光显微镜、电子显微镜、质谱仪、傅里叶光谱仪、激光拉曼光谱仪、X 射线衍射仪、核磁共振波谱仪、微波波谱仪、旋光计和阿贝折射计等已经广泛地应用于药学实验室中，成为对药物进行研究和分析的重要手段。借助于物理学的边缘学科之一量子化学理论，辅以计算机技术，使得在理论上预测未知化学现象已逐渐成为可能，从而为探求新药物和研究新流程开拓了新途径。

值得指出的是，科学技术的迅速发展，特别是生命科学的发展，必将促进医药领域的重大变革。目前，应用以基因工程为主体的生物技术进行蛋白质和药物的分子设计、基因改造，生产新型蛋白质、生物制剂、新型基因疫苗，开发用于基因治疗的新型药物、导向药物等，已经成为医学、药学研究的重要课题。可以预计，在物理学中必将会有越来越多的基本原理、高新技术手段、新型材料等被应用于医药学领域，并创造出某些突破性的成果。例如**纳米材料**，它的理论基础是介观物理，纳米材料具有表面效应、量子尺寸效应、小尺寸效应和量子隧道效应等优良而超常的特性，在很多领域都有着重要的应用。纳米技术的应用将把现代技术推向分子及原子层次。近期国内外已有不少关于研制和开发纳米药物以及可用于某些人造器官的生物相容性纳米材料方面的报道。毫无疑问，纳米技术在药学研究和药物制剂、生物工程方面的应用会有更为广阔的前景。

四、学习物理学的重要性

物理学是医药院校学生必修的一门重要的基础课，它对于培养学生的科学素质、科学思维方法和科学研究能力具有极为重要的意义。从物理学的基础知识构成来讲，可以分为力学、热学、电磁学、光学、近代物理、理论物理等。物质、运动、相互作用、规律是这门学科的关键词。本书中所介绍的内容大部分是物理学中较成熟的经典理论，它的基本原理和基础知识至今仍然是包括医学和药学在内的各学科赖以发展的基础，是现代高科技中的"创新"和"突破"赖以萌生、滋长的沃土。从宏观到微观，从低速到高速，从经典到近代，物理学知识会把学生带向一个又一个美妙而神奇的物质世界。因而大学阶段的基础物理课不仅为学习专业课和其他课程所必需，而且是学习现代物理必不可少的阶梯，同时它还直接影响学生今后接受新知识和掌握新技术的能力。

物理学知识经过几千年特别是近 300 年的积累已相当丰富，要在有限的学时内全面讲授物理学的内容是不可能的，所以在内容选择上只能针对专业性质有所侧重，有些内容仅能做概括性叙述，有些内容则要留给学生自学。这就要求学生在学习过程中充分发挥学习的主动性，按照课程基本要求抓住重点，同时要有意识地培养自己的自学能力。

我们深信，通过本课程的教学和严格的训练，不仅能为学生后续专业课的学习打下坚实的基础，而且必将有效地培养和提高学生的科学素养和创新能力，有助于学生为我国药学事业的发展做出贡献。

第一章　刚体的转动

1. 掌握力矩、转动惯量、转动动能、角动量等概念；熟练掌握转动定律、角动量守恒定律及其应用。
2. 熟悉刚体定轴转动的角量描述。
3. 了解进动产生的原因。

　　本章主要研究**刚体**（rigid body）这一理想模型的定轴转动规律。这一部分内容是以质点运动学和动力学为基础的。在本章开头，我们先回顾一下关于质点运动学和动力学的有关规律，更为详细的内容请参考有关教科书。

　　在一定条件下研究物体的运动，质点是一个很好的模型。在建立了参考系和坐标系后，任一时刻质点的位置就可以由其坐标 $r(t)$ 确定。质点的运动就是一个时间间隔 Δt 内发生了位移 Δr，即坐标随着时间变化了。变化的快慢就是速度 $\boldsymbol{v} = \dfrac{\mathrm{d}\boldsymbol{r}(t)}{\mathrm{d}t}$，速度对时间的变化率就是加速度 $\boldsymbol{a} = \dfrac{\mathrm{d}\boldsymbol{v}(t)}{\mathrm{d}t}$。具体应用中需要注意这些物理量都是有大小和方向的，都是矢量。比如，速度的大小不变而方向变了，就一定有加速度存在。

　　质点运动最简单和最基本的两种运动形式是匀加速直线运动和匀速（率）圆周运动。请同学们罗列一下有关这两种运动的基本规律（公式），并加以体会。

　　力 $\boldsymbol{f}$，是物体相互作用，是改变物体运动状态的原因。我们学习过的牛顿运动三定律是关于力及其作用的基本规律，构成了一个完整的体系，请同学们体会这三条基本定律之间的关系以及相关物理量的单位制。需要特别指出的是，在应用牛顿定律解决问题的时候，首先需要做好对物体的受力分析，然后在不同坐标方向上建立牛顿第二定律的方程式，进行解题。

　　本章中处理的问题是旋转运动。当物体做圆周运动或曲线运动时，既有**法向加速度**（normal acceleration）a_n，还有**切向加速度**（tangential acceleration）a_t，这时常采用如下的法向和切向分量式。

$$f_n = ma_n = m\frac{v^2}{r}$$

$$f_t = ma_t = m\frac{\mathrm{d}v}{\mathrm{d}t}$$

式中，m 是物体质量，f_n、f_t 分别表示物体所受的法向合力和切向合力，$\dfrac{\mathrm{d}v}{\mathrm{d}t}$ 是该物体切向加速度，等于速率的变化率。

当物体经路径 s 过程中，有力 f 作用（f 可以是变力），则此过程中力 f 的功（work）定义为：$A = \int_s f \cdot d\boldsymbol{s}$，注意功是标量。合外力对物体做功可以改变物体的动能（kinetic energy），动能的定义是 $E_k = \dfrac{1}{2}mv^2$。根据牛顿第二定律可以推导出动能定理：

$$A = E_{k_2} - E_{k_1} = \frac{1}{2}mv_2^2 - \frac{1}{2}mv_1^2$$

通过力对物体做功的研究可以发现，有一类力做功的大小只与物体运动的起止位置有关，与物体所经过的路径无关，这类力称为**保守力**（conservative force），本章中涉及的保守力是重力和弹性力。因为保守力做功只与起点和终点位置有关，就可以定义其为**势能**（potential energy）。地球附近重力势能表达式是 $E_p = mgh$，此处 g 是重力加速度，h 是物体的高度。遵循胡克定律的弹性力的弹性势能表达式是 $E_p = \dfrac{1}{2}kx^2$，此处 k 是弹性常数，x 是弹簧的形变。注意势能是标量，属于相互作用的系统，而且有零点。

对于一个系统，如果只有保守内力做功，即外力和非保守内力都不做功，那么系统的机械能（mechanical energy）E 守恒，可以表为：

$$E_2 = E_1$$

其中机械能是指动能和势能之和：$E = E_k + E_p$。机械能守恒定律（law of conservation of mechanical energy）表明系统只有保守内力的作用时，各物体的动能和各种势能之间可以相互转化，但系统的机械能保持不变。更进一步的研究表明，各种能量既不能产生也不能消灭，只能从一种形式转化为另一种形式，这就是能量守恒定律（law of energy conservation）。

当质量为 m 的物体具有速度 $\boldsymbol{v}$ 时，定义物体的动量（momentum）为其质量和速度两者的乘积，$\boldsymbol{p} = m\boldsymbol{v}$，因此动量是一个矢量。动量对时间的变化率就是物体所受的合外力：$\boldsymbol{f} = \dfrac{d\boldsymbol{p}}{dt} = \dfrac{d(m\boldsymbol{v})}{dt} = m\dfrac{d\boldsymbol{v}}{dt} = m\boldsymbol{a}$，这就是牛顿第二定律的表达式。

从力和动量关系表达式可以推导得到：

$$\int_{t_1}^{t_2} \boldsymbol{f} \cdot dt = m\boldsymbol{v}_2 - m\boldsymbol{v}_1 = \boldsymbol{p}_2 - \boldsymbol{p}_1$$

式中，左侧 $\int_{t_1}^{t_2} \boldsymbol{f} \cdot dt$ 是物体从时刻 t_1 到时刻 t_2 间隔内受力 f 之后所得冲量（impulse）$\boldsymbol{I}$。上式表明物体所受合外力的冲量等于该物体动量的增量。

当一个系统不受合外力或者所受合外力为零，则系统的总动量保持不变，这就是**动量守恒定律**（law of conservation of momentum）。如果系统由两个物体组成，动量守恒定律表达式为：

$$m_1\boldsymbol{v}_1 + m_2\boldsymbol{v}_2 = m_1\boldsymbol{v}_{10} + m_2\boldsymbol{v}_{20}$$

由于动量是矢量，因此，如果系统在某一个方向上不受合外力，则该方向上的动量守恒。动量守恒定律对于解决物体碰撞非常有用。

以上简要回顾了质点运动学和动力学的基本要点，这些在解决力学问题时都有具体的应用，也是本章讨论刚体运动的出发点。

第一节　刚体的定轴转动

在很多情况下，固体在受力和运动过程中形变很小，基本上保持原来的大小和形状不变。对此，人们提出了刚体这一理想模型。刚体就是在任何情况下形状和大小都不发生变化的物体。刚体的特点是：在运动过程中，刚体的所有质点之间的相对距离始终保持不变。刚体最基本的运动是平动和转动，如果刚体上的任意一条直线在运动过程中各个时刻的位置都相互平行，则这种运动称为**刚体的平动**（translation）（图 1 - 1）。如电梯的升降、活塞的往返运动都是平动。显然，刚体平动时，在任意一段时间内，刚体中所有质点的位移都是相等的，因而在任意时刻，各质点的速度和加速度也都是相同的。这样，刚体内任一个质点的运动就可以代表整个刚体的运动，所以，关于刚体平动的问题可以用质点运动的规律来解决。

在运动过程中，如果刚体上所有质点都绕同一直线做圆周运动，则这种运动称为**刚体的转动**（rotation），而该直线称为**刚体的转轴**。如果刚体转动过程中转轴固定不动，这种转动称为**刚体的定轴转动**（fixed - axis rotation）（图 1 - 2）。

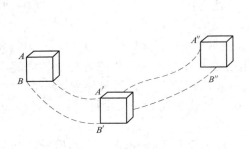

图 1 - 1　刚体的平动

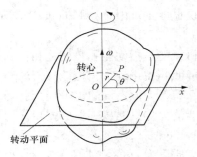

图 1 - 2　刚体的定轴转动

刚体的一般运动虽然比较复杂，但是可以看成是平动和转动的叠加。例如车轮的滚动，可以看成是绕轴的转动加上随轴一起的平动。

刚体的定轴转动是转动中最基本而重要的运动。在本章中，我们主要研究刚体的定轴转动。

在定轴转动情况下，刚体上任意一个质点都绕轴做圆周运动，圆周运动的平面称为**转动平面**，显然，任意一个质点的转动平面都垂直于转轴。由于刚体中各质点到转轴的距离有所不同，因而它们的位移、速度和加速度等**线量**也不尽相同，但所有质点在相同时间内转过的角度都是相同的，即刚体上各质点做圆周运动的**角量**完全相同，因而用角量来描述刚体定轴转动整体的运动状态尤为方便，下面对有关角量加以介绍。

一、刚体定轴转动的角量描述

1. 角坐标

为了描述刚体内任一点 P 的角位置，设其绕轴圆周运动的圆心为 O，在转动平面内取 Ox 为参考方向，则 OP 与 Ox 夹角 θ 称为 P 点的**角坐标**（图 1 - 2）。通常规定由 Ox 转至 OP 为逆时针方向时，（对于图 1 - 2 的俯视图而言）θ 为正；为顺时针方向时，

θ 为负。

2. 角位移

如果质点 P 在 t_1 时刻的角坐标为 θ_1，t_2 时刻的角坐标为 θ_2，则 $\Delta t = t_2 - t_1$ 时间内，P 点转过的角度 $\Delta\theta = \theta_2 - \theta_1$ 称为该点在 Δt 时间内的**角位移**（angular displacement）。角坐标和角位移的国际单位制是弧度（rad）。

3. 角速度

角位移 $\Delta\theta$ 与时间间隔 Δt 的比值称为 Δt 时间内的**平均角速度**，即

$$\overline{\omega} = \frac{\Delta\theta}{\Delta t}$$

当 Δt 趋近于零时，平均角速度的极限称为 t 时刻的瞬时角速度，简称**角速度**（angular velocity），即

$$\omega = \lim_{\Delta t \to 0} \frac{\Delta\theta}{\Delta t} = \frac{\mathrm{d}\theta}{\mathrm{d}t} \qquad (1-1)$$

角速度是描述刚体转动快慢的物理量，单位是 rad/s。角速度矢量是这样规定的：在转轴上画一个有向线段使其长度按一定比例代表角速度的大小，它的方向与刚体转动方向之间的关系按右手螺旋定则来确定，这就是使右手螺旋转动的方向和刚体转动的方向一致，则螺旋前进的方向便是角速度矢量的正方向。

对于定轴转动，由于角速度只有两种可能的方向，通常选取沿转轴的某一方向为正，则 $\omega = \dfrac{\mathrm{d}\theta}{\mathrm{d}t} > 0$ 时，$\boldsymbol{\omega}$ 的方向与正方向一致；当 $\omega = \dfrac{\mathrm{d}\theta}{\mathrm{d}t} < 0$ 时，$\boldsymbol{\omega}$ 的方向与正方向相反。

4. 角加速度

刚体做匀速转动时，角速度是一个恒量；刚体做变速转动时，角速度要发生变化。为了描述角速度变化的快慢，把 Δt 时间内角速度的增量 $\Delta\omega$ 与 Δt 的比值，称为在 Δt 时间内的**平均角加速度**，即

$$\overline{\beta} = \frac{\Delta\omega}{\Delta t}$$

当 Δt 趋近于零时，平均角加速度的极限称为 t 时刻的瞬时角加速度，简称为**角加速度**（angular acceleration），即

$$\beta = \lim_{\Delta t \to 0} \frac{\Delta\omega}{\Delta t} = \frac{\mathrm{d}\omega}{\mathrm{d}t} = \frac{\mathrm{d}^2\theta}{\mathrm{d}t^2} \qquad (1-2)$$

一般情况下，刚体的角加速度是时间 t 的函数，只有匀变速转动时，角加速度 β 才是恒量。角加速度的单位是 $\mathrm{rad/s^2}$。

二、匀变速转动基本公式

刚体做匀变速转动时，其运动方程与匀变速直线运动的运动方程相似，其角位移、角速度和角加速度之间有下列关系：

$$\omega = \omega_0 + \beta t$$
$$\Delta\theta = \theta - \theta_0 = \omega_0 t + \frac{1}{2}\beta t^2 \qquad (1-3)$$
$$\omega^2 - \omega_0^2 = 2\beta(\theta - \theta_0)$$

式中，ω_0 和 θ_0 为 $t=0$ 时的角速度和角坐标。

三、角量和线量的关系

下面讨论角量和线量的关系。

1. 角速度与线速度的关系

设刚体上某点 P 做圆周运动的半径为 r，P 点在很短的时间 $\mathrm{d}t$ 内的角位移为 $\mathrm{d}\theta$，则 P 点的位移 $\mathrm{d}s$ 与 $\mathrm{d}\theta$ 所对应的弧长近似相等，即

$$\mathrm{d}s = r\mathrm{d}\theta$$

上式两端除以 $\mathrm{d}t$，得 $\dfrac{\mathrm{d}s}{\mathrm{d}t} = r\dfrac{\mathrm{d}\theta}{\mathrm{d}t}$，即线速度与角速度大小的关系为

$$v = r\omega \tag{1-4}$$

当角速度和线速度都用矢量表示时，它们的关系可用矢量式表示为

$$\boldsymbol{v} = \boldsymbol{\omega} \times \boldsymbol{r} \tag{1-5}$$

上式可以同时反映速度 $\boldsymbol{v}$ 与角速度 $\boldsymbol{\omega}$ 之间数值和方向上的关系（图 1-3）。

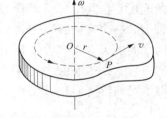

2. 角加速度与线加速度的关系

将式（1-4）对时间 t 求导，得

$$\frac{\mathrm{d}v}{\mathrm{d}t} = r\frac{\mathrm{d}\omega}{\mathrm{d}t}$$

式中，$\dfrac{\mathrm{d}v}{\mathrm{d}t}$ 反映了线速度的大小对时间的变化，称为切向加速度的标量式，用 a_t 表示，因而有

图 1-3　角速度矢量和线速度的关系

$$a_t = r\beta \tag{1-6}$$

能够反映速度方向随时间变化的加速度称为法向加速度，其大小用 a_n 表示。对于做圆周运动的质点来说，a_n 即为向心加速度，所以

$$a_n = \frac{v^2}{r} = r\omega^2 \tag{1-7}$$

质点 P 的总加速度应为切向加速度与法向加速度的矢量和，其大小为

$$a = \sqrt{a_t^2 + a_n^2}$$

思考题

1. 刚体定轴转动具有什么特点？
2. 挂钟表针的角速度方向指向墙里还是墙外？

第二节　力矩　转动定律　转动惯量

一、力矩

一个具有固定轴的静止物体，在外力作用下可能发生转动，也可能不发生转动。

由实验可知，物体转动与否不仅与力的大小有关，而且与力的作用点以及作用力的方向有关。例如，用同样大小的力推门，当作用点靠近门轴时，不容易把门推开；当作用点远离门轴时，就容易把门推开；当力的作用线通过门轴，就不能把门推开。下面就引用力矩这个物理量来描述力对刚体转动的作用。

图 1-4 是刚体的一个转动平面，它可绕通过点 O 且垂直于该面的转轴旋转，作用在刚体内点 P 上的力 F 亦在此平面内，从转轴与转动平面的交点 O 到力 F 的作用线的垂直距离 d 称为力对转轴的**力臂**（force arm）；则力的大小 F 和力臂 d 的乘积，称为力 F 对转轴的**力矩**（moment of force），用 M 表示，即

$$M = Fd \tag{1-8}$$

图 1-4 中，r 为由转轴上点 O 到力 F 的作用点 P 的径矢，其大小为 r，φ 为径矢 r 与力 F 之间的夹角，

由于 $d = r\sin\varphi$，故上式变为

$$M = Fr\sin\varphi \tag{1-9}$$

应当指出，力矩不仅有大小而且有方向。如图 1-5 所示，两个同样绕定轴转动的圆盘，分别有大小相等、方向相反的力 F 作用于两个静止圆盘的边缘上，这两个力的力矩所产生的转动效果是不同的，在图 1-5（a）中，力矩驱使转盘沿转动正方向转动，即逆时针方向转动，而在图 1-5（b）中，力矩则驱使转盘沿转动负方向转动，即顺时针方向转动。由此可见，力矩是有大小、有方向的矢量，对于绕定轴转动的刚体，力矩的正负就可以反映出力矩这一矢量的方向。由矢量的矢积定义，力矩矢量 M 可用径矢 r 与力 F 的矢积表示，即

$$M = r \times F \tag{1-10}$$

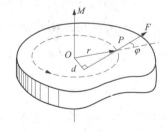

图 1-4 转动平面内力的力矩

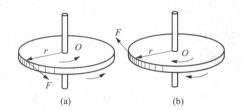

图 1-5 绕定轴转动力矩的正、负

二、刚体的转动定律

实验指出，**一个可绕固定轴转动的刚体，当它所受的合外力矩（对该轴而言）等于零时，它将保持原有的角速度不变**（原来静止的继续静止，原来转动的则继续做匀角速转动）。这就是**刚体转动的第一定律**，它反映了任何转动的物体都具有保持其原来转动状态不变的**转动惯性**。由此可见，刚体转动第一定律在转动中的地位和牛顿第一定律在平动中的地位相当。

一个可绕定轴转动的刚体，当它所受的合外力矩不等于零时，它的角速度会发生变化而具有角加速度，下面从牛顿定律出发来讨论外力矩和角加速度之间的关系。

图 1-6 表示一个绕固定轴转动的刚体，刚体可以看成是由许多具有微小体积的质

点所组成，其中 P 点表示刚体中的某一质点，质量为 Δm_i。P 点离转轴的距离为 r_i（相应的径矢为 $\boldsymbol{r}_i$），设刚体绕定轴转动的角速度为 $\boldsymbol{\omega}$，角加速度为 $\boldsymbol{\beta}$，此时质点 P 所受的外力和内力分别为 $\boldsymbol{F}_i$ 和 $\boldsymbol{f}_i$，这里 $\boldsymbol{f}_i$ 表示刚体中所有其他质点对 P 作用的合内力，为使讨论简化，我们假设 $\boldsymbol{F}_i$ 和 $\boldsymbol{f}_i$ 都在 P 点的转动平面内（它们与径矢 $\boldsymbol{r}_i$ 交角分别为 φ_i 和 θ_i）。根据牛顿第二定律

$$\boldsymbol{F}_i + \boldsymbol{f}_i = (\Delta m_i)\boldsymbol{a}_i \qquad (1-11)$$

式中的 $\boldsymbol{a}_i$ 是质点 P 的加速度。质点 P 绕转轴做圆周运动，把力和加速度都沿径向和切向分解可写出径向和切向分量的方程

$$-(F_i\cos\varphi_i + f_i\cos\theta_i) = (\Delta m_i)(r_i\omega^2) \quad (1-12)$$

$$F_i\sin\varphi_i + f_i\sin\theta_i = (\Delta m_i)r_i\beta \qquad (1-13)$$

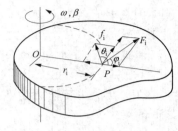

图 1-6　刚体转动定律推导

式中 $r_i\omega^2 = a_{in}$ 和 $r_i\beta = a_{it}$ 分别是质点 P 的向心加速度和切向加速度。式（1-12）左边表示质点 P 所受的向心力，式（1-13）左边表示质点 P 所受的切向力。向心力的作用线是通过转轴，其力矩为零，我们不予考虑，在式（1-13）的两边各乘以 r_i，我们得到

$$F_i r_i\sin\varphi_i + f_i r_i\sin\theta_i = (\Delta m_i)r_i^2\beta \qquad (1-14)$$

式（1-14）左边的第一项是外力 $\boldsymbol{F}_i$ 对转轴的力矩，第二项是内力 $\boldsymbol{f}_i$ 对转轴的力矩。

同理，对刚体中全部质点都可写出和式（1-14）相当的方程，把这些式子全部相加，则有

$$\sum F_i r_i\sin\varphi_i + \sum f_i r_i\sin\theta_i = \left(\sum r_i^2\Delta m_i\right)\beta \qquad (1-15)$$

因为内力中的任一对（比如说质点 Δm_i 和 Δm_j 之间）作用力和反作用力的力矩相加为零，所以式（1-15）左边只剩下第一项 $\sum F_i r_i\sin\varphi_i$，按定义，它是刚体所受全部外力对转轴的力矩的总和，也就是合外力矩。用 M 表示合外力矩，用 $I\left(=\sum r_i^2\Delta m_i\right)$ 表示**转动惯量**（moment of inertia），则式（1-15）可写成

$$M = I\beta \qquad (1-16)$$

以上，我们从牛顿第二定律和第三定律出发导出了刚体转动的第二定律，简称**转动定律**（law of rotation），即：**定轴转动的刚体所受的合外力矩等于刚体的转动惯量和其角加速度的乘积**。将 $M = I\beta$ 和 $F = ma$ 两式相比较，可见合外力矩 M 与合外力 F 相当；角加速度 β 与加速度 a 相当；转动惯量 I 和质量 m 相当，因而这个定律在转动中的地位和牛顿第二定律在平动中的地位也恰好相当。

三、转动惯量

根据以上分析，质点系的转动惯量 I 定义为

$$I = r_1^2\Delta m_1 + r_2^2\Delta m_2 + \cdots = \sum r_i^2\Delta m_i \qquad (1-17)$$

上式表明，**刚体的转动惯量 I 等于刚体中每个质点的质量与这一质点到转轴的距离的平方的乘积的总和**，它与刚体的质量、质量分布和转轴的位置有关，而与刚体的转动情况无关。

一般物体的质量可以认为是连续分布的，这时，式（1-17）应写成积分形式，即

$$I = \int r^2 \mathrm{d}m = \int r^2 \rho \mathrm{d}V \tag{1-18}$$

式中，$\mathrm{d}V$ 表示相应于 $\mathrm{d}m$ 的体积元，ρ 表示体积元处的质量密度，r 表示体积元与转轴之间的距离。

在国际单位制（SI）中，转动惯量的单位是 $\mathrm{kg \cdot m^2}$（千克·米^2）。

例题 1-1 求质量为 m、长为 l 的均匀细棒对下面（1）、（2）和（3）所给定的转轴的转动惯量。

（1）转轴通过棒的中心并与棒垂直；

（2）转轴通过棒的一端并与棒垂直；

（3）转轴通过棒上离中心为 d 的左侧的一点并与棒垂直。

解（1）转轴通过中心并与棒垂直

如图 1-7 所示，以棒中心 O 为原点，向右为 x 轴正向。在细棒上离转轴 O 距离为 x 处取小段 $\mathrm{d}x$，其质量为 $\mathrm{d}m = \lambda \mathrm{d}x$，其中 $\lambda = \dfrac{m}{l}$ 为细棒的质量线密度。根据转动惯量定义 $I = \int r^2 \mathrm{d}m$ 得

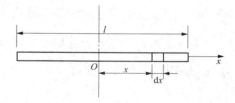

图 1-7 均匀细棒转动惯量的计算

$$I = \int_{-\frac{l}{2}}^{\frac{l}{2}} x^2 \lambda \mathrm{d}x = \frac{1}{3}x^3 \lambda \bigg|_{-\frac{l}{2}}^{\frac{l}{2}} = \frac{1}{12}l^3 \lambda$$

将棒的质量线密度 $\lambda = m/l$ 代入，得

$$I = \frac{1}{12}ml^2$$

（2）转轴通过棒的一端并与棒垂直均匀细棒转动惯量的计算

将（1）中的坐标原点取在棒端，只改变积分上下限，得

$$I = \int_0^l x^2 \lambda \mathrm{d}x = \frac{1}{3}ml^2$$

由（1）和（2）的结果可以看出，同一均匀细棒，如果转轴的位置不同，转动惯量也不同。

（3）转轴通过棒上离中心为 d 的左侧的一点并与棒垂直

取转轴与棒的交点为坐标原点 O，两端坐标分别为 $-\dfrac{l}{2}+d$ 和 $\dfrac{l}{2}+d$，得

$$I = \int_{-\frac{l}{2}+d}^{\frac{l}{2}+d} x^2 \lambda \mathrm{d}x = \frac{1}{12}ml^2 + md^2$$

此结果中，前一项 $\dfrac{1}{12}ml^2$ 为棒绕通过质心 C 并与棒垂直轴的转动惯量，用 I_C 表示，则上式可写成

$$I = I_C + md^2 \tag{1-19}$$

上式不仅对均匀细棒成立，它可以适用于任何刚体，称为**平行轴定理**（parallel axis theorem），式中的 m 为的刚体的质量，I_C 为刚体对于通过质心 C 轴的转动惯量，I 为刚体对另一平行于质心 C 轴的转动惯量，d 为上述两轴之间的垂直距离。

例题 **1－2** 求质量为 m，半径为 R 的均匀细圆环和圆盘绕通过中心并与圆面垂直的转轴的转动惯量。

解 （1）细圆环的质量可以认为全部分布在半径为 R 的圆周上。即在距中心小于或大于 R 的各处，质量均为零。将圆环分成很多小弧段，设任一小弧段 ds 上的质量为 dm，所以转动惯量为

$$I = \int dI = \int_0^m R^2 dm = mR^2$$

（2）对圆盘来说，质量均匀分布在半径为 R 的整个圆面上。在离转轴的距离为 r 至 $r+dr$ 处取一小圆环，其面积为 $dS = 2\pi r dr$，质量为 $dm = \sigma dS$，其中 $\sigma = \dfrac{m}{\pi R^2}$ 为圆盘单位面积的质量，称为**质量面密度**，由（1）结果可知，小环的转动惯量为 $dI = r^2 dm = 2\pi\sigma r^3 dr$，所以整个圆盘的转动惯量为

$$I = \int dI = \int_0^m r^2 dm = \int_0^R 2\pi\sigma r^3 dr = \frac{\pi}{2}\sigma R^4$$

将质量面密度 σ 代入上式得

$$I = \frac{1}{2}mR^2$$

由此结果可以看出两个质量相等、转轴位置都过质量中心的刚体，由于质量分布情况不同，它们的转动惯量也不相同。

从转动惯量的表达式及上述例题的结果可以看出，刚体的转动惯量决定于刚体各部分的质量对给定转轴的分布情况。具体地说，刚体的转动惯量与下列因素有关：①与刚体的质量有关；②在质量一定的情况下，还与质量的分布有关；即与刚体的形状、大小和各部分的质量密度有关；③与转轴的位置有关，所以给出刚体的转动惯量必须明确是对哪一个转轴的。

几何形状简单的、密度均匀的几种物体对不同转轴的转动惯量如表 1－1 所示。

表 **1－1** 一些刚体的转动惯量

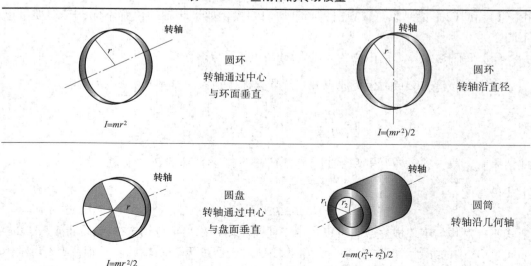

圆环
转轴通过中心
与环面垂直
$I = mr^2$

圆环
转轴沿直径
$I = (mr^2)/2$

圆盘
转轴通过中心
与盘面垂直
$I = mr^2/2$

圆筒
转轴沿几何轴
$I = m(r_1^2 + r_2^2)/2$

续表

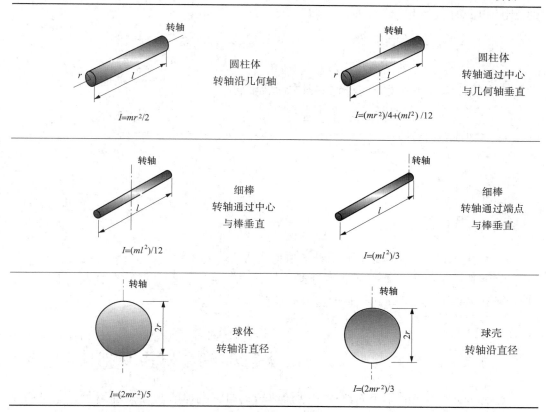

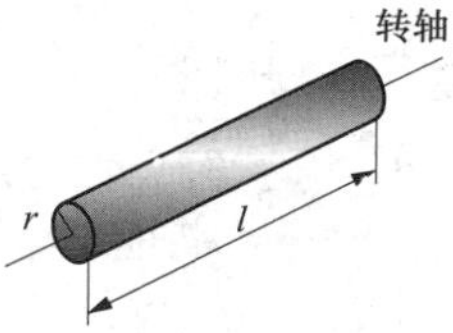 $I=mr^2/2$	圆柱体 转轴沿几何轴	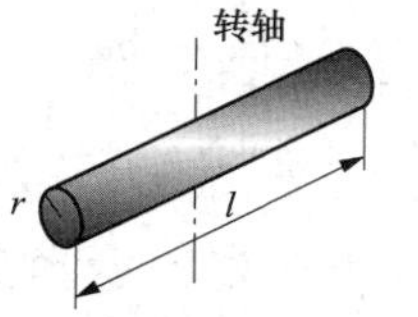 $I=(mr^2)/4+(ml^2)/12$	圆柱体 转轴通过中心 与几何轴垂直
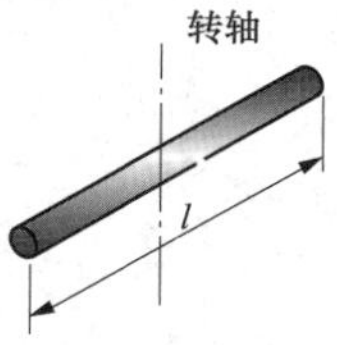 $I=(ml^2)/12$	细棒 转轴通过中心 与棒垂直	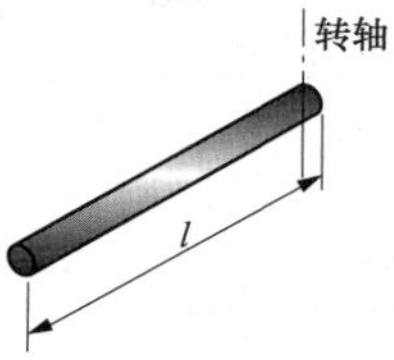 $I=(ml^2)/3$	细棒 转轴通过端点 与棒垂直
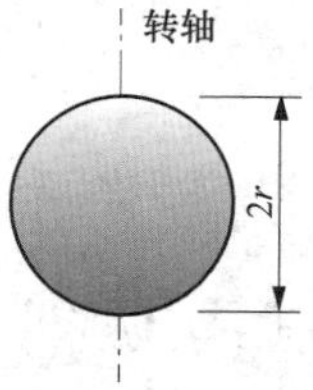 $I=(2mr^2)/5$	球体 转轴沿直径	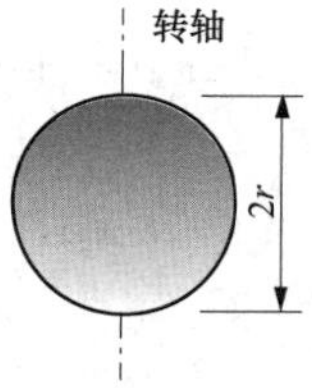 $I=(2mr^2)/3$	球壳 转轴沿直径

例题 1－3　一轻绳跨过一轴承光滑的定滑轮，绳的两端分别悬挂质量为 m_1 和 m_2 的物体，$m_1<m_2$。如图 1－8 所示，设滑轮的质量为 m，半径 r，其转动惯量 $I=\frac{1}{2}mr^2$（滑轮可视为匀质圆盘），绳不可伸长，绳与轮之间无相对滑动，试求物体的加速度、滑轮角加速度和绳的张力。

解　按题意，滑轮具有一定的转动惯量。在转动中，两边绳子的张力不再相等。设 m_1 这边的张力为 T_1、T'_1（$T'_1=T_1$），m_2 这边的张力为 T_2、T'_2（$T'_2=T_2$）。因为 $m_1<m_2$，所以 m_1 向上运动，m_2 向下运动，而滑轮顺时针旋转，滑轮和两物体受力及滑轮转动和物体运动的正方向如图 1－8 所示。对两平动物体和转动的滑轮，分别根据牛顿第二定律和转动定律列出方程：

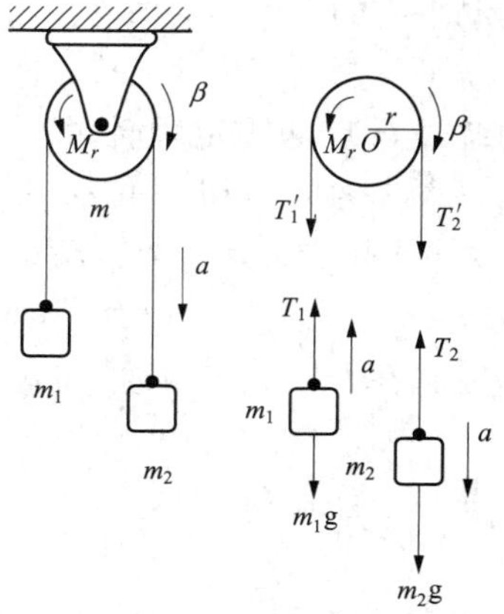

图 1－8　物体的平动和滑轮的转动

对 m_1 物体：　$T_1-m_1g=m_1a$　（1）

对 m_2 物体：　$m_2g-T_2=m_2a$　（2）

对滑轮：　$(T'_2-T'_1)r=I\beta$　（3）

式中，β 是滑轮的角加速度，a 是物体的加速度，又由滑轮边线上的切向加速度和物体的加速度大小相等，所以有

$$a = r\beta \tag{4}$$

解联立方程（1）、（2）、（3）、（4）得

$$a = \frac{(m_2 - m_1)g}{m_1 + m_2 + \frac{1}{2}m} \qquad \beta = \frac{a}{r} = \frac{(m_2 - m_1)g}{(m_1 + m_2 + \frac{1}{2}m)r}$$

角加速度的方向与外力矩方向一致，图中沿转轴向里。

$$T_1 = m_1(g + a) = \frac{m_1(2m_2 + \frac{1}{2}m)g}{m_1 + m_2 + \frac{1}{2}m} \qquad T_2 = m_2(g - a) = \frac{m_2(2m_1 + \frac{1}{2}m)g}{m_1 + m_2 + \frac{1}{2}m}$$

思考题

1. 在讨论刚体定轴转动定律时是否考虑内力的力矩？

2. 如果一个刚体所受的合外力为零，其合外力矩也一定为零吗？如果一个刚体所受的合外力矩为零，其合外力也一定为零吗？

3. 转动惯量与质量分布有关系吗？

第三节　力矩的功　刚体定轴转动中的动能定理

当刚体受外力矩的作用而绕固定轴加速转动时，刚体的转动动能增加，这是由于外力矩做功的结果。在本节中，我们就来研究力矩的功和能量方面的问题。

一、力矩的功

对于刚体，因其质点间的相对位置不变，内力不做功，故仅需考虑外力的功。又对于定轴转动的情形，垂直于转动平面的力也不会做功。设质点 P 处所受的外力 $\boldsymbol{F}$ 位于转动平面之内（图 1-9），刚体在外力作用下，在 $\mathrm{d}t$ 时间内绕过 O 点的固定轴转过一极小的角位移 $\mathrm{d}\theta$，这时 P 的位移大小为 $\mathrm{d}s = r\mathrm{d}\theta$，位移 $\mathrm{d}s$ 与 OP 垂直，与 $\boldsymbol{F}$ 所成的夹角为 α，按功的定义可得转过微小角位移 $\mathrm{d}\theta$ 时的元功为

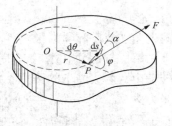

图 1-9　力矩的功

$$\mathrm{d}A = Fr\cos\alpha\,\mathrm{d}\theta$$

因为 $\alpha + \varphi = 90°$，故 $\cos\alpha = \sin\varphi$，所以力矩为

$$M = Fr\sin\varphi = Fr\cos\alpha$$

代入前一个公式有

$$\mathrm{d}A = M\mathrm{d}\theta \tag{1-20}$$

式中 M 是力 $\boldsymbol{F}$ 对转轴的力矩，式（1-20）表明力矩所做的元功 $\mathrm{d}A$ 等于力矩 M 与角位移 $\mathrm{d}\theta$ 的乘积。

刚体在力矩 M 作用下，由角位置 θ_1 转到 θ_2 过程中，该力矩的总功应为对各段元功

求和（积分），即

$$A = \int dA = \int_{\theta_1}^{\theta_2} M d\theta$$

当力矩 M 为恒力矩时，上式积分为

$$A = M \int_{\theta_1}^{\theta_2} d\theta = M(\theta_2 - \theta_1) = M\Delta\theta \qquad (1-21)$$

可见恒力矩的功等于力矩与角位移的乘积。

将式（1-21）对时间 t 求导，可得力矩 M 的功率为

$$N = \frac{dA}{dt} = M \frac{d\theta}{dt} = M\omega \qquad (1-22)$$

由力矩的功和功率的关系可知，当力矩与角速度同方向时，力矩的功和功率为正值；当力矩与角速度反方向时，力矩的功和功率为负值，这时的力矩常称为阻力矩。

二、转动动能

刚体可以看成是由许多具有微小体积的质点所组成，设各质点的质量分别为 Δm_1、Δm_2……各质点与转轴的距离分别为 r_1、r_2……当刚体绕定轴转动时，各质点的角速度 ω 相等，但线速度不尽相同，设其中第 i 个质点的线速度为 v_i，其大小为 $v_i = r_i\omega$，则相应的动能为

$$\frac{1}{2}\Delta m_i v_i^2 = \frac{1}{2}\Delta m_i r_i^2 \omega^2$$

整个刚体的动能应该是各质点动能之和，即

$$E_k = \frac{\Delta m_1 v_1^2}{2} + \frac{\Delta m_2 v_2^2}{2} + \cdots = \frac{\Delta m_1 r_1^2 \omega^2}{2} + \frac{\Delta m_2 r_2^2 \omega^2}{2} + \cdots = \sum \frac{\Delta m_i r_i^2 \omega^2}{2}$$

因 $\frac{\omega^2}{2}$ 对各质点来说都相同，可以从求和号内提出，所以刚体转动动能（kinetic energy of rotation）为

$$E_k = \frac{\omega^2}{2}\left(\sum \Delta m_i r_i^2\right) = \frac{1}{2}I\omega^2 \qquad (1-23)$$

可见，刚体转动动能表达式 $E_k = \frac{1}{2}I\omega^2$ 与物体的平动动能 $E_k = \frac{1}{2}mv^2$ 形式上很相似，式中转动角速度 ω 与平动速度 v 相对应，转动惯量 I 与质量 m 相对应。质量 m 是物体平动惯性大小的量度，而转动惯量 I 则是刚体转动惯性大小的量度。

三、刚体定轴转动中的动能定理

如前所述，对于定轴转动的刚体，只需考虑合外力矩对它所做的功，再根据普遍的功能原理，可知此功应转化为刚体的转动动能。事实上，从转动定律出发也可以推出关于定轴转动刚体的功能关系，因为

$$\beta = \frac{d\omega}{dt} = \frac{d\omega}{d\theta}\frac{d\theta}{dt} = \omega \frac{d\omega}{d\theta}$$

再根据转动定律，有

$$M = I\beta = I\omega \frac{d\omega}{d\theta}$$

上式乘 $\mathrm{d}\theta$，并由式（1-20）得

$$\mathrm{d}A = M\mathrm{d}\theta = I\omega\mathrm{d}\omega = \mathrm{d}\left(\frac{1}{2}I\omega^2\right) = \mathrm{d}E_k \qquad (1-24)$$

当刚体的角速度从 t_1 时刻的 ω_1 改变为 t_2 时刻的 ω_2 时，在这个过程中的总功，即为将式（1-24）积分，得

$$A = \int_{\theta_1}^{\theta_2} M\mathrm{d}\theta = \int_{\omega_1}^{\omega_2} I\omega\mathrm{d}\omega = \frac{1}{2}I\omega_2^2 - \frac{1}{2}I\omega_1^2 = E_{k_2} - E_{k_1} \qquad (1-25)$$

式（1-24）和式（1-25）表明：**合外力矩对定轴转动刚体所做的功等于刚体转动动能的增量，这一关系称为刚体定轴转动中的动能定理**（the theorem of kinetic energy of a rigid body rotating about a fixed axis）。

值得注意的是，上面我们从转动定律直接推出定轴转动刚体的动能定理，并未涉及刚体上的内力和内力矩，这一事实也正说明定轴转动刚体上所有内力的总功是等于零的。

例题 **1-4** 一根质量为 m，长为 l 的均匀细棒 OA（图 1-10），可绕一水平的光滑转轴 O 在竖直平面内转动，今使棒从静止开始由水平位置绕 O 轴转动，求：

（1）棒在水平位置刚启动时的角加速度及 A 点的加速度；

（2）棒转到竖直位置时，重力矩的功及棒的角速度和角加速度；

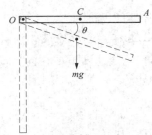

图 1-10 细棒在竖直平面内的转动

（3）棒转到竖直位置时，棒上 C 点和 A 点的线速度和加速度。

解 先确定细棒对 O 轴的转动惯量 I，由例题 1-1 中（2）的结果有

$$I = \frac{1}{3}ml^2$$

再对细棒 OA 所受的力进行分析：重力 mg，作用在棒的中点 C（重心），方向竖直向下；轴与棒之间没有摩擦力，轴对棒作用的支承力 N 垂直于棒与轴的接触面而且通过 O 点，在棒的转动过程中，此力的方向和大小将是随时间改变的。

在棒的转动过程中，对转轴 O 而言，支承力 N 通过 O 点，所以支承力对轴的力矩等于零，重力 mg 的力矩则是变力矩，大小等于 $\frac{1}{2}mgl\cos\theta$，其中的 θ 是棒从水平位置转下的角度。

（1）当棒在水平位置刚启动时，所受重力矩大小为 $M = mgl/2$，其方向向里，按转动定律得角加速度为

$$\beta = \frac{M}{I} = \frac{\frac{l}{2}mg}{\frac{1}{3}ml^2} = \frac{3g}{2l} \qquad （方向沿转轴向里）$$

A 点的切向加速度为

$$a_{At} = l\beta = \frac{3g}{2} \qquad （方向向下）$$

A 点的法向加速度为

$$a_{An} = r\omega^2 = 0$$

A 点的加速度为

$$a_A = \sqrt{a_t^2 + a_n^2} = \frac{3g}{2} \qquad （方向向下）$$

（2）当棒转过一极小的角位移 $d\theta$ 时，重力矩所做的元功是

$$dA = mg\frac{l}{2}\cos\theta d\theta$$

在棒从水平位置转到竖直位置的过程中，重力矩所做的总功为

$$A = \int dA = \int_0^{\frac{\pi}{2}} mg\frac{l}{2}\cos\theta d\theta = \frac{mgl}{2}$$

棒在水平位置时的角速度 $\omega_0 = 0$，转到竖直位置时角速度为 ω，根据刚体定轴转动的动能定理，应有

$$A = \frac{1}{2}mgl = \frac{1}{2}I\omega^2$$

由此算得

$$\omega = \sqrt{\frac{mgl}{I}} = \sqrt{\frac{mgl}{\frac{1}{3}ml^2}} = \sqrt{\frac{3g}{l}}$$

竖直位置时，细棒所受重力矩为零，所以此时瞬时角加速度为

$$\beta = 0$$

（3）棒在竖直位置时，棒的中心 C 点和端点 A 的速度、加速度为

$$v_C = \omega r_C = \frac{l}{2}\sqrt{\frac{3g}{l}} = \frac{\sqrt{3gl}}{2} \qquad （方向向左）$$

$$v_A = \omega r_A = l\sqrt{\frac{3g}{l}} = \sqrt{3lg} \qquad （方向向左）$$

由 $\beta = 0$，可得 C 点和 A 点切向加速度为零，因而加速度即为法向加速度，其大小分别为

$$a_C = a_{Cn} = \omega^2 r_C = \frac{l}{2}\frac{3g}{l} = \frac{3g}{2} \qquad （方向向上，指向 O 点）$$

$$a_A = a_{An} = \omega^2 r_A = 3g \qquad （方向向上，指向 O 点）$$

思考题

为什么刚体定轴转动的转动动能的变化只与外力矩有关而与内力矩无关？

第四节　角动量　角动量守恒定律

上节我们讨论了力矩对空间的积累作用，得出刚体的转动定理。这节我们讨论力

矩对时间的积累作用，得出角动量定理和角动量守恒定律。

一、质点的角动量和刚体的角动量

1. 质点的角动量

如图 1-11 所示，有一个质量为 m 的质点，绕圆心 O 点以速度 v 在平面内做半径 r 的匀速圆周运动，r 与 v 是相互垂直的。我们定义质点对 O 点的角动量为

$$L = r \times mv \qquad (1-26)$$

显然，角动量是一个有大小和方向的矢量，由右手螺旋定则，得角动量的大小为

$$L = rmv\sin\theta \qquad (1-27)$$

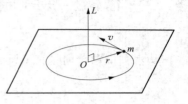

图 1-11 质点角动量定量

式中 θ 为 r 与 v（或 mv）的夹角。角动量 L 的方向是垂直于如图所示 r 和 v 构成的平面，并遵守右手螺旋定则，即：伸开右手，四指由 r 经 θ 转向 v（或 p）时，拇指的指向即是 L 的方向。

因为质点做圆周运动，所以 $\theta = 90°$，由式（1-27）得质点对 O 的角动量

$$L = rmv$$

质点对过 O 点轴的转动惯量为 mr^2，它的角速度为 $\omega = v/r$，所以质点绕轴角动量为

$$L = rmv = mr^2\omega = I\omega \qquad (1-28)$$

应当指出，式（1-26）和式（1-28）虽然是从质点做圆周运动时给出的，实际上它们适用于质点对任意参考点的角动量的计算。

2. 刚体的角动量

如图 1-2 所示，刚体以角速度 ω 绕定轴转动时，刚体上任意一点均在各自所在的垂直于转轴的平面内做圆周运动，且所有质点的角速度是相同的。由式（1-28）知，质点 m_i 对定轴的角动量为 $r_i m_i v_i = m_i r_i^2 \omega_i$。由于刚体上任意一质点对定轴的角动量方向相同，因此整个刚体对定轴的角动量为

$$L = \sum m_i r_i^2 \omega = \left(\sum m_i r_i^2 \right) \omega = I\omega \qquad (1-29)$$

即刚体对转轴的角动量（angular momentum）为转动惯量 I 与角速度 ω 的乘积。角动量 L 是一个矢量，对定轴转动的刚体，其方向与角速度 ω 的方向相同，选定正方向以后，L 的方向也可以用正负来表示，即与 ω 的正负相同。在国际单位制中，角动量的单位是 $kg \cdot m^2/s$（千克·米²/秒）。

二、角动量定理

刚体做定轴转动时，根据转动定律可得

$$M = I\beta = I\frac{d\omega}{dt}$$

等式两端乘以 dt，并由定轴转动时 I 为恒量，可得

$$M \cdot dt = Id\omega = d(I\omega) = dL \qquad (1-30)$$

当力矩从 t_1 时刻至 t_2 时刻的一段时间内作用于刚体，使刚体的角速度从 ω_1 改变为时 ω_2，将上式积分后，可得

$$\int_{t_1}^{t_2} M\mathrm{d}t = \int_{\omega_1}^{\omega_2} \mathrm{d}(I\boldsymbol{\omega}) = I\boldsymbol{\omega}_2 - I\boldsymbol{\omega}_1 = L_2 - L_1 = \Delta L \qquad (1-31)$$

与力的冲量的定义类似，式（1-30）中左侧 $M \cdot \mathrm{d}t$ 为力矩在 $\mathrm{d}t$ 时间内的累积效应，称为合外力矩 M 在 $\mathrm{d}t$ 时间内的**冲量矩**（impulse torque）；上式中 $\int_{t_1}^{t_2} M\mathrm{d}t$ 称为合外力矩 M 在 $t_2 - t_1$ 这段时间内的冲量矩。在国际单位制中，冲量矩的单位 $\mathrm{m \cdot N \cdot s}$（米·牛顿·秒）。

式（1-30）和式（1-31）表明，转动物体所受合外力矩的冲量矩等于这段时间内物体角动量的增量。这一结论称为**角动量定理**（theorem of angular momentum）。可以证明，此定理对于转动惯量可以发生变化的非刚体仍然适用。

三、角动量守恒定律

由角动量定理，式（1-30）和式（1-31）可知，如果物体（或若干物体构成的物体系）所受的合外力矩为零，则 $\mathrm{d}L = 0$，即

$$L = I\boldsymbol{\omega} = 恒矢量 \qquad (1-32)$$

这就是说，**物体（或物体系）所受合外力矩为零时，它们的角动量保持不变**。这一结论称为**角动量守恒定律**（law of conversation of angular momentum）。这个定律对于非刚性的物体系同样适用。

需要指出的是，因为物体的角动量等于物体的转动惯量和角速度的乘积，所以角动量保持不变的情况可能有两种，一种是转动惯量和角速度均保持不变，另一种是转动惯量和角速度同时改变，但乘积保持不变。此外，还常常遇到合外力矩 M 并不为零，但其值是有限的（如重力矩），因而作用于时间很短的过程（如冲击，碰撞等），角冲量 $M \cdot \mathrm{d}t$ 很小，因而可以认为角动量近似守恒。

角动量守恒定律和动量守恒定律及能量守恒定律一样，是自然界中的普遍规律。近代物理的发展证明，它们具有比牛顿定律更为宽广的适用范围。即不仅适用于一般物体的机械运动，而且适用于微观粒子和宏观天体，即使在原子内部也都严格遵守这三条定律。

角动量守恒定律可用下述方法进行演示。

设有一人坐在凳子上，凳子能绕竖直轴转动（转动中的摩擦忽略不计）。人的两手各握一个很重的哑铃，当他平举两臂时，在别人的帮助下，使人和凳子一起以一定的角速度转动起来（图 1-12），然后，此人在转动中收拢两臂，由于这过程中没有外力矩作用，凳和人组成系统的角动量保持不变，所以当人收拢两臂后，转动惯量减小，结果角速度要增大，也就是说比平举两臂时要转得快一些。

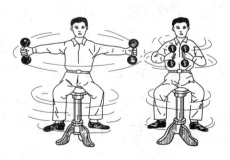

图 1-12　角动量守恒定律的演示实验

在日常生活中，利用角动量守恒定律的例子也是很多的。例如舞蹈演员、花样滑冰运动员等在旋转的时候，往往先是把两臂张开旋转，然后迅速把两臂收回靠拢身体，使自己的转动惯量迅速减少，因而旋转速度加快。

在生产中，这一原理也得到广泛的应用，例如，工程上常采用摩擦啮合器，使两个飞轮以相同的转速一起转动，如图 1–13 所示，A 和 B 两个飞轮的轴杆在同一中心线上。如果已知 A 轮的转动惯量为 I_1，B 轮的转动惯量为 I_2。A 轮以角速度 ω 转动，B 轮静止不动。它们啮合在一起的过程中，忽略转轴的摩擦的情况下，它们受到的合外力矩等于零，因而满足角动量守恒的条件，所以

$$I_1\omega_1 = (I_1 + I_2)\omega$$

这样，可以求得啮合后的角速度

$$\omega = \frac{I_1\omega_1}{I_1 + I_2}$$

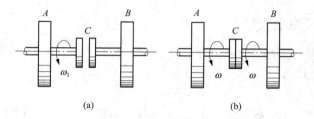

图 1–13　摩擦啮合器的原理

例题 1–5　一根质量为 m，长为 $2l$ 的均匀细棒，可以在竖直平面内绕通过中心的水平轴转动，开始时细棒在水平位置（图 1–14）。一个质量为 m' 的小球，以速度 u 垂直落到棒的端点，设小球与棒做完全弹性碰撞。求碰撞后，小球的回跳速度以及棒的角速度。

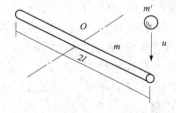

图 1–14　小球和细棒的碰撞

解　令 ω 表示碰撞后棒的角速度，棒转动正方向设为垂直于棒沿转轴指向里。v 表示碰撞后小球的速度。取棒和小球为研究系统，棒和小球之间的作用力为内力，而内力矩不改变系统角动量。轴对棒的支承力 N 通过转轴对转轴的力矩为零，小球的重力 $m'g$ 在碰撞很短的时间内对转轴的力矩的冲量矩可以忽略，所以对此短时间内的碰撞过程可视为系统角动量守恒。因而有

$$m'ul = m'vl + I\omega \tag{1}$$

又因为小球与棒做完全弹性碰撞，所以系统机械能守恒

$$\frac{1}{2}m'u^2 = \frac{1}{2}m'v^2 + \frac{1}{2}I\omega^2 \tag{2}$$

解（1）、（2）两式得

$$\omega = \frac{6m'u}{(m+3m')l} \qquad v = \frac{u(3m'-m)}{(m+3m')}$$

由上面结果可知：

　　$m > 3m'$ 时，碰撞后小球速度 v 为负值，小球回跳；

　　$m < 3m'$ 时，碰撞后小球速度 v 为正值，小球不回跳；

　　$m = 3m'$ 时，碰撞后小球速度为零。

思考题

1. 当刚体转动的角速度很大时，作用在它上面的力和力矩是否一定很大？

2. 如果一个质点系的角动量等于零，能否说明系中每个质点都是静止的？如果一质点系的总角动量为一常量，能否说作用在质点系上的合外力为零？

3. 假设人造地球卫星环绕地球中心做椭圆运动，在运动过程中，卫星对地球中心的角动量是否守恒？机械能是否守恒？

4. 质点做匀速运动或匀速圆周运动，质点的角动量如何计算？角动量守恒吗？

第五节 刚体的进动

前面我们讲过了转动定律和角动量定理，现在我们进一步研究一种在理论上和实际应用中都十分重要的现象——刚体的进动。

大家都熟悉的玩具陀螺（top），是一种可绕对称轴旋转的刚体，旋转时其轴的下端支于地上，如图1-15所示。我们知道当陀螺不旋转时，由于受重力矩作用，它将绕支点O倾倒下来，所以不能立在地面上，但当它快速旋转时，即使转轴倾斜，受重力矩作用却不倒下来，而且在绕本身对称轴转动的同时，它的转动轴线还绕竖直方向的轴线Oz转动，这种现象称为**陀螺的进动**（top precession）。

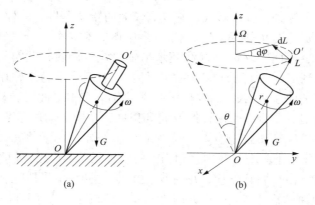

(a)   (b)

图1-15 陀螺进动

下面我们根据角动量定理说明进动产生的原因。如图1-15（b）所示，设陀螺绕过其质心的对称轴的转动惯量为I。r为从支点O到质心的径矢。若某一瞬时r在yz平面内，且与Oz轴夹角为θ，陀螺绕其对称轴转动角速度为ω，则其角动量为$L = I\omega$，设L的方向与r方向一致。这时重力mg对O点的力矩的大小为$M = mgr\sin\theta$方向垂直于r与mg所成平面［图1-15（b）］。该力在极短的时间dt内，使陀螺受到冲量矩为$M \cdot dt$其方向与力矩M方向一致，因此与角动量L的方向垂直。根据角动量定理可知，这一冲量矩$M \cdot dt$应等于它所引起的陀螺角动量的增量dL，即$Mdt = dL = d（I\omega）$。因此，dL的方向应与M方向一致，而与L方向垂直，故增量dL将不改变L的大小，只

改变 L 的方向，由图 1-15 所示矢量图可见，经 $\mathrm{d}t$ 时间后的角动量 $L + \mathrm{d}L$ 相对于 L 转过一个角度 $\mathrm{d}\alpha$ 而取另一方向。此后 M 继续作用，L 又改变方向，结果使陀螺在绕对称轴旋转的同时，其轴线又绕 Oz 轴转动的现象，这就是进动产生的原因。

由图 1-15 可见，进动的角速度为

$$\Omega = \frac{\mathrm{d}\varphi}{\mathrm{d}t}$$

$$\mathrm{d}\varphi = \frac{\mathrm{d}L}{R} = \frac{\mathrm{d}L}{L\sin\theta}$$

$$\Omega = \frac{\mathrm{d}L}{L\sin\theta \mathrm{d}t} = \frac{M\mathrm{d}t}{L\sin\theta \mathrm{d}t} = \frac{M}{L\sin\theta}$$

$$\Omega = \frac{mgr\sin\theta}{L\sin\theta} = \frac{mgr}{L} = \frac{mgr}{I\omega}$$

通过以上分析，不难看出进动角速度 Ω 的方向使其绕自转轴的角动量方向向外力矩方向靠拢。在图示情况下，应为 Oz 轴正方向。进动角速度的大小与外力矩 M 成正比，和陀螺角动量 L 成反比。因此，在陀螺自转角速度很大时，其进动角速度就较小，也就是说，角动量越大的陀螺它的转动轴的方向就越不易改变。

在力学中，把绕对称轴快速旋转的刚体称为**回转仪**，陀螺是一种简单的回转仪。很明显，以上对陀螺进动的分析也适用于各类回转仪。回转仪所具有的重要特性就是当它快速转动时，若受到垂直于其自转轴的外力矩作用，则发生其自转轴绕另一轴线的转动，即发生进动。回转仪受外力矩作用所产生的进动效应称为**回转效应**（gyroscopic effect）。

图 1-16 所示为一种杠杆回转仪，它具有较大的转动惯量。其杆 AB 可绕光滑支点 O 在竖直面及水平面内自由转动，回转仪转子 D 和平衡重物 G 分别置于杆的两端。先使两边平衡，然后，使回转仪转子 D 绕其水平轴线快速旋转，此时两边仍然平衡。若将重物 G 移向杠杆端部，则杆的重心将偏向左方。因而受重力矩作用而失去平衡，但所引起的并不是杆的向左倾斜，而是杆 AB 绕竖直轴线在水平面内转动，即回转仪在做进动。对如图的情况，不难判断回转仪 D 将向里回转，即进动角速度方向向下。

回转仪的回转效应在实践中有着广泛的应用。例如，为了使在飞行中的炮弹或子弹不在空气阻力 f 作用下翻转，我们就利用炮筒中来复线的作用，使炮弹射出后绕自己的对称轴迅速旋转。由于回转效应，炮弹所受的空气阻力矩将使炮弹绕着前进方向进动，从而使炮弹的轴线始终与其前进方向有不太大的偏离（图 1-17）。

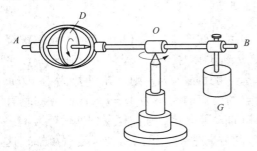

图 1-16　杠杆回转仪

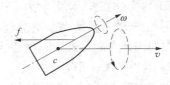

图 1-17　飞行弹头的稳定性

利用高速旋转的回转仪不受外力矩作用时保持自转轴线不变的特性，还可以制成飞机、飞船、导弹等飞行器上的导航部件，以纠正其飞行中的方向偏离。在航空及航海中广泛应用的回转罗盘也是基于回转效应的原理制成的。回转罗盘与磁罗盘相比最明显的优点是不受外界磁场以及周围铁磁材料的影响。

在微观世界中，电子、原子核和其他基本粒子都具有角动量，它们在外磁场中要受到磁力矩的作用，因而要发生以外磁场方向为轴线，像陀螺一样的进动。对于微观粒子进动的研究，已经发展成顺磁共振和核磁共振技术，在探索物质的微观结构方面有着重要的应用。

回转效应相当广泛地存在着，快速转动的物体受外力矩时，都可能发生回转效应。地球也是一个巨大的回转仪，它在太阳引力作用下的进动在天文学上具有重要意义。回转效应有时也会带来危害，例如，当轮船转向时，由于回转效应涡轮机的轴承将会受到附加的压力而有损坏的危险，这在设计和使用中是必须考虑的。

例题 1-6 图 1-18 所示为一回转仪，转子为一圆盘，质量为 0.15kg，转动惯量为 $1.5 \times 10^{-4} \mathrm{kg \cdot m^2}$，架子的质量为 0.03kg，重心离支点 O 的距离 $r = 0.04\mathrm{m}$。进动平面为水平面，进动速度为每 6s 一转，求转子转动角速度。

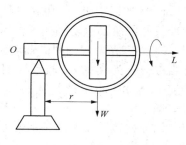

图 1-18 支架回转仪

解 因 $M = mgr$，$L = I\omega$
所以进动角速度

$$\Omega = \frac{M}{L\sin\theta} = \frac{mgr}{I\omega} \qquad \omega = \frac{mgr}{I\omega}$$

将数值代入得

$$\omega = \frac{0.18 \times 9.8 \times 0.04}{1.5 \times 10^{-4} \times \dfrac{\pi}{3}} = 450\mathrm{rad/s}$$

重点小结

内容提要	重点难点
描述刚体转动状态的物理量	转动定律及应用
转动惯量	刚体定轴转动动能定理及应用
力矩	角动量定理及应用
转动定律	
力矩的功	角动量守恒及应用
转动动能	
转动动能定理	
角动量、角冲量	
角动量定理	

习题一

1. 一圆盘绕固定轴由静止开始做匀加速转动，角加速度为 3.14rad/s²。求：经过 10s 后盘上离轴 1.0cm 处一点的切向加速度和法向加速度各等于多少？在刚开始时，该点的切向加速度和法向加速度各等于多少？

2. 一轻绳绕于半径 $r=0.2$m 的飞轮边缘，现以恒力 $F=98$N 拉绳的一端，使飞轮由静止开始加速转动，如图 1-19（a）所示。已知飞轮的转动惯量 $I=0.5$kg·m²，飞轮与轴承之间的摩擦不计，求：

（1）飞轮的角加速度；

（2）绳子拉下 5m 时，飞轮的角速度和飞轮获得的动能；

（3）这动能和拉力 F 对物体所做的功是否相等？为什么？

（4）如以重量 $P=98$N 的物体 m 挂在绳端［图 1-19（b）］，飞轮将如何运动？试计算飞轮的角加速度和绳子拉下 5m 时飞轮获得的动能。

3. 固定在一起的两同轴均匀圆柱体可绕其光滑水平对称轴 OO' 转动。设大小圆柱的半径分别为 R 和 r，质量分别为 M 和 m，绕在两柱体上的细绳分别与物体 m_1 和 m_2 相连，m_1 和 m_2 则挂在圆柱体的两侧，如图 1-20 所示，设 $R=0.20$m，$r=0.10$m，$m=4$kg，$M=10$kg，$m_1=m_2=2$kg，且开始时离地均为 $h=2$m，求：

（1）柱体转动时的角加速度；

（2）两侧细绳的张力。

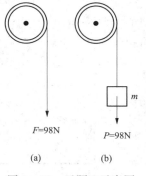

$F=98$N $P=98$N

(a)   (b)

图 1-19　习题 2 示意图

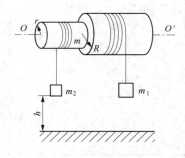

图 1-20　习题 3 示意图

4. 如图 1-21 所示的装置中，物体的质量 m_1、m_2，定滑轮的质量 M_1、M_2，半径 R_1、R_2 都已知，且 $m_1>m_2$。设绳子长度不变，质量不计，绳子与滑轮间不打滑，而滑轮质量均匀分布，其转动惯量可按均匀圆盘计算，滑轮轴承处光滑无摩擦阻力，试应用牛顿定律和转动定律写出这一系统的运动方程，求出物体 m_2 的加速度和绳的张力 T_1、T_2、T_3。

5. 一个质量为 m，长度为 l 的均匀细杆可围绕通过其一端 O，且与杆垂直的光滑水平轴转动，如图 1-22 所示，若将此杆在水平横放时由静止释放，求当杆转到与水平方向成 30° 角时的角速度。

6. 如图 1-23 所示，质量为 m_1、长为 l 的匀质棒竖直悬在水平轴 O 上，一个质量为 m_2 的小球以水平速度与棒的下端相碰，碰后速度 v' 反向运动。在碰撞中因时间很短，棒可看作还保持竖直位置，求棒在碰撞后的角速度。

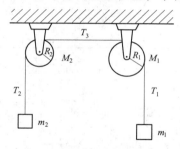

图 1-21 习题 4 示意图

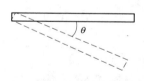

图 1-22 习题 5 示意图

7. 如图 1-24 所示，质量为 m、长为 l 均匀细棒 AB，可绕一个水平光滑轴在竖直平面内转动，轴 O 离 A 端 $l/3$。今使棒从静止开始从水平位置绕轴 O 转动，求启动时的角加速度及转到竖直位置时 A 点的速度和加速度。

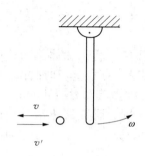

图 1-23 习题 6 示意图

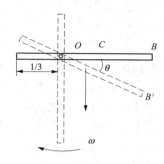

图 1-24 习题 7 示意图

8. 如图 1-25 所示，一块长 $L = 0.60\mathrm{m}$，质量 $M = 1\mathrm{kg}$ 的均匀薄木板，可绕水平轴 OO' 无摩擦地自由转动。当木板静止在平衡位置时，有一质量为 $m = 10 \times 10^{-3}\mathrm{kg}$ 的子弹垂直击中木板 A 点，A 离转轴 OO' 距离 $l = 0.36\mathrm{m}$，子弹击中木板前的速度为 $500\mathrm{m/s}$，子弹穿出木板后的速度为 $200\mathrm{m/s}$，求：

（1）木板获得的角速度；

（2）子弹穿过木棒的过程中，木板所受冲量矩；

（3）木板的最大摆角。

9. 如图 1-26 所示，在光滑的水平面上有一木杆，其质量 $m_1 = 1.0\mathrm{kg}$，长 $l = 40\mathrm{cm}$，可绕通过其中点并与其垂直的轴转动。一个质量为 $m_2 = 10\mathrm{kg}$ 的子弹，以 $v = 200\mathrm{m/s}$ 的速度射入杆端，其方向与杆及轴正交。若子弹嵌入杆中，试求木杆所得到的角速度。

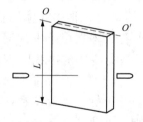

图 1-25 习题 8 示意图

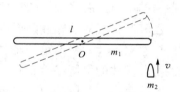

图 1-26 习题 9 示意图

第二章

流体力学

1. 掌握连续性方程、伯努利方程、黏性定律和泊肃叶定律，并会应用它们来解决理想流体和黏性流体的有关问题。
2. 熟悉理想流体、定常流动、黏度等相关概念，黏性流体的伯努利方程与能量损耗，斯托克斯定律与收尾速度。
3. 了解层流、湍流、雷诺数及其关系。

第一章讨论了刚体的转动，刚体是大小和形状均保持不变的物体，而气体和液体与刚体不同，它们的形状不固定，随容器形状而定，因此，把气体和液体统称为**流体**（fluid）。流体内部各部分之间极易发生相对运动的特性称为**流动性**（fluidity），流动性是流体最基本的特性，它是流体与固体之间最主要的区别。研究流体运动规律的学科称为**流体动力学**（fluid dynamics），它是空气动力学、水动力学、生物流体力学等学科的理论基础。

流体运动的基本规律广泛应用于航空、气象、水利、化工等工程技术上，流体的运动还存在于我们的周围及生命体内，如血液循环和呼吸道内气体的输送，药物合成和制剂过程中药液的输送、流量的测量等。本章主要介绍流体动力学的一些基本概念和规律。

第一节 理想流体的定常流动

一、理想流体

实际流体的运动非常复杂，这是因为任何实际流体除了流动性之外还具有黏性和可压缩性。所谓**黏性**（viscosity）是指当流体各层之间有相对运动时，相邻两层之间存在内摩擦力的性质。有些液体的黏性很大，例如甘油、血液等；很多液体的黏性很小，例如水、乙醇等；气体的黏性则更小。在研究黏性较小的流体在小范围内流动时，流体的黏性可忽略不计。所谓**可压缩性**（compressibility）是指流体的体积随压强不同而改变的性质。液体的可压缩性很小，例如水在10℃时，每增加一个标准大气压，体积仅减少二万分之一；气体的可压缩性很大，但是其流动性很好，当气体在压强差很小的非密闭容器中流动时，气体的体积和密度变化都很小，因此，液体和流动中的气体都可近似地看成是不可压缩的。

综上所述，实际流体的流动虽然很复杂，但黏性和可压缩性只是影响流体运动的次要因素，流动性才是影响流体运动的主要因素。因此，在研究流体运动时，为了突出流动性这一基本特征，对流体进行简化，引入**理想流体**（ideal fluid）模型来分析问题。所谓理想流体，是指**绝对不可压缩，完全没有黏性的流体**。简化研究对象是物理学常用的研究方法，在工程实际中也经常使用。

二、定常流动

对运动的流体而言，一般情况下，同一时刻通过空间各点的流速是不同的；而不同时刻，通过空间同一点的流速也不同，即流速是空间坐标和时间的函数，可用函数 $v = f(x, y, z, t)$ 来描述。若流体流经空间任一点的流速都不随时间变化，流速仅是空间坐标的函数，即

$$v = f(x, y, z) \tag{2-1}$$

这种流动称为**定常流动**（steady flow）。

在实际问题中，当流体的流动随时间变化并不显著或可以忽略其变化时，可近似看作定常流动。例如沿着管道或渠道缓慢流动的水流，在较短时间内可以认为是定常流动。

三、流线和流管

为了形象地描述流体的运动情况，在流体流动的空间做一些假想的曲线，曲线上任意一点的切线方向都与流体通过该点的速度方向相同，这些曲线称为**流线**（streamline）。图 2-1 中处于同一流线的 A、B、C 三点的流速虽然不同，但处在定常流动状态，A、B、C 三点的速度 v_A、v_B、v_C 都不随时间变化，流线的形状和分布也不随时间变化。

在流体内部，由许多流线所围成的管状体称为**流管**（stream tube），如图 2-2 所示。由于任意两条流线不会相交，所以流管内外的流体都不会穿越管壁，即流管中的流体只能在流管内流动而不会流出管外，流管外的流体也不会流入管内。当流体做定常流动时，流管的形状不随时间变化。这样，就可以把运动的流体看作由许多流管组成。通过研究流体在流管中的运动规律就可以了解整个流体的运动情况。

在实际问题中，当流体在管道中做定常流动时，往往把整个管道作为一个流管来研究。

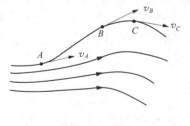

图 2-1　流线

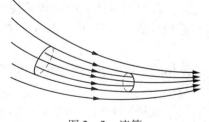

图 2-2　流管

思考题

1. 影响流体运动的主要因素是什么？

2. 引入理想流体模型来分析问题有什么好处?

第二节　定常流动的连续性方程

单位时间内垂直通过流管任意截面的流体体积称为**体积流量**（volume rate of flow），简称**流量**，用 Q 表示，单位是 m^3/s。若截面积为 S，则定义 $v = Q/S$ 为截面处的**平均流速**。在实际问题中，为方便研究问题，往往忽略截面上流速的差异，用平均流速代表流体在截面处的流速。

如图 2–3 所示，在不可压缩、做定常流动的流体中任取一个细流管，并在流管中任意取两个与流管垂直的截面 S_1 和 S_2，相应截面积上的平均流速分别为 v_1 和 v_2。在 Δt 时间内流过截面 S_1 和 S_2 的流体体积分别为

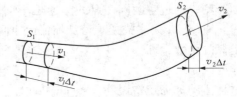

$$V_1 = S_1 v_1 \Delta t$$
$$V_2 = S_2 v_2 \Delta t$$

图 2–3　连续性方程的推导

对于不可压缩并且做定常流动的流体，流入流管的流体体积应该等于流出流管的流体体积，即

$$S_2 v_1 = S_2 v_2 \tag{2-2}$$

式（2–2）称为流体的**连续性方程**（continuity equation）。

因为 S_1 和 S_2 是在流管上任意选取的两个截面，所以对同一流管的任意垂直截面来说

$$Sv = Q = 常量 \tag{2-3}$$

连续性方程也可写成式（2–3）的形式。它表明，**不可压缩的流体做定常流动时，流管的截面积与该处流速的乘积为一常量**。因此，同一流管中截面积大处流速小，截面积小处流速大。

连续性方程的应用很广泛，它反映了流量、流速和截面积三者之间的关系。在化工和制药过程中，对流量、管径、流速要综合考虑。当流量确定后，若设计的管径小，流速就大，将增大流体流动的能量损耗；若设计的管径大，流速就小，又会增大管道材料的耗费。因此，在工艺设计中必须二者兼顾，通常对流速的选取有一定的经验范围。

若流体的密度为 ρ，从连续性方程可得

$$\rho S_1 v_1 = \rho S_2 v_2 \tag{2-4}$$

式（2–4）说明单位时间内通过截面 S_1 流入流管的流体质量应等于从截面 S_2 流出流管的流体质量，即单位时间内垂直通过流管任一截面的流体质量是常量。因此，连续性方程说明流体在流动中不仅体积流量守恒，质量流量也是守恒的。

实际上输送近似理想流体的刚性管道可视为流管，如管道有分支，不可压缩流体在各分支管的流量之和等于总管流量。设总管的截面积为 S_0，流速为 v_0，各分支管的截面积分别为 S_1、$S_2 \cdots S_n$，流速分别为 v_1、$v_2 \cdots v_n$ 则连续性方程为

$$S_0 v_0 = S_1 v_1 + S_2 v_2 + \cdots\cdots S_n v_n \tag{2-5}$$

例题 2 - 1　一冷却器由 15 根内径为 20mm 的列管组成，冷却水由内径为 60mm 的导管流入列管中，若导管中的水流速度为 2.0m/s，求列管中的水流速度。

解　设导管内径为 d_1，列管内径为 d_2。根据有分支管道的连续性方程有

$$S_0 v_0 = S_1 v_1 + S_2 v_2 + \cdots\cdots + S_n v_n$$

即

$$\frac{\pi}{4} d_1^2 v_1 = 15 \times \frac{\pi}{4} d_2^2 v_2$$

得

$$v_2 = \frac{1}{15}\left(\frac{d_1}{d_2}\right)^2 v_1 = \frac{1}{15} \times \left(\frac{0.060}{0.020}\right)^2 \times 2.0 = 1.2\text{m/s}$$

即列管中的水流速度为 1.2m/s。

思考题

1. 连续性方程的适用条件是什么？
2. 为何"穿堂风"的流速大？

第三节　伯努利方程及其应用

一、伯努利方程

理想流体做定常流动时，流体运动的基本规律是伯努利（D. Bernoulli）于 1738 年首先提出的，说明流体在流管中各处的流速、压强和高度之间有一定的关系。下面利用功能原理进行推导。

图 2 - 4 所示是理想流体在重力场中做定常流动时的一根细流管，在管中取一段流体 MN 为研究对象。经过很短的时间 Δt 后，这段流体由 MN 处流到 $M'N'$ 处。由于流管很细而且时间 Δt 很短，可以认为流体段在 MM' 和 NN' 内各物理量不变，它们的截面积、压强、流速和高度分别用 S_1、P_1、v_1、h_1 和 S_2、P_2、v_2、h_2 表示。

根据功能原理可知，系统机械能的增量等于外力和非保守内力对系统做功的代数和。由于讨论的理想流体没有黏性，故不存在非保守内力，只需考虑外力即周围流体对它的压力所做的功。

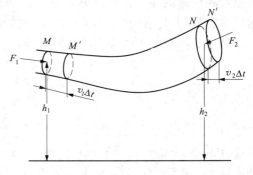

图 2 - 4　伯努利方程的推导

流管内的流体由 MN 流到 $M'N'$ 的过程中，流管外的流体对这部分流体的压力垂直于流管表面，即垂直于流体流动方向，因而不做功；只有作用在 S_1、S_2 两个截面（产生）的压力才对 MN 段流体做功。作用在 S_1 上的压力 $\boldsymbol{F}_1$ 与流速方向一致，推动流体前进，做正功 $A_1 = F_1 v_1 \Delta t = P_1 S_1 v_1 \Delta t$；作用在 S_2 上的压力 $\boldsymbol{F}_2$ 与流速方向相反，阻碍流体前进，做负功 $A_2 = -F_2 v_2 \Delta t = -P_2 S_2 v_2 \Delta t$。所以外力所做的总功为

$$A = A_1 + A_2 = P_1 S_1 v_1 \Delta t - P_2 S_2 v_2 \Delta t$$

根据流体的连续性方程有

$$S_1 v_1 \Delta t = S_2 v_2 \Delta t = V$$

V 为 Δt 时间内流过流管任一截面的流体体积，故

$$A = P_1 V - P_2 V$$

从图 2-4 可以看出，流体从 MN 处流到 $M'N'$ 处，$M'N$ 段流体运动状态没有变化，相当于 $M'N$ 段流体没有动，只是 MM' 段流体移到 NN' 段，故在 Δt 时间内 $M'N$ 段流体的机械能没有变化，机械能的变化仅反映在质量均为 $m = \rho V$ 的 NN' 段与 MM' 段流体。所以，总的机械能增量为

$$\Delta E = E_2 - E_1 = \left(\frac{1}{2}mv_2^2 + mgh_2\right) - \left(\frac{1}{2}mv_1^2 + mgh_1\right)$$

由功能原理，应有 $\Delta E = A$，即

$$\frac{1}{2}mv_2^2 + mgh_2 - \frac{1}{2}mv_1^2 - mgh_1 = P_1 V - P_2 V$$

各项除以 V 并移项得

$$P_1 + \frac{1}{2}\rho v_1^2 + \rho g h_1 = P_2 + \frac{1}{2}\rho v_2^2 + \rho g h_2 \qquad (2-6)$$

式中 $\rho = m/V$ 是流体的密度，式（2-6）称为**伯努利方程**（Bernoulli equation）。

因为截面 S_1 和 S_2 是在流管上任意选取的，所以对同一流管的任意垂直截面都有

$$P + \frac{1}{2}\rho v^2 + \rho g h = 常量 \qquad (2-7)$$

故伯努利方程可以写成式（2-7）的形式。它表明，**理想流体做定常流动时，在同一细流管的任意截面处，单位体积流体的动能、势能与该处压强之和为常量**。伯努利方程实质上是理想流体在重力场中流动时的功能关系，是流体动力学的基本方程。

如果流体在水平管中流动，则 $h_1 = h_2$，伯努利方程可简化为

$$P_1 + \frac{1}{2}\rho v_1^2 = P_2 + \frac{1}{2}\rho v_2^2$$

或

$$P + \frac{1}{2}\rho v^2 = 常量 \qquad (2-8)$$

由式（2-3）和式（2-8）可以得出，理想流体在水平管中做定常流动时，截面积小处流速大，压强小；截面积大处流速小，压强大。

二、伯努利方程的应用

1. 空吸作用

用图 2-5 所示的水平管做实验，三根竖直的支管用来测量液体的压强。当水在水平管内做定常流动时，可以观察到位置 2 处支管液柱高度比 1 处支管的液柱高度低。这是因为位置 2 处的截面积比 1 处小，故流速大，压强小，支管液柱高度低。如果继续增大水流的速度，可以看到位置 2 处支管液柱高度随之下降。当水流的速度增大到一定程度时，可使 2 处的压强小于大气压，该处表现出吸入外界气体或液体的现象，

称为**空吸作用**（suction）。图2-6所示的喷雾器、水流抽气机等就是根据空吸作用的原理而设计的。

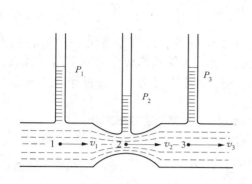

图2-5　水平管

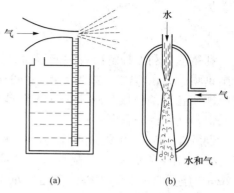

图2-6　喷雾器和水流抽气机原理

2. 流量计

文托里流量计（Venturi flowmeter）可用来测量流体的流量，测量时将流量计水平地连接到被测管道上。图2-7为测量液体流量的文托里流量计原理图。由于流量计水平放置，应用伯努利方程可得

$$\frac{1}{2}\rho v_1^2 + P_1 = \frac{1}{2}\rho v_2^2 + P_2$$

将上式与连续性方程 $S_1 v_1 = S_2 v_2$ 联立，可得1处液体的流速为

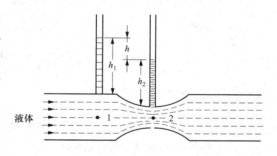

图2-7　文托里流量计

$$v_1 = S_2 \sqrt{\frac{2(P_1 - P_2)}{\rho(S_1^2 - S_2^2)}} \qquad (2-9)$$

若1、2两处竖直管的液面高度差为 h，那么

$$P_1 - P_2 = \rho g(h_1 - h_2) = \rho g h$$

因此，液体的流量

$$Q = S_1 v_1 = S_1 S_2 \sqrt{\frac{2gh}{S_1^2 - S_2^2}} \qquad (2-10)$$

若流量计中的截面积 S_1 和 S_2 为已知，则只要测出两竖直管的液面高度差 h，就可以求出管中液体的流量。

气体的流量也可以用文托里流量计测定。图2-8为测量气体流量的文托里流量计，测量原理与液体流量计相似，只是1、2两处的压强差采用装有工作液体的U形管来测量。设气体的密度为 ρ，工作液体的密度为 ρ'，那么

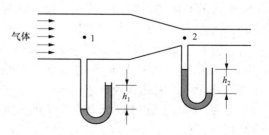

图2-8　用于气体的文托里流量计

$$P_1 - P_2 = P_0 + \rho'gh_1 - (P_0 - \rho'gh_2) = \rho'g(h_1 + h_2)$$

因此，气体流量

$$Q = S_1v_1 = S_1S_2\sqrt{\frac{2\rho'g(h_1 + h_2)}{\rho(S_1^2 - S_2^2)}} \qquad (2-11)$$

利用伯努利方程解决有关问题时，通常按如下步骤做可使问题简化：①根据题意画出草图；②在流体中选取流管，也可选取流线；③在流管或流线上选取截面（或点）时应涉及已知条件或所求量；④零势能参考面的位置可任意选，以方便解题为前提；⑤通常与连续性方程联用。

例题 2-2 水在粗细不均匀的水平管中做定常流动，如图 2-9 所示。截面 1 处的管道内径为 0.20m，压强为 1.5×10^5Pa，截面 2 处的管道内径为 0.10m，压强为 1.2×10^5Pa。求：（1）水在截面 1 处和截面 2 处的流速；（2）水在管道中的体积流量。

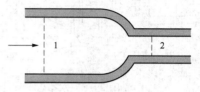

图 2-9 例题 2-2 示意图

解 （1）根据连续性方程 $S_1v_1 = S_2v_2$ 有

$$\frac{\pi}{4}d_1^2v_1 = \frac{\pi}{4}d_2^2v_2$$

得

$$v_2 = \left(\frac{d_1}{d_2}\right)^2 v_1 = \left(\frac{0.20}{0.10}\right)^2 v_1 = 4v_1$$

因为 $h_1 = h_2$，根据伯努利方程得

$$P_1 + \frac{1}{2}\rho v_1^2 = P_2 + \frac{1}{2}\rho v_2^2$$

把 $v_2 = 4v_1$ 及已知数值代入后移项得

$$\frac{1}{2} \times 10^3(16v_1^2 - v_1^2) = (1.5 - 1.2) \times 10^5$$

水在截面 1 处和截面 2 处的流速分别为

$$v_1 = 2.0\text{m/s}, v_2 = 4v_1 = 4 \times 2.0 = 8.0\text{m/s}$$

（2）根据体积流量的定义 $Q = S_1v_1 = S_2v_2$

得水在管道中的体积流量 $Q = S_2v_2 = \frac{\pi}{4}d_2^2v_2 = \frac{\pi}{4} \times 0.10^2 \times 8.0 = 6.3 \times 10^{-2}\text{m}^3/\text{s}$

3. 流速计

流速计的形式多种多样，但原理相同。图 2-10 为流速计的原理图。在均匀水平管中，液体从左向右流动，流速为 v。在水平管中插入一根直管 L_1 和一根直角弯管 L_2。直管管口截面 A 与流线方向平行，因此 $v_A = v$；直角弯管管口截面 B 与流线方向垂直，液体在弯管处受阻，因此该处流速 $v_B = 0$。

将 A、B 两个管口截面中心置于同一高度，根据伯努利方程有

$$P_B = P_A + \frac{1}{2}\rho v_A^2$$

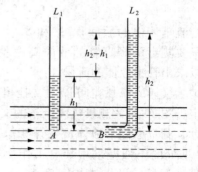

图 2-10 流速计原理

A、B 两处的压强差由两支管液面的高度差决定，即

$$P_B - P_A = \rho g(h_2 - h_1)$$

因此，液体的流速

$$v = v_A = \sqrt{2g(h_2 - h_1)} \tag{2-12}$$

通常，把 L_1、L_2 管的组合体称为 **皮托管**（Pitot tube）。皮托管既可用来测量液体的流速，也可用来测量气体的流速。图 2 – 11（a）所示的皮托管用来测量液体的流速，L_1、L_2 两管的液面高度差为 h，则液体的流速为

$$v = \sqrt{2gh} \tag{2-13}$$

若用来测量气体的流速，只需将管子倒过来，在 U 形管内装上测量压强差的液体即可，如图 2 – 11（b）所示。

图 2 – 12 所示的流速计常用于测量气体的流速，所以又称为 **风速管**。它是由两个同轴细管组成，内管的开口 A 在正前方，外管的开口 B 在管壁上，内、外两管分别与 U 形管的两臂相连，在 U 形管内盛有液体，形成压强计。测量气体流速时，将风速管 A 口迎着气流方向放置，则 $v_A = 0$，B 处的速度 v_B 就是待测气体的流速 v。由伯努利方程可得

$$P_A = P_B + \frac{1}{2}\rho v_B^2$$

因为 $P_A - P_B = \rho' g h$，代入上式，可得气体的流速为

$$v = \sqrt{\frac{2\rho' g h}{\rho}} \tag{2-14}$$

式中，ρ 为待测气体的密度，ρ' 为 U 形管中液体的密度，h 为 U 形管中两液面的高度差。

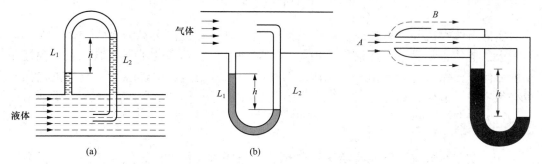

图 2 – 11　皮托管　　　　　　　　　　　　图 2 – 12　风速管

不论用哪一种流速计（仪）测量流速，都有一个共同缺点，即必须把测速仪器放入流体中，这就破坏了原来的流动情况，对测量精度有一定影响。随着激光技术的发展，出现各种类型的激光流速仪，应用激光测流速的优点是不干扰流体的状态，因而测量精度较高，激光流速仪已成为研究流体运动的重要仪器。

例题 2 – 3　一个盛有液体的容器，在其下部距液面高度为 h 的地方开一个小孔，如图 2 – 13 所示，求液体从小孔流出的速度。

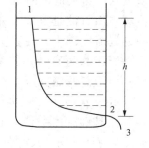

解　在液体中取一条从液面 1 到小孔 2 的细流管 1 – 2 – 3，

图 2 – 13　小孔流速

如图所示。应用伯努利方程有

$$P_1 + \frac{1}{2}\rho v_1^2 + \rho gh_1 = P_2 + \frac{1}{2}\rho v_2^2 + \rho gh_2$$

液面和小孔均与外界相通，因此 $P_1 = P_2 = P_0$（大气压强）。设小孔处高度为零，即 $h_2 = 0, h_1 = h$。容器的截面比小孔的截面大得多，即 $S_1 >> S_2$，根据连续性方程 $S_1v_1 = S_2v_2$，可得 $v_1 << v_2$，此时可认为 $v_1 \approx 0$。

把上述条件代入伯努利方程，可求出小孔的流速 v_2 为

$$v_2 = \sqrt{2gh}$$

将连续性方程和伯努利方程联用解决具体问题时，使用近似条件可使问题简化：①同一流管中若两截面 $S_1 >> S_2$，则 $v_1 << v_2$，v_1 可近似为零；②与气体相通处液体的压强可近似看成气体的压强。

思考题

1. 伯努利方程的适用条件是什么？
2. 两艘相距很近的轮船朝同一方向并进时，为什么会彼此靠拢甚至导致船体相撞？
3. 当水从水龙头缓慢流出而下落时，为什么水流会逐渐变细？

第四节　黏性流体的运动

实际流体在流动时总是或多或少具有黏性，故实际流体也称为**黏性流体**。对于黏性较大的流体，如甘油、血液、重油等，在流动过程中其黏性不能忽略；对于黏性很小的流体，虽然可近似看作理想流体，但在远距离输送时，由黏性所引起的能量损耗也必须考虑。显然，黏性对流体的运动会产生影响，下面研究黏性流体的运动规律。

一、黏性定律

在一支竖直放置（下端有活塞）的圆管中先倒入无色甘油，然后再加上一段着色甘油，其间有明显的分界面。然后打开管下端的活塞使甘油缓缓流出，经过一段时间后，可观察到着色甘油与无色甘油的分界面呈舌形，如图 2 – 14（a）所示。如果把管壁到管中心之间的甘油看成是许多平行于管壁的圆筒状薄层，如图 2 – 14（b）所示，不难看出甘油是分层流动的，各流体层流速不同，沿管中心流动的速度最大，距管中心越远流速越小，在管壁上甘油是附着的，流速近似为零。

当相邻两流体层之间因流速不同而相对运动时，在两流体层的接触面上，就会出现一对阻碍两流体层相对运动的摩擦力。这对大小相等、方向相反的摩擦力称为**黏性力**（viscous force）或**内摩擦力**（internal friction）。

在黏性流体中，由于黏性力的存在使得流速从管中心到管壁逐层递减，速度分布如图 2 – 15 所示，若在垂直于流速的 x 方向上相距 dx 的两流体层之间的速度差为 dv，则 dv/dx 表示在 x 方向上单位距离的流体层之间的速度差，称为**速度梯度**（velocity gradient)。一般来说，不同 x 值处的速度梯度不同，距管中心越远，速度梯度越大。

实验证明，流体内部相邻流体层之间的黏性力大小与两流体层之间的接触面积 S 成正比，与该处的速度梯度 $\mathrm{d}v/\mathrm{d}x$ 成正比，即

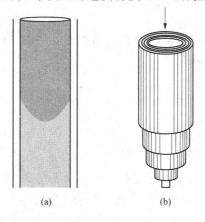

图 2 - 14　黏性流体的流动

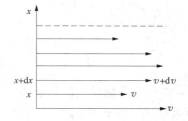

图 2 - 15　黏性流体在管中的流速分布

$$F = \eta \frac{\mathrm{d}v}{\mathrm{d}x} S \qquad\qquad (2-15)$$

式（2-15）称为**黏性定律**（viscous law）。比例系数 η 称为**黏度系数**（coefficient of viscous）或**黏度**，单位是帕·秒（Pa·s）。黏度是衡量流体黏性大小的物理量，它不仅与物质的种类有关，而且与温度密切相关，表 2-1 给出了几种流体的黏度。一般说来，液体的黏度随温度的升高而减小，气体的黏度随温度的升高而增大。

表 2 - 1　几种流体的黏度

流体	温度（℃）	黏度（10^{-3}Pa·s）	流体	温度（℃）	黏度（10^{-3}Pa·s）
空气	0	0.017 09	水银	0	1.69
	20	0.018 08		20	1.55
	100	0.021 75		100	1.22
水	0	1.792	乙醇	0	1.77
	20	1.005	乙醇	20	1.20
	100	0.284	蓖麻油	17.5	1225.0

遵循黏性定律的流体称为**牛顿流体**（Newton fluid），其黏度在一定温度下是常量，如水、血浆、乙醇等。不遵循黏性定律的流体称为**非牛顿流体**，其黏度在一定温度下不是常量，如血液、悬浮液、原油等。

二、黏性流体的伯努利方程

在理想流体的伯努利方程推导中，忽略了流体的黏性和可压缩性，因此，该方程只适用于理想流体做定常流动。而对于黏性流体做定常流动，一般说来，流体的可压缩性仍可忽略，但流体的黏性以及由此而引起的能量损耗必须考虑。

仍利用图 2-4，只是细流管中流动的是黏性流体，同样采用功能原理来分析。黏性流体从 MN 运动到 $M'N'$ 过程中，除了作用在截面的压力对流体做功外，由于流体黏性的存在，黏性力对流管内的流体做负功。设黏性力所做的功为

$$A' = -wV \qquad (2-16)$$

式中 w 是单位体积的不可压缩黏性流体从 MN 运动到 $M'N'$ 时，克服黏性力所做的功或消耗的能量。于是，根据功能原理有 $\Delta E = A + A'$，即

$$\left(\frac{1}{2}mv_2^2 + mgh_2 \right) - \left(\frac{1}{2}mv_1^2 + mgh_1 \right) = (P_1 - P_2)V - wV$$

整理后得

$$P_1 + \frac{1}{2}\rho v_1^2 + \rho g h_1 = P_2 + \frac{1}{2}\rho v_2^2 + \rho g h_2 + w \qquad (2-17)$$

式（2-17）称为**黏性流体的伯努利方程**，它反映了不可压缩的黏性流体做定常流动的基本规律。由于黏性的影响，流管中黏性流体在任意两截面处单位体积流体的动能、势能和压强的总和不相等，而是沿流动方向逐渐减少。

如果不可压缩的黏性流体在均匀管道中做定常流动，由于 $v_1 = v_2$，式（2-17）变为

$$P_1 - P_2 + \rho g(h_1 - h_2) = w$$

当 $h_1 = h_2$ 时，有

$$P_1 - P_2 = w \qquad (2-18)$$

也就是说，黏性流体在均匀水平管中做定常流动时，能量的损耗表现为压强的减小。因此，要使黏性流体在均匀水平管做定常流动，管道的两端必须维持一定的压强差，以外力对流体做功的方式来补偿由于黏性力所引起的能量损耗。

当 $P_1 = P_2$ 时，有

$$\rho g(h_1 - h_2) = w \qquad (2-19)$$

也就是说，在外界压强相同的情况下，黏性流体在非水平的均匀管道中做定常流动时能量的损耗表现为重力势能的减小。因此，要使黏性流体在非水平的均匀管道做定常流动，管道的两端必须有一定的高度差，以降低流体重力势能的方式来弥补由于黏性力所引起的能量损耗。

由以上分析可见，黏性流体远距离传输时，必须根据能量损耗 w 的大小来提供适当的压强差或高度差，以使出口处流体的压强或速率满足所需要求。

三、泊肃叶定律

法国生理学家泊肃叶通过研究血液在血管内的流动，得出了黏度为 η 的不可压缩的牛顿流体在半径为 R、长度为 L 的水平圆管中做定常流动时的体积流量为

$$Q = \frac{\pi R^4 (P_1 - P_2)}{8\eta L} \qquad (2-20)$$

式（2-20）称为**泊肃叶定律**（Poiseuille law），式中 $P_1 - P_2$ 为管道两端的压强差。它表明，在管子半径确定的条件下，压力梯度 $(P_1 - P_2)/L$ 随流量 Q 线性增加；在给定

压力梯度的条件下，流量 Q 与管子半径 R 的四次方成正比。

对于非水平的均匀圆管，体积流量为

$$Q = \frac{\pi R^4}{8\eta L}(\Delta P + \rho g \Delta h) \qquad (2-21)$$

式中，ΔP 为圆管两端的压强差，Δh 为圆管两端的高度差。式（2-21）表明，非水平的均匀圆管的体积流量不仅与圆管两端压强差有关，而且与流体在圆管两端的单位体积势能差有关。当均匀圆管处于水平时，$\Delta h = 0$，式（2-21）变为式（2-20）。即为了维持黏性流体的定常流动，在水平管中黏性阻力由管两端的压强差产生的推力理来平衡，在非水平管中黏性阻力由压强差和重力共同克服。

四、斯托克斯黏性定律

固体在黏性流体中运动时，其表面会附着一层流体，这层流体随固体一起运动，因而与周围流体层之间存在黏性力，阻碍固体在流体中运动。

实验研究表明，若固体的运动速度很小，黏性阻力与流体的黏度和物体的线度、速度成正比，比例系数由固体的形状决定。对于球形物体，比例系数为 6π。故当半径为 r 的球形物体在黏度为 η 的流体中以速度 v 运动时，所受的黏性阻力为

$$f = 6\pi\eta r v \qquad (2-22)$$

式（2-22）称为**斯托克斯定律**（Stokes law）。

若半径为 r、密度为 ρ 的小球在密度为 ρ' 的黏性流体中自由下沉，小球受到竖直向下的重力、竖直向上的浮力和竖直向上的黏性阻力共同作用。开始时，重力大于浮力和黏性阻力之和，小球加速下沉；随着小球的速度不断增大，小球受到的黏性阻力也随之增大，当速度达到一定值时，重力、浮力和黏性阻力三力达到平衡，有

$$\frac{4}{3}\pi r^3 \rho g = \frac{4}{3}\pi r^3 \rho' g + 6\pi\eta r v$$

则小球匀速下降的速度为

$$v = \frac{2gr^2(\rho - \rho')}{9\eta} \qquad (2-23)$$

这个速度称为**收尾速度**（terminal velocity）或**沉降速度**（sedimentary velocity）。由式（2-23）可知，当小球（如空气中的尘粒、雾中的小雨滴、黏性液体中的细胞等）在黏性流体中自由下沉时，沉降速度与小球的大小、重力加速度成正比。仔细观察雨滴下落的情景，可以证明这个结论。同样，在药物制剂生产中，如果药物剂型是混悬液，为了减小悬浮质的沉降速度，提高药液的稳定性，可以通过增加悬浮质的密度、黏度和减小药物颗粒的半径来实现。

在药学中，测定液体的黏度是检验药品的方法之一。如果已知小球的半径、密度以及液体的密度，根据小球在液体中匀速下沉一定距离所需的时间，得出沉降速度 v，通过计算可求液体的黏度 η，这就是常用的沉降法测定液体黏度。如果液体的黏度、密度等已知，则可以通过测量小球的沉降速度求出小球的半径。美国物理学家密立根曾用这个方法测定在空气中自由下落的带电小油滴的半径，进而测定出每个电子所带的

电荷量，这就是著名的密立根油滴实验。

五、层流、湍流与雷诺数

黏性流体的流动形态可分为层流、湍流和介乎二者之间的过渡流。当黏性流体流速较小时，相邻流体层之间仅作相对滑动而没有横向混合的流动状态称为**层流**（laminar flow）。流体在做层流时，流体分层流动而且不会产生声音，例如甘油的流动、液体在毛细管中的流动等多为层流。

当黏性流体的流速增大到某一数值时，流体不再保持分层流动的状态，各流体层相互混合，甚至出现旋涡，这种不规则的流动状态称为**湍流**（turbulent flow）。流体在做湍流时，流动显得杂乱而不稳定，能量的消耗和阻力将急剧增加，流动时会产生声音，这是湍流区别于层流的特点之一，在水管及河流中经常可以看到这些现象。

黏性流体的流动形态是层流还是湍流，可用**雷诺数**（Reynolds number）来判断。雷诺数是雷诺（Reynolds）通过大量实验，将影响流体流动形态的各种因素概括为一个无量纲的数值，以此作为判定层流向湍流转变的依据。雷诺数 Re 的定义是

$$Re = \frac{\rho v r}{\eta} \qquad (2-24)$$

上式表明，由层流向湍流的转变，不仅取决于流体流速 v 的大小，而且还与流体密度 ρ、流管半径 r 和流体黏度 η 有关。

实验结果表明：$Re < 1000$ 时，流体做层流；$Re > 1500$ 时，流体做湍流；$1000 < Re < 1500$ 时，流动不稳定，流体可做层流或湍流，称为**过渡流**。

思考题

1. 黏性流体在均匀圆管中做定常流动时，能量的损耗表现在什么方面？
2. 黏性流体的流动形态如何判断？各有什么特点？
3. 如何应用泊肃叶定律或斯托克斯定律测定不同液体的黏度？

重点小结

内容提要	重点难点
理想流体	理想流体、定常流动的概念
	连续性方程及其应用
	伯努利方程及其应用
黏性流体	层流、湍流的概念
	黏性力与能量损耗的关系
	黏性定律、泊肃叶定律、斯托克斯定律

习题二

1. 将直径为 3.0cm 的软管连接到草坪的洒水器上，洒水器装一个有 20 个小孔的莲蓬头，每个小孔直径为 0.15cm。如果水在软管中的流速为 1.0m/s，试求由各小孔喷出的水流速度。

2. 水在一水平管中流动，管中 A 点的流速为 2.0m/s，压强为 1.013×10^5Pa，管中的 B 点比 A 点低 1.0m。如果 B 处水管的截面积是 A 处的二分之一，求 B 点的压强。

3. 水压为 3.0×10^5Pa 的水从处于地下 5.0m、内径为 6.0cm 的管道（进口处）进入到地面的实验大楼，然后用内径为 4.0cm 的管道引导到 10.0m 高的实验室。当进口处水的流速为 4.0m/s 时，求实验室水龙头（出口处）的流速和压强。

4. 文托里流量计主管的直径为 0.30m，细颈的直径为 0.10m，如果水在主管的压强为 1.5×10^5Pa，在细颈的压强为 1.1×10^5Pa，求水的体积流量。

5. 水在水平管内流动，某段截面积为 10cm^2，另一段截面积压缩为 5.0cm^2，这两截面处的压强差为 300Pa，求 1 分钟内从管中流出的水是多少？

6. 一个顶端开口的圆筒容器，高 20cm，直径 10cm，在容器的底部开一横截面积为 1.0cm^2 的小圆孔。水从圆筒顶部以 140cm^3/s 的流量注入圆筒内，求圆筒的水面可以升到的最大高度。

7. 水从蓄水池中通过导管流出，如图 2 - 16 所示，点 1 的高度为 6.1m，点 2、点 3 的高度为 1.0m，在点 2 处导管的截面积为 0.040m^2，在点 3 处为 0.020m^2，求：

（1）点 2 处的压强；

（2）水由管口流出的体积流量。

8. 用图 2 - 17 所示的皮托管测量水速，测得两管中水柱上升的高度为 $h_1 = 0.50$cm，$h_2 = 5.4$cm，求水流速度。

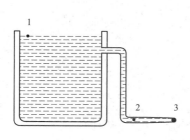

图 2 - 16 习题 7 示意图

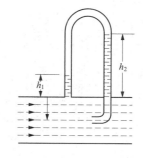

图 2 - 17 习题 8 示意图

9. 采用图 2 - 12 所示的风速管，以水作为压强计的液体装在飞机上，用以测量空气的流速。如果水柱的最大高度差为 0.10m，空气的最大流速是多少？（$\rho_{空气} = 1.3$ kg/m^3）

10. 体积为 80cm^3 的水，在均匀的水平管中从压强为 1.8×10^5Pa 的截面流到压强为 1.3×10^5Pa 的截面时，克服黏性阻力做的功是多少？

11. 设橄榄油的黏度为 0.18Pa·s，流过管长为 0.50m，半径为 1.0cm 的水平管时，管两端的压强差为 2.0×10^4Pa，求其体积流量。

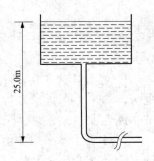

12. 密度为 2.6×10^3kg/m³ 的石英微珠在 20℃ 的水中沉降，沉降速度为 7.8×10^{-4} m/s。设水的密度为 1.0×10^3 kg/m³，黏度为 1.0×10^{-3}Pa·s，求此石英微珠的直径。

13. 如图 2-18 所示，水通过内径为 0.20m 的管子从水塔底部流出，水塔内水面高出水管出水口 25.0m。如果维持水塔内水位不变，并已知管路中单位体积水的流量损失为 24.5m 水柱高具有的势能，每小时由管口排出的水量为多少？

图 2-18 习题 13 示意图

第三章 | 气体动理论

学习目标

1. 了解物质的组成、分子统计规律性，能从微观和统计意义上理解压强、温度、内能等概念；理解系统的宏观量是微观运动的统计表现。
2. 理解能量均分定理的意义，会计算理想气体的内能；理解麦克斯韦分子速率分布律、速率分布曲线的意义和三种速率的求法。
3. 了解分子平均自由程、输运现象。
4. 了解表面张力和液体表面现象。

气体动理论（kinetic theory of gas）是研究物质热运动性质和规律的微观统计理论，曾称气体分子运动论。它根据物质由大量分子组成，分子不停顿地做无规则热运动，分子间存在相互作用力，分子的运动遵循牛顿定律等，用统计平均的方法，得出大量分子热运动所遵循的统计规律，建立宏观量与相应微观量平均值的关系，为热力学系统的宏观性质和规律提供微观统计解释。

热力学（thermodynamics）和**统计物理学**（statistical physics）在对热现象的研究上，起到了相辅相成的作用。热力学对宏观热现象给出了普遍而可靠的结果，可以用来验证微观理论的正确性；统计物理学则可深入热现象的本质，使热力学的理论具有更深刻的意义。两种方法的紧密结合，使热学成为联系微观世界与宏观世界的一座桥梁。限于篇幅的原因，本章先概要介绍热学中的几个重要概念，然后重点讨论统计物理学中最基本的内容——气体动理论。

第一节　理想气体物态方程

一、平衡态

热学研究的对象称为热力学系统，简称**系统**（system）。系统以外的物质称为**外界**（outside）或环境。热力学系统都是由大量原子、分子或其他微观粒子所组成的宏观物体。例如，气缸中的气体、一定体积的液体、一块固体以及一个生物体等；而包围这些物体的其他物质都是外界。

若热力学系统不受外界影响，即系统与外界不交换任何能量（做功和传递能量）和物质，这种系统是完全封闭的，称为**封闭系统**。

要研究一个系统的性质及其变化规律，首先要对系统的状态加以描述。对于一个系统的状态从整体上加以描述的方法叫宏观描述，这时所用的表征系统状态和属性的物理量称为**宏观量**（macroscopic quantity）。

任何宏观物体都是由大量分子或原子组成的。分子和原子统称为微观粒子，它们都在不停地运动着，之间存在着或强或弱的相互作用。我们可以通过对微观粒子运动状态的说明而对系统的状态加以描述，这种方法称为微观描述。描述一个微观粒子运动状态的物理量称为**微观量**（microscopic quantity）。

热学中主要讨论的是系统宏观状态的一种特殊情况，称为**平衡态**（equilibrium state）。所谓平衡态，**是指在不受外界影响的条件下，一个系统的宏观性质不随时间改变的状态**。经验表明，一个封闭的热力学系统，不管其原来处在什么状态，经过一定时间后，总会自发地趋向平衡态，并保持这个状态不变。

应当指出，在实际中并不存在完全不受外界影响、因而宏观性质绝对保持不变的系统，所以平衡态只是一个理想的概念，它是在一定条件下对实际情况的概括和抽象。但在许多实际问题中，如果系统的宏观性质变化很微小，可以忽略不计时，则系统的状态可以近似看成平衡态，由此能比较简便地得出与实际情况基本相符的结论。平衡态是热学理论中的一个很重要的概念。

系统的平衡态可以用几个宏观状态参量来描述，如在一定体积内单一成分的气体，在平衡态下，如果忽略重力的影响，其压强、温度是处处一样的，因此就可以用体积 V、压强 p 和温度 T 来描述它的状态，这三者称为气体的状态参量。

当系统与外界交换能量时，它的状态就要发生变化。气体从一个状态不断地变化到另一个状态，其间所经历的过渡阶段称为状态变化的过程。如果过程所经历的所有中间状态都无限接近平衡态，这个过程就称为**准静态过程**（quasistatic process），也称为平衡过程。

二、理想气体物态方程

（一）物态方程

一个热力学系统所处的平衡态，可以由一组（几何的、力学的、电磁的和化学的）独立参量来描写，即一个确定的平衡态对应一组确定的参量。在平衡态下，系统具有确定的温度，即当描写系统的参量确定后，系统的温度也随之被确定。由此可知，温度与上述四类参量之间必然存在着一定的联系，或者说，温度是其他状态参量的函数。对于一种成分的气体（简单）系统来说，可以用压强 p 和体积 V 两个参量来描述它的平衡态，因此系统的温度 T 就是 p 和 V 的函数，即

$$T = f(p,V) \text{ 或 } F(T,p,V) = 0 \tag{3-1}$$

上述描写系统平衡态的状态参量之间的函数关系，称为系统的物态方程或状态方程。不同的系统具有不同的物态方程。在热学的宏观理论中，物态方程的具体形式都由实验确定。

（二）理想气体物态方程

实验发现，如果在足够宽广的温度、压强变化范围内进行比较精细的研究，则气体的物态方程相当复杂，而且不同气体所遵循的规律也有所不同。在压强不太大（与大气压比较）和温度不太低（与室温比较）的实验范围内，遵守**玻意耳 – 马略特**

（Boyle‐Mariotte）**定律、盖‐吕萨克**（Gay‐Lussac）**定律和查理**（Charles）**定律**。我们把在任何情况下严格遵守上述三个实验定律的气体称为**理想气体**（ideal gas）。理想气体的三个状态参量 p、V、T 之间的关系，即理想气体的物态方程，可以从这三条实验定律导出。对一定质量的理想气体有

$$\frac{p_1 V_1}{T_1} = \frac{p_2 V_2}{T_2} = \cdots = 常量 \tag{3-2}$$

上式对任一平衡状态（p、V、T）都成立。令 1mol 气体的常量为 R，则得

$$pV_m = RT \tag{3-3}$$

在标准状态，$p_0 = 1.013 \times 10^5 Pa$，$T_0 = 273.15K$，$V_m = 22.4 \times 10^{-3} m^3$，将这些数值代入（3‐3）式，可得 $R = 8.31 J/(mol \cdot K)$ 或 $R = 0.0821 L \cdot atm/(K \cdot mol)$，它被称为**普适气体常量**（universal gas constant），也称为**摩尔气体常量**（mole gas constant）。

对于质量为 M、摩尔质量为 μ 的理想气体，在标准状态下的体积为：

$V = \dfrac{M}{\mu} V_m = v V_m$，$v = M/\mu$ 是气体的摩尔数，代入（3‐2）式得：

$$\frac{pV}{T} = \frac{M}{\mu} R \quad 或 \quad pV = \frac{M}{\mu} RT = \nu RT \tag{3-4}$$

上式就是质量为 M、摩尔质量为 μ 或物质的量为 ν 的理想气体的物态方程。

思考题

1. 如何理解准静态过程是个理想化的物理模型？
2. 如何理解理想气体模型？

第二节　理想气体的压强

一、理想气体的微观模型

在标准状态下，一定质量的气体与相同质量的液体相比，其体积是液体体积的上千倍。气体极易压缩，而液体几乎不能压缩，这表明气体分子间的距离比液体分子的间距大得多。若认为液体分子是紧密排列在一起的，则气体分子间距是分子本身线度的 10 倍以上，因此，可把气体看作彼此有很大间距（相对于分子本身的线度来说）的分子集合。这样，分子间的相互作用力，除了在碰撞的瞬间以外可以忽略不计。理想气体可以用如下的模型来描述：①分子本身的线度比起分子之间的平均距离来说小很多，可以忽略不计，因而可以作为质点来看待；②除碰撞瞬间外，气体分子之间的相互作用可忽略不计，分子在两次碰撞之间做匀速直线运动；③平衡态下，气体分子之间以及气体分子与容器壁间发生着频繁的碰撞，这些碰撞都是完全弹性的，即在碰撞前后气体分子的动能是守恒的。

关于分子集体的统计性假设：①若外场的影响可忽略，则平衡态下每个气体分子应均匀分布于容器中，如以 N 表示容器体积 V 内的分子总数，则分子数密度 $n =$

$dN/dV = N/V$ 应到处一样；②在平衡态时，每个分子朝任何方向运动的机会（或概率）是一样的，或者说，朝一个方向运动的平均分子数必等于朝相反方向运动的平均分子数，因此速度的每个分量的平方的平均值应该相等，即

$$\overline{v_x^2} = \overline{v_y^2} = \overline{v_z^2} \qquad (3-5)$$

其中各速度分量的平方的平均值定义为

$$\overline{v_x^2} = \frac{v_{1x}^2 + v_{2x}^2 + \cdots v_{Nx}^2}{N}$$

由于每个分子的速率 v_i 和速度分量存在关系：$v_i^2 = v_{ix}^2 + v_{iy}^2 + v_{iz}^2$，等号两侧对所有分子求平均值，$\overline{v^2} = \overline{v_x^2} + \overline{v_y^2} + \overline{v_z^2}$，由此可得

$$\overline{v_x^2} = \overline{v_y^2} = \overline{v_z^2} = \frac{1}{3}\overline{v^2} \qquad (3-6)$$

以上 N，$\overline{v_x^2}$，$\overline{v_y^2}$，$\overline{v_z^2}$，$\overline{v^2}$ 等都是统计平均值，只对大量分子的集体才有确定的意义。就体积元 dV 而言，从宏观上来说，为了表明容器中各点的分子数密度，它应该是非常小的；但从微观上来看，在 dV 内包含大量的分子。因而 dV 应是宏观小，微观大的体积元，不能单纯地按数学极限来理解大小。此外，由于热运动，进出 dV 内的分子 dN 是不断改变的。这样，各个时刻的 dN/dV 值也是不断改变的，但是这种变化量比起 dN/dV 的平均值来讲可以小到忽略不计。

二、理想气体的压强公式

按照分子动理论，一切系统的宏观性质，都是组成它的大量分子做微观运动的结果。气体施于器壁的压强是大量气体分子对器壁频繁碰撞的平均效果。

设一定质量的某种理想气体，被封闭在体积为 V 的容器内并处于平衡态。分子总数为 N，每个分子的质量为 m，各个分子的运动速度不同。为讨论方便，我们把所有分子按速度区间分为若干组，在每一组内各分子的速度大小和方向都非常接近。例如，第 i 组分子的速度都在 v_i 到 $v_i + dv_i$ 这一区间内，它们的速度都趋近于 v_i。以 n_i 表示这一组的分子的数密度，则容器内总的分子数密度应为 $n = n_1 + n_2 + \cdots + n_i + \cdots$。

为了计算气体施于器壁的压强，我们选取容器壁上一小块面元 dA，取垂直于此面积的方向为直角坐标系的 x 轴方向，见图 $3-1$。首先考虑速度在 v_i 到 $v_i + dv_i$ 这一区间内的分子对器壁的碰撞。设器壁是光滑的（由于分子无规则运动，大量分子对器壁碰撞的平均效果在沿器壁方向上都相互抵消了，对器壁无切向力作用，这相当于器壁是光滑的），在碰撞前后，每个分子在 y，z 方向的速度分量不变。由于碰撞是完全弹性

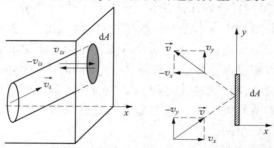

图 $3-1$　容器中理想气体碰撞速度变化分析示意图

的，分子在 x 方向的速度分量由 v_{ix} 变为 $-v_{ix}$，其动量的变化是 $m(-v_{ix})-mv_{ix}=-2mv_{ix}$。按动量定理，这就等于每个分子在一次碰撞器壁的过程中器壁对它的冲量。根据牛顿第三定律，每个分子对器壁的冲量应是 $2mv_{ix}$，方向与沿 x 轴正方向（垂直指向器壁）。

那么，在 dt 时间内有多少个速度趋于 v_i 的分子能碰到 dA 面元上呢？凡是在底面积为 dA，斜高为 $v_i dt$（高为 $v_{ix}dt$）的斜形柱体内的分子在 dt 时间内都能与 dA 相碰。由于这一斜柱体的体积为 $v_{ix}dtdA$，所以这类分子的数目是 $n_i v_{ix}dAdt$，这些分子在 dt 时间内对 dA 的总冲量为 $n_i v_{ix}dAdt(2mv_{ix})$。计算出 dt 时间内碰到 dA 上所有分子对 dA 的总冲量 dI，应把上式对所有 $v_{ix}>0$ 的各个速度区间的分子求和。因为 $v_{ix}<0$ 的分子不会向 dA 撞去，因而有 $dI = \sum\limits_{(v_{ix}>0)} 2mn_i v_{ix}^2 dAdt$。由于分子运动的无规则性，$v_{ix}>0$ 与 $v_{ix}<0$ 的分子数应该各占分子总数的一半，又由于此处求和涉及的是 v_{ix} 的平方，所以如果 $\sum$ 表示对所有分子（即不管 v_{ix} 为何值）求和，则应有

$$dI = \frac{1}{2}\left(\sum_i 2mn_i v_{ix}^2 dAdt\right) = \sum_i mn_i v_{ix}^2 dAdt$$

各个气体分子对器壁的碰撞是断续的，它们给予器壁冲量的方式也是一次一次断续的，但由于分子数目极多，因而碰撞极其频繁。它们对器壁的碰撞总体来讲就成了连续地施加冲量，在宏观上就表现为气体对容器壁有持续的压力作用，作用力的大小应为 $dF = dI/dt$。而气体对容器壁的宏观压强为

$$p = \frac{dF}{dA} = \frac{dI}{dtdA} = \sum_i mn_i v_{ix}^2 = m\sum_i n_i v_{ix}^2$$

由于 $\overline{v_x^2} = \dfrac{\sum_i n_i v_{ix}^2}{n}$，所以 $p = nm\overline{v_x^2}$。再由式（3-5）可得

$$p = \frac{1}{3}nm\overline{v^2} \text{ 或 } p = \frac{2}{3}n\left(\frac{1}{2}m\overline{v^2}\right) = \frac{2}{3}n\overline{\varepsilon_t} \qquad (3-7)$$

$$\overline{\varepsilon_t} = \frac{1}{2}m\overline{v^2} \qquad (3-8)$$

上式称为分子的**平均平动动能**。

式（3-7）就是气体动理论的压强公式，它把宏观量 p 和统计平均值 n 和 $\overline{\varepsilon_t}$（或 $\overline{v^2}$）联系起来，显示了宏观量和微观量的关系。它表明气体压强具有统计意义，即它对于大量气体分子才有明确的意义。

思考题

为什么在推导气体压强公式时，不考虑分子之间的碰撞？

第三节　温度与分子平均平动动能的关系

把气体的压强公式与实验得到的理想气体物态方程加以比较，可以找出气体

的温度与分子平均平动动能之间的重要关系。为便于比较，先改写理想气体物态方程。

设质量为 M 的气体中包含有 N 个质量为 m 的分子，则 $M = Nm$，$\mu = N_A m$。其中 $N_A = 6.022\,045 \times 10^{23}\,\mathrm{mol}^{-1}$，这一数值称为阿伏伽德罗常量。代入式（3-4），有

$$p = \frac{1}{V}\frac{M}{\mu}RT = \frac{N}{V}\frac{R}{N_A}T = nkT \qquad (3-9)$$

式中，k 为**玻耳兹曼常量**（Boltzmann constant）

$$k = \frac{R}{N_A} = \frac{8.314\,41}{6.022\,045 \times 10^{23}} = 1.380\,66 \times 10^{-23}\,\mathrm{J \cdot K^{-1}}$$

式（3-9）是理想气体物态方程的另一种形式。比较式（3-7）和式（3-9），可得

$$\overline{\varepsilon_t} = \frac{1}{2}m\overline{v^2} = \frac{3}{2}kT \qquad (3-10)$$

这是气体动理论的另一重要关系。它指出**理想气体分子平均平动动能只和温度有关，并且与气体热力学温度成正比**。它还表明，**气体的温度是分子平均平动动能的量度**。分子热运动越剧烈，气体温度越高。

温度是描述热力学系统平衡态的一个物理量，是大量气体分子热运动的集体表现，是一个统计概念，因此，对处于非平衡态的系统，不能用温度来描述它的状态，而对单个分子或少量分子来讲它的温度多高是没有意义的。

根据式（3-10），可得 $\overline{v^2} = 3kT/m$

于是有

$$\sqrt{\overline{v^2}} = \sqrt{\frac{3kT}{m}} = \sqrt{\frac{3RT}{\mu}}$$

$\sqrt{\overline{v^2}}$ 称为气体分子的**方均根速率**（root-mean-squar speed），常以 v_{rms} 表示，是分子速率的一种统计平均值，在讨论分子速率分布律时要用到方均根速率的概念。

例题 3-1 试求 0℃时氢分子和氧分子的平均平动动能和方均根速率。

解 已知 $T = 273.15\mathrm{K}$

$$\mu_{\mathrm{H_2}} = 2.02 \times 10^{-3}\,\mathrm{kg/mol} \qquad \mu_{\mathrm{O_2}} = 3.2 \times 10^{-2}\,\mathrm{kg/mol}$$

氢分子与氧分子的平均平动动能相等，均为

$$\overline{\varepsilon_t} = \frac{3}{2}kT = \frac{3}{2} \times 1.38 \times 10^{-23} \times 273.15 = 5.65 \times 10^{-21}\,\mathrm{J}$$

氢分子方均根速率

$$v_{\mathrm{rms}} = \sqrt{\frac{3RT}{\mu_{\mathrm{H_2}}}} = \sqrt{\frac{3 \times 8.31 \times 273.15}{2.02 \times 10^{-3}}} = 1.84 \times 10^3\,\mathrm{m/s}$$

氧分子方均根速率

$$v_{\mathrm{rms}} = \sqrt{\frac{3RT}{\mu_{\mathrm{O_2}}}} = \sqrt{\frac{3 \times 8.31 \times 273.15}{3.2 \times 10^{-2}}} = 461\,\mathrm{m/s}$$

思考题

1. 试计算室温（300K）下分子产生的平动动能是多少焦耳？

2. 在同一温度下，各种分子的平均平动动能相等，压强相等吗？如何具体确定压强的值？

第四节 能量均分定理

前面在讨论分子的热运动时，只考虑了分子的平动。实际上，一般分子的运动并不限于平动，还有转动和分子内原子的振动。为了确定分子的各种形式运动能量的统计规律，需要引入有关自由度的概念。

一、分子的自由度

描述一个物体在空间的位置所需的独立坐标称为该物体的自由度（degree of freedom）。**决定一个物体在空间的位置所需的独立坐标数称为该物体的自由度数**（number of freedom）。

单原子分子（如氢、氖、氩等），可被看作自由运动的质点。因确定一个自由质点的位置需要三个坐标，如 x，y，z，见图 3-2（a），因此气体单原子分子的自由度是 3，这 3 个自由度称为**平动自由度**。以 t 表示平动自由度，则 $t=3$。

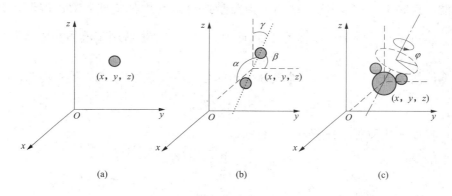

图 3-2 几种分子的自由度

（a）单原子分子 （b）刚性双原子分子 （c）刚性多原子分子

对气体中的双原子分子，可暂不考虑其中原子的振动，即认为分子是刚性的。确定这种分子的位置时，除了需用三个坐标确定其质心位置（相应于 3 个平动自由度）外，还需要确定其键轴在空间的方位。确定一条直线在空间的方位，可用它与 x，y，z 轴的三个夹角 α，β，γ 表示，见图 3-2（b），但因总有 $\cos^2\alpha + \cos^2\beta + \cos^2\gamma = 1$，所以只有两个夹角是独立的。这两个独立坐标实际上给出了分子的转动状态，所以和它们相应的自由度称为**转动自由度**。以 r 表示转动自由度，则对气体中的刚性双原子分子 $r=2$，总自由度为 5。

对三原子或多原子，如果仍认为是刚性的，则除了说明质心位置的三个坐标和确定通过质心的任意轴的方位的两个坐标以外，还需要一个说明分子绕该轴转动的角度坐标 φ，见图 3-2（c），这后一个坐标相应为第三个转动自由度。

一般来讲，考虑双原子分子或多原子分子的能量时，还应考虑分子中原子的振动。

但是在常温下，认为分子是刚性的，就能用经典方法得出与实验大致相符的结果，所以作为统计概念的初步介绍，将不考虑分子内部的振动。关于分子的振动能量，经典理论不能做出正确的解释，而需要用量子力学来解释。

二、能量均分定理

现在考虑气体分子每一个自由度的平均动能。由式（3-6）和式（3-10），可得

$$\frac{1}{2}m\overline{v_x^2} = \frac{1}{2}m\overline{v_y^2} = \frac{1}{2}m\overline{v_z^2} = \frac{1}{3}\left(\frac{1}{2}m\overline{v^2}\right) = \frac{1}{2}kT \qquad (3-11)$$

此式中前三个平方项的平均值各和一个平动自由度相对应，也就是说，气体分子沿 x，y，z 三个方运动的平均平动动能完全相等，可以认为分子的平均平动动能 $\frac{3}{2}kT$ 是均匀地分配在每一个平动自由度上的，每一个平动自由度的平均动能都等于 $\frac{1}{2}kT$。

这个结论可以推广到分子的转动和振动。根据经典统计物理的基本原理可以导出一个更普遍的结论：**在温度为 T 的平衡态下，气体分子的每一个自由度都具有相同的平均动能，且等于 $\frac{1}{2}kT$**。这一结论称为能量按自由度均分定理，简称能量均分定理（energy equipartition theorem）。在经典物理中，这一结论也适用于液体和固体分子的无规则运动。

根据能量均分定理，如果一个气体分子的总自由度数是 i，则它的平均总动能就是

$$\overline{\varepsilon_k} = \frac{i}{2}kT \qquad (3-12)$$

据此，可得如下几种气体分子的平均总动能

（1）单原子分子 $\qquad\qquad \overline{\varepsilon_k} = \frac{3}{2}kT$

（2）刚性双原子分子 $\qquad \overline{\varepsilon_k} = \frac{5}{2}kT$

（3）刚性多原子分子 $\qquad \overline{\varepsilon_k} = \frac{6}{2}kT = 3kT$

三、理想气体的内能

在宏观上讨论气体的能量时，常用**内能**（internal energy）的概念。**气体的内能是指它所包含的所有分子的动能（相对于质心参考系）和分子间的相互作用势能的总和。**对于理想气体，由于分子之间无相互作用力，所以分子之间无势能，因而**理想气体的内能就是它的所有分子的动能的总和。**

如上所述，每一个分子总的平均能量是 $\frac{i}{2}kT$。1mol 的理想气体有 N_A 个分子，所以 1mol 的理想气体的内能是 $E_{mol} = N_A\left(\frac{i}{2}kT\right) = \frac{i}{2}RT$。而质量为 M、摩尔质量为 μ 的理想气体的内能为

$$E = \frac{M}{\mu} \frac{i}{2} RT \quad 或 \quad E = v \frac{i}{2} RT \tag{3-13}$$

这结果说明**理想气体的内能只是温度的单值函数而且和热力学温度成正比**。这个经典统计物理的结果在与室温相差不大的温度范围内和实验近似地符合。

思考题

1. 如何理解分子内部的转动、振动和平动模式？各自的特点是什么？
2. 刚性多原子分子的自由度数 6 是如何确定的？

第五节　麦克斯韦速率分布律

气体分子热运动的特点是大量分子无规则运动及它们之间频繁地相互碰撞，分子以各种大小不同的速率向各个方向运动，在频繁的碰撞过程中，分子间不断交换动量和能量，使每一分子的速度不断变化。平衡状态下，虽然每个分子在某一瞬时的速度大小、方向都在随机地变化着，但是大多数分子之间存在一种统计相关性，这种统计相关性表现为平均说来，气体分子的速率分布遵循一定的统计规律。

早在 1859 年，麦克斯韦（Maxwell）就用概率论证明了在平衡态下，理想气体的分子按速度的分布是有确定的规律的，这个规律称为**麦克斯韦速度分布律**。如果不管分子运动速度的方向如何，只考虑分子按速度的大小即速率的分布，则相应的规律称为**麦克斯韦速率分布律**。

一、麦克斯韦速率分布律

从微观上来说，一定质量的气体因为分子数极多，而且各分子的速率通过碰撞又在不断地改变，不可能追踪每个分子测出它在任意时刻准确的速率值，因此就采用统计的方法，也就是在总数为 N 的分子中，具有各种速率的分子各有多少？它们各占分子总数的百分比多大？以及大部分分子分布在哪一个速率区间等。这种统计方法称为分子按速率的分布。

按经典力学的概念，气体分子的速率 v 可以连续地取 0 到无限大的任何数值，因此，说明分子按速率分布时就需要采取按速率区间分组的办法，例如可以把速率以 $10\text{m} \cdot \text{s}^{-1}$ 的间隔划分为 0～10、10～20、20～30······的区间。速率分布就是要指出速率在 v 到 $v + dv$ 区间的分子数 dN 是多少，或是 dN 占分子总数 N 的百分比 dN/N 是多少。这一百分比在各速率区间是不相同的，即它应是速率 v 的函数。同时，在速率区间 dv 足够小的情况下，这一百分比还应和区间的大小成正比，因此

$$\frac{dN}{N} = f(v)dv \tag{3-14}$$

或

$$f(v) = \frac{dN}{Ndv} \tag{3-15}$$

式中函数 $f(v)$ 就称为**速率分布函数**（distribution function of speed），它的物理意义是：

速率在 v 附近的单位速率区间的分子数占分子总数的百分比。这个比值越大，表示分子处于 v 附近单位速率区间的概率越大。

将式（3-14）对所有速率区间积分，将得到所有速率区间的分子数占总分子数百分比的总和，显然它等于 1，因而有

$$\int_0^\infty \frac{\mathrm{d}N}{N} = \int_0^\infty f(v)\,\mathrm{d}v = 1 \qquad (3-16)$$

上式是速率分布函数必须满足的条件，称为**归一化条件**（normalization condition）。

1895 年，麦克斯韦运用统计理论和平衡态理想气体分子在三个方向上做独立运动的假设，得出了平衡态下理想气体分子按速率分布的规律：**在平衡态下，气体分子速率在 v 到 $v+\mathrm{d}v$ 区间内的分子数占总分子数的百分比为**

$$\frac{\mathrm{d}N}{N} = 4\pi\left(\frac{m}{2\pi kT}\right)^{3/2} v^2 e^{-mv^2/2kT}\,\mathrm{d}v \qquad (3-17)$$

和式（3-14）对比，可得麦克斯韦速率分布函数为

$$f(v) = 4\pi\left(\frac{m}{2\pi kT}\right)^{3/2} v^2 e^{-mv^2/2kT} \qquad (3-18)$$

式中，T 是气体的热力学温度，m 是一个分子的质量，k 是玻耳兹曼常数。由式（3-18）可知，对给定的气体（m 一定），麦克斯韦速率分布函数只和温度有关。

以 v 为横轴、$f(v)$ 为纵轴画出的图线称为麦克斯韦速率分布曲线，见图 3-3。它能形象地表示出气体分子按速率分布的情况。图 3-3（a）中曲线下面宽度为 $\mathrm{d}v$ 的小窄条面积就等于在该区间内的分子数占分子总数的百分比 $\mathrm{d}N/N$。

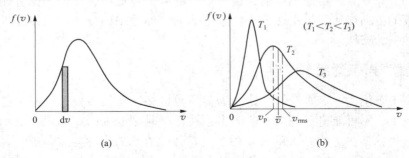

图 3-3　麦克斯韦分子速率分布曲线

从图中可以看出，按麦克斯韦速率分布函数确定的速率很小和速率很大的分子数都很少。在某一速率 v_P 处函数有一极大值，v_P 称为**最概然速率**（most probable speed），它的物理意义是：**若把整个速率范围分成许多相等的小区间，则 v_P 所在的区间内的分子数占分子总数的百分比最大。**

令 $\dfrac{\mathrm{d}f(v)}{\mathrm{d}v}=0$，由此可求得

$$v_\mathrm{P} = \sqrt{\frac{2kT}{m}} = \sqrt{\frac{2RT}{\mu}} \approx 1.41\sqrt{\frac{RT}{\mu}} \qquad (3-19)$$

将 $v=v_\mathrm{P}$ 代入式（3-18）可得

$$f(v_\mathrm{P}) = \left(\frac{8m}{\pi kT}\right)^{\frac{1}{2}} e^{-1} \qquad (3-20)$$

式（3-19）表明，v_P 随温度的升高而增大，又随 m 增大而减小。图3-3（b）画出了不同温度下的速率分布函数。由图可以看出温度越高，最概然速率越大，$f(v_P)$ 越小。由于曲线下的面积恒等于1，所以温度升高时曲线变得平坦些，并向高速区域扩展。也就是说，温度越高，速率较大的分子数越多。这就是通常所说的温度越高分子运动热运动越剧烈。

下面举出氮分子速率分布的实验数据，使同学们对麦克斯韦速率分布定律有更加具体的概念。在148℃下，氮分子（$\mu=28$）的最概然速率等于

$$v_P = \sqrt{\frac{2RT}{\mu}} = \sqrt{\frac{2 \times 8.31 \times 421}{28 \times 10^{-3}}} = 500 \text{m/s}$$

这时，氮分子在各速率区间中的分布如下。

速率区间（m·s⁻¹）	速率在该区间的氮分子占总分子数目的百分比（%）
$0 < v < 100$	0.6
$100 < v < 300$	12
$300 < v < 500$	30
$500 < v < 700$	29
$700 < v < 1000$	28
$1000 < v$	5.4

利用麦克斯韦速率分布函数，可以求出分子运动的平均速率

$$\bar{v} = \int_0^\infty \frac{v\mathrm{d}N}{N} = \int_0^\infty vf(v)\mathrm{d}v \tag{3-21}$$

将麦克斯韦速率分布函数（3-18）式代入上式积分，可求得平衡态下理想气体分子的平均速率为

$$\bar{v} = \sqrt{\frac{8kT}{\pi m}} = \sqrt{\frac{8RT}{\pi \mu}} \approx 1.60 \sqrt{\frac{RT}{\mu}} \tag{3-22}$$

同理，可求得 v^2 的平均值

$$\overline{v^2} = \int_0^\infty \frac{v^2\mathrm{d}N}{N} = \int_0^\infty v^2 f(v)\mathrm{d}v = \int_0^\infty v^4 4\pi\left(\frac{m}{2\pi kT}\right)^{3/2} e^{-mv^2/2kT}\mathrm{d}v = \frac{3kT}{m}$$

这一结果的平方根，即方均根速率为

$$v_{\text{rms}} = \sqrt{\overline{v^2}} = \sqrt{\frac{3kT}{m}} = \sqrt{\frac{3RT}{\mu}} \approx 1.73 \sqrt{\frac{RT}{\mu}} \tag{3-23}$$

此结果与第三节所得到的相同。

由式（3-19）、（3-22）、（3-23）确定的三个速率值 v_P, $\bar{v}$, v_{rms} 都是在统计意义上说明大量分子的运动速率的典型值。它们都与 $\sqrt{T}$ 成正比，与 $\sqrt{m}$ 成反比。三种速率之比 $v_P:\bar{v}:v_{\text{rms}} = 1:1.128:1.224$，三者之间相差不超过23%，其中 v_{rms} 最大。这三种速率在不同的问题中各有自己的应用。在讨论速率分布，比较两种不同温度或不同分子质量的气体的分布曲线时常用到 v_P；在计算分子的平均自由程、气体分子碰壁次数及气体分子之间碰撞频率时要用 $\bar{v}$；在计算分子平均平动动能时要用到 v_{rms}。

例题3-2　计算 He 原子和 N_2 分子在20℃时的方均根速率。

解　由式（3-23）可得

He 原子: $v_{rms} = \sqrt{\dfrac{3RT}{\mu_{H_e}}} = \sqrt{\dfrac{3 \times 8.31 \times 293.15}{4.00 \times 10^{-3}}} = 1.35 \times 10^3$ m/s

N_2 分子: $v_{rms} = \sqrt{\dfrac{3RT}{\mu_{N_2}}} = \sqrt{\dfrac{3 \times 8.31 \times 293.15}{28.00 \times 10^{-3}}} = 4.17 \times 10^2$ m/s

下面根据例 3 - 1 和例 3 - 2 计算的结果来概要说明地球大气中为何少有氦气和氢气而富有氮气和氧气。已知挣脱地球引力的逃逸速度为 11.2km/s，上例中算出的氦原子的方均根速率约为此逃逸速率的 1/8，氢分子的方均根速率约为此逃逸速率的 1/6。这样，似乎氦原子和氢分子都难挣脱地球的引力而散去。

当代宇宙学告诉我们，宇宙中原始的化学成分（现在仍然如此）绝大部分是 H_2（约占总质量的 3/4）和 He（约占总质量的 1/4）。任何行星形成之初，原始大气中都应有相当大量的 H_2 和 He。但是现在地球的大气里几乎没有 H_2 和 He，而其主要成分是 N_2 和 O_2，为什么？根据麦克斯韦分布律，气体中有大量的分子速率大过、甚至远大过方均根速率，也即大气中有大量的氦原子和氢分子的速率超过了逃逸速率而可以逸散。经过几十亿年的漫长岁月，地球大气中就几乎没有氢气和氦气了。与此不同的是，N_2 和 O_2 分子的方均根速率只有逃逸速率的 1/25，这些气体分子逃逸的可能性就很小了。于是地球大气就保留了大量的氮气（约占大气质量的 78%）和氧气（约占大气质量的 21%），其余为氩和数量不定的水汽。

气体分子间的无规则碰撞对气体的平衡态的性质起着十分重要的作用。前面已讨论过，气体分子的能量均分就是靠碰撞来实现的。也正是由于分子间的无规则碰撞引起了分子速度的不断改变，所以在平衡态下，分子才按速度有一稳定的分布。分子间的碰撞还在气体由非平衡态过渡到平衡态的过程中起着关键的作用。

气体分子热运动平均速率可达几百米每秒，可是在几米远处打开氨水瓶却要经几秒钟后才能嗅到氨的气味。这是因为分子速率虽然很大，分子数更是巨大。一个分子前进途中和其他分子的碰撞极为频繁，使之走一曲折路径，因而扩散过程较慢。一个分子单位时间内和其他分子碰撞的平均次数称为分子的**平均碰撞频率**，以 $\bar{z}$ 表示。显然，$\bar{z}$ 将和分子平均速率 $\bar{v}$、分子数密度 n 成正比；与分子截面积，即分子直径 d 的平方成正比。详细地讨论可得出：$\bar{z} = \sqrt{2}\pi d^2 \bar{v} n$。**一个分子连续两次碰撞间所经过的自由路程的平均值称为分子的平均自由程**（mean free path），以 $\bar{\lambda}$ 表示。显然有 $\bar{\lambda} = \dfrac{\bar{v}\Delta t}{\bar{z}\Delta t} = \dfrac{\bar{v}}{\bar{z}} = \dfrac{1}{\sqrt{2}\pi d^2 n}$。因为 $p = nkT$，所以平均自由程又可写为 $\bar{\lambda} = \dfrac{kT}{\sqrt{2}\pi d^2 p}$。这说明当温度一定时，平均自由程和压强成反比。在标准状况下，空气分子 $d \approx 3.5 \times 10^{-10}$ m。代入上式 $\bar{\lambda} = 6.9 \times 10^{-8}$ m，即约为分子直径的 200 倍。这时 $\bar{z} = 6.5 \times 10^9 s^{-1}$，即每秒钟内一个分子竟发生几十亿次碰撞！

二、分子速率分布的实验测定

气体分子按速率分布的规律是麦克斯韦在 1859 年首先导出的。由于这个规律是从概率理论推算出来的，人们自然很关心这一规律的实际可靠性。然而，在分子束方法发展之前，对速度分布律无法进行直接的实验验证。

首先对速度分布律做出间接验证的是通过光谱线的多普勒展宽，这是因为分子运动对光谱线的频率会有影响。1873 年瑞利（Rayleigh）用分子速度分布讨论了这一现象，1889 年他又定量地提出多普勒展宽公式；1892 年迈克耳逊（Michelson）通过精细光谱的观测，证明了这个公式，从而间接地验证了麦克斯韦速度分布律；1908 年理查森（Richardson）通过热电子发射间接验证了速度分布律；1920 年斯特恩（Stern）发展了分子束方法，他利用分子束技术最早测定并加以验证分子速率分布；1934 年中国物理学家葛正权对分子束实验技术做了改进，并测定了铋（Bi）蒸气分子的速率分布，实验结果与麦克斯韦分布律大致相符；1947 斯特恩又重新做了这个实验。

1955 年密勒（Miller）和库什（Kusch）采用了更精密的实验装置，相当精确地验证了麦克斯韦速率分布定律。实验所用的仪器见图 3-4。图中 O 是铊蒸气源。实验时铊蒸气的温度是（870 ± 4）K，其蒸气压为 0.427Pa。R 是一个用铝合金制成的圆柱体，该圆柱长 $l = 20.4$cm，半径 $r = $ cm，可以绕中心轴转动，它用来精确地测定从蒸气源开口逸出的金属原子的速率，为此在它上面沿纵向刻了很多条螺旋形细槽，图中画出了其中一条。细槽的入口狭缝处和出口狭缝处的半径之间夹角为 $\varphi = 4.8°$。在出口狭缝后面是一个检测器 D，用它测定通过细槽的原子射线的强度，整个装置放在抽成高真空（1.33×10^{-4}Pa）的容器中。

实验时，当 R 以角速度 ω 转动时，从蒸气源逸出的各种速率的原子都能进入细槽，但并不都能通过细槽从出口狭缝飞出，只有那些满足关系式 $l/v = \varphi/\omega$ 或 $v = \omega l/\varphi$ 速率的原子才能通过细槽，而其他速率的原子将沉积在槽壁上，因此，R 实际上是个滤速器，改变角速度，就可以让不同速率的原子通过。由于槽有一定宽度，相当于夹角 φ 有一 $\Delta\varphi$ 的变化范围，相应地，对于一定的 ω，通过细槽飞出的所有原子的速率并不严格地相同，而是在一定的速率范围 v 到 $v + \Delta v$ 之内。改变 ω，对不同速率范围内的原子射线检测其强度，就可以验证原子速率分布是否与麦克斯韦速率分布律给出的一致。

实验时，使圆柱体 R 先后以不同的角速度（ω_1，ω_2……）旋转，依次测定对应的分子流强度。图 3-5 给出了实验结果与理论结果的比较。实线表示理论曲线，黑三角和小圆圈是密勒和库什的两组实验值，从图中可见两者精确重合。

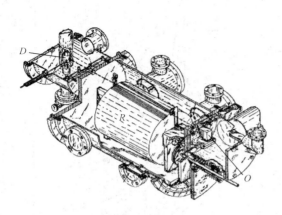

图 3-4　密勒-库什实验装置

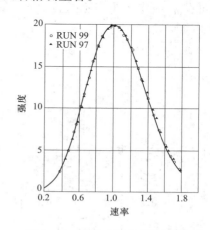

图 3-5　密勒-库什实验结果

需要指出，在通常情况下，实际气体分子的速率分布和麦克斯韦速率分布律能很好地符合，但在密度大的情况下就不符合了，这是因为在密度大的情况下，经典统计理论的基本假设不成立了。在这种情况下必须用量子统计理论才能说明气体分子的统计分布规律。

思考题

1. 自由程计算的意义是什么？
2. 为什么密度大的情况下，分子速率的分布和麦克斯韦速率分布律不能很好地符合？

第六节　真　实　气　体

上面的讨论中，我们采用的气体模型是忽略了分子本身大小和分子间相互作用力的理想气体，尽管它能相当近似地解释实际气体在通常温度和压强范围内的宏观表现，但对真实气体显然不能完全适用。以下先介绍真实气体的实验规律，然后介绍分子间相互作用力的性质和规律，再用其分析理想气体物态方程应用于真实气体所发生的偏差，从而得到更接近实际的范德瓦耳斯方程。

一、真实气体的等温线

在 $p-V$ 图上理想气体的等温线是双曲线（$pV=$ 常数），但实验测得的实际气体等温线，特别在低温高压时，与双曲线有明显的背离。1869 年安德鲁斯（Andrews）在不同温度下仔细地对二氧化碳气体做了系统的等温压缩实验，图 3–6 是其实验装置的示意图。该装置主要部分是一个带有活塞 B 的气缸 A，并有压强计 M 与之相连。气缸内盛二氧化碳，可保持其温度不变。将活塞 B 下降就可压缩气体。而由活塞 B 的位置和压强计 M 的读数就可得到气缸中气体的体积以及相应压强。在不同的等温条件下，压缩二氧化碳，记录其压强 p 和体积 V，并算出**比容** v（单位质量的物质所占有的体积），就可在 $p-v$ 图上画出不同温度下二氧化碳的等温线，见图 3–7。

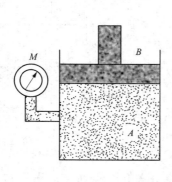

图 3–6　安德鲁斯实验示意图

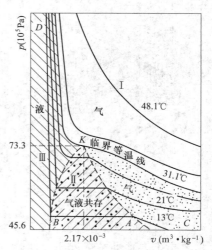

图 3–7　不同温度下二氧化碳的等温线

由图中可知，在较高温度（如 48.1℃）、压强较低（v 较大）时，等温线与双曲线接近，二氧化碳气体表现得和理想气体没有什么差别。但是在较低温度时，二氧化碳的等温变化过程和理想气体就有显著的不同了。以 13℃ 的等温线，即图中 CABD 线为例，图中 CA 段表示随着压强 p 逐渐增大，比体积 v 逐渐减小，两者近似成反比，即 CA 段仍近似为双曲线。当压强增大到约 $4.96 \times 10^6 Pa$（约 49atm），即图中 A 点后，进一步压缩气体时，二氧化碳比体积 v 继续减小，但压强 p 保持不变（图中 AB 段），这反映在 A 点二氧化碳已经达到饱和态，即随着体积的减小，饱和压强将维持不变，而饱和蒸气将逐渐转变为液体。图中水平直线段 AB 就反映了这一气液共存的液化过程。到 B 点，二氧化碳全部液化。再增大压强只能引起液体体积的微小收缩，反映在图中 BD 段极陡，这说明液体的可压缩性很小。

其他低温的等温线基本和 13℃ 时的等温线 CABD 相似，不同的只是随着温度的升高，液化过程中饱和压强越来越大，气液共存的区域，即图中曲线的平直部分越来越短，A 和 B 越来越接近，意味着气体和液体的比容越来越接近。这是因为温度较高时，必须使二氧化碳的比容压缩得更小才能使之达到饱和，由此而凝结得到的液体，也因为温度较高而具有较大的比容。当温度升到某一特定温度 31.3℃ 时，等温线 AB 段缩为一点 K。在 K 点所表示的状态下，气体和液体比容一样而无区别。温度高于 31.3℃ 时，再对气体等温压缩，也不会液化。我们把这一温度称为**临界温度**（critical temperature）T_c，与临界温度相应的等温线称为**临界等温线**（critical isothermal line），K 点称为**临界点**（critical point），和该点相应的体积 V_c、压强 p_c 分别称为**临界体积**（critical volume）和**临界压强**（critical pressure），它们被统称为**临界状态**（critical state）下的**临界参数**（critical parameter）。当气体的温度高于临界温度 T_c 时，等温线不出现平直部分，即在该温度下进行等温压缩时，多大的压强都不能使气体转变为液体，因而，若用等温压缩的办法使体液化，则首先必须使其温度降到临界温度以下。表 3-1 给出了几种气体的临界参量。

表 3-1　几种物质的临界参量

物质种类	T_c（K）	p_c（$1.013 \times 10^5 Pa$）	v_c（$10^{-3} m^3/kg$）
He	5.3	2.26	14.4
H_2	33.3	12.8	32.5
N_2	126.1	33.5	3.22
O_2	154.4	49.7	2.32
CO_2	304.3	72.3	2.17
NH_3	408.3	113.3	4.26
H_2O	647.2	217.7	2.50
C_2H_5OH	516	63.0	3.34

从表中可以看出，有些物质（如 NH_3、H_2O）的临界温度高于室温，所以在常温下压缩就可以使之液化，但有些物质（如 O_2、N_2、H_2、He）的临界温度很低，因此在 19 世纪上半叶还没有办法使它们液化。当时还未发现临界温度的规律，于是人们就称

这些气体为"永久气体"或"真正气体"。在认识到物质具有临界温度这一事实后，人们就努力发展低温技术。在 19 世纪后半叶到 20 世纪初所有气体都能被液化了。在进一步发展低温技术后，还做到使所有的液体都能凝成固体。最后一个被液化的气体是氦，它在 1908 年被液化，并在 1928 年被进一步凝成固体。

在图 3-7 中，把各等温线上开始液化及完全液化的各点分别连接起来可得曲线 AKB。该曲线和临界等温线将 p-v 图分为四个区域：左方斜线区为液态区；下方点线区为气液共存区；右方密点区为加压可液化的气态区；上方是加压不能液化的气态区。

二、分子力

实际气体的等温线在低温高压下和理想气体存在明显差别，是因为在建立理想气体模型时，忽略了分子的体积及其相互作用力。分子力的主要来源是组成分子中的带正电的核与核外电子之间的各种相互作用所致。因为分子具有特定的结构（在几何构型上、电子分布上等），所以这种相互作用与一般的重力场、电磁场的作用不同，而与分子的结构及其所处环境（如压力、温度、分子间距离等）有关。由于分子间相互作用的复杂性，现在还没有一个简明的数学公式能表示它。在气体动理论中，通常是在实验的基础上采用一些简化模型来处理相关问题。一种常用的模型是假设分子间的相互作用力具有对称性，并近似地用下列半经验公式表示：

$$f = \frac{C}{r^m} - \frac{D}{r^n} \tag{3-24}$$

式中，r 为分子间距离，C 和 D 为大于零的比例系数。公式的第一项为正，代表斥力；第二项为负，代表引力。m 和 n 介于 $4 \sim 15$ 之间，因此分子力随分子间距离的增大而急剧地减小。由此可认为分子力具有一定的**有效作用距离**（effective operating distance）（图 3-8 中的 S），超出这个距离 S，分子间的作用力上可以完全忽略。又 $m > n$，所以斥力的有效作用距离比引力小。

分子间的相互作用力可用图 3-8 中的曲线表示。图中两条虚线分别表示斥力和引力随分子间距变化的情况，实线表示合力随距离变化的情况。当分子间距 $r = r_0 = (C/D)^{1/(m-n)}$ 时，引力和斥力相互抵消，合力为零，这个位置 r_0 称为**平衡距离**；当 $r > r_0$ 时，两分子的相互作用表现为引力；当 $r < r_0$ 时，则表现为斥力，并且相互斥力随间距的减小而迅速增大，这强大的斥力将阻止两者进一步靠近，好像两个分子都是有一定大小的球体一样。

为了初步考虑分子间相互作用对气体宏观性质的影响，我们就简化地认为当两个分子的中心距离达到某一值 d 时，斥力变为无限大，因而两个分子中心距离不可能再小于 d。这相当于把分子设想为直径为 d 的刚性球，d 就称为分子的**有效直径**。实验表明，分子有效直径的

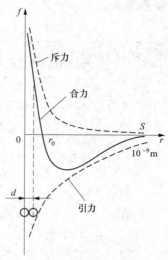

图 3-8 分子力示意图

数量级为 10^{-10}m。两刚性球中心距超过 d 时，两分子间只有引力作用，其有效作用

距离 S 大约是分子有效直径 d 的几十到几百倍。这样，我们就建立了比理想气体分子模型更接近实际气体分子的分子模型，即有吸引力的刚性球模型。下面根据这个模型来修正理想气体状态方程，从而得出更接近实际气体性质的物态方程。

三、范德瓦尔斯方程

1mol 理想气体物态方程可写成

$$pV'_m = RT \qquad (3-25)$$

式中，V'_m 是 1mol 气体分子能在其中自由活动的空间的体积。对理想气体来说，由于分子本身的大小可忽略不计，所以这一体积就等于实验测出的气体的体积，即气体所占的容器的容积 V_m。

如果认为气体分子是刚性球，有一定的大小，则每个分子就会占有一定体积的空间。一个分子的存在，就使其他分子不能占有该分子的空间，因此使得分子活动的空间不再是容器的容积 V_m 了，而应该等于 V_m 减去一个反映气体分子本身体积的修正项 b。因此，考虑到分子本身的体积，式（3-24）应修正为

$$p = \frac{RT}{V_m - b} \qquad (3-26)$$

理论指出，b 约等于 1mol 气体分子本身总体积的 4 倍。由于分子有效直径的数量级为 10^{-10}m，所以可估计出 b 的大小为

$$b = 4N_A \frac{4}{3}\pi \left(\frac{10^{-10}}{2}\right)^3 \approx 10^{-6}m^3 = 1cm^3$$

标准状态下 1mol 气体所占容积为 $V_{m,o} = 22.4 \times 10^{-3}m^3$。这时 b 仅为 $V_{m,o}$ 的 4×10^{-5}（十万分之四），所以可以忽略。但是如果压强增大到 1000 倍，约 10^8Pa 时，设想玻意耳定律仍能应用，则气体原有的活动空间 $22.4 \times 10^{-3}m^3$ 将缩小到 $22.4 \times 10^{-3}/1000 = 22.4 \times 10^{-6}m^3$，$b$ 是它的 1/20，这时修正量 b 就必须考虑了。

再看考虑分子引力所引起的修正。气体动理论指出，气体的压强是大量分子无规则运动中碰撞器壁的平均总效果。对理想气体来说，分子间无相互作用，各个分子都无牵扯地撞向器壁。当分子间有吸引力时情况又怎样呢？先看处于容器当中的一个分子 A，见图 3-9，凡中心位于以 A 为球心，以分子引力有效作用距离 S 为半径的球内的分子都对分子 A 有引力作用，但由于在平衡态时这些分子分布均匀，对 A 来说是对称分布，

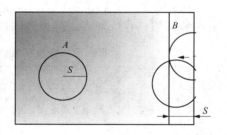

图 3-9　气体内压强的产生

所以它们对 A 的引力平均来说相互抵消，其结果使 A 好像不受引力的作用一样。而处于器壁附近厚度为 S 的表面层内的分子，例如 B 分子，情况就不同了。由于对 B 有引力作用的分子分布不对称，平均来说 B 受到一个指向气体内部的合力。气体分子要与器壁碰撞，必然要通过这个区域，那么这个指向气体内部的力将减小分子撞击器壁的动量，从而减小它对器壁的冲力。这层气体分子受到的指向气体内部的力所产生的总效果相当于一个指向内部的压强，称为**内压强** p_{int}。

当考虑分子间的引力时，气体分子实际作用于器壁的由实验测得的压强 p 应该是

式（3-26）的压强减去内压强 p_{int} ，即

$$p = \frac{RT}{V_m - b} - p_{int} \qquad (3-27)$$

p_{int} 与哪些因素有关呢？由于 p_{int} 等于表面层内分子受内部分子的通过单位面积的作用力，那么这力一方面应与被吸引的表面层内的分子数密度 n 成正比，另一方面又与施加引力的那些内部的分子数密度 n 成正比，所以 p_{int} 与 n^2 成正比。又因 $n \propto 1/V_m$ ，所以有

$$p_{int} \propto n^2 \propto \frac{1}{V_m^2} \quad \text{或} \quad p_{int} = \frac{a}{V_m^2} \qquad (3-28)$$

式中比例系数 a 决定于气体的性质。

将式（3-28）代入式（3-27）就可得到将气体分子视为有吸引力的刚性球时气体的物态方程，即

$$\left(p + \frac{a}{V_m^2} \right)\left(V_m - b \right) = RT \qquad (3-29)$$

此式适用于1mol的气体。对质量为 M 的任何气体，其体积 $V = MV_m/\mu$ ，所以 $V_m = \mu V/M$ ，代入式（3-29）可得适用于质量为 M 的气体的物态方程为

$$\left(p + \frac{M^2}{\mu^2}\frac{a}{V^2} \right)\left(V - \frac{M}{\mu}b \right) = \frac{M}{\mu}RT \qquad (3-30)$$

式（3-29）和（3-30）称为**范德瓦尔斯气体状态方程**（Van der Waals equation of state），是荷兰物理学家范德瓦尔斯（Van der Waals）在1873年首先导出的。各种气体的 a 、 b 值称为范德瓦尔斯常量，可由实验测得。例如，对于氮气，在常温和压强低于 5×10^7 Pa 范围内， a 和 b 的值可取： $a = 0.84 \times 10^5 \text{Pa} \cdot \text{L}^2/\text{mol}^2$ ； $b = 0.0305 \text{L/mol}$ 。

范德瓦尔斯方程虽然也是实际气体的一种近似描述，但它比理想气体物态方程更接近实验事实，这一点可以通过表3-2加以说明。表中记录的是1mol氮气，将压强由 $1.013\ 25 \times 10^5$ Pa 等温（273K）地逐渐增至 $1.013\ 25 \times 10^8$ Pa 的过程中，测定数个压强下氮气的容积，并分别代入理想气体状态方程和范德瓦尔斯方程计算所得的结果。

表3-2　理想气体物态方程与范德瓦尔斯方程的比较

实验值		计算值	
p（Pa）	V_m（m³）	pV_m（N·m）	$(p + a/V_m^2)(V_m - b)$
1.013×10^5	2.241×10^{-2}	2.27×10^3	2.27×10^3
1.013×10^7	2.241×10^{-4}	2.27×10^3	2.27×10^3
5.065×10^7	0.6235×10^{-4}	3.163×10^3	2.30×10^3
7.09×10^7	0.533×10^{-4}	3.77×10^3	2.29×10^3
1.013×10^8	0.464×10^{-4}	4.70×10^3	2.23×10^3

在等温条件下，因 RT 为一定值，理想气体的 pV_m 应是常量；而若气体服从范德瓦尔斯方程，则 $(p + a/V_m^2)(V_m - b)$ 也应是常量。从表中可见，当压强小于 1.013×10^5 Pa 时，两个方程都与实验结果相吻合；但当压强等于 1.013×10^8 Pa 时，用范德瓦尔斯方程计算的结果，误差不超过4%；而用理想气体物态方程计算，误差已超

过 100%。

范德瓦尔斯方程与实际气体还是有些偏差，原因在于它所依据的分子引力弹性刚球模型比理想气体的无引力弹性质点模型更接近实际，但与分子间的实际相互作用有一定出入。与其他真实气体方程相比，范德瓦尔斯方程形式最简单、使用最方便，经进一步修正后，另外由于物理图像鲜明，能同时描述气、液及气液相互转变的性质，也能说明临界点的特征，从而揭示相变与临界现象特点，因此，范德瓦尔斯方程在热学研究中占有重要地位。

思考题

临界温度的确定对于我们认识物质形态有哪些意义？

第七节　液体的表面现象

物质由气态转化为液态，分子间的距离缩短，分子之间的作用力增加，表现出气体所没有的分子间的内聚力和自由表面。液体内部分子运动是随机的，各个方向的物理性质是完全相同的，即各向同性。但是液体的表面，无论是液体与气体之间的自由表面、两种不能混合的液体之间的界面，还是液体与固体之间的界面，各个方向的性质就不再相同。这一节主要讨论液体表面现象，根据理论分析，揭示出宏观现象的微观本质。

一、液体的表面张力

大量的实验表明液体表面有收缩成最小的趋势。在金属环上系一细线，环浸入肥皂液后拿出来，环上就粘上一层肥皂膜，刺破线上方的薄膜，则线下方薄膜就收缩成弯月形。由此可见，液体表面就好像被拉进的橡皮膜一样，整个液面都处在紧张状态下，并力图使表面积缩小到可能的最小值。如果在液面上任意假设一个线段 MN（图 3－10），则此线段两边的液面都有一个沿着液面的垂直于这线段的力作用于对方，这个力就叫**表面张力**。现在我们进一步讨论液体表面张力产生的原因和如何量度表面张力的大小。

图 3－10　表面张力示意图

表面张力产生的原因可以根据分子间的相互作用的观点得到解释。如图 3－11 所示，在液体表面取厚度等于分子作用球半径的一层，称为**液体的表面层**。在表面层中的分子（例如分子 m）与液体内部的分子（例如分子 m'）不一样。以分子 m 或 m' 为中心，画出分子作用球，可以看到，在液体内部的分子受周围分子的引力在各个方向大小相等，合力为零；在表面层的分子受下部周围分子对它的引力大于上部周围分子对它的引力，其合力（即阴影部分对分子 m 的引力）指向液体内部。从图中可以看出，

分子 m 愈接近表面，合力就愈大。由此可见，处于液体表面层的分子，都受到一个指向液体内部的力作用。在这些力的影响下，液体表面就处于一种特殊的紧张状态，在宏观上，好像一个被拉紧的弹性薄膜，而具有表面张力。除此之外，它还给表面层下的液体以很大的力，称为**分子压力**。计算指出，内部分子压力的数量级高达数千帕。下面来讨论表面张力大小的量度，如图 3-10 所示，在 MN 线段两边有表面张力的作用，因为线段上每一点都受到力的作用，所以线愈长，作用线上的合力也愈大，因此，表面张力 f 的大小应正比于 MN 的长度 l，即

$$f = \alpha l$$

或

$$\alpha = \frac{f}{l} \tag{3-31}$$

式中，比例系数 α 称为液体的表面张力系数，在数值上，表面张力系数等于沿液体表面垂直作用于单位线长的力。在国际单位制中，α 的单位为 N/m。液体的表面张力系数可由下述简单的方法来测定。如图 3-12 所示，在一个长方形丝框上蒙一层液膜，由于薄膜的收缩，框的可动边 CD 将随着向左移动。要想使 CD 保持平衡，则必须在 CD 的右边加力才行。设液体的表面张力系数为 α，CD 的边长为 l，由于框内薄膜具有两个表面，因此，作用于 CD 右边而使 CD 平衡的里 f 应等于 αl 的两倍，即

$$f = 2\alpha l \tag{3-32}$$

所以，测定 l 和 f 的值，即可推出 α 的值。实验测定，液体的表面张力系数与温度有关，温度升高则表面张力系数减小。由于在临界温度时，液体与蒸气有同样密度，所以很容易推想这时表面张力系数趋近于零。此外，表面张力系数还与相邻物质的化学性质有关，例如，20℃时，在水与苯为界的情形下，水的表面张力系数 α 为 33.6×10^{-3} N/m，而在同一温度下，在与醚为界的情形下，则为 17×10^{-3} N/m。用较精确的实验方法测定出的几种不同液体的表面张力系数的值，如表 3-3 所列。

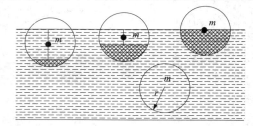

图 3-11　表面张力产生原因的说明

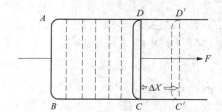

图 3-12　表面张力的测定

表 3-3　几种液体的表面张力系数（20℃）

液体	α（N/m）	液体	α（N/m）
水	73×10^{-3}	乙醇	22×10^{-3}
甘油	65×10^{-2}	水银	540×10^{-3}
乙醚	17×10^{-3}		

　　表面张力系数的意义还可以用能量来说明，在图 3-12 所示的实验中，用力 f 使 CD 边向右等速移动了一个距离 Δx 至 $C'D'$ 的位置，则外力克服分子间的引力所做的功

变成了分子的势能，如用 ΔE_P 表示势能增量，即

$$\Delta E_\mathrm{P} = \Delta A = f\Delta x = 2\alpha l\Delta x$$

由上式，得

$$\alpha = \frac{\Delta E_\mathrm{P}}{\Delta S} \tag{3-33}$$

因此，α 又可以看作是液体表面增加单位面积所要做的功或所增加的表面势能。

　　应该指出，从液膜有缩小面积的倾向这一点来看，液膜与弹性橡皮膜好像很相似，但是两者实际上是不相同的。弹性膜的伸长是改变了分子间的距离，所以伸长愈甚，弹性收缩力愈大，而液体表面层的伸长是由于有许多分子从液体内部升到表面上来，表面分子间距离并不改变，所以表面张力系数与面积大小无关。

　　在物理化学中，把液体表面分子比内部分子所多出的势能的总和称为液体的**表面能**，而把表面张力系数称为**比表面能**。根据体系表面能有自动降低的倾向，可以说明表面活性物质和固体吸附在药学工作中的许多应用。

二、液体表面现象

　　利用分子间引力可以解释一些由表面张力所引起的现象。

1. 弯曲液面的附加压强

　　静止液体的自由表面一般是平面，但在与容器壁接触处的液面则常为曲面。在弯曲液面的内外，由于表面张力的作用，压强是不相等的。我们现在应用分子力的观点来说明弯曲面及其内外压强差产生的原因，并根据曲面内外压强差和曲率半径的关系来说明表征液体性质的另一现象——**毛细现象**。

　　在液体表面上考虑一小面积 AB（图 3-13），沿 AB 四周，在 AB 以外的液面对于 AB 面都有张力作用。力的方向与周界垂直，且沿周界处与液面相切。如果液体表面是水平的，如图 3-13（a）所示，则表面张力 f 也是水平的，沿 AB 周界的表面张力互相平衡。如果液面是弯曲的，如图 3-13（b）和图 3-13（c），则液体表面张力 f 产生了指向液体内部或外部的合力。如果合力指向液体内部，则 AB 曲面将紧压液体使它受到一额外的压强，称为附加压强，以 P_s 表示，因此在平衡时的表面的内部压强必大于外部的压强 P_0。如果合力指向液体外部，则 AB 好像要被拉出液面，因此，液体内部的压强将小于外面的压强 P_0。

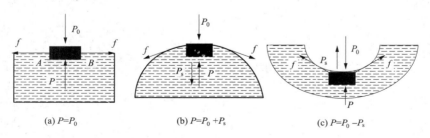

(a) $P = P_0$　　　　　(b) $P = P_0 + P_\mathrm{s}$　　　　　(c) $P = P_0 - P_\mathrm{s}$

图 3-13　弯曲液面下的压强

　　根据以上的理论，可知由于液面的弯曲，在凹形一方的压强，总比凸形一方的压强大些。至于附加压强的大小，是与液体表面张力系数与曲率半径有关。从理论上可

以证明，一个半径为 R，表面张力系数为 α 的球形液面的内外压强差为

$$P_s = \frac{2\alpha}{R} \qquad\qquad (3-34)$$

应用上式于一个半径为 R 的肥皂泡，由于泡内的压强比泡液中的压强大 $\frac{2\alpha}{R}$，而泡液中

的压强又比泡外的压强大，所以肥皂泡内外压强差为 $\frac{4\alpha}{R}$。

式（3 - 34）指出，曲面压强差与曲率半径成反比，这一结论可以通过实验来证明。在一根连通管的两端吹两个大小不同的肥皂泡（图 3 - 14），开通管中的塞子，小泡 B 中的气体将被压缩而流入大泡 A 内，大泡逐渐变大，而小泡逐渐缩小到仅剩一帽顶，这时两泡内的气体压强相等，所以它们的曲率半径相同。

图 3 - 15 表示半径为 R 的球形液滴，由于附加压强的存在，液滴表面受到指向中心的力 $f = P_s \cdot S$ 的作用。现在设想液滴半径由 R 增大至 $R + dR$（dR 为无限小的增量），则必须反抗 f 做功。对整个球面而言，做功

$$dA = P_s \cdot S dR$$

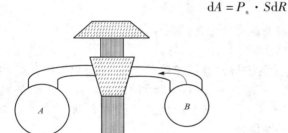

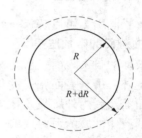

图 3 - 14　附加压强的演示　　　　图 3 - 15　附加压强公式推导

式中，S 为整个球面的面积，其值为 $4\pi R^2$。设液体的表面张力系数为 α，则增加表面面积所增加的表面势能

$$dE_p = \alpha dS$$

其中

$$S = 4\pi R^2, \quad dS = 8\pi R dR$$

所以

$$dE_p = 8\pi R dR \cdot \alpha$$

根据功能原理，得

$$P_s dR 4\pi R^2 = 8\pi R dR \cdot \alpha$$

所以

$$P_s = \frac{2\alpha}{R}$$

2. 毛细现象

下面进一步研究，容器中靠近器壁的液面形成曲面的原因。在液体与固体接触的地方，由于固体分子与液体分子间也有相互作用力，并有一定的分子作用球半径，所以接触固体面的液体的分子密度与液体内部的不同。靠近固体表面，厚度等于固体分

子作用球半径的一层液体称为附着层，在附着层上取厚度等于液体分子作用半径的液片，如图 3－16（a）所示，液片将受到三方面力的作用，即固体分子的作用力 f_1，这力垂直指向器壁；沿液体表面层的表面张力 f 和液片下面的液体分子作用的引力 P_i 和斥力 R。如果固体分子的吸引力够强，附着层的液体分子密度增加，以致 $R > P_i$ 时，液片就要沿着器壁上升，直到 $f_1, f, f_2(R - P_i)$ 三力平衡为止．如图 3－16（b）所示。这时，表面张力 f 与固体表面所成的接触角 φ 为锐角。这种情形叫液体能浸润器壁，例如水与玻璃。如果固体分子的引力不够强而 $R < P_i$ 时，则液片将沿器壁下降至如图 3－16（c）的情形。这时接触角 φ 为钝角，这种情形叫液体不浸润器壁，例如水银与玻璃。根据上述分析，可知浸润和不浸润完全是由固体和液体的性质决定的。

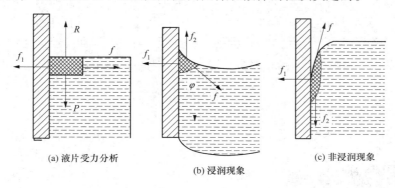

(a) 液片受力分析　　(b) 浸润现象　　(c) 非浸润现象

图 3－16　液体和固体接触时的浸润和非浸润现象示意图

　　把一根细管插入液体中，由于浸润和不浸润，在管内液体的液面将形成弯月面。例如，以细玻管插入水中，则细玻管中的液体表面是一凹面；插入水银中，液体表面为凸面。实验证明，在细管中水将沿管上升，而水银则沿管下降，上升或下降的高度与管半径成反比。这个现象称为毛细现象。

　　毛细现象可以根据弯曲液面内外压强差来说明。图 3－17 所示为把细玻管插入水中的情形，这时管内弯月液面的附加压强向上，因此管半径 r 与球面的曲率半径 R 间就有下列关系

$$R\cos\varphi = r$$

式中，φ 为接触角。设 α 为液体表面张力系数，ρ 为其密度，液体在管内上升到高度 h 而平衡，则

$$P_s = \frac{2\alpha}{R} = \frac{2\alpha}{r}\cos\varphi = h\rho g$$

或

$$h = \frac{2\alpha\cos\varphi}{r\rho g} \qquad\qquad (3-35)$$

所以，细管中液体上升的高度 h 与管半径成反比。

　　对于完全浸润或完全不浸润的液体，$\varphi = 0$ 或 $\varphi = \pi$，上式又可简化为

$$h = \pm\frac{2\alpha}{r\rho g}$$

根据上式也可以测定液体的表面张力系数。

　　利用同样的道理可以说明水银在玻璃管中的下降。表面张力、浸润和毛细现象，

在日常生活中和生产技术中都起着重要作用。大部分多孔性物质，如木材、纸、布、棉纱等都可以吸收液体。这个吸收作用是由于液体深入固体内部的缘故。此外，土壤中的毛细管（小孔）对于土壤中水分的保持有很大关系，植物组织中有许多导管束，这些导管束就是毛细管，从土壤中把所吸收的养料输送到植物的各部分去。

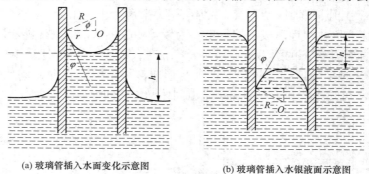

(a) 玻璃管插入水面变化示意图　　　　(b) 玻璃管插入水银液面示意图

图 3-17　毛细现象

思考题

1. 表面张力在生活中还有其他的应用吗？
2. 旋涂法制备薄膜的时候怎样考虑浸润现象？如何选择合适的衬底？

重点小结

内容提要	重点难点
理想气体物态方程	理想气体模型；宏观量和微观量的关系；平衡态；理想气体方程
理想气体的压强	气体压强公式推导 $p = \dfrac{2}{3}n\left(\dfrac{1}{2}m\overline{v^2}\right) = \dfrac{2}{3}n\overline{\varepsilon_t}$；气体压强统计意义
温度与分子平均平动能的关系	$\overline{\varepsilon_t} = \dfrac{1}{2}m\overline{v^2} = \dfrac{3}{2}kT$
能量均分定理	自由度；能量均分定理；$E = \dfrac{M}{\mu}\dfrac{i}{2}RT$
麦克斯韦速率分布律	最概然速率；平均速率；方均根速率；分子平均自由程
真实气体	真实气体的等温线；分子力；范德瓦尔斯气体状态方程
液体的表面现象	表面张力；毛细现象；表面张力的推导，具体分析液体表面现象

 习题三

1. 压强为 $1.32 \times 10^7\,\text{Pa}$ 的氧气瓶，容积是 $3.2 \times 10^{-2}\,\text{m}^3$。为避免混入其他气体，规

定瓶内氧气压强降到 $1.013 \times 10^6 Pa$ 时就应充气。设每天需用 $0.4m^3$、$1.013 \times 10^6 Pa$ 的氧，一瓶氧气能用几天？

2. 在制造氦氖激光管时，要充以一定比例的氦氖混合气体。在装有阀门连通管的两个容器 V_1 和 V_2 中，分别充以氦气和氖气。氦气的压强为 $2.0 \times 10^4 Pa$，氖气的压强为 $1.2 \times 10^4 Pa$；V_1 是 V_2 的两倍。当打开阀门使这两部分气体混合，试求混合后气体的总压强和两种气体的分压强。

3. 一空气泡，从 $3.04 \times 10^5 Pa$ 的湖底升到 $1.013 \times 10^5 Pa$ 的湖面。湖底温度为 7℃，湖面温度为 27℃。气泡到达湖面时的体积是它在湖底时的多少倍？

4. 两个盛有压强分别为 p_1 和 p_2 的同种气体的容器，容积分别为 V_1 和 V_2，用一带有开关的玻璃管连接。打开开关使两容器连通，并设过程中温度不变，求容器中的压强。

5. 将理想气体压缩，使其压强增加 $1.013 \times 10^4 Pa$，温度保持在 27℃，单位体积内的分子数增加多少？

6. 在近代物理中常用电子伏特（eV）作为能量单位，在多高温度下，分子的平均平动动能为 1eV？1K 温度的单个分子热运动平均平动能量相当于多少电子伏特？

7. 一容积 $11.2 \times 10^{-3} m^3$ 的真空系统已被抽到 $1.33 \times 10^{-3} Pa$。为了提高系统的真空度，将它放在 300℃ 的烘箱内烘烤，使器壁释放吸附的气体分子。若烘烤后压强增为 $1.33 Pa$，器壁原来吸附了多少个分子？

8. 温度为 27℃ 时，1g 氢气、氦气和水蒸气的内能各为多少？

9. 计算在 $T = 300K$ 时，氢、氧和水银蒸气的最概然速率、平均速率和方均根速率。

10. 计算在标准状态下，氢分子的平均自由程和平均碰撞频率。

11. 已知氮气在范德瓦尔斯方程中的两个改正数分别为 $a = 0.140 J \cdot m^3/mol^2$，$b = 0.039 \times 10^{-3} m^3/mol$。现将 280g 氮气不断压缩，最后趋近的体积是多大？这时分子的内压强是多少？

第四章 振动学基础

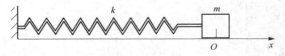

学习目标

1. 掌握简谐振动的运动方程，能够根据给定的初始条件确定运动方程。
2. 掌握矢量图表示法，掌握两个同方向简谐振动的合成规律。
3. 理解两个相互垂直简谐振动的合成规律。

振动（vibration）是自然界中一种十分普遍的运动形式。物体在平衡位置附近来回往复运动，称为**机械振动**（mechanical vibration）。例如，一切声源的运动、海浪的起伏以及心脏的运动等。将机械振动范围这一概念加以推广，对描述物体运动状态的物理量，如电流、电压、电场强度、磁场强度、温度和化学反应浓度等，在某一值附近做来回重复变化时，均可称该物理量在振动。这些振动虽然和机械振动有本质的区别，但遵从的基本规律是相同的。在振动中，最简单、最基本的振动是简谐振动，其他任何复杂的振动都可以看成是由若干简谐振动合成的结果，本章重点讨论简谐振动。

第一节 简 谐 振 动

物体运动时，描述物体运动状态的物理量如位移（或角位移）按余弦函数（或正弦函数）的规律随时间变化，这种运动称为**简谐运动或简谐振动**（simple harmonic motion）。弹簧振子的小幅度振动和单摆的小角度振动是简谐振动的典型例子。下面以弹簧振子为例讨论简谐振动的特征及其运动规律。

一、简谐振动运动学方程

一个质量可以忽略、**劲度系数**（coefficient of stiffness）为 k 的轻质弹簧，一端固定，另一端连接一个质量为 m 的物体置于光滑的水平面上，这一系统称为弹簧振子，如图 4 - 1 所示。弹簧振子是一种理想化模型，在这样一个模型中由于物体的大小对振动过程没有影响，可以视为质点。

图 4 - 1 弹簧振子模型

当弹簧自然伸长时，物体在水平方向所受的合力为零，该点称为**平衡位置**（equilibrium position）。若将物体稍加移动后释放，这时弹簧被拉长或压缩，物体将受到指向

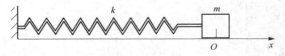

平衡位置的弹性力作用，在平衡位置附近往返运动。

取平衡位置 O 为坐标原点，物体的运动轨迹作为 x 轴，向右为正方向。建立坐标系，根据胡克定律，弹性力

$$F = -kx \tag{4-1}$$

式中，k 为弹簧的**劲度系数**，F 是弹性力也是物体所受的合力，合力 F 与位移 x 成正比，方向相反，这就是简谐振动的动力学特征。

设物体的质量为 m，根据牛顿第二定律，物体的加速度为

$$a = \frac{F}{m} = -\frac{k}{m}x$$

对于同一弹簧振子，k 和 m 都是正值常量，令

$$\frac{k}{m} = \omega^2 \tag{4-2}$$

ω 是由系统自身决定的常量。

因为

$$a = \frac{\mathrm{d}^2 x}{\mathrm{d}t^2}$$

所以

$$\frac{\mathrm{d}^2 x}{\mathrm{d}t^2} + \omega^2 x = 0 \tag{4-3}$$

上式为简谐振动的动力学方程。其解为

$$x = A\cos(\omega t + \varphi) \tag{4-4}$$

式中 A 和 φ 是积分常量，其物理意义将在后面讨论。

因为 $\cos(\omega t + \varphi) = \sin\left(\omega t + \varphi + \frac{\pi}{2}\right)$，令 $\varphi' = \varphi + \frac{\pi}{2}$，式（4-4）也可写成

$$x = A\sin(\omega t + \varphi') \tag{4-5}$$

式（4-4）和式（4-5）称为**简谐振动运动学方程**。可见，当物体做简谐振动时，其位移是时间的余弦或正弦函数，通常采用余弦函数表示。

物体的运动状态一般由位移、速度和加速度表征。将式（4-4）对时间求一阶、二阶导数，可分别得到做简谐振动物体的速度和加速度

$$v = \frac{\mathrm{d}x}{\mathrm{d}t} = -\omega A\sin(\omega t + \varphi) \tag{4-6}$$

$$a = \frac{\mathrm{d}^2 x}{\mathrm{d}t^2} = -\omega^2 A\cos(\omega t + \varphi) \tag{4-7}$$

可见，物体做简谐振动时，速度和加速度也随时间做周期性变化。

二、简谐振动中的特征量

位移、速度、加速度是描述质点运动状态的物理量，而描述简谐振动的物理量是振幅、周期（频率）和相位。如果知道一个简谐振动的这三个量，就完全掌握了该简谐振动的特征，故称之为描述简谐振动的特征量。

1. 振幅

由方程 $x = A\cos(\omega t + \varphi)$ 可知，物体的振动范围在 $+A$ 和 $-A$ 之间，A 是振动物体离开平衡位置的最大位移的绝对值，称为**振幅**（amplitude）。

2. 周期、频率、角频率

简谐振动具有周期性特点，完成一次完全振动所需的时间称为**周期**（period），用符号 T 表示，单位是 s（秒）。每完成一个周期，振动状态重复一次，因此有

$$x = A\cos(\omega t + \varphi) = A\cos[\omega(t + T) + \varphi] = A\cos(\omega t + \varphi + \omega T)$$

余弦函数的周期为 2π，所以，$\omega T = 2\pi$，即

$$T = \frac{2\pi}{\omega} \tag{4-8}$$

周期的倒数，即单位时间内物体所做的完全振动的次数，称为振动的频率（frequency），用符号 ν 表示，单位是 Hz（赫兹）。频率与周期的关系为

$$\nu = \frac{1}{T} = \frac{\omega}{2\pi} \tag{4-9}$$

频率 ν 的 2π 倍，称为**角频率**（angular frequency）或**圆频率**，用符号 ω 表示，单位是 rad/s（弧度/秒）。

即

$$\omega = 2\pi\nu = \frac{2\pi}{T} \tag{4-10}$$

ω 表示物体在 2π 秒内所做的完全振动次数。

T、ν、ω 完全由作简谐振动的物体本身的性质决定。例如弹簧振子，因为 $\omega^2 = \frac{k}{m}$，所以弹簧振子的周期和频率为

$$T = 2\pi\sqrt{\frac{m}{k}} \qquad \nu = \frac{1}{2\pi}\sqrt{\frac{k}{m}}$$

由于弹簧振子的质量 m 和劲度系数 k 是其本身固有的性质，因此，T、ν、ω 常称为**固有周期、固有频率、固有角频率**。

3. 相位和初相

振幅描述振动的空间范围，周期或频率描述振动的快慢，这两个量还不能完全确定物体在任意时刻的振动状态。我们知道，位移和速度是表征一个物体在任意瞬间运动状态的两个物理量，由式（4-4）和式（4-6）可知，在振幅 A 和角频率 ω 已知的情况下，振动物体的位置和速度完全由物理量 $\omega t + \varphi$ 决定，这个物理量称为**相位**（phase），单位是 rad（弧度）。相位是决定振动物体运动状态最重要的物理量。相位中的 φ 称为**初相**（initial phase），即 $t = 0$ 时的相位。

在振动和波动的研究中，相位是一个重要的概念。

（1）相位是描述振动物体运动状态的物理量。一个物体在一次完全振动中所经历的状态（位移和速度）没有一个是相同的。对于相位来说，相位经历了从 0 到 2π 的变化，即在一个周期内振动状态和相位是一一对应的，因此完全可以用相位这个物理量来表征振动状态，显然这比用位移和速度两个物理量来描述要方便得多。而用相位表征振动状态的优点更在于它充分反映了振动的周期性这个特征。

例如，参照式（4-4）、式（4-6）和图 4-2 可知：

$\omega t + \varphi = 0$ 对应物体位于 x 正向最大值，速度为零的状态。

$\omega t + \varphi = \frac{\pi}{2}$ 对应物体位于平衡位置，速度数值最大，向负方向运动的状态；

$\omega t + \varphi = \pi$ 对应物体位于 x 反向最大值，速度为零的状态；

$\omega t + \varphi = \dfrac{3\pi}{2}$对应物体位于平衡位置，速度数值最大，向正方向运动的状态。

要寻找完全相同的状态只能在另一个周期中找到。对于同一简谐振动，凡是位移和速度都相同的状态，它们所对应的相位之间一定相差 2π 或 2π 的整数倍（$2n\pi$）。可见，相位的量值还反映了该状态在该时刻是第 n 次重现，充分反映了振动的周期性。

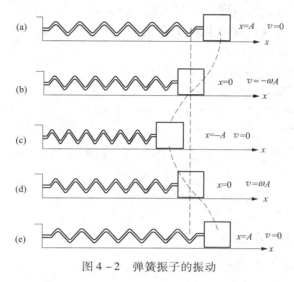

图 4 – 2　弹簧振子的振动

（2）相位用于比较两个简谐振动之间的步调关系。它是理解物质波动性的最关键的物理概念。

假设有两个同频率的简谐振动

$$x_1 = A_1 \cos(\omega t + \varphi_1)$$
$$x_2 = A_2 \cos(\omega t + \varphi_2)$$

它们的相位差为

$$\Delta\varphi = (\omega t + \varphi_2) - (\omega t + \varphi_1) = \varphi_2 - \varphi_1$$

即它们在任意时刻的相位差恒等于其初相差。它们的步调是否相同，决定于相位差。

当 $\Delta\varphi = 0$（或 2π 的整数倍），两个振动的步调一致，我们称两个振动同相，它们同时到达各自的最大、最小和平衡位置，而且向同方向运动。

当 $\Delta\varphi = \pi$（或 π 的奇数倍），两个振动的步调相反，我们称两个振动反相，它们同时到达各自相反方向的最大值，虽然同时到达平衡位置，但向相反方向运动。

当 $0 < \Delta\varphi < \pi$，我们常说 x_2 振动超前 x_1 振动 $\Delta\varphi$，或 x_1 振动落后 x_2 振动 $\Delta\varphi$。

当 $\pi < \Delta\varphi < 2\pi$，例如 $\Delta\varphi = \dfrac{3}{2}\pi$，一般不说 x_2 振动超前 x_1 振动 $\dfrac{3}{2}\pi$，而改写成 $\Delta\varphi = \dfrac{3}{2}\pi - 2\pi = -\dfrac{\pi}{2}$，说 x_2 振动落后 x_1 振动 $\dfrac{\pi}{2}$，实际上，上述两种说法是等价的。

相位不但用来比较作简谐振动的相同的物理量的步调，而且可以比较不同物理量变化的步调。例如，比较物体作简谐振动时的位移、速度、加速度变化的步调。改写式（4 – 6）和式（4 – 7）并与位移比较

$$x = A\cos(\omega t + \varphi)$$

$$v = -\omega A\sin(\omega t + \varphi) = \omega A\cos\left(\omega t + \varphi + \frac{\pi}{2}\right)$$

$$a = -\omega^2 A\cos(\omega t + \varphi) = \omega^2 A\cos(\omega t + \varphi + \pi)$$

可以看出，速度超前位移 $\dfrac{\pi}{2}$；而落后于加速度 $\dfrac{\pi}{2}$；加速度超前位移 π，或者说加速度与位移反相。图 4 - 3 为简谐振动的 x、v、a 随时间变化的关系曲线，也反映了 x、v、a 三者的相位关系。

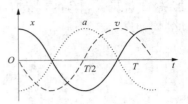

图 4 - 3   简谐振动的位移
速度和加速度

从简谐振动方程可以看出，当三个特征量 A、ω、φ 确定之后，这一简谐振动就完全确定了。其中 ω 是由振动系统本身的参量决定，那么 A、φ 是由什么决定呢？

在振动的起始时刻，即 $t = 0$，初位移为 x_0，初速度为 v_0，代入式（4 - 4）和式（4 - 6），得

$$x_0 = A\cos\varphi$$

$$v_0 = -\omega A\sin\varphi$$

由上式可得 A、φ 的唯一解为

$$A = \sqrt{x_0^2 + \frac{v_0^2}{\omega^2}} \tag{4 - 11}$$

$$\tan\varphi = -\frac{v_0}{\omega x_0} \tag{4 - 12}$$

式中 φ 所在象限由 x_0 及 v_0 的正负号确定。

振动物体在 $t = 0$ 时的位移 x_0 和速度 v_0 称为振动的**初始条件**（initial conditions）。简谐振动的振幅 A 和初相 φ 在数学上是在求解振动微分方程式（4 - 3）时引入的积分常量，在物理学上，它们是由振动系统的初始状态所决定的两个描述简谐振动的特征量。

例题 4 - 1   有一弹簧振子，如图 4 - 1 所示。弹簧的劲度系数 $k = 0.72\text{N/m}$，今将质量 m 为 20g 的物体，从平衡位置向右拉长到 $x = 0.040\text{m}$ 处释放，试求：（1）简谐振动方程；（2）如果物体在 $x = 0.040\text{m}$ 处，具有一个向右的速度 $v = 0.24\text{m/s}$ 作为初始时刻，求其振动方程。

解   （1）要确定物体的简谐振动方程，需要确定角频率 ω、振幅 A 和初相 φ 三个物理量，根据题意

角频率 $$\omega = \sqrt{\frac{k}{m}} = \sqrt{\frac{0.72}{0.02}} = 6.0\text{rad/s}$$

振幅和初相由初始条件 x_0 及 v_0 决定，根据题意，当 $t = 0$ 时，$x_0 = 0.04\text{m}$，$v_0 = 0$，由式（4 - 11）和式（4 - 12）得振幅

$$A = \sqrt{x_0^2 + \frac{v_0^2}{\omega^2}} = x_0 = 0.04\text{m}$$

初相

$$\varphi = \tan^{-1}\left(-\frac{v_0}{\omega x_0}\right) = \tan^{-1}0$$

因为 $x_0 > 0$，$v_0 = 0$，再根据 $x_0 = A\cos\varphi$，$v_0 = -\omega A\sin\varphi$ 可确定 $\varphi = 0$

所以简谐振动方程为
$$x = 0.040\cos6.0t \ \text{m}$$

（2）根据题意，当 $t = 0$ 时，$x_0 = 0.04\text{m}$，$v_0 = 0.24\text{m/s}$，振幅和初相分别为

$$A = \sqrt{x_0^2 + \frac{v_0^2}{\omega^2}} = \sqrt{0.04^2 + \frac{0.24^2}{6^2}} = 0.057\text{m}$$

$$\varphi = \tan^{-1}\left(-\frac{v_0}{\omega x_0}\right) = \tan^{-1}\left(-\frac{0.24}{6 \times 0.04}\right) = \tan^{-1}\ (-1.0)$$

因为 $x_0 > 0$，$v_0 > 0$，再根据 $x_0 = A\cos\varphi$，$v_0 = -\omega A\sin\varphi$ 可确定 $\varphi = -\dfrac{\pi}{4}$，则简谐振动方

程为
$$x = 0.057\cos\left(6.0t - \frac{\pi}{4}\right) \ \text{m}$$

三、简谐振动的矢量图表示法

为了直观地表示简谐振动运动方程中 A、ω、φ 三个物理量的意义，并为研究简谐振动的合成提供一种简单的方法，下面介绍简谐振动的**矢量图表示法**。这种方法在交流电和波动光学中也将用到。

如图 4-4 所示，取一水平坐标 Ox，由原点 O 引一长度等于振幅 A 的矢量 $\boldsymbol{OM}$，设矢量 $\boldsymbol{OM}$ 以匀角速度 $\boldsymbol{\omega}$ 绕原点 O 逆时针旋转。$t = 0$ 时，$\boldsymbol{OM}$ 与 x 轴的夹角为 φ，在 t 时刻，$\boldsymbol{OM}$ 旋转到与 x 轴夹角 $\omega t + \varphi$ 的位置，此时，矢量 $\boldsymbol{OM}$ 的端点 M 在 x 轴上的投影点 P 的位移为

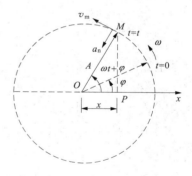

图 4-4　简谐振动的矢量表示法

$$x = A\cos(\omega t + \varphi)$$

上式与简谐振动表达式（4-4）完全相同。可见，矢量 $\boldsymbol{OM}$ 匀速转动时，其端点 M 在 x 轴上的投影点 P 的运动是简谐振动，矢量 $\boldsymbol{OM}$ 旋转一周所需的时间就是简谐振动的周期。

简谐振动的矢量图表示法把描述简谐振动的三个特征量非常直观地表示出来了。矢量的长度即振动的振幅，矢量旋转的角速度就是振动的角频率，矢量与 x 轴的夹角就是振动的相位，而 $t = 0$ 时矢量与 x 轴的夹角就是初相。

用矢量图表示法也能表示简谐振动的速度和加速度。矢量端点做匀速圆周运动的速率是 $v_m = \omega A$，如图 4-4 所示，在 t 时刻它在 x 轴上的投影是
$$v = -\omega A\sin(\omega t + \varphi)$$

这正是式（4-6）给出的简谐振动的速度公式。矢量端点做匀速圆周运动的加速度 $a_n = \omega^2 A$，如图 4-4 所示，在 t 时刻它在 x 轴上的投影是
$$a = -\omega^2 A\cos(\omega t + \varphi)$$

这正是式（4-7）给出的简谐振动的加速度公式。

四、简谐振动的能量

弹簧振子、单摆做简谐振动的过程中，由于忽略了摩擦力或空气阻力的作用，只有弹性力、重力一类保守力做功，系统的机械能是守恒的。简谐振动系统的势能和动能在振动过程中是相互转化的。例如水平弹簧振子是弹性势能和动能的转化过程，单摆是重力势能和动能的转化过程。下面我们以水平弹簧振子为例，研究简谐振动中能量的转换和守恒问题。

对于水平弹簧振子，在任意时刻，系统的动能为

$$E_k = \frac{1}{2}mv^2 = \frac{1}{2}m\omega^2 A^2 \sin^2(\omega t + \varphi) \qquad (4-13)$$

如果取物体在平衡位置的势能为零，则系统的势能为

$$E_p = \frac{1}{2}kx^2 = \frac{1}{2}kA^2 \cos^2(\omega t + \varphi) \qquad (4-14)$$

由式（4-13）和式（4-14）可知，弹簧振子的动能和势能都随时间做周期性变化。当位移最大时，动能为零，势能达到最大值；在平衡位置时，势能为零，动能达到最大值。

系统总的能量为动能和势能之和，即

$$E = E_k + E_p = \frac{1}{2}m\omega^2 A^2 \sin^2(\omega t + \varphi) + \frac{1}{2}kA^2 \cos^2(\omega t + \varphi)$$

因为 $\omega^2 = k/m$，则

$$E = \frac{1}{2}m\omega^2 A^2 = \frac{1}{2}kA^2$$

由此可以得到结论：简谐振动过程中弹簧振子的动能和势能都随时间做周期性变化，动能大时，势能就小，动能小时，势能就大，从而保持系统总能量恒定不变。并且总能量与振幅的平方成正比。这一结论对任何简谐振动系统都成立。

根据能量公式还可以更直观地给出做简谐振动弹簧振子的速度与位移的关系。由公式

$$E = \frac{1}{2}mv^2 + \frac{1}{2}kx^2 = \frac{1}{2}kA^2$$

得

$$v = \pm\sqrt{\frac{k}{m}(A^2 - x^2)} = \pm\omega\sqrt{A^2 - x^2}$$

可见，在平衡位置处，$x=0$，速度为最大 $v_m = \pm\omega A$；在最大位移处，$x=A$，速度为零 $v=0$。

例题 4-2 如图 4-5 所示，一轻弹簧下端悬挂一质量为 1.0kg 的物体，其长度伸长了 2.45cm，此位置为平衡位置，如图 4-5（b）所示。物体以初速度 1.2m/s 向下运动。求：（1）轻弹簧的劲度系数；（2）物体的振动方程和振动能量。

解 设 x 轴沿弹簧指向下方

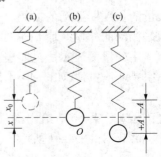

图 4-5 弹簧振子的振动

（1）弹簧悬挂重物后伸长 $x_0 = 0.0245\text{m}$ 达到平衡位置 O，此时，物体所受合力为 0，则

$$-kx_0 + mg = 0$$

$$k = \frac{mg}{x_0} = \frac{1.0 \times 9.8}{0.0245} = 4 \times 10^2 \text{N/m}$$

（2）在位移为 x 时物体所受合力

$$F = -k(x_0 + x) + mg = -kx$$

可见物体在弹力和重力作用下，合力与位移的关系仍满足简谐振动的动力学特征式（4-1），所以物体在做简谐振动。设振动方程为

$$x = A\cos(\omega t + \varphi)$$

$$\omega = \sqrt{\frac{k}{m}} = \sqrt{\frac{4 \times 10^2}{1.0}} = 20\text{rad/s}$$

当 $t = 0$ 时，$x_0 = 0$，$v_0 = 1.2\text{m/s}$，代入振动方程 $x = A\cos(\omega t + \varphi)$ 得

$$x_0 = A\cos\varphi = 0 \qquad \cos\varphi = 0 \qquad \varphi = \pm\frac{\pi}{2}$$

因为 $v_0 > 0$，由 $v_0 = -\omega A\sin\varphi$，得 $\sin\varphi < 0$，初相取 $\varphi = -\frac{\pi}{2}$

$$A = \sqrt{x_0^2 + \frac{v_0^2}{\omega^2}} = \frac{v_0}{\omega} = \frac{1.2}{20} = 0.06\text{m}$$

故振动方程为

$$x = 0.06\cos\left(20t - \frac{\pi}{2}\right) \text{m}$$

振动能量为

$$E = \frac{1}{2}m\omega^2 A^2 = \frac{1}{2} \times 1.0 \times 20^2 \times 0.06^2 = 0.72\text{J}$$

或

$$E = \frac{1}{2}kA^2 = \frac{1}{2} \times 4 \times 10^2 \times 0.06^2 = 0.72\text{J}$$

思考题

把弹簧振子装在光滑斜面上，它仍将做简谐振动吗？振动频率仍不变吗？当斜面倾角不同时又如何？

第二节　简谐振动的合成

简谐振动是最简单也是最基本的振动形式，任何一个复杂的振动都是由若干个简

谐振动叠加而成。那么它们是怎么合成的? 在实际问题中, 常会遇到一个质点同时参与几个振动的情况, 这时质点将按这几个振动的合振动运动, 而合振动的位移等于各分振动的位移的矢量和, 这一规律称为振动**叠加原理**。例如, 琴弦的振动就是许多不同频率简谐振动的合振动。一般的振动合成问题比较复杂, 下面仅讨论几种简单的典型情况。

一、同方向简谐振动的合成

1. 两个同方向、同频率的简谐振动的合成

假设某质点同时参与两个简谐振动, 这两个振动的频率相同, 并在同一直线上振动 (习惯上称它们是同方向的振动)。它们振动的表达式为

$$x_1 = A_1 \cos(\omega t + \varphi_1)$$
$$x_2 = A_2 \cos(\omega t + \varphi_2)$$

按振动叠加原理, 这两个同方向简谐振动的合振动的位移, 等于两分振动位移的代数和, 即

$$x = x_1 + x_2 = A_1 \cos(\omega t + \varphi_1) + A_2 \cos(\omega t + \varphi_2)$$

虽然上式用三角函数关系可以得到合成结果, 但用简谐振动的矢量图表示法可以更简便更直观地得出同样的结论。

如图 4-6 所示, 旋转矢量 $\boldsymbol{A}_1$、$\boldsymbol{A}_2$ 分别代表上述两个简谐振动, $t = 0$ 时, 它们与 x 轴的夹角分别为 φ_1 和 φ_2, $\boldsymbol{A}$ 为 $\boldsymbol{A}_1$ 和 $\boldsymbol{A}_2$ 的合矢量。因为 $\boldsymbol{A}_1$、$\boldsymbol{A}_2$ 大小不变, 而且以相同的角速度 ω 绕 O 点逆时针转动, $\boldsymbol{A}_1$、$\boldsymbol{A}_2$ 的夹角 ($\varphi_2 - \varphi_1$) 始终保持不变, 所以矢量 $\boldsymbol{A}$ 的大小保持不变, 并且也以 ω 的角速度绕 O 点逆时针转动。由图中可以看出任一时刻合矢量 $\boldsymbol{A}$ 在 x 轴上的投影 x 正好等于该时刻 $\boldsymbol{A}_1$ 和 $\boldsymbol{A}_2$ 在 x 轴上的投影 x_1 和 x_2 的代数和。合振动的位移表示式为

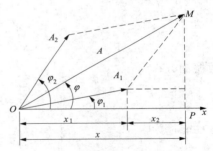

图 4-6 两个同方向同频率简谐振动的合成 (矢量图解法)

$$x = A \cos(\omega t + \varphi)$$

式中振幅 A 是合矢量 $\boldsymbol{A}$ 的长度, 初相 φ 是 $t = 0$ 时, 合矢量 $\boldsymbol{A}$ 与 x 轴的夹角。利用余弦定理可求得合振幅为

$$A = \sqrt{A_1^2 + A_2^2 + 2A_1 A_2 \cos(\varphi_2 - \varphi_1)} \qquad (4-15)$$

由直角三角形 OPM, 根据 $\mathrm{tg}\varphi = PM/OP$, 可求得合振动的初相 φ 满足

$$\tan\varphi = \frac{A_1 \sin\varphi_1 + A_2 \sin\varphi_2}{A_1 \cos\varphi_1 + A_2 \cos\varphi_2} \qquad (4-16)$$

可见, 同方向、同频率简谐振动的合振动仍然是一个简谐振动, 它的振动方向、角频率与分振动的振动方向、角频率相同, 合振动的振幅与分振动的振幅和相位差有关。下面讨论两个重要的特例, 它将用于研究声、光等波动过程的干涉和衍射现象。

(1) 若相位差 $\varphi_2 - \varphi_1 = \pm 2k\pi$ ($k = 0, 1, 2, 3, \cdots$), 这时 $\cos(\varphi_2 - \varphi_1) = 1$。

由式（4-15）得

$$A = \sqrt{A_1^2 + A_2^2 + 2A_1A_2} = A_1 + A_2$$

即当两分振动同相时，合振幅达到最大值，且等于两分振幅之和。此时振动加强。

（2）若相位差 $\varphi_2 - \varphi_1 = \pm(2k+1)\pi\ (k = 0,\ 1,\ 2,\ 3,\ \cdots)$，这时 $\cos(\varphi_2 - \varphi_1) = -1$，由式（4-15）得

$$A = \sqrt{A_1^2 + A_2^2 - 2A_1A_2} = |A_1 - A_2|$$

即当两分振动反相时，合振幅达到最小值，且等于两分振幅之差。此时振动减弱。如果 $A_1 = A_2$，则 $A = 0$，这时两振动抵消，而使质点处于静止状态。

上述为两种特殊情况。一般情况下，相位差 $\Delta\varphi$ 可取任意值，而合振动的振幅取值在 $A_1 + A_2$ 和 $|A_1 - A_2|$ 之间，即 $|A_1 - A_2| < A < A_1 + A_2$。

不难看出，分振动之间的相位差对合振动的强弱起着关键的作用。

2. 两个同方向、不同频率的简谐振动的合成

两个同方向的简谐振动，如果频率不同则合成结果比较复杂。用矢量图表示法分析，因为旋转矢量 A_1 和 A_2 的转动角速度不同，它们之间的夹角 $[(\omega_2 t + \varphi_2) - (\omega_1 t + \varphi_1)]$ 就要随时间改变，合矢量 A 也将随时间改变。这时合矢量在 x 轴上的投影所表示的合振动虽然仍与分振动的方向相同，但不再是简谐振动。现在我们来看频率之比为 1:3 的两个简谐振动合成的例子。如图 4-7 所示，虚线和点线分别代表分振动，实线代表它们的合振动。图 4-7（a）、（b）、（c）分别表示三种不同的初相差所对应的振动合成，对应不同的初相差，合振动曲线具有不同的形状。

以上定性分析和图 4-7 表明：振动方向相同，频率有一定整数比的两个或两个以上简谐振动的合振动不再是简谐振动，但仍然是周期性振动。合振动的频率与分振动中最低频率相同。合振动的形式由分振动的频率、振幅和初相决定。

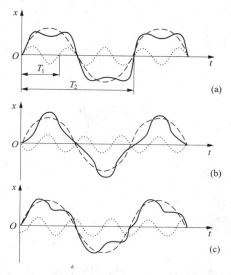

图 4-7　两个振动方向相同、频率之比为
1:3 的简谐振动的合成

3. 振动的频谱分析

与振动的合成相反，任何一个复杂的周期性振动都可以分解为一系列简谐振动之和。确定一个振动所包含的各个简谐振动的频率和振幅称为**频谱分析**（spectral analysis）。例如，任何一个具有周期性的振动都可以分解为一系列简谐振动，各个简谐振动的频率都是原振动频率的整数倍。其中与原振动频率相同的分振动称为**基频振动**，其他的分振动依照各自的频率相对基频的倍数，相应的称为二次、三次……**谐频振动**。因为所包含的频率取分离值，这类频谱称为**离散谱**（discrete spectrum）或**线状谱**。

例如：某电压 $u(t)$ 随时间做周期为 T、振幅为 U 的矩形振动（方波）。$u(t)$ 可

以展开为：$u(t) = \dfrac{4U}{\pi}\left(\sin\omega t + \dfrac{1}{3}\sin 3\omega t + \dfrac{1}{5}\sin 5\omega t + \cdots \right)$，此式表明：方波是一系列不同频率的正弦波叠加而成的，这些正弦波的频率依次为基频 ω 的奇数倍。图4-8（a）是方波，图4-8（b）和图4-8（c）是取前2项和前4项合成时的方波波形，图4-8（d）是方波的**频谱图**（frequency spectrum graph），它把复杂振动中的各个分振动的频率及其对应的振幅在坐标上表示出来，其中每一条线称为谱线（spectral line），长度代表相应频率的分振动的振幅值。

不仅周期性复杂振动可以分解为一系列的简谐振动，任何一种非周期性振动也可以分解为无限多的简谐振动，因为非周期性振动可以看成是周期为无限长的周期性振动，这时振动谱不再是分立的线状谱，而是**连续谱**（continuous spectrum）。

频谱分析的方法很多，一类是在实验室中利用示波器、分光计、摄谱仪等来分析振动的频谱。另一类是用数学上的傅立叶变换，从理论上提供计算复杂振动频谱的方法，而且可以借助计算机来完成。频谱分析无论对实际应用或理论研究都是一种十分重要的方法。因为实际存在的振动大多是不严格的简谐振动，而是比较复杂的振动，但每一个振动都有其特征频谱，它们在实际现象中的作用，又往往跟组成它们的各种不同频率的简谐振动成分有关。例如，同是 C 音，音调即基频相同，钢琴与胡琴发出的声音不同（即音色不同），就是因为它们所包含的高次谐频不同的缘故。

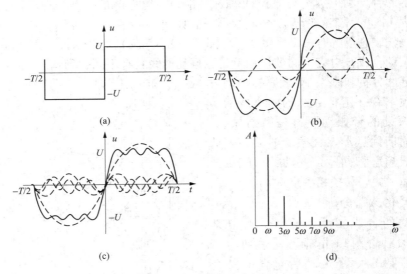

图 4 - 8　方波的分解

二、相互垂直简谐振动的合成

如果质点同时参与的两个简谐振动不在同一直线上，特别是当两个振动相互垂直时，质点的位移将是这两个振动的位移的矢量和，一般情况下，质点将在平面上做曲线运动。下面仍分为同频率和不同频率两种情况来讨论。

1. 相互垂直同频率简谐振动的合成

设两个简谐振动分别沿 x 轴和 y 轴，振动频率相同，振动方程分别为

$$x = A_1\cos(\omega t + \varphi_1)$$

$$y = A_2 \cos(\omega t + \varphi_2)$$

在任意时刻 t，质点的位置坐标是 (x, y)，由上列两式消去 t，就得到合振动的轨迹方程

$$\frac{x^2}{A_1^2} + \frac{y^2}{A_2^2} - \frac{2xy}{A_1 A_2} \cos(\varphi_2 - \varphi_1) = \sin^2(\varphi_2 - \varphi_1) \qquad (4-17)$$

这是一个椭圆方程。显然，质点的运动轨迹被局限在 $x = \pm A_1$，$y = \pm A_2$ 所围成的区域内，其合振动决定于两振动的相位差 $\varphi_2 - \varphi_1$，下面分析几种特殊情形。

（1）$\varphi_2 - \varphi_1 = 0$，两分振动同相，式（4-17）变为

$$\left(\frac{x}{A_1} - \frac{y}{A_2}\right)^2 = 0$$

即

$$y = \frac{A_2}{A_1} x$$

质点的运动轨迹是过坐标原点而在 Ⅰ、Ⅲ 象限的直线，如图 4-9（a），斜率为分振动振幅之比 A_2/A_1，合振动方程为

$$S = \sqrt{A_1^2 + A_2^2} \cos(\omega t + \varphi)$$

所以合振动仍然是简谐振动，频率与分振动相同，振幅是 $\sqrt{A_1^2 + A_2^2}$。

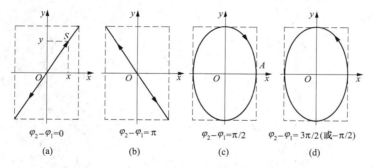

$\varphi_2 - \varphi_1 = 0$ $\varphi_2 - \varphi_1 = \pi$ $\varphi_2 - \varphi_1 = \pi/2$ $\varphi_2 - \varphi_1 = 3\pi/2$（或 $-\pi/2$）

(a)   (b)   (c)   (d)

图 4-9 两个同频率垂直简谐振动的合成（四种特例）

（2）$\varphi_2 - \varphi_1 = \pi$，两分振动反相，式（4-17）变为

$$\left(\frac{x}{A_1} + \frac{y}{A_2}\right)^2 = 0$$

即

$$y = -\frac{A_2}{A_1} x$$

质点的运动轨迹是一条过坐标原点而在 Ⅱ、Ⅳ 象限的直线，如图 4-9（b）所示，斜率为 $-A_2/A_1$，合振动仍然是简谐振动，频率与分振动相同，振幅也是 $\sqrt{A_1^2 + A_2^2}$。

（3）$\varphi_2 - \varphi_1 = \dfrac{\pi}{2}$，$y$ 方向超前 x 方向 $\dfrac{\pi}{2}$，式（4-17）变为

$$\frac{x^2}{A_1^2} + \frac{y^2}{A_2^2} = 1$$

质点的运动轨迹是以坐标轴为主轴的正椭圆如图 4-9（c）。下面讨论质点的运动方向。

因为 y 方向的振动超前 x 方向的振动 $\dfrac{\pi}{2}$，这时分振动为

$$x = A_1 \cos(\omega t + \varphi_1)$$

$$y = A_2 \cos\left(\omega t + \varphi_1 + \frac{\pi}{2}\right)$$

当 $\omega t + \varphi_1 = 0$ 时，$x = A_1$，$y = 0$，质点在图 4-9（c）中 A 点位置。在后一时刻，当 $\omega t + \varphi_1$ 稍大于零时，则 x 为正，y 为负，质点在第Ⅳ象限，因此，可以判定质点是按顺时针方向沿椭圆轨道运动的。

（4）$\varphi_2 - \varphi_1 = -\dfrac{\pi}{2}$，$y$ 方向落后于 x 方向 $\dfrac{\pi}{2}$，质点的运动轨迹不变，但方向是按逆时针方向沿椭圆轨道运动的，如图 4-9（d）所示。

对于 $A_1 = A_2$ 的特例，即分振动振幅相等时，上述椭圆轨道将变为圆轨道，质点做圆周运动。

一般情形，当两分振动相位差 $\varphi_2 - \varphi_1$ 取其他不同值时，合振动的结果是质点沿形状和运动方向各不相同的椭圆轨道运动，图 4-10 表示不同相位差的合成运动。

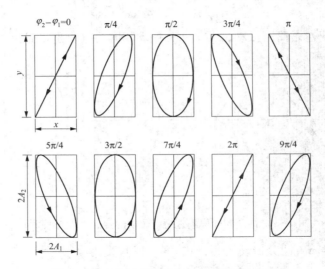

图 4-10 两个同频率垂直简谐振动的合成

以上分析表明：两个相互垂直的同频率简谐振动合成时，合振动轨迹可以是一直线、圆或椭圆。轨迹的形状和运动方向由分振动振幅大小和相位差决定。反之，一个沿直线的简谐振动，匀速圆周运动或椭圆运动都可以分解为两个相互垂直的简谐振动。

2. 相互垂直不同频率简谐振动的合成

两个相互垂直、具有不同频率的简谐振动，合成后的运动一般比较复杂，而且轨迹往往不稳定。下面只讨论两种最简单的情形。

若两个振动的频率相差很小，即 $\omega_1 \approx \omega_2$，可近似看成同频合成，但两振动的相差 $\Delta\varphi = (\omega_2 - \omega_1)t + (\varphi_2 - \varphi_1)$ 却不是定值，它随时间缓慢变化，因此合振动的轨迹将按图 4-10 所示的顺序，由直线变成椭圆，又由椭圆变成直线不断变化。

若两个振动的频率相差较大，但恰成整数比，则合振动为稳定的封闭轨迹，通常称这些轨迹图形为**李萨如图形**（Lissajous figures），如图 4-11 所示。

李萨如图形的具体形状取决于分振动的频率比以及初相差。当频率比一定时，图

形与 x、y 轴接触点数目的比值恰等于该方向振动频率的反比。因此，如果已知一个振动的频率就可以利用李萨如图形求出另一个振动的频率。在数字频率计未被广泛采用之前，在示波器上利用李萨如图形测量电信号频率是一种常用而简便的方法。

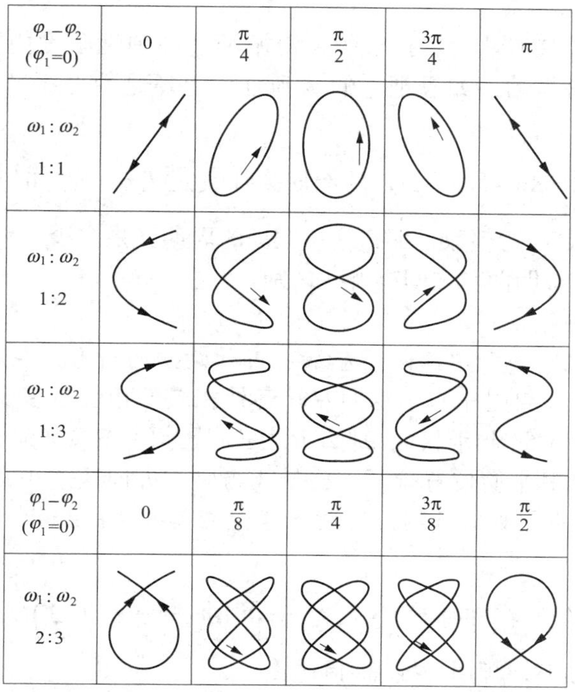

$\varphi_1-\varphi_2$ ($\varphi_1=0$)	0	$\dfrac{\pi}{4}$	$\dfrac{\pi}{2}$	$\dfrac{3\pi}{4}$	π
$\omega_1:\omega_2$ 1:1					
$\omega_1:\omega_2$ 1:2					
$\omega_1:\omega_2$ 1:3					
$\varphi_1-\varphi_2$ ($\varphi_1=0$)	0	$\dfrac{\pi}{8}$	$\dfrac{\pi}{4}$	$\dfrac{3\pi}{8}$	$\dfrac{\pi}{2}$
$\omega_1:\omega_2$ 2:3					

图 4 - 11　李萨如图形

重点小结

内容提要	难　　点	考　　点
简谐振动	简谐振动的运动学方程 简谐振动的特征量 简谐振动的矢量图示法 简谐振动的能量	给定初始条件求出简谐振动的运动学方程 根据简谐振动的运动学方程求出有关量
简谐振动的合成	同方向简谐振动的合成 相互垂直简谐振动的合成	两个同方向同频率简谐振动合成后，合振动振幅加强和减弱的条件

 习题四

1. 回答下列问题

（1）什么是简谐振动？分别从运动学和动力学两方面做出解释。一个质点在一个使它返回平衡位置的力的作用下，它是否一定做简谐振动？

（2）在什么情况下，简谐振动的速度和加速度是同号的？在什么情况下是异号的？加速度为正值时，振动质点一定是加快运动吗？反之，加速度为负值时，肯定是减慢运动吗？

（3）在地球上，我们认为悬挂着的弹簧振子（在弹性限度内）和单摆（在小角幅）的运动都是简谐振动，如果把它们拿到月球上还是简谐振动吗？振动周期将怎样改变？

（4）简谐振动 $x = A\cos(\omega t + \varphi)$ 的周期为什么是 $T = \dfrac{2\pi}{\omega}$？如果有一振动 $y = A_1\cos(n\omega t + \varphi_1)$，其中 n 是一正整数，那么这一振动的周期又是多少？用旋转矢量图示法图示这两个简谐振动，说明两者之间有哪些区别。

2. 回答下列问题

（1）什么是相位？一个单摆由最左端位置开始摆向右方，在最左端相位是多少？经过中点、到达右端、再过中点、返回左端各处相应的相位是多少？初相是多少？如果在过中点向左运动时刻开始计时，那么上述各问题的答案又如何？

（2）把一单摆从其平衡位置拉开，使悬线与竖直方向成一小角度 φ，然后放手任其摆动。如果以放手时开始计算时间，此 φ 角是否是振动的初相？单摆的角速度是否是振动的角频率？

3. 一运动质点的位移与时间的关系为 $x = 0.10\cos\left(\dfrac{5}{2}\pi t + \dfrac{\pi}{3}\right)$ m，求：

（1）周期、角频率、频率、振幅和初相；

（2）$t = 2.0$ s 时质点的位移、速度和加速度。

4. 已知一简谐振动系统振动曲线如图 4-12 所示，求其振动方程。

5. 一物体沿 x 轴做简谐振动，振幅 $A = 0.12$m，周期 $T = 2.0$s，当 $t = 0$ 时，物体的位移为 $x_0 = 0.060$m，且向 x 轴正向运动。求：

（1）简谐振动的表达式；

（2）$t = \dfrac{T}{4}$ 时物体的位置、速度和加速度；

（3）从初始时刻开始第一次通过平衡位置的时刻。

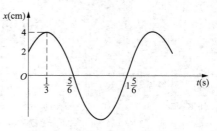

图 4-12　习题 4 示意图

6. 一个沿 x 轴做简谐振动的弹簧振子，振幅为 A，周期为 T，其振动方程用余弦函数表示，如果在 $t = 0$ 时，质点的状态分别是：

（1）$x_0 = -A$；

（2）过平衡位置向正向运动；

（3）过 $x = A/2$ 处向负方向运动；

（4）过 $x = -A/\sqrt{2}$ 处向正方向运动。

试求相应的初相值，并写出振动方程。

7. 一轻弹簧下挂一质量为 0.10kg 的砝码，砝码静止时，弹簧伸长 0.050m，如果我们再把砝码竖直拉下 0.020m，求放手后砝码的振动频率、振幅和能量。

讨论振动能量时所说的"振动势能在最小值和最大值$\frac{1}{2}kA^2$之间变化"。在上述情况下，这振动势能是否是砝码重力势能和弹簧弹性势能之和？对"零势能"参考位置有无特殊规定？

8. 一个水平面上的弹簧振子（轻弹簧劲度系数为k），所系物体质量为M，当它做振幅为A的自由振动时，有一块黏土（质量为m，从高度h处自由下落）正好落在物体M上，如果黏土是在M通过平衡位置以及在最大位移处时落在M上：

（1）振动的周期有何变化？

（2）振幅有何变化？

9. 一个质量为0.20kg的质点做简谐振动，其运动方程为$x=0.60\sin\left(5t-\frac{\pi}{2}\right)$ m，求：

（1）振动的振幅和周期；

（2）质点的初始位置和初始速度；

（3）质点在最大位移一半处且向x轴正向运动的时刻，它所受的力、速度、加速度；

（4）在$t=\pi$ s和$t=\frac{4\pi}{3}$ s两时刻质点的位移、速度、加速度；

（5）振动动能和势能相等时它在哪些位置上？

10. 已知两个同方向简谐振动分别为$x_1=0.050\cos\left(10t+\frac{3\pi}{5}\right)$ m，$x_2=0.060\cos\left(10t+\frac{\pi}{5}\right)$ m，求：

（1）它们合振动的振幅和初相；

（2）另有一同方向简谐振动$x_3=0.070\cos(10t+\varphi)$ m，φ为何值时，x_1+x_3的振幅最大？φ为何值时，x_1+x_3的振幅最小？

1. 理解机械波产生的条件；掌握波动参量的物理意义及其相互关系。
2. 掌握建立平面简谐波的方法及其波函数的物理意义。
3. 了解波的能量传播特征、能流、能流密度概念。
4. 理解惠更斯原理和波的叠加原理；掌握波的相干条件及相关计算公式。
5. 理解驻波形成的条件、特点，半波损失的概念；了解驻波与行波的区别。
6. 了解多普勒效应及其频率改变公式，声波的基本概念，声强和声强级概念。

振动状态在空间中的传播过程称为波动（wave motion），简称波。波是物质运动的一种基本形式。激发波动的振动系统称为波源（wave source）。自然界充满了各种波，通常将其分为两类，一类是机械振动在弹性介质中的传播，称为机械波（mechanical wave），如水波、声波、绳波、地震波等；另一类是变化的电场和磁场在空间的传播，称为电磁波（electromagnetic wave），如无线电波、光波、X射线等。不同形式的波虽然在产生机制、传播方式和与物质的相互作用等方面存在差别，但在传播时却表现出多方面的共性，诸如相似的数学描述，都具有一定的传播速度，伴随着能量的传播，都能产生反射、折射、干涉和衍射等现象，我们把这些共性称为波动性（undulatory property）。

近代物理研究表明，电子、质子、中子等除了具有粒子性外，也都具有波动性，这种波称为物质波（matter wave）。物质波的概念是现代物理学的理论基础之一。本章以机械波为例讨论波的特征和运动规律，关于电磁波和物质波将在后续章节中进行讨论。

第一节　机械波的形成和特征

一、机械波产生的条件

把一根具有弹性的绳索的一端固定，用手振动另一端，振动便沿着绳子传播开来，形成所谓的绳波（图5-1）。将弹性绳分成足够多的可视为质点的小段，当相邻质点之间的相对位置发生变化时就有力（弹性力或张力）的作用，借此作用，振动得以从振源沿绳传播开来。设 $t=0$ 时，绳中质点都在各自的平衡位置，此时外界扰动使质点1由平衡位置向上运动，由于弹性力的作用，质点1即带动质点2向上运动，继而质点 2 又带动质点 3……于是介质中一个质点的振动会引起邻近质点的振动，而邻近质点的振动又会引起较远质点的振动。这样，振动就由近及远以一定的速度传播出去形成波动。

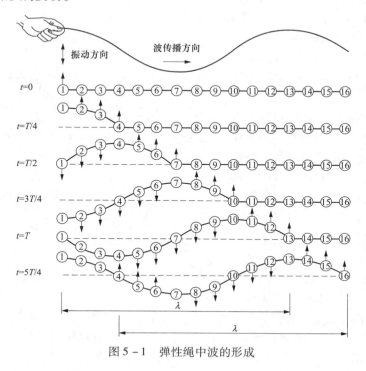

图 5 - 1 弹性绳中波的形成

设质点 1（振源）的振动周期为 T，由图可知，$t = T/4$ 时，质点 1 的初始振动状态传到了质点 4，$t = T/2$ 时，质点 1 的初始振动状态传到了质点 7……$t = T$ 时，质点 1 完成了自己的一次全振动，其初始振动状态传到了质点 13。此时，质点 1 至质点 13 之间各点偏离各自平衡位置的矢端曲线就构成了一个完整的波形。往后，每经过一个周期，就向右传出一个完整波形。在形态上表现为波峰、波谷沿波传播方向的移动。

由此可见，机械波的产生，首先要有做机械振动的物体，该物体称为机械波的波源；其次要有能够传播这种机械振动的连续的介质（从宏观来看，气体、液体、固体均可视为连续体）。在波的传播过程中，波形沿着波的传播方向运动，介质中的质点只在自己的平衡位置附近振动，其振动周期与波源相同。因此，波是振动状态的传播，振动着的质点并不沿着振动传播的方向移动；各质点振动周期（频率）相同，但相位不同，离波源越远的点，其振动相位越落后。如果波动中使介质各部分振动的回复力是弹性力，则称为**弹性波**（elastic wave）。例如，声波即为弹性波。机械波不一定都是弹性波，如水面波就不是弹性波。因水面波中的回复力是重力和表面张力，都不是弹性力。以下只讨论弹性波。

二、横波和纵波

如果质点的振动方向和波的传播方向相垂直，则称这种波为**横波**（transversal wave），图 5 - 1 所示的沿绳传播的波就是横波，电磁波也是横波。如果质点的振动方向和波的传播方向平行，则称这种波为**纵波**（longitudinal wave）。空气中传播的声波就是纵波。图 5 – 2 是纵波在一根弹簧中传播的示意图。在纵波中，质点的振动方向与波的传播方向平行，因此在介质中就形成稠密和稀疏的区域，故又称为**疏密波**。

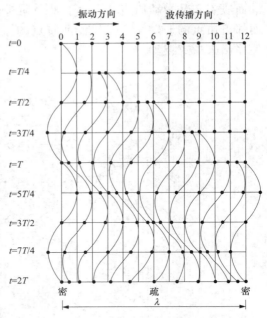

图 5 – 2　纵波在弹簧（或弹性棒）中传播示意图

介质中传播的是纵波还是横波，由介质的性质（弹性和惯性）所决定。如果在某一介质中，当一介质层对另一层发生切变时，产生一些力图使切变层回到平衡位置的弹性力，则在这种介质之内就能传播横波（一般来说，固体就是这种介质）。如果各平行层间相互发生切变时没有弹性力产生，则不能形成横波。液体和气体中就不能传播横波（水面波看起来像横波，实际上它是纵、横振动合成为椭圆运动的混合波）。如果某一介质发生压缩或伸长形变时有弹力产生，则在该介质内能够传播纵波。例如气体和液体压缩时压强增大，此时这种压强在压缩形变时就起着弹性力的作用。在固体中，纵波和横波能够同时存在，那么，有没有能够同时产生纵波和横波的波源？理论和实验表明，**各种复杂的波都可分解为纵波和横波来研究**。

波传播到的空间称为**波场**（wave field）。在波场中，代表波传播方向的射线称为**波线**（wave ray）；某一时刻波场中振动相位相同点所组成的曲面称为**波面**（wave surface）；某一时刻波源最初振动状态传到的波面称为**波前**（wave front），即最前方的波面。在各向同性的介质中波线与波面垂直，见图 5 – 3。

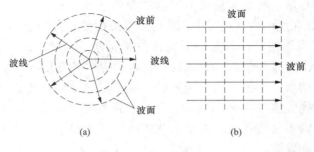

(a)　　　　　　　　　　　　　(b)

图 5 – 3　波的几何描述

若波源的大小和形状与波的传播距离相比较可以忽略不计时，则可以把它当作点波源。一个点波源产生的振动，在各向同性的介质中向各个方向上的传播情况是相同的。这种波的波前和波面都是以点波源为中心的球面，故称之为**球面波**（spherical wave），如图 5-3（a）所示；距离点波源足够远处，球面的半径足够大，波面和波前都可以看成是平面，这种波称为**平面波**（plane wave），如图 5-3（b）所示。在各向同性的介质中，球面波波线是以波源为中心、由中心向外的径向直线；平面波的波线是垂直于波面的平行直线。把太阳当作位于无限远处的光源，则传播到地球表面的太阳光线可以认为是平行的波线；远处传来的声波也可近似看作平面波。

三、波长　周期和频率　波速

波线上两个相位差为 2π 的点之间的距离称为**波长**（wavelength），用 λ 表示。波长的概念是从空间上描述波的周期性，即沿着波的传播方向上每隔一个波长 λ 振动状态就重复出现。**波传过一个波长所需的时间称为波的周期**（period），用 T 表示。周期的概念是从时间上描述波的周期性，即每隔一个周期 T，振动的相位就重复出现。**周期的倒数**，称为频率（frequency），用 ν 表示，它表示单位时间内传出的完整波形的数目。**单位时间内振动状态在空间的传播距离**称为**波速**（wave velocity），用 u 表示。因振动状态由相位确定，故波速又称为**相速**（phase velocity）。按照定义，一个周期 T 内振动状态传播的距离是 λ，即波速为

$$u = \frac{\lambda}{T} = \nu \cdot \lambda \tag{5-1}$$

上式把波在时间上的周期性和空间上的周期性联系起来，这个关系对于横波、纵波、机械波、电磁波等都适用。

通常，波速由传播波的介质的性质决定。就弹性波而言，波的传播速度决定于介质的惯性和弹性，即介质的质量密度和弹性模量，弹性大，就表示介质间的联系紧密，因而传播速度就大。而密度大，则表示惯性大，因而传播速度就小。在介质一定的情况下，波长仅由波源的振动频率决定，频率越高，波长越短；频率越低，波长越长。

第二节　平面简谐波

为定量描述波动过程本节讨论如何用数学表示式来描述一个前进中的波动（即行波），亦即如何用数学函数式来描述介质中各质点相对平衡位置的位移是怎样随时间而变化的，这样的函数称为**波函数**（wave function）。

一、平面简谐波的波函数

当波源做简谐振动时，介质中各质点也做简谐振动，这时的波动称为**简谐波**（simple harmonic wave）（或正弦波、余弦波）。由于任何复杂的波可由若干个频率不同的简谐波叠加而合成，因此，简谐波是最基本、最重要的波。

波面是平面的简谐波称为**平面简谐波**（plane simple harmonic wave），它是最简单的简谐波。根据波面的定义，任一时刻处在同一波面上的各点有相同的相位，因而有相同的位移。因此，只要知道了任意一条波线上波的传播规律，就可以知道整个平面波的传播规律，即平面波可以看成是一维波，见图 5-4。

设平面简谐波在均匀无限大、无吸收的介质中以波速 u 传播。由于无吸收，各质点的振幅也相等，因而介质中各质点的振动仅相位不同。任取一条波线，其上任取一

点 O 为坐标原点，以 x 正方向为波传播方向，y 为 x 处质点偏离其平衡位置的位移，见图 5 – 5。

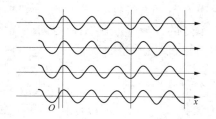

图 5 – 4　平面简谐波

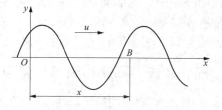

图 5 – 5　波函数的推导

设原点 $x = 0$ 处的质点的振动方程为

$$y_0 = A\cos(\omega t + \varphi_0)$$

式中，A 是振幅，ω 是圆频率，φ_0 是 O 处质点振动的初相位，y_0 是振动质点 O 在 t 时刻离开其平衡位置的位移（横波时位移方向与 Ox 垂直，纵波时位移沿 Ox 方向）。设 B 为波线（x 轴）上任一点，其离开坐标原点 O 的距离为 x。当振动从 O 点传到 B 点时，B 点将重复 O 点的振动，但在相位上要落后。如果在 t 时刻 O 点振动相位为（$\omega t + \varphi_0$），那么要经过 x/u 后，相位才从 O 传到 B。或者说，在 t 时刻，B 点的相位是 O 点在（$t - x/u$）时刻的相位，因此 B 点的振动方程

$$y = A\cos\left[\omega\left(t - \frac{x}{u}\right) + \varphi_0\right] \qquad (5-2)$$

由于 B 点是任意选取的，所以式（5 – 2）就是我们希望得到的简谐振动沿 x 轴方向传播的数学表达式，称为**平面简谐波的波函数**。由上面的讨论可知，有了波函数，就可以确定波场中任意一点 x 处质点在任一时刻 t 的位移 y，形式上表示的是一条波线上任一点 x 处的介质质点在任一时刻 t 的位移，即掌握了整个波动的全貌。

因为 $\omega = 2\pi/T = 2\pi\nu$，$uT = \lambda$，所以式（5 – 2）也可写为下列几种形式。

$$
\begin{aligned}
y &= A\cos\left(\omega t - 2\pi\frac{x}{\lambda} + \varphi_0\right) \\
&= A\cos\left[2\pi\left(\frac{t}{T} - \frac{x}{\lambda}\right) + \varphi_0\right] \\
&= A\cos\left[2\pi\left(\nu t - \frac{x}{\lambda}\right) + \varphi_0\right] \\
&= A\cos(\omega t - kx + \varphi_0)
\end{aligned}
\qquad (5-3)
$$

式中 $k = 2\pi/\lambda$，称为**角波数**（angular wave number）或**波数**（wave number），k 与 ω 对应，若 ω 表示单位时间里相位的变化，则 k 表示在单位距离内相位的变化。在波函数中含有 x 和 t 两个自变量，即位移 y 是 x、t 的二元函数，常用 $y = \Psi(x, t)$ 来表示。为了进一步了解波函数的物理意义，我们从以下几个方面来进行分析。

（1）x 为某一定值 x_1 时（即盯住该质点看），将 $x = x_1$ 代入波函数（5 – 3）式可得

$$y = A\cos\left(\omega t - 2\pi\frac{x_1}{\lambda} + \varphi_0\right) = A\cos\ (\omega t + \varphi) \qquad (5-4)$$

即 y 仅为 t 的函数，式（5 – 3）就转为 x_1 处的质点的振动方程。式中

$$\varphi = -2\pi\frac{x_1}{\lambda} + \varphi_0 \qquad (5-5)$$

为 x_1 处质点振动的初相位，用该式可求得同一时刻距离原点 x_1、x_2 两点振动的相位差为：

$$\Delta\varphi = \varphi_2 - \varphi_1 = -\frac{2\pi}{\lambda}(x_2 - x_1) \qquad (5-6)$$

若 x 取一系列值 x_1、x_2、x_3 等，则式（5-4）和式（5-5）表明：具有不同 x 值的各质点都做同振幅、同频率的简谐振动，只是初相不同。x 为正时，$\varphi - \varphi_0 < 0$ 表示原点右侧各质的振动相位都落后于始点，x 值越大，位相落后越多。故在传播方向上，各质点的振动相位依次落后，这是波动的基本特征。此外，若 $x = \lambda$，则 $\varphi - \varphi_0 = -2\pi$，表明在 $x = \lambda$ 处质点重复了振源的振动状态，因此，波长 λ 标志着波在空间上的周期性。

（2）若 t 为某一定值 t_1 时（即在 t_1 时刻同时观察波线上的所有质点），则波函数（5-3）变为

$$y = A\cos\left(\omega t_1 - 2\pi\frac{x}{\lambda} + \varphi_0\right) = A\cos\left[2\pi\frac{x}{\lambda} - (\omega t_1 + \varphi_0)\right] \qquad (5-7)$$

即位移 y 仅为 x 的函数，式（5-7）表示在 t_1 时刻波线上各质点离开它们的平衡位置的位移的分布，也即给出了 t_1 时刻的波形。因而式（5-7）又称为 t_1 时刻的**波形方程**。若以 y 为纵坐标，以 x 为横坐标，得到一条**波形曲线**，为一条余弦曲线，见图 5-6。

（3）若 x 和 t 都在变化，那么波函数表示的是波线上每个质点在不同时刻的位移，或更形象地说，波函数中包含了不同时刻的波形，亦即反映了波形的传播。

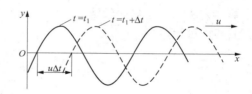

图 5-6　波的传播

设某时刻 t_1 波形如图 5-6 中实线曲线，某点 x 的位移 $\xi_x = A\cos\omega(t_1 - x/u)$，经过一段时间 Δt 后，x 点的相位传到 $(x + u\Delta t)$ 点，因此，$(t_1 + \Delta t)$ 时刻，$(x + u\Delta t)$ 点的位移 $\xi' = A\cos\omega[t_1 + \Delta t - (x + u\Delta t)/u] = A\cos\omega(t_1 - x/u) = \xi_x$。由此可见，在波动过程中，在 t_1 时刻 x 点的位移与 $(t_1 + \Delta t)$ 时刻 $(x + u\Delta t)$ 点位置处的位移相同，即后者重复前者前一时刻的位移和状态，说明在 Δt 时间内，整个波形传播了一段路程 $\Delta x = u\Delta t$，即传至虚线波形曲线所在处。因此，我们看到的现象是波形以波速 u 在传播，这种在空间传播着的波动称为**行波**（travelling wave），其反映的物理本质是相位在传播。显然，t_1 时刻的波形曲线和 $t_1 + T$ 时刻的波形曲线相同，说明周期 T 反映了波在时间上的周期性。

应该指出，上面讨论的波函数虽然是以横波为例导出的，但也适用于纵波，只不过这时的位移 y 代表沿波线的纵向位移。

（4）在导出上述波函数时，我们假定波动沿 x 轴的正向传播，如果波动沿 x 轴的负向传播，则 B 点（图 5-5）的振动比 O 点早 x/u 的时间，即 B 点在 t 时刻的振动就是 O 点在 $(t + x/u)$ 时刻的振动，所以 B 点的振动方程为

$$y = A\cos\left[\omega\left(t + \frac{x}{u}\right) + \varphi_0\right]$$

$$= A\cos\left[2\pi\left(\frac{t}{T}+\frac{x}{\lambda}\right)+\varphi_0\right]$$

$$= A\cos\left[\frac{2\pi}{\lambda}(ut+x)+\varphi_0\right]$$

$$= A\cos\left(\omega t+kx+\varphi_0\right) \tag{5-8}$$

以上几种形式就是沿 x 轴负向传播的平面简谐波的波函数。

（5）将式（5-2）分别对 t 和 x 求二阶偏导数，得

$$\frac{\partial^2 y}{\partial t^2} = -A\omega^2\cos\left[\omega\left(t-\frac{x}{u}\right)+\varphi_0\right]$$

$$\frac{\partial^2 y}{\partial x^2} = -A\frac{\omega^2}{u^2}\cos\left[\omega\left(t-\frac{x}{u}\right)+\varphi_0\right]$$

比较以上两式，有

$$\frac{\partial^2 y}{\partial x^2} = \frac{1}{u^2}\frac{\partial^2 y}{\partial t^2} \tag{5-9}$$

上式为二阶线性偏微分方程，它表达了一切以速度 u 沿 x 方向传播的平面波所必须满足的微分方程式，所以称之为平面波的**波动方程**（wave equation），而平面波波函数就是它的解。

例题 5-1 已知波函数 $y = 5\cos\pi(2.5t-0.01x)$ cm。求波长、周期和波速。

解 方法一：参量比较法。

波函数可写成

$$y = 5\cos 2\pi\left(\frac{2.5}{2}t-\frac{0.01}{2}x\right)$$

与标准波函数 $y = A\cos\left[2\pi\left(\frac{t}{T}-\frac{x}{\lambda}\right)+\varphi_o\right]$ 相比较，有

$$T = \frac{2}{2.5} = 0.8\text{s}, \quad \lambda = \frac{2}{0.01} = 200\text{cm}, \quad u = \frac{\lambda}{T} = 250\text{cm/s}$$

方法二：由各物理量的意义来解。

（1）波长是指同一时刻 t，波线上相位差为 2π 的两点间的距离，设这两点的坐标为 x_1、x_2，则有

$$\pi(2.5t-0.01x_1) - \pi(2.5t-0.01x_2) = 2\pi$$

求得
$$\lambda = x_2 - x_1 = 200\text{cm}$$

（2）周期为相位传播一个波长所需的时间（$T = t_2 - t_1$），即 t_1 时刻 x_1 点的相位在 $t_2 = t_1 + T$ 时刻传播至 x_2 点处，则有

$$\pi(2.5t_1-0.01x_1) = \pi(2.5t_2-0.01x_2)$$

求得
$$T = t_2 - t_1 = 0.8\text{s}$$

（3）波速为振动状态（相位）传播的速度，已知 t_1 时刻 x_1 点的相位在 t_2 时刻传至 x_2 点，则

$$u = \frac{x_2 - x_1}{t_2 - t_1} = 250\text{cm/s}$$

将上面两种方法进行比较，可见方法一较为简捷。方法二虽然稍繁，但对巩固和加深理解概念是有帮助的。

例题 5 - 2　平面简谐波方程为 $y = A\cos\left[2\pi\nu\left(t - \dfrac{x}{u}\right) + \dfrac{\pi}{6}\right]$。如何将此方程化成最简形式？

解　移动坐标原点或改变计时起点都可使原点初相位为零。

（1）移动坐标原点　选在计时起点瞬时相位为零的一个质点为新的坐标原点，对新原点平衡位置为 x' 的某质点在 t 时刻的相位为 $2\pi\nu(t - x'/u)$，此质点对原坐标原点的平衡位置坐标为 x，在 t 时刻的相位为 $2\pi\nu(t - x/u) + \pi/6$。这是用两种坐标描写同一质点的运动状态，所以 $2\pi\nu(t - x'/u) = 2\pi\nu(t - x/u) + \pi/6$，由此得 $x' = x - \lambda/12$。表明坐标原点应沿 x 轴正方向移动 $\lambda/12$。

（2）改变计时起点　设相对于原来计时起点的某一时刻为 t，相对于新的计时起点，此瞬时为 t'，且新计时起点可使原点初相位为零，则

$2\pi\nu(t' - x/u) = 2\pi\nu(t - x/u) + \pi/6$，由此得 $t' = t + T/12$。表明计时起点应向前移十二分之一周期。

二、波的能量

（一）波的能量

波动传播时，介质中各质点都在各自的平衡位置附近振动，因而具有动能，同时介质要产生形变，因而具有弹性势能。**波的能量就是指介质中这些动能和势能之和。**

设有一平面简谐波在密度为 ρ 的弹性介质中沿 x 轴正向传播。为讨论方便，设波函数为 $y = A\cos\omega\left(t - \dfrac{x}{u}\right)$。在介质中取一体积元 $\mathrm{d}V$（坐标为 x），其质量为 $\mathrm{d}m = \rho\mathrm{d}V$。当波传播到这个体积元时，其振动速度为

$$v = \frac{\partial y}{\partial t} = -A\omega\sin\omega\left(t - \frac{x}{u}\right)$$

振动动能为

$$\mathrm{d}E_k = \frac{1}{2}(\mathrm{d}m)v^2 = \frac{1}{2}(\rho\mathrm{d}V)A^2\omega^2\sin^2\omega\left(t - \frac{x}{u}\right) \tag{5-10}$$

同时，体积元因发生弹性形变而具有弹性势能。可以证明体积元的弹性势能为

$$\mathrm{d}E_p = \frac{1}{2}(\rho\mathrm{d}V)A^2\omega^2\sin^2\omega\left(t - \frac{x}{u}\right) \tag{5-11}$$

体积元的总能量为

$$\mathrm{d}E = \mathrm{d}E_k + \mathrm{d}E_p = (\rho\mathrm{d}V)A^2\omega^2\sin^2\omega\left(t - \frac{x}{u}\right) \tag{5-12}$$

由式（5-10）和式（5-11）可以看出，在任一时刻，介质中体积元的动能和势能都相等，两者同时达到最大值，同时达到最小值（零）；由式（5-12）还可看出，体积元的总能量不是一个常量，而是随时间做周期性的变化。这表明，在波动中，每个体积元（或质点）都在不断吸收和放出能量，将能量传播出去。我们可想象介质中的某一处小体积元，波未到达时，该处的质点是静止的，不存在振动动能和势能，只有当波传到该点以后，才开始发生振动，也就是具有了能量，这能量显然是由它前面的质点传过来的。体积元振动以后，依靠弹性力的作用带动后面的介质振动，即对后

面的介质做功，把能量传给后者。这样，波的能量从波源出发，从介质的一部分传到另一部分，即能量随着波的传播在"流动"。因此，波动过程是能量传播的一种形式，这是波动的重要特征之一。

（二）波的能流

1. 波的能量密度

在传播波动的介质中，单位体积中的波动能量称**能量密度**（volume density of energy），用 ε 来表示。由式（5-12），有

$$\varepsilon = \frac{\mathrm{d}E}{\mathrm{d}V} = \rho A^2 \omega^2 \sin^2 \omega\left(t - \frac{x}{u}\right) \tag{5-13}$$

由上式可见，介质的能量密度 ε 是随时间 t 周期性变化的。通常取它在一个周期内的平均值，称为**平均能量密度**，用 $\bar{\varepsilon}$ 表示，即

$$\bar{\varepsilon} = \frac{1}{T}\int_0^T \varepsilon \mathrm{d}t = \frac{1}{T}\rho A^2 \omega^2 \int_0^T \sin^2 \omega\left(t - \frac{x}{u}\right)\mathrm{d}t$$

$$= \frac{1}{T}\rho A^2 \omega^2 \frac{T}{2} = \frac{1}{2}\rho A^2 \omega^2 \tag{5-14}$$

上式表明，波的平均能量密度与振幅的平方、频率的平方和介质的密度三者成正比。这个结论对于所有弹性行波都是适用的。

2. 能流密度

为了描述波动过程中能量的传播，常引入能流密度的概念。在单位时间内，通过介质中某一面积的平均能量称为通过该面积的**能流**（energy flux）。在介质中，设想设一个垂直于波传播方向（即波速 u 的方向）的面积 S（图5-7），则在一个周期 T 内通过 S 的能量等于体积 uTS 中的平均能量，即 $\bar{\varepsilon}uTS$。

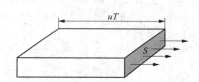

图5-7　波的能流密度的推导

单位时间内通过垂直于波动传播方向的单位面积的平均能量称为能流密度（energy flux density），用 I 表示，则

$$I = \frac{\bar{\varepsilon}uTS}{TS} = \bar{\varepsilon}u = \frac{1}{2}\rho A^2 \omega^2 u \tag{5-15}$$

上式说明，在均匀介质（即 ρ 和 u 一定）中，从给定波源（即 ω 确定）发出的波，其能流密度与振幅的平方成正比。

能流密度越大，单位时间内通过垂直于波传播方向的单位面积的能量越多，波就越强，所以能流密度是表征波的强弱的物理量，因而也称为**波的强度**（intensity of wave）。对于声波和光波，分别称为声强（intensity of sound）和光强（intensity of light）。波的能流密度的单位为 W/m^2。

（三）波的衰减

波在介质中传播时，其强度将随着传播距离的增加而减弱，这种现象称为波的衰减。导致波衰减的主要原因有：①由于波面扩大造成单位截面积通过的波的能量减少，称为扩散衰减；②由于散射使沿原方向传播的波的强度减弱，称为散射衰减；③由于

介质的黏滞性（内摩擦）等原因，波的能量随着传播距离的增加逐步转化为其他形式的能量，称为吸收衰减。下面介绍扩散衰减和吸收衰减。

1. 扩散衰减

设点波源的振动在均匀介质中向各方向传播，形成球面波。与此同时，其能量也从波源向外传播。以波源为中心，做半径为 r_1 与 r_2 的两个同心球形波面，I_1、I_2 和 A_1、A_2 分别表示两球面处波的强度和振幅，则在单位时间内穿过这两个波面的平均能量分别为 $4\pi r_1^2 I_1$ 和 $4\pi r_2^2 I_2$，如果在介质内波的能量没有损失，则根据能量守恒定律，单位时间内穿过这两个波面的能量应该相等，即

$$4\pi r_1^2 I_1 = 4\pi r_2^2 I_2 \quad 或 \quad 4\pi r_1^2 \cdot \frac{1}{2}\rho A_1^2 \omega^2 u = 4\pi r_2^2 \cdot \frac{1}{2}\rho A_2^2 \omega^2 u$$

由此得

$$\frac{I_1}{I_2} = \frac{r_2^2}{r_1^2} \quad 或 \quad \frac{A_1}{A_2} = \frac{r_2}{r_1}$$

上式说明，在球面波中，波的强度与离开波源距离的平方成反比或波的振幅与离开波源的距离成反比。

2. 波的吸收

设平面波在均匀介质中沿 x 正方向传播，在 $x=0$ 处入射波的强度为 I_0，在 x 处的强度为 I，通过厚度为 dx 的介质薄层后，由于介质的吸收，其强度衰减了 $-dI$。实验表明：$-dI = \mu I dx$，比例系数 μ 与介质的性质和频率有关，称为介质的吸收系数。解此微分方程并利用边界条件：$x=0$，$I=I_0$，得 $I = I_0 e^{-\mu x}$。此式表明平面波的强度在传播过程中按指数规律衰减。由于波的强度与波振幅平方成正比，所以振幅因介质吸收而衰减的规律为：$A = A_0 e^{-\mu x/2}$

第三节　惠更斯原理和波的叠加原理

如果已知某一时刻的波面就有方法做出下一时刻的波面，这对解决波的反射、折射和衍射问题非常重要，惠更斯（Christian Huygens）于 1690 年提出了这种方法，称之为惠更斯原理。

一、惠更斯原理

介质中波动传到的各点都可以看作是发射子波的波源，在其后的任一时刻，这些子波的包迹就是新的波前，这就是**惠更斯原理**（Huygens principle）。

我们知道，波动是振动传播的过程，波源的振动是通过介质中各个质点间的相互作用力依次带动而传播出去的，因此，凡振动所传到的各个质点都将带动邻近的质点而传播振动，即它们是引起下一个质点振动的"源"。就此而言，波源和介质中振动着的质点是没有什么区别的，因而波动传到的任何一点都可以看作新的波源。

惠更斯原理对任何波动过程都是适用的，不论是机械波还是电磁波，也不论这些波通过的介质是均匀的还是非均匀的，只要知道某一时刻波前的位置，就可根据这一原理，用几何作图法来确定下一时刻的波前，因而在很广泛的范围内解决了波的传播问题。

下面以球面波为例说明惠更斯原理的应用。如图 5-8，设有波动从点波源 O 以速度 u 向周围传播，已知在 t 时刻的波前是半径为 R_1 的球面波 S_1。根据惠更斯原理，S_1 面上各点都可以看成发射子波的波源。以 S_1 面上各点为中心，以 $r = u\Delta t$ 半径画出若干个半球面形的子波，则公切于各子波的包迹面 S_2，即为 $t + \Delta t$ 时刻的波前，显然 S_2 就是以 O 为中心，以 $R_2 = R_1 + u\Delta t$ 为半径的球面。

半径很大的球面波上的一部分波面可以看作是平面形波前。例如，从太阳射出的球面光波到达地面时，就可看作是平面波。如果已知平面波在某时刻的波前 S_1，应用惠更斯原理，同样可以求出下一时刻的波前 S_2，见图 5-9。

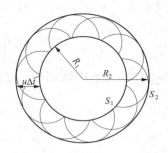

图 5-8　惠更斯原理求球面波波前

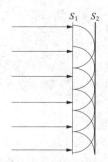

图 5-9　惠更斯原理求平面波波前

当波在均匀各向同性的介质中传播时，用上述作图法求出的波前的形状总是保持不变的。当波动在不均匀的或各向异性的介质中传播时，同样可用上述作图法求出波前，但波前的形状和传播方向都可能发生变化。

二、波的反射和折射

当波从一种介质传到另一种介质时，在介质的分界面上波的传播方向要发生改变，产生反射和折射现象。根据实验结果，可得到波的反射定律和折射定律。下面应用惠更斯原理加以解释。

（一）波的反射

设一平面波向着两种介质的分界面 MN 以波速 u_1 传播，见图 5-10。在 t_0 时刻入射波的一个波面到达 AB 位置（通过 AB 线并与图面垂直的平面），其中 A 点刚好与界面相遇。为讨论方便，我们把波面 AB 分成三等份，则 $AA_1 = A_1A_2 = A_2B$。如果（$t_0 + \Delta t$）时刻，B 点的振动传到分界面 C 点；则（$t_0 + \Delta t/3$）时刻，A_1 点的振动传到分界面

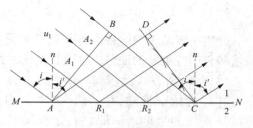

图 5-10　波的反射

R_1；（$t_0 + 2\Delta t/3$）时刻，A_2 点的振动传到分界面 R_2。当波传到界面上各点时，根据惠更斯原理，界面上的每个点都成为一个子波波源。因为在 Δt 时间内，A 子波传播的距离为 $u_1\Delta t$，R_1 子波传播的距离为 $2u_1\Delta t/3$，R_2 子波传播的距离为 $u_1\Delta t/3$，C 子波刚刚形成，还未向外传播。以各个子波波源为球心，以对应的传播距离为半径做半球面（图中

为圆弧），这些半球面的包迹 CD（和图面垂直的平面）就是 $(t_0 + \Delta t)$ 时刻的波前。

　　与波面 AB 垂直的线，例如 BC，是入射波的波线，称为**入射线**（incident ray），入射线与分界面法线 n 的夹角 i 称为**入射角**（incident angle）；和波前 CD 垂直的线，例如 AD，是反射波的波线，称为**反射线**（reflected ray），反射线与法线的夹角 i' 称为**反射角**（reflected angle）。

　　从图中可以看出，BAC 和 DCA 两个直角三角形有公共边 AC，并且 $BC = AD = c_1 \Delta t$，所以是全等的，因此有 $\angle BAC = \angle DCA$，则 $i = i'$，即入射角等于反射角；从图中又可以看出，入射线、反射线和分界面的法线均在同一平面（图面）内，从而解释了波的反射定律。

（二）波的折射

　　当波从一种介质进入另一种介质时，波的传播速度要发生变化。设 u_1 为第一介质中的波速，u_2 为第二介质中的波速，见图 5 – 11。和上面的讨论类似，t_0 时刻，A 点的振动传到分界面，$(t_0 + \Delta t)$ 时刻，B 点的振动传到分界面 C 点。所以在 $(t_0 + \Delta t)$ 时刻，A 子波传播的距离为 $u_2 \Delta t$，R_1 子波传播的距离为 $2u_2 \Delta t / 3$，R_2 子波传播的距离为 $u_2 \Delta t / 3$，子波 C 刚刚形成，还未向外传播，分别以这些子波波源为球心，对应的传播距离为半径做半球面，这些半球

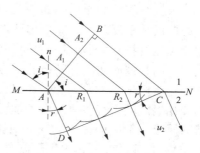

图 5 – 11　波的折射

面的包迹 CD 就是 $(t_0 + \Delta t)$ 时刻的波前（为垂直于图面的一个平面，这个平面和图面的交线即为 CD）。和 CD 垂直的那组波线称为**折射线**（refraction ray），折射线和法线 n 夹角 r 称为**折射角**（refraction angle）。

　　从图中可见，$i = \angle BAC$，$r = \angle ACD$；所以

$$BC = u_1 \Delta t = AC \sin i,$$

$$AD = u_2 \Delta t = AC \sin r$$

两式相除得

$$\frac{\sin i}{\sin r} = \frac{u_1}{u_2} = n_{21} \tag{5 – 16}$$

上式表明，不论入射角大小如何，入射角的正弦与折射角的正弦之比都等于波动在两种介质中的波速之比。对于给定的两种介质来说，比值 n_{21} 称为第二介质对于第一介质的**相对折射率**（relative refraction index）。从图中也可看出，入射线、折射线和分界面的法线均在同一平面（图面）内，由此解释了波的**折射定律**（refraction law）。

　　由式（5 – 16）可知，如 $u_1 > u_2$ 则 $r < i$；如 $u_1 < u_2$ 则 $r > i$。即当波动从波速大的介质折入波速小的介质中时，折射线折向法线；当波动从波速小的介质折入波速大的介质中时，折射线折离法线。

三、波的叠加原理

　　实验表明，当介质中存在两个以上的波源时，各个波源在介质中将独立地激起与自己频率相同的波，就像其他波源不存在一样。也就是说，几个波源产生的波在同一种介质中传播时，无论相遇与否，都保持自己原有的特性（频率、波长、振动方向等）

不变，并按自己原来的传播方向继续前进。**波传播时互不影响，在相遇区域内，任一质点的振动位移是各个波单独存在时在该点引起的位移矢量和**，这就是**波的叠加原理**（superposition principle of wave）。

波的叠加原理在日常生活中可以观察到，例如，几个水面波可以互不干扰地相互穿过，然后继续按各自原来方式传播；在听乐队演奏或几个人同时讲话时，我们能够辨别出各种乐器或每个人的声音；从两个探照灯射出的光波，交叉后仍然按原来的方向传播，彼此互不影响等，这些都说明了波的独立传播特性。

四、波的干涉和衍射

（一）波的干涉

根据波的叠加原理，如果几列波的频率、振动方向等都不相同，则在相遇处叠加后的振动是很复杂的。要考虑两波源的频率相同、振动方向相同、相位相同或有固定的相位差的特殊情形。这时，在重叠处，两列波引起的振动，具有相同的振动方向和频率，而且彼此之间有固定的相位差。合振动的振幅由相位差（各波源到达相遇点的波程差所产生）而定，相位相同的地方振幅最大，相位相反的地方振幅最小。这种在两波相遇区域内有些地方振动加强，而另一些地方振动减弱或完全抵消的现象，称为**波的干涉**（interference of wave）。能产生干涉现象的两列波称为**相干波**（coherent wave）。相应的波源称为**相干波源**（coherent wave source）。

现在来讨论空间某点 P 出现振幅极大或极小（即干涉加强或减弱）的条件。设有位于 S_1 点和 S_2 点的两个相干波源，它们的振动方程分别为

$$y_1 = A_{10}\cos(\omega t + \varphi_1) \quad 和 \quad y_2 = A_{20}\cos(\omega t + \varphi_2)$$

式中 ω 为波源的角频率，A_{10}、A_{20} 为波源的振幅，φ_1、φ_2 为两波源的初相位。

从这两个波源的发出的波在空间任一点 P 相遇时，P 处质点的振动应为两个同方向、同频率简谐振动的合成。设 P 点离开 S_1 和 S_2 点的距离分别为 r_1 和 r_2，并设这两列波到达 P 点时的振幅分别为 A_1 和 A_2，波长为 λ，则 P 点的两个分振动方程分别为

$$y_1 = A_1\cos\left(\omega t + \varphi_1 - \frac{2\pi r_1}{\lambda}\right) \quad 和 \quad y_2 = A_2\cos\left(\omega t + \varphi_2 - \frac{2\pi r_2}{\lambda}\right)$$

而合振动方程为

$$y = y_1 + y_2 = A\cos(\omega t + \varphi)$$

式中

$$A = \sqrt{A_1^2 + A_2^2 + 2A_1 A_2\cos\left(\varphi_2 - \varphi_1 - 2\pi\frac{r_2 - r_1}{\lambda}\right)}$$

$$\tan\varphi = \frac{A_1\sin\left(\varphi_1 - \frac{2\pi r_1}{\lambda}\right) + A_2\sin\left(\varphi_2 - \frac{2\pi r_2}{\lambda}\right)}{A_1\cos\left(\varphi_1 - \frac{2\pi r_1}{\lambda}\right) + A_2\cos\left(\varphi_2 - \frac{2\pi r_2}{\lambda}\right)}$$

两个相干波在空间任一点所引起的两个振动的相位差

$$\Delta\varphi = \varphi_2 - \varphi_1 - 2\pi\frac{r_2 - r_1}{\lambda} \tag{5-17}$$

上式由相遇点 P 的位置所决定，因而在任一点的合振幅 A 也是确定的，但一般情况下，不同点的 A 值是不同的。由振幅 A 的公式，符合下述条件

$$\Delta\varphi = \varphi_2 - \varphi_1 - 2\pi\frac{r_2 - r_1}{\lambda} = \pm 2k\pi \qquad (k = 0,\ 1,\ 2,\ \cdots) \qquad (5-18)$$

对应的空间各点，合振幅最大，这时 $A = A_1 + A_2$。符合下述条件

$$\Delta\varphi = \varphi_2 - \varphi_1 - 2\pi\frac{r_2 - r_1}{\lambda} = \pm(2k+1)\pi \qquad (k = 0,\ 1,\ 2,\ \cdots) \qquad (5-19)$$

对应的空间各点，合振幅最小，这时 $A = |A_1 - A_2|$。若 $A_1 = A_2$，则 $A = 0$。

如果 $\varphi_1 = \varphi_2$，即对于初相位相同的相干波源，式（5-17）可简化为

$$\Delta\varphi = 2\pi\frac{r_1 - r_2}{\lambda} = \frac{2\pi}{\lambda}\delta \qquad (5-20)$$

式中 $\delta = r_1 - r_2$，表示从波源 S_1 和 S_2 发出的两个相干波到达 P 点时的路程之差，称为**波程差**。这个公式把波程差和相位差联系起来，它表明，如果两列波到达某点的波程差为 δ，那么由这个波程差引起的相位差就等于波程差乘以 $2\pi/\lambda$，这在波动光学中的干涉和衍射问题中要经常用到。

有了波程差的概念后，用相位差表示的干涉加强和减弱的条件可改用波程差来表示

$$\delta = r_1 - r_2 = \begin{cases} \pm k\lambda & (k = 0,\ 1,\ 2,\ \cdots) \\ \pm(2k+1)\dfrac{\lambda}{2} & (k = 0,\ 1,\ 2,\ \cdots) \end{cases} \qquad (5-21)$$

上式表明，当两个相干波源初相相同时，在两个波叠加的空间内，波程差等于波长整数倍的空间各点，干涉加强（合振动振幅最大）；波程差等于半波长的奇数倍的空间各点，干涉减弱（合振幅最小或为零）。干涉现象是波动的重要特征之一，它不但对于光学和声学非常重要，而且对于近代物理学的发展也有重大的作用。

（二）波的衍射

波动在传播路程中遇到障碍物时，绕过障碍物的边缘而继续前进，这种现象称为**波的衍射**（diffraction of wave）或波的**绕射**。例如，两人隔着墙壁谈话，也能各自听到对方的声音，这就是由声波的衍射引起的。

设有一平面波在前进途中遇到平行于波面的障碍物 AB，AB 上有一宽度 d 大于波长 λ 的缝，见图 5-12（a）。按惠更斯原理，可把经过缝时的波前上各点作为发射子波的波源，Δt 时间内每个波源都发出半径为 $u\Delta t$ 的球面波，画出这些子波波前的包迹，即得通过缝后的新波前。这波前除了与缝宽相等的中部仍保持为平面（图中是平行直线）外，在缝的边缘处已不再是平面而成为曲面（图中是曲线），与波前垂直的波线也偏离了原入射方向而发生了弯曲，并绕到了障碍物的后面，说明波能够绕过缝的边缘前进。如果传播的是声波，那么我们在此曲面处任一点 P 都可听到声音；如果传播的是光波，在 P 点就可接收到光线。

由上述作图法容易看出，缝越宽，中部保持为平面的部分越大，边缝外的弯曲部分所占比例越小，这时主要表现为波的直线传播，衍射现象不明显；而缝越窄，波线的弯曲越显著，绕过障碍物传播的衍射现象也就越明显。如果缝宽度 d 小于或接近波长 λ，则缝成了单独振动的点波源，从它发出的新波前几乎是柱形的，见图 5-12（b）（图中所画为垂直于缝的一个截面）。

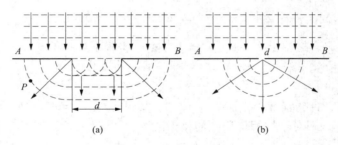

图 5 – 12　波的衍射现象

衍射现象是波动的共同特征之一。衍射现象显著与否，取决于障碍物或孔缝的大小与波长之比。与障碍物相比，波长越长衍射现象越显著；反之，波长越短衍射现象越不显著，波传播时呈现出明显的方向性。在技术上凡需要定向传播信号，就必须利用波长较短的波。例如，用雷达探测目标的位置和运动速度、利用超声波探测潜艇和水雷等，都是利用微波和超声波方向性较好的这一特性。广播电台播送节目时，发射出去的电磁波并不要求定向传播，通常采用波长达几十米到几百米的电磁波（即无线电波），这样，在传播途中即使遇到较大的障碍物，也可以绕过它而达到任何角落，使得无线电收音机不论放在哪里都能接收到电台的广播。

五、驻波

两列振幅相同的相干波沿相反方向传播时叠加而形成的波称为**驻波**（standing wave），它是一种特殊的干涉现象，广泛存在于自然界中，如管、弦、膜、板的振动都是驻波现象；驻波可以用来测波长，也可以用来确定振动系统的固有频率。

设两列频率、振幅、振动方向相同的简谐波，一列沿 x 轴的正方向传播，一列沿 x 轴的负方向传播，取两波的振动相位始终相同的点作为坐标轴的原点，并且在 $x=0$ 处振动质点向上移动到最大位移时开始计时，使得该处质点振动的初相为零。则沿正方向传播的简谐波方程为

$$y_1 = A\cos 2\pi\left(\frac{t}{T} - \frac{x}{\lambda}\right)$$

而沿负方向传播的简谐波方程为

$$y_2 = A\cos 2\pi\left(\frac{t}{T} + \frac{x}{\lambda}\right)$$

两列波叠加后，合位移为

$$y = y_1 + y_2 = A\cos 2\pi\left(\frac{t}{T} - \frac{x}{\lambda}\right) + A\cos 2\pi\left(\frac{t}{T} + \frac{x}{\lambda}\right)$$

利用三角函数和差化积公式，上式变为

$$y = \left(2A\cos 2\pi\frac{x}{\lambda}\right)\cos 2\pi\frac{t}{T} \tag{5-22}$$

上式称为**驻波方程**。由方程可见，两波合成以后各点都在做同一周期的简谐振动，但各点的振幅 $|2A\cos 2\pi x/\lambda|$ 是坐标 x 的余弦函数。对应于 $|\cos 2\pi x/\lambda|=1$ 的那些点，振动振幅最大，等于 $2A$，称为**波腹**（wave loop）；而在 $|\cos 2\pi x/\lambda|=0$ 的那些点，振动的振幅为零，即静止不动，称为**波节**（wave node）。

由 $|\cos 2\pi x/\lambda| = 1$ 可知，波腹的位置可由 $2\pi x/\lambda = \pm k\pi(k = 0,1,2,\cdots)$ 来决定，即在 $x = \pm k\lambda/2(k = 0,1,2,\cdots)$ 处就是波腹的位置。显然，两相邻波腹之间的距离为 $\lambda/2$，即半波长。同样，合振动波节的位置可由 $2\pi x/\lambda = \pm(2k+1)\pi/2(k = 0,1,2,\cdots)$ 来决定，由此可求得波节的位置是 $x = \pm(2k+1)\lambda/4(k = 0,1,2,\cdots)$，可见波节与波节距离也是半波长，而相邻波节与波腹间的距离为 $\lambda/4$。以上结论提供了一种测定波长的方法，只要测得两相邻波节或波腹之间的距离就可确定波长。

图 5 – 13 中，点划线和虚线表示沿 x 轴正方向和负方向传播的两相干波；实线表示在 $t = 0$、$T/8$、$T/4$、$3T/8$、$T/2$ 各时刻两列波叠加后的结果。"○"表示的点是波节，两列波在这些点上引起的振动具有相反的相位，因而叠加后振幅为零。用"·"表示的点是波腹，两列波在这点上引起的振动具有相同的相位，因而叠加后振幅最大，等于 $2A$。图 5 – 13 所示的波形是驻定而不移动的，只是各点的位移随时间改变而已，因此才把这种波称为驻波。由于叠加成驻波的两列波能流密度的量值相等，方向相反，因而在振动过程中，没有能量沿某一方向传播，能流密度为零。因此，驻波无所谓传播方向，不传播能量，实质上是一种特殊的振动状态，而不是作为能量传播过程的波。为了区分一般的波与驻波，往往将前者称为**行波**（travelling wave）。

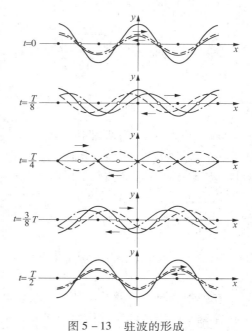

图 5 – 13　驻波的形成

由式（5 – 22）还可以看出，各点振动的相位决定于（$2A\cos 2\pi x/\lambda$）的正负。由于因子 $\cos 2\pi x/\lambda$ 在波节处经过零值时而改变符号。例如，在波节 $x = -\lambda/4$ 和 $x = \lambda/4$ 处合振幅为零，在 $-\lambda/4 < x < \lambda/4$ 区间，$\cos 2\pi x/\lambda$ 取正值；而当 $x > \lambda/4$，进入 $\lambda/4 < x < 3\lambda/4$ 区间时，$\cos 2\pi x/\lambda$ 便取负值（下一个区间又取正值），所以，在两个波节之间的质点都同相位地振动，即这些质点同时到达最大位移，同时通过平衡位置；在同一波节两侧的质点，其振动的相位相反，即同时到达最大位移，但符号相反；同时通过平衡位置但速度的方向相反。

驻波通常是在入射波和反射波相干涉的情况下发生的。如图 5-14 中将一水平的细绳 AB 系在音叉 A 的末端，B 处有一劈尖，可以左右移动以变更 AB 间的距离。细绳经过滑轮 P，末端悬一质量为 m 的重物，使绳上产生张力。音叉振动时，绳中产生波动，向右传播。达到 B 点时，在 B 点反射，产生反射波，向左传播。这样，入射波和反射波在同一绳子上沿相反方向进行，适当调节 AB 间距离或绳中张力就能在绳子上产生驻波。这里波是在绳子的固定端反射，反射波与入射波必定产生相消干涉而使 B 点振动位移为零，即波的反射点 B 处形成波节。

一般情况下，在两种介质分界面形成的是波节还是波腹，这将决定于波的种类和两种介质的性质以及入射角的大小。如果是弹性波，可以把介质密度 ρ 与波速 u 的乘积 ρu 较大的介质称为**波密介质**，乘积 ρu 较小的介质称为**波疏介质**。研究表明，当波近似垂直入射界面时，当波从波疏介质传播到波密介质而在分界面处反射时，在反射点处将形成波节；如果波从波密介质传到波疏介质，则在分界面也将发生反射，但在反射处反射波的相位与入射波的相位相同，将形成波腹。例如，声波从水面反射回空气时，反射处是波节；声波从海水里传到水面被反射回水中时，水面处即为波腹。

图 5 - 14 驻波演示实验

如上所述，要在分界面处出现波节，必须入射波与反射波在分界面处的相位相反。或者说，反射波和入射波的相位在反射点上有 π 的突变，根据波程差和相位差的关系，在同一波形上相距半个波长的两点的相位相反，就相当于入射波与反射波在反射点存在半波长的波程差。在反射时引起相位相反的这种现象常形象地称为反射点的"**半波损失**"（half wave loss）。在研究声波、光波的反射时常涉及这一问题。

第四节 声波及其应用

在弹性介质中传播的振动，一般频率在 20 ~ 20 000Hz 之间的振动能引起听觉，称为声振动，声振动传播过程称为**声波**（sound wave）。频率低于 20Hz 的机械波称为**次声波**（infrasonic wave），频率高于 20 000Hz 的机械常称为**超声波**（supersonic wave）。次声波和超声波都不能引起人的听觉，但是，从物理学的观点看来，这些范围内的振动与可闻声振动之间并没有什么本质上的差别。

一、声强和声强级

声波传播时空气质点的振动位移很小，其振幅只有几十纳米，测量它很困难，因此，常用一个与振幅成正比且较容易测量的量，即声压来代替。在某一时刻，介质中某一点的压强与无声波通过时的压强之差称为该点的**（瞬时）声压**（instantaneous sound pressure）。

声波的强度简称**声强**（sound intensity），也就是声波的**能流密度**（energy flux density），它定义为**单位时间内通过垂直于声波传播方向的单位面积的声波能量**。研究表明，**声强与声压的平方成正比**。

引起听觉的声波不仅在频率上有一个范围，而且在声强上也有一个范围。对每一个给定的可闻频率，声强都有上下两个限值。低于下限的声强不能引起听觉，而高于上限的声强只能引起痛觉，而不能引起听觉，这两个上下限值分别称为**闻阈**（threshold of hearing）和**痛阈**（threshold of feeling）。声强的闻阈值和痛阈值随频率而异。人耳最敏感的频率为 1000 ~ 5000Hz，在 1000Hz 频率时，一般正常人听觉的痛阈为 $1W/m^2$，

闻阈为 $10^{-12}\,\mathrm{W/m^2}$，通常把这一最低声强作为测定声强的标准，用 I_0 表示。

　　由于引起人的听觉的声强上下限相差十几个数量级，所以使用对数标度要比绝对标度方便；另一方面从声音的接收来说，当耳朵接收到声振动以后，主观上产生的"响度感觉"并不是正比于强度的绝对值，而是近似与强度的对数成正比。基于这两方面的原因，在声学中普遍使用对数标度来量度声强，称为**声强级**（intensity level），以 $I.L.$ 表示，对于声强为 I 的声波的声强级为

$$I.L. = \lg \frac{I}{I_0} \tag{5-23}$$

单位为贝尔（符号 Bel）。实际运用中，贝尔这个单位过大，常用它的十分之一作为声强级的单位，称为分贝（dB）。此时声强级的公式为

$$I.L. = 10\lg \frac{I}{I_0} \quad (\mathrm{dB}) \tag{5-24}$$

　　由于规定了闻阈的声强 $I_0 = 10^{-12}\,\mathrm{W/m^2}$（频率为 1000Hz），因此闻阈的声强级为 0dB，而痛阈的声强级则为 120dB。微风轻轻吹动树叶的声音约为 14dB；在房间中正常谈话的声音（相距 1m 处）约为 60dB，高声喊叫时约为 90dB。现在噪声（noise）问题越来越引起人们的关注，例如工业噪声和交通噪声是一种严重的环境污染，对人的生理和心理健康都有影响，因而如何减少和消除噪声，已成为现代化城市建设的专门课题。例如可采用吸音和隔音材料降低噪声，高架桥和轻轨上的隔离墙，采用透明塑料板并将其做成有一定弧度，使道路上产生的噪声在墙壁上不断反射而损耗能量，起到隔音作用。

二、多普勒效应

　　由于波源或观测者的运动造成观测频率与波源频率不同的现象称为**多普勒效应**（Doppler effect）或多普勒频移。例如，在铁路旁听列车汽笛声时能够发现，列车迎面而来时音调比静止时高，而列车离去时音调比静止时低，这就是一种多普勒现象，下面用波的传播规律来分析这一现象。为简单起见，只讨论波源和观测者的运动方向与波的传播方向共线的情况。令 V、v 分别表示波源、观察者相对于介质的运动速度，u 示波在介质中传播的速度，分三种情况进行讨论。

（一）波源静止，观测者运动

　　若观测者向着波源运动，相当于波以速率 $u+v$ 通过观测者，单位时间内通过观测者的完整波长数，即频率为

$$\nu' = \frac{u+v}{\lambda} = \frac{u+v}{u/\nu} = \left(1 + \frac{v}{u}\right)\nu \tag{5-25}$$

该式表明观测者实际观测的频率 ν' 高于波源的频率 ν。反之，若观测者离开波源运动时，实际观测频率将低于波源的频率，即

$$\nu' = \left(1 - \frac{v}{u}\right)\nu \tag{5-26}$$

（二）观测者静止，波源运动

　　当波源静止时，波长 $\lambda = uT$；然而当波源以速度 V 向着观测者运动时，由于一个

周期 T 内波源已逼近观测者 VT 的距离，所以在观测者看来，波在一个周期内走过的距离

$$\lambda' = \lambda - VT = (u - V)T$$

又由于波在介质中传播速度不变，所以观测者实际测得的频率

$$\nu' = \frac{u}{\lambda'} = \frac{u}{u - V}\frac{1}{T} = \frac{u}{u - V}\nu \qquad (5-27)$$

该式表明观测者实际测得的频率高于波源的频率。同理，可得出波源远离观测者时实际测得的频率低于波源的频率，即

$$\nu' = \frac{u}{u + V}\nu \qquad (5-28)$$

因此，当列车向观测者开来时，汽笛声不仅变大而且音调升高；当列车驶离观测者时，汽笛声不仅变小而且音调降低。

（三）波源与观测者同时相对于介质运动

综合以上两种情况，当观测者与波源同时相对于介质运动时，观测者实际观测的频率

$$\nu' = \frac{u \pm v}{u \mp V}\nu \qquad (5-29)$$

式中，分子中的加号和分母中的减号适用于观测者与波源相向运动时的情况，而分子中的减号和分母中的加号则适用于二者背离运动的情况。

如果波源速度和观测者速度不共线，以上各式中的 V 和 v 应理解为波源速度和观测者速度在它们连线上的分量。

例题 5-3　沿直线行驶的列车通过某站台时，观测到列车发出的汽笛频率由 1200Hz 下降为 1000Hz。已知空气中声速为 340m/s。求列车的速度。

解　当波源（列车）朝向观察者运动时，根据式（5-27）有

$$\nu_1' = \frac{u}{u - V}\nu$$

而当背离观察者运动时，根据式（5-29）有

$$\nu_2' = \frac{u}{u + V}\nu$$

联立两方程解得

$$V = \frac{\nu_1' - \nu_2'}{\nu_1' + \nu_2'}u$$

代入数据得

$$V = \frac{1200 - 1000}{1200 + 1000} \times 340 \approx 30.9\text{m/s} = 111.2\text{km/h}$$

光波也存在多普勒效应。它同机械波多普勒效应的形成原理相类似，但二者又存在本质的区别，因而有关的计算公式不同。首先，光的传播不依赖弹性介质。只要光源与观测者之间存在相对运动，就可确定其多普勒效应的频率变化关系。也就是说，不用区别光源、观测者哪个在运动，但是必须知道二者间的相对速度。更为重要的是，对于具有相对运动的光源的力学分析，必须运用相对论来处理。

在固体中，大量分子、原子在发出同一频率的光时，由于所有分子、原子都在做速度不同的热运动，因而产生多普勒效应，使得观测到的光频率具有不可忽视的频谱

宽度，从而使单色性变差。

三、超声波

自然界的各种声音中，或多或少地含有超声成分，有一些动物能听到超声，例如蝙蝠可借助其发出的超声波"导航"。为了研究和应用超声，需要有人工的超声源和接收器。用人工方法产生超声波的装置称为超声波发生器。最常用的电声型发生器是将电磁能转换成机械能，其结构主要分为两部分：一部分是能产生高频电流的发生器，是用电振荡器制成的，另一部分是换能器，其作用是将电磁振荡转换成机械振动而产生超声波。反过来也能将声能转换成电能和其他能量。目前这种器件主要是用压电晶体制成的。由于这种换能器既产生超声又能接收超声所以又被形象地称为"超声口耳仪"。

（一）超声波的特性

超声波是一种弹性振动的机械波，只要是弹性介质，它都可以在其中传播。也就是说，超声波可进入任何弹性材料，不论气体、液体或固体，包括人体。而且，不受材料的导电性、导热性、透光性等性能的影响。正是这些特点使超声检测具有广泛的应用。

超声波在物体中的传播与材料的弹性密切相关。一旦在传播过程中遇到弹性情况的变化，在界面处会发生波的反射和透射能量。在固体（或液体）与气体的分界面上大部分能量被反射。超声波在介质中衰减的情况与其频率及介质性质有关。在气体中被吸收要比液体或固体中大得多，而它的频率越高，越容易被吸收。频率为1MHz的超声波离开波源后，在空气中只经过半米长的距离，其强度将减弱一半。超声波在液体中能够传播很远，如使其强度减弱一半，则所经距离约为空气中的1000倍。超声波也能穿透几十米厚的金属，故它在液体和固体中具有很强的贯穿性。

根据这些特性，除了在水中用作通信和侦察（如探测水中的鱼群、潜艇、沉船和暗礁等的位置）外，还能用来探伤（如裂缝、砂眼等）。超声波的穿透能力很强，灵敏度也高，它能探查出在数米深处几毫米大小的砂眼，又轻便、经济，比 X 射线探伤优越得多。应用同样的原理和装置，超声波也可用来诊断人体内是否有病变组织（如肿瘤等），检查心脏活动以及测量血流等。利用超声波能穿透对光不透明的金属等物质的特性，做成超声显微镜，可以用来获得金属内部缺陷的可见的像；观察流动液体的精细结构、高温熔炉中看不见的瑕疵以及汽油中的水滴等。超声显微镜可放大几万倍，分辨本领也很高。

超声波频率高、波长短，具有很好的直线走向传播特性，这为超声波的应用带来方便。科学家已发现，在自然界中许多动物（如蝙蝠、蚱蜢、蝗虫、家鼠、豚类等）都能发射和利用超声。如蝙蝠在晚间正是通过接收从障碍物或猎物所反射回来的超声波，进行导向飞行和觅食。所发射的超声频率越高、方向性越好，导向能力越强。蝙蝠可发射 80kHz 的超声，它的耳朵可接收到从 0.1mm 的金属丝反射回来的波。

高频的超声波具有较大的功率。一般说，超声功率与其频率的平方成正比，也与声压平方成正比。利用声聚焦透镜，还能在局部得到更大功率的超声束，这种超声束振动的作用力很大，可用来对硬脆性材料（如石英、陶瓷、宝石、硅片等）进行超声加工（如超声打孔、超声切割等）。

（二）超声波对物质的作用

超声波频率高，声强大，在介质中传播时能把物质的力学结构破坏，具有强烈的振动和击碎作用，可以把物体打成极为细小的颗粒，因而几种互不润湿的液体（或有一种是固体）经超声处理后能把一种物体击成极细的微粒，悬浮在另一种液体中造成乳化状态。在药学方面，应用超声波制成乳剂获得一定成效。如樟脑不溶于水，故不能直接注射，但用超声乳化樟脑油制成乳剂后，即可直接注射。

超声波在气体中会起凝聚作用，能把气体中的微小粒子（如煤炭烟灰）凝成较大的粒子，因而可用来除尘和沉积工厂烟囱的煤烟。在液体中这种凝聚现象只有频率高而功率又不很强时才显著，否则由于强超声的击碎作用而不显示出来。超声波的凝聚作用可把许多类似的分子聚合起来，形成高分子化合物。例如，在超声波作用下苯乙烯和丁二烯聚合速度会显著增加。超声波在另一些情况下又有相反的解聚作用，即利用超声波把高聚物（大的聚合物）分解出来。这种分解可以用在制造人工血浆等方面。

超声波对生物体也可产生强烈的作用，例如，滴虫类在超声波作用下因细胞被破坏几乎立刻死亡。利用超声波作用下细胞迅速死亡还可以获得各种重要的生物制品而不引起化学变化。由于处理条件不同，超声波作用后的植物种子可以引起植物加速生长或发芽能力降低。掌握处理条件是研究超声波用于农业的关键。

强烈超声波在液体中传播时声压的振幅很大，数值为 $10^5 \sim 10^6 Pa$，对此，液体完全可以经得住，不起什么变化，但当声压振动为负值时，如数值上大于 $10^5 Pa$ 时，液体中的压强就出现负值，这相当于拉力的作用。在拉力集中处就将被拉伸而破裂，在内部出现细小的空穴。空穴存在的时间极短，在负压后随之而来的正压，使空穴受到迅速的冲击而闭合。瞬时的局部压强可达 $10^8 \sim 10^9 Pa$，同时局部温度猛烈上升，以达到几千度的高温，并引起放电和发光现象。这是超声波的一个非常重要的作用，称为空化作用。空化作用的存在，大大增强了超声波的机械作用，因此在液体中进行超声波处理往往效果较好。由于空化作用所引起的电离、发光、局部高温和高压，是促进化学反应的极有利的因素。例如，碘化钾溶液经超声波的空化作用处理几分钟后就出现自由碘。又如，用低压法合成氨需在 $10^7 Pa$ 下进行，但在超声波作用下只要 $10^5 \sim 2 \times 10^5 Pa$ 即可。许多氧化和加氢反应，在超声波作用下都有良好的效果。对于空化作用，目前了解得还很不够，需要进一步深入研究。

近年来超声波在疾病治疗方面得到了迅速发展。用于诊断的超声波功率一般较小，约 $10 mW/cm^2$；而用于治疗的功率较大，一般在 $0.1 \sim 1 W/cm^2$。超声波治疗的作用机制还不很清楚，一般认为是与超声波的热效应和机械振动效应有关。例如，利用超声波的高频振动可击碎结石，超声波也可击碎血栓，减少血液流动障碍。用超声波照射骨折部位，超声波的热效应可使骨膜温度升高，加快骨伤愈合速度；用超声波治疗腱鞘炎、关节炎等，起到活血化瘀作用。

四、次声波

次声波又称为亚声波，在大自然的许多活动，如火山爆发、地震、陨石落地、大气湍流、雷暴、海啸、台风等中，都有次声波发生。在与人类有关的活动中，诸如核爆炸，飞机、火箭、导弹飞行，火炮发射，火车和地铁高速行驶时都会产生很强的次声波。次声波在空气中的传播速度和声波相同，但次声波的频率低，大气对次声波的吸收很小，在传播数千公里后，被大气吸收的次声波不到万分之几。次声波的波长很长，能绕开某些大型障碍物，因此，其传播距离比一般的声波、光波和无线电波都要传得远。炮弹产生的可闻声波，衰减快，在几千米外就听不到了，但它产生的次声波可传到 80km 以外；氢弹产生的次声波可绕地球传播好几圈，行程十几万公里，故高强度的次声波武器具有洲际作战能力。频率低于 1Hz 的次声波可以传到几千以至上万公里以外的地方。1883 年苏门答腊和爪哇之间一次火山爆发产生的次声波，绕地球 3 周，历时 108 小时。次声波具有极强的穿透力，不仅可以穿透大气、海水、土壤，而且还能穿透坚固的钢筋水泥构成的建筑物，甚至连坦克、军舰、潜艇和飞机都不在话下。次声波会干扰神经系统正常功能，危害人体健康。一定强度的次声波能使人头晕、恶心、呕吐、丧失平衡感，甚至精神沮丧。更强的次声波还能使人耳聋、昏迷、精神失常，甚至死亡。

随着次声波探测器的发展，次声波不仅成为研究地球、海洋、大气大规模运动的有力工具，而且也用于军事侦察。对次声波的产生、传播、接收、影响和应用的研究导致了现代声学的一个新分支的形成，这就是次声学。

思考题

1. 波速与介质中质点振动速度的大小是否相等？方向是否相同？

2. 若有两列波在空间某点 P 相遇，某一时刻观测到在 P 点合振动的振幅等于两个波振幅之和，能否肯定这两个波是相干波？

重点小结

内容提要	重点难点
描述波动的物理量	波速（相速）、波长、波的频率（周期）及相互关系
平面简谐波	平面简谐波的波函数
	波的能量、波的能流密度（强度）
波的叠加	惠更斯原理
	波的叠加原理
波的干涉	相干波、相干波源与驻波
声波	声强与声强级
	多普勒效应

习题五

1. 已知波源在原点（$x=0$）的平面简谐波的方程为 $y=A\cos(at-bx)$，其中 A、a、b 为正值恒量。试求：

（1）波的振幅、波速、频率、周期和波长；

（2）传播方向上距离波源 l 处一点的振动方程；

（3）任意时刻在波传播方向上相距为 L 的两点的相位差。

2. 一横波沿绳子传播时的波动方程为 $y=0.05\cos(10\pi t-4\pi x)$，$x$ 和 y 的单位是 m。试求：

（1）波的振幅、波速、频率和波长；

（2）绳子上各质点振动时的最大速度和加速度；

（3）求 $x=0.2$m 处的质点，在 $t=1$s 时的相位，它是原点处质点在哪一时刻的相位？这一相位所代表的运动状态在 $t=1.25$s 时刻到达哪一点？在 $t=1.5$s 时刻到达哪一点？

（4）分别图示 $t=1$、1.1、1.25 和 1.5s 各时刻的波形。

3. 已知平面余弦波波源的振动周期为 0.5s，所激起波的波长为 10m，振幅为 0.1m，当 $t=0$ 时，波源处振动的位移恰为正方向的最大值，取波源处为原点并设波沿正方向传播，求：

（1）此波波动方程；

（2）沿波传播方向距离波源为 $\lambda/2$ 处的振动方程；

（3）当 $t=T/4$ 时，波源和距离波源为 $\lambda/4$，$\lambda/2$，$3\lambda/4$ 及 λ 的各点各自离开平衡位置的位移；

（4）当 $t=T/2$ 时，波源和距离波源为 $\lambda/4$，$\lambda/2$，$3\lambda/4$ 及 λ 的各点各自离开平衡位置的位移，并根据（3）、（4）计算结果画出 $y-x$ 波形曲线；

（5）当 $t=T/2$ 和 $T/4$ 时，距离波源为 $\lambda/4$ 处质点的振动速度。

4. 一平面简谐波，沿直径为 0.16m 的圆形管中的空气传播，波的平均强度为 8.6×10^{-3}W/m^2，频率为 258Hz，波速为 340m/s，问波的平均能量密度和最大能量密度各是多少？每两个相邻同相面间的空气中有多少能量？

5. 设平面横波 1 沿 BP 方向传播，平面横波 2 沿 CP 方向传播，两波在 B 点和 C 点振动的运动方程分别为：$y_1=4.0\times10^{-3}\cos2\pi t$ 和 $y_2=4.0\times10^{-3}\cos(2\pi t+\pi)$，$y_1$ 和 y_2 的单位是 m。P 处与 B 相距 0.50m，与 C 相距 0.60m，波速为 0.40m/s，试求：

（1）两波传到 P 处时的相位差；

（2）在 P 处合振动的振幅。

6. S_1 和 S_2 是两相干波源，相距 $1/4$ 波长，S_1 比 S_2 的相位超前 $\pi/2$。设两波在 S_1S_2 连线方向上的强度相同且不随距离变化，试求：

（1）S_1S_2 连线上在 S_1 外侧各点处的合成的强度；

（2）在 S_2 外侧各点处的强度。

7. 一波源作简谐振动，振幅为 A，周期为 0.01s，经平衡位置向正方向运动时，作为即时起点。设此振动以 400m/s 的速度传播，求：

（1）若振幅 A 不变，写出此波的波函数；

（2）距波源 16m 处质点的振动方程；

（3）距波源 16m 和 20m 处两质点的相位差。

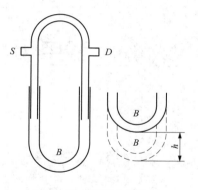

8. 图 5-15 为声音干涉仪，用以演示声波的干涉，S 为受电磁铁影响而振动的薄膜，D 为声音探测器，如耳或话筒，路径 SBD 的长度可以变化，而路径 SAD 的长度是固定的，干涉仪内是空气，现测知声音强度在 B 的第一位置时为极小值 100 单位，而渐增至 B 距第一位置为 1.65×10^{-2}m 的第二位置时，有极大值 900 单位。求：

图 5-15　习题 8 示意图

（1）声源发出的声波频率；

（2）抵达探测器的两波的相对振幅（设空气中声速为330m/s）。

9. 已知飞机马达的声强级为 110dB，求它的声强。

10. 两种声音的声强级相差 1dB，求它们的强度之比。

11. 两列波在同一根长弦上传播，弦的左右端各系在一振荡器上，它们所产生的波的表达式分别为 $y_1 = 6\cos\dfrac{\pi}{2}(8t + 0.02x)$ 和 $y_2 = 6\cos\dfrac{\pi}{2}(8t - 0.02x)$。式中 y 和 x 的单位为 cm，t 的单位为 s。求：

（1）各波的频率、波长和波速；

（2）波节和波幅的位置

12. 装于海底的超声波探测器发出一束频率为 30 000Hz 的超声波，被迎面驶来的潜水艇反射回来。反射波与原来的波合成后，得到频率为 241Hz 的波。求潜水艇的速率。（设超声波在海水中的传播速度为 1500m/s）

第六章 | 静电场

相对于观测者静止的**电荷**（electric charge）所产生的电场称为**静电场**（electrostatic field）。本章主要研究静电场的基本性质，分别从电场对电荷有力的作用和做功的本领角度出发，定义电场强度和电势这两个描述电场性质的重要物理量；在此基础上，推导出静电场所遵循的基本规律：场强和电势的叠加原理、高斯定理和静电场的环路定理。

第一节　库仑定律　电场强度

一、库仑定律

在真空中，相距为 r 的两个静止点电荷 q_1 和 q_2 之间相互作用的基本规律称为**库仑定律**（Coulomb law），即

$$f = k \frac{q_1 q_2}{r^2}$$

若用 r 表示由 q_1 指向 q_2 的**径矢**，$r_0 = \dfrac{r}{r}$ 表示沿径矢方向的单位矢量，则可将库仑定律写成下面的矢量形式

$$f = k \frac{q_1 q_2}{r^2} r_0 \qquad (6-1)$$

式中，f 表示点电荷 q_2 受 q_1 的作用力，当 q_1、q_2 同号时，f 与 r_0 同向，为排斥力；当 q_1、q_2 异号时，f 与 r_0 反向，为吸引力。

在国际单位制中，通常引入新的常量 ε_0 代替静电力常量 k，令

$$k = \frac{1}{4\pi\varepsilon_0}$$

于是，真空中的库仑定律可写作

$$f = \frac{1}{4\pi\varepsilon_0} \frac{q_1 q_2}{r^2} r_0 \qquad (6-2)$$

式中，$\varepsilon_0 = 8.854\ 187\ 817\cdots \times 10^{-12}\ C^2/(N \cdot m^2)$ 称为**真空电容率**（permittivity of vacu-um）或**真空介电常量**，它是自然界的一个基本常量。

二、电场强度

为了定量描述电场，我们选用带电量充分小，几何线度也充分小的试探电荷 q_0，把它置于电场中，测量它在不同位置处所受到的电场力 f。实验表明，对于电场中的任一固定点，比值 $\dfrac{f}{q_0}$ 是一个无论大小和方向都与试探电荷无关的量，它反映了该点处电场本身的性质，称为**电场强度**（electric field strength），简称**场强**，用 E 表示，即

$$E = \frac{f}{q_0} \qquad\qquad (6-3)$$

上式表明，**电场中某点处的电场强度在数值上等于单位电荷在该处所受的电场力，其方向与正电荷在该处所受电场力的方向一致**。在国际单位制中，电场强度的单位是 N/C（牛顿/库仑），也可以是 V/m（伏特/米）。

下面计算点电荷的场强。设在真空中有一个点电荷 q，将试探电荷 q_0 置于 q 所产生的电场中的任一点 P 处，用 r 表示由 q 指向 q_0 的径矢，于是由电场强度定义式（6-3）和式（6-2）得到 P 点的电场强度为

$$E = \frac{f}{q_0} = \frac{q}{4\pi\varepsilon_0 r^2}r_0 \qquad\qquad (6-4)$$

可见，点电荷的场强是球对称的，E 的大小与距离 r 的平方成反比。若 $q > 0$，E 沿径矢 r 方向；若 $q < 0$，则 E 与 r 方向相反。

三、场强叠加原理

如果真空中的电场是由一组点电荷 q_1、q_2、$\cdots$、q_n 所组成的点电荷系产生，因为试探电荷在电场中任一点 P 所受的电场力 f 等于各个点电荷各自对 q_0 的作用力 f_1、f_2、$\cdots f_n$ 的矢量和，故由式（6-3），可得 P 点的场强为

$$E = \frac{f}{q_0} = \frac{f_1}{q_0} + \frac{f_2}{q_0} + \cdots + \frac{f_n}{q_0} = E_1 + E_2 + \cdots + E_n \qquad\qquad (6-5)$$

式中，E_1、E_2、$\cdots$、E_n 分别表示这些点电荷各自在 P 点所产生的场强。由此可见，**一组点电荷所产生的电场在某点的场强，等于各个点电荷单独存在时在该点所产生场强的矢量和**，这一结论称为**场强叠加原理**。

利用场强叠加原理，可以计算任意带电体所产生的场强，因为任何带电体都可以看作许多点电荷的集合。如图 6-1 所示，有一体积为 V，电荷连续分布的带电体。在带电体上任取一体积为 dV 的很小的电荷元 dq，视为点电荷，由式 6-4 可得 dq 在 P 点的场强为

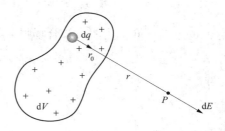

图 6-1 任意带电体中电荷元 dq 的场强

$$dE = \frac{dq}{4\pi\varepsilon_0 r^2}r_0$$

式中, r 是由 dq 到 P 点的径矢的大小, r_0 是径矢方向上的单位矢量。再由场强叠加原理, 对各电荷元在 P 点的场强求矢量和（即求矢量积分）, 于是得整个带电体在 P 点的场强为

$$E = \int dE \qquad (6-6)$$

上式为矢量积分, 实际处理时, 如果各电荷元在给定点 P 产生的场强的方向不同, 需将 dE 分解为坐标轴上的分量, 然后对每一分量进行积分。

例题 6-1 **电偶极子**（electric dipole）是由两个大小相等、符号相反的点电荷 $+q$ 和 $-q$ 组成的点电荷系。从负电荷到正电荷的径矢 l 称为电偶极子的臂。电荷 q 和臂 l 的乘积称为**电偶极矩**, 简称**电矩**（electric moment）, 用 P 表示, 即 $P = ql$。设电偶极子在真空中, 试求电偶极子臂的延长线上和中垂面上距离其中心 O 点为 r 处的场强（设 $r \gg l$）。

解 （1）求电偶极子臂的延长线上 A 点的场强。

如图 6-2 (a) 所示, 点电荷 $+q$ 和 $-q$ 在 A 点产生的场强 E_+ 和 E_- 大小分别为

$$E_+ = \frac{q}{4\pi\varepsilon_0\left(r - \frac{l}{2}\right)^2} \qquad E_- = \frac{q}{4\pi\varepsilon_0\left(r + \frac{l}{2}\right)^2}$$

两者方向相反, 由场强叠加原理, 可得 A 点总场强大小为

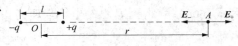

$$E_A = E_+ - E_- = \frac{q}{4\pi\varepsilon_0}\frac{2rl}{(r^2 - l^2/4)^2}$$

由于 $r \gg l$, 所以

$$E_A = \frac{2ql}{4\pi\varepsilon_0 r^3}$$

E_A 方向与电矩 P 方向相同, 故其矢量式为

$$E_A = \frac{2P}{4\pi\varepsilon_0 r^3} \qquad (6-7)$$

（2）求电偶极子中垂面上 B 点的场强。

如图 6-2 (b) 所示, B 点场强 E_B 是 $+q$ 和 $-q$ 分别在 B 点产生场强 E_+ 和 E_- 的矢量和, 由式 (6-4) 可知 E_+ 和 E_- 大小相等, 即

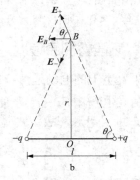

图 6-2 电偶极子的场强

$$E_+ = E_- = \frac{q}{4\pi\varepsilon_0\left(r^2 + \frac{l^2}{4}\right)}$$

但它们的方向不同, 由图可知合场强 E_B 大小为 $E_B = E_+\cos\theta + E_-\cos\theta$

其中 θ 为 B 点和 $+q$ 连线与 E_B 间夹角, 由图可得 $\cos\theta = \dfrac{l/2}{\sqrt{r^2 + l^2/4}}$, 故

$$E_B = \frac{1}{4\pi\varepsilon_0}\frac{ql}{(r^2 + l^2/4)^{3/2}}$$

由于 $r \gg l$, 所以

$$E_B = \frac{ql}{4\pi\varepsilon_0 r^3} = \frac{P}{4\pi\varepsilon_0 r^3}$$

E_B 的方向与电矩 P 的方向相反，其矢量式为

$$E_B = -\frac{p}{4\pi\varepsilon_0 r^3}\qquad\qquad(6-8)$$

例题 6 - 2　设真空中有一长为 L 的均匀带电直线段 AB，其总带电量为 Q。

（1）求在 AB 延长线上距其一端 B 为 d 的 P_1 点的场强；

（2）求与 AB 的垂直距离为 a，和 AB 两端连线与 AB 之间的夹角为 θ_1 和 θ_2 的 P_2 点的场强。

解　（1）如图 6 - 3（a）所示，取 P_1 为坐标原点，向左为 x 轴正方向。将带电直线 AB 分成很多小段，在带电直线上距 P_1 为 x 处，任取一小段 $\mathrm{d}x$，其带电量为 $\mathrm{d}q$。设直线段 AB 上每单位长度所带电量为 λ。$\lambda = \frac{Q}{L}$ 称为**线电荷密度**。所以

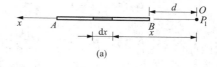

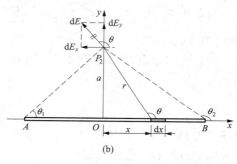

$$\mathrm{d}q = \lambda\mathrm{d}x = \frac{Q}{L}\mathrm{d}x$$

电荷元 $\mathrm{d}q$ 在 P_1 点产生的场强大小为

$$\mathrm{d}E = \frac{1}{4\pi\varepsilon_0}\frac{\mathrm{d}q}{x^2} = \frac{\lambda\mathrm{d}x}{4\pi\varepsilon_0 x^2}$$

$\mathrm{d}E$ 的方向沿 x 轴负方向（$Q > 0$ 时），且 AB 上各电荷元的场强方向相同，所以总场强大小为 AB 上各电荷元场强之和（积分），即

图 6 - 3　均匀带电直线段外一点的场强

$$E = \int\mathrm{d}E = \int_d^{d+L}\frac{\lambda\mathrm{d}x}{4\pi\varepsilon_0 x^2} = \frac{\lambda}{4\pi\varepsilon_0}\left(\frac{1}{d} - \frac{1}{d+L}\right) = \frac{1}{4\pi\varepsilon_0}\frac{Q}{d(d+L)}$$

当 $Q > 0$ 时，E 的方向沿 x 轴负向；$Q < 0$ 时，E 的方向沿 x 轴正向。

（2）以 P_2 点到 AB 的垂足为原点，取直角坐标 oxy 如图 6 - 3（b）所示。在 AB 上坐标为 x 处任取一小段 $\mathrm{d}x$，其所带电量为 $\mathrm{d}q = \lambda\mathrm{d}x = \frac{Q}{L}\mathrm{d}x$。由图可知，$\mathrm{d}q$ 在 P_2 点的场强大小为

$$\mathrm{d}E = \frac{\lambda}{4\pi\varepsilon_0}\frac{\mathrm{d}x}{r^2}$$

式中，$r = \sqrt{a^2 + x^2}$，$\mathrm{d}E$ 方向与 x 轴之间夹角为 θ，所以 $\mathrm{d}E$ 沿 x 轴和 y 轴的两个分量分别为

$$\mathrm{d}E_x = \mathrm{d}E\cos\theta = \frac{\lambda\mathrm{d}x}{4\pi\varepsilon_0 r^2}\cos\theta$$

$$\mathrm{d}E_y = \mathrm{d}E\sin\theta = \frac{\lambda\mathrm{d}x}{4\pi\varepsilon_0 r^2}\sin\theta$$

由图可知

$$x = a\cot(\pi - \theta) = -a\cot\theta$$

因此

$$\mathrm{d}x = a\csc^2\theta\mathrm{d}\theta$$

由
$$r^2 = a^2 + x^2 = a^2 + a^2 \cot^2\theta = a^2 \csc^2\theta$$
所以
$$\mathrm{d}E_x = \frac{\lambda}{4\pi\varepsilon_0 a}\cos\theta\mathrm{d}\theta$$

$$\mathrm{d}E_y = \frac{\lambda}{4\pi\varepsilon_0 a}\sin\theta\mathrm{d}\theta$$

将上面两式积分得

$$E_x = \int \mathrm{d}E_x = \int_{\theta_1}^{\theta_2} \frac{\lambda}{4\pi\varepsilon_0 a}\cos\theta\mathrm{d}\theta = \frac{\lambda}{4\pi\varepsilon_0 a}(\sin\theta_2 - \sin\theta_1)$$

$$E_y = \int \mathrm{d}E_y = \int_{\theta_1}^{\theta_2} \frac{\lambda}{4\pi\varepsilon_0 a}\sin\theta\mathrm{d}\theta = \frac{\lambda}{4\pi\varepsilon_0 a}(\cos\theta_1 - \cos\theta_2)$$

总场强 E 的大小为 $E = \sqrt{E_x^2 + E_y^2}$，其方向也可由 E_x、E_y 确定，即 $\tan\alpha = \dfrac{E_y}{E_x}$，$\alpha$ 为 E 与 x 轴正向的夹角。

如果均匀带电直线是无限长，则 $\theta_1 = 0$，$\theta_2 = \pi$，由上式得
$$E_x = 0$$
$$E = E_y = \frac{\lambda}{2\pi\varepsilon_0 a} \qquad\qquad (6-9)$$

即场强 E 的大小与 a 成反比，当 $\lambda > 0$ 时，E 的方向垂直于直线向外；当 $\lambda < 0$ 时，E 的方向与直线垂直并指向直线。

思考题

如何理解点电荷模型？

第二节　电场线　电通量

一、电场线

为了形象直观地描述电场的分布，可以在电场中做一系列曲线，这些曲线上每一点的切线都与该点的场强方向一致，这些曲线称为**电场线**（electric field line）或**电力线**（electric line of force）（图 6-16）。为了使电场线不仅能表示场强的方向，而且能表示场强的大小，在画电场线时对电场线密度作如下规定：在电场中任一点处，通过垂直于场强 E 的单位面积的电场线数等于该点处场强 E 的量值。按照这一规定，在电场中任一点取一个与该点场强 E 垂直的足够小的面积元 $\mathrm{d}S_\perp$，如果通过它的电场线数为 $\mathrm{d}N$，则

$$E = \frac{\mathrm{d}N}{\mathrm{d}S_\perp} \qquad\qquad (6-10)$$

这样电场线的疏密程度就反映了场强的大小。显然，匀强电场中的电场线应是一族分布均匀的平行直线。

理论和实验都表明，静电场中的电场线有如下特点：①电场线起始于正电荷（或无限远），终止于负电荷（或无限远），不会在没有电荷处中断，也不形成闭合曲线；②任何两条电场线不会相交。

二、电通量

通过电场中任一给定面的电场线数称为通过这个面的**电通量**（electric flux），用 Φ_e 表示。在电场中某点处，任取一个与场强方向垂直的面积元 $dS_\perp$，由式（6 – 10）可知，通过面积元 $dS_\perp$ 的电场线数［图 6 – 4（a）］，即电通量为

$$d\Phi_e = dN = EdS_\perp$$

当所取的面积元 dS 与该处场强 E 不垂直时，设面积元 dS 的法向单位矢量为 $\boldsymbol{n}_0$，把 $d\boldsymbol{S} = dS\boldsymbol{n}_0$ 称为面积元矢量。若 $\boldsymbol{n}_0$ 与该处场强 E 的夹角为 θ，由图 6 – 4（b）可知，通过 dS 的电场线数应等于通过它在垂直于场强方向上的投影面 $dS_\perp$ 的电场线数。由于 $dS_\perp = dS\cos\theta$，所以通过面积元 dS 的电通量为

$$d\Phi_e = EdS_\perp = EdS\cos\theta = \boldsymbol{E} \cdot d\boldsymbol{S} \tag{6 – 11}$$

为了求出任意曲面 S 的电通量［图 6 – 4（c）］，可把 S 面分割成许多小面积元 dS。先计算通过每个小面积元的电通量 $d\Phi_e$，然后对整个 S 面上所有的小面积元的电通量求和（积分），即

$$\Phi_e = \int_S d\Phi_e = \int_S E\cos\theta dS = \int_S \boldsymbol{E} \cdot d\boldsymbol{S} \tag{6 – 12}$$

如果 S 是闭合曲面时，式（6 – 12）应写成对整个闭合曲面求积分的形式，即

$$\Phi_e = \oint_S E\cos\theta dS = \oint_S \boldsymbol{E} \cdot d\boldsymbol{S} \tag{6 – 13}$$

对闭合曲面，通常规定自内向外的方向为各处面积元法线的正方向，所以当电场线在曲面上某处的面积元 dS 处由曲面内向外穿出时，由于 $0 \leqslant \theta < \pi/2$，电通量 $d\Phi_e$ 为正；当电场线由曲面外向内穿入时，由于 $\pi/2 \leqslant \theta < \pi$，$d\Phi_e$ 为负；当电场线与曲面相切时，$\theta = \pi/2$，$d\Phi_e$ 为零。

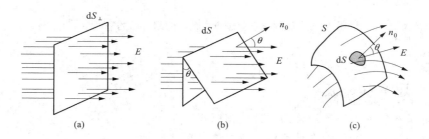

(a)   (b)   (c)

图 6 – 4　电通量的计算

现在计算一个点电荷 q 的电场中，通过以 q 为球心的半径为 r 的球面 S 的电通量（图 6 – 5）。在球面上任取面积元 dS，其法向单位矢量 $\boldsymbol{n}_0$ 沿半径向外，即 $\boldsymbol{n}_0 = \boldsymbol{r}_0$，若 $q > 0$，则 E 与 $\boldsymbol{n}_0$ 同向，$\cos\theta = 1$。由式（6 – 11）和式（6 – 4）得通过 dS 电通量为

$$d\Phi_e = \boldsymbol{E} \cdot d\boldsymbol{S} = EdS\cos\theta = \frac{q}{4\pi\varepsilon_0 r^2}dS$$

再由式（6-13）得通过球面 S 的电通量为

$$\Phi_e = \int_S E \cdot dS = \frac{q}{4\pi\varepsilon_0 r^2}\int_S dS = \frac{q}{4\pi\varepsilon_0 r^2} \cdot 4\pi r^2 = \frac{q}{\varepsilon_0}$$

$$(6-14)$$

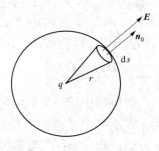

上式表明，通过以点荷 q 为中心的闭合球面的电通量只与 q 有关，而与球面半径 r 无关。同时不难看出，对于 $q<0$ 的情况，式（6-14）仍然成立，只是这时电通量 $\Phi_e<0$，表示电场线穿入球面汇聚于球心。

图6-5　以点电荷 q 为中心的球面的电通量

　　上面的结果也可以从电场线的连续性得到，并可以从球面推广到任意包围点电荷 q 的闭合曲面。如图 6-6（a）所示，S' 为任意闭合曲面，S' 与球面 S 都只包围同一个点电荷 q，由于从点电荷 q 发出的全部电场线都要连续地延伸到无限远处，因而通过 S 和 S' 的电场线数必然相同，即它们的电通量都等于 $\frac{q}{\varepsilon_0}$。

　　如果任意闭合曲面 S 不包围点电荷 q ［图6-6（b）］，则由电场线的连续性可以得出，由面一侧穿入曲面 S 内的电场线必然会从面另一侧穿出来，所以净穿出 S 的电场线数目为零，即通过该闭合曲面 S 的电通量为零，用公式表示为：

$$\Phi_e = \oint_S E \cdot dS = 0$$

$$(6-15)$$

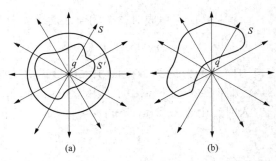

图6-6　包围或不包围点电荷 q 的闭合面的电通量

思考题

1. 电场线容易用实验测量的方法绘出吗？
2. 电通量是矢量吗？在计算时，需要注意哪些因素？

第三节　高斯定理

一、高斯定理

　　在上节讨论的基础上，下面研究更一般的情况。设带电体系由多个点电荷组成，

其中 q_1、q_2、$\cdots q_n$ 被任意闭合曲面 S 包围，另外的点电荷 q_1'、q_2'、$\cdots q_m'$ 在 S 面外。根据式（6-13）和场强叠加原理，可得通过 S 面的电通量为

$$\Phi_e = \oint_S \boldsymbol{E} \cdot \mathrm{d}\boldsymbol{S}$$

$$= \oint_S (\boldsymbol{E}_1 + \boldsymbol{E}_2 + \cdots \boldsymbol{E}_n + \boldsymbol{E}_1' + \boldsymbol{E}_2' + \cdots + \boldsymbol{E}_m') \cdot \mathrm{d}\boldsymbol{S}$$

对于面内和面外电荷的电通量分别应用式（6-14）和（6-15）有

$$\oint_S \boldsymbol{E}_i \cdot \mathrm{d}\boldsymbol{S} = \frac{q_i}{\varepsilon_0} \qquad (i = 1, 2, \cdots n)$$

$$\oint_S \boldsymbol{E}_i' \cdot \mathrm{d}\boldsymbol{S} = 0 \qquad (i = 1, 2, \cdots m)$$

式中 $\boldsymbol{E}_i$ 为 q_i 产生的场强，$\boldsymbol{E}_i'$ 为 q_i' 产生的场强，所以

$$\Phi_e = \oint_S \boldsymbol{E} \cdot \mathrm{d}\boldsymbol{S} = \frac{1}{\varepsilon_0}(q_1 + q_2 + \cdots + q_n) = \frac{1}{\varepsilon_0}\sum_{i=1}^n q_i \qquad (6-16)$$

这就是真空中静电场的**高斯定理**（Gauss theorem），它可以表述为：**在静电场中，通过任意闭合曲面（也叫高斯面）的电通量等于包围在该闭合曲面内的电荷的代数和除以 ε_0。**高斯定理是描述静电场性质的两条基本定理之一，它反映出电场和产生电场的电荷之间的内在联系。

二、高斯定理的应用

高斯定理具有重要的理论意义和实际意义。如果电荷的分布已经给出，一般情况下应用高斯定理直接得出的只是通过某闭合面的电通量，但当电荷分布具有一定对称性时，利用高斯定理可以很方便地求出场强，从而解决静电场中的很多实际问题。通过下面的几个例题可以看到，应用高斯定理求场强的关键在于如何分析对称性和选取合适的高斯面。

例 6-3　求均匀带电球面的电场。设真空中有一半径为 R，带电量为 q 的均匀带电球面，求它的场强分布。

解　根据电荷分布的球对称性，可以推知场强分布也一定具有球对称性。即在任何与带电球面同心的球面上各点场强的大小相等，其方向必沿径向。

通过空间任一点 P，作半径为 r 的与带电球面同心的球形高斯面 S，则此球面上各点场强的大小处处相等。设场强 $\boldsymbol{E}$ 沿径矢 $\boldsymbol{r}$ 方向为正，故 $\boldsymbol{E}$ 的正方向与球面上所取面元 $\mathrm{d}\boldsymbol{S}$ 正法向一致，$\cos\theta = 1$，所以通过此高斯面的电通量为

$$\Phi_e = \oint_S \boldsymbol{E} \cdot \mathrm{d}\boldsymbol{S} = E\oint_S \mathrm{d}S = E \cdot 4\pi r^2$$

当 $r > R$ 时［图 6-7（a）］，S 面包围整个带电球面的电荷 q，由高斯定理有

$$E \cdot 4\pi r^2 = \frac{q}{\varepsilon_0}$$

所以

$$E = \frac{q}{4\pi\varepsilon_0 r^2}$$

其矢量式为

$$\boldsymbol{E} = \frac{q}{4\pi\varepsilon_0 r^2}\boldsymbol{r}_0$$

式中，r_0 为从球心指向场点的径矢 r 方向上的单位矢量。

显然，$q > 0$ 时，E 与 r_0 同向；$q < 0$ 时，E 与 r_0 方向相反。

当 $r < R$ 时［图 6 - 7（b）］，高斯面 S 在带电球面内，没有包围电荷，由高斯定理有

$$E \cdot 4\pi r^2 = 0$$

所以

$$E = 0$$

于是，均匀带电球面的场强分布可以表示为

$$E = \begin{cases} 0 & (r < R) \\ \dfrac{q}{4\pi\varepsilon_0 r^2}r_0 & (r > R) \end{cases} \qquad (6-17)$$

场强 E 与 r 的关系曲线如图 6 - 7（c）所示。

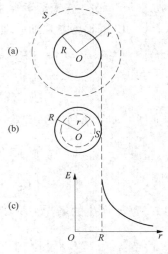

图 6 - 7　均匀带电球面的电场

例题 6 - 4　求无限大均匀带电平面的电场。设真空中有一无限大均匀带电平面，它单位面积上所带电荷，即电荷面密度为 σ（设 $\sigma > 0$）。求距离该平面为 r 处某点的场强。

解　由于电荷均匀分布在无限大的平面上，因此电场的分布具有平面对称性。就是说，凡距离平面等远处各点场强大小相等，场强的方向垂直于平面并指向两侧。选取两底面 S_1、S_2 与平面平行，侧面 S_3 与平面垂直的闭合柱形高斯面 S，其中 S_1、S_2 位于平面两侧且与平面距离均为 r（图 6 - 8）。由于 S_1、S_2 处场强大小相等，方向与外法线一致，又由于侧面 S_3 的电通量为零，所以通过 S 面的电通量为

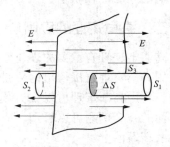

图 6 - 8　无限大均匀带电平面的电场

$$\begin{aligned} \varPhi_e &= \oint_S E \cdot \mathrm{d}S \\ &= \int_{S_1} E\cos\theta\mathrm{d}S + \int_{S_2} E\cos\theta\mathrm{d}s + \int_{S_3} E\cos\theta\mathrm{d}S \\ &= ES_1 + ES_2 \end{aligned}$$

设柱面 S 在平面上截取的面积为 ΔS，显然 $\Delta S = S_1 = S_2$，因而高斯面 S 所包围的电荷为 $q = \sigma\Delta S$，故由上式及高斯定理可得

$$\varPhi_e = 2E\Delta S = \frac{q}{\varepsilon_0} = \frac{\sigma\Delta S}{\varepsilon_0}$$

所以

$$E = \frac{\sigma}{2\varepsilon_0} \qquad (6-18)$$

这个结果表明，无限大均匀带电平面场强的大小与场点到平面的距离无关。场强的方向垂直于带电平面，当 $\sigma > 0$ 时，场强指向平面两侧；$\sigma < 0$ 时，场强由两侧指向平面，即平面的每一侧都是场强大小及方向均相同的匀强电场。

例题 6 - 5　设真空中有两个互相平行的无限大均匀带电平面 A 和 B，其面电荷密

度分别为 $+\sigma$ 和 $-\sigma$，求其电场（图 $6-9$）。

解 由上例可知，A、B 两带电平面产生的电场 E_A 和 E_B 大小都是 $\dfrac{\sigma}{2\varepsilon_0}$，在 A 与 B 之间它们的方向相同，按场强叠加原理，其合场强的大小为：

$$E = E_A + E_B = \frac{\sigma}{2\varepsilon_0} + \frac{\sigma}{2\varepsilon_0} = \frac{\sigma}{\varepsilon_0} \quad (6-19)$$

这说明两个无限大均匀带等量异号电荷的平行板间的电场是匀强电场，场强 E 的方向是由 $+\sigma$ 至 $-\sigma$，即由 A 指向 B。

在平面 A 和 B 外侧区域，E_A 与 E_B 方向相反，其合场强为零，即：

$$E = E_A - E_B = \frac{\sigma}{2\varepsilon_0} - \frac{\sigma}{2\varepsilon_0} = 0 \quad (6-20)$$

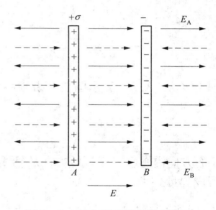

图 $6-9$ 两个互相平行的无限大均匀带电平面的电场

例题 $6-6$ 求无限长均匀带电圆柱面的电场。设真空中有一无限长均匀带电圆柱面，半径为 R，电荷面密度为 σ（设 $\sigma > 0$），求其场强分布。

解 由于电荷分布的轴对称性，所以空间各点的场强也具有轴对称性，即与带电圆柱面同轴的任意圆柱面上各点的场强大小相等，方向沿垂直于柱面的径向。如图 $6-10$（b）所示（$\sigma > 0$）。

通过空间任意点 P，做半径为 r、高为 l 的与带电圆柱面同轴线的封闭圆柱形高斯面 S［图 $6-10$（a）］，S 的上、下底面为 S_1 和 S_2，侧面为 S_3。通过高斯面 S 的电通量应为 S_1、S_2 和 S_3 各部分的电通量之和，即

$$\Phi_e = \oint_S \boldsymbol{E} \cdot \mathrm{d}\boldsymbol{S} = \int_{S_1} E\cos\theta \mathrm{d}S + \int_{S_2} E\cos\theta \mathrm{d}S + + \int_{S_3} E\cos\theta \mathrm{d}S$$

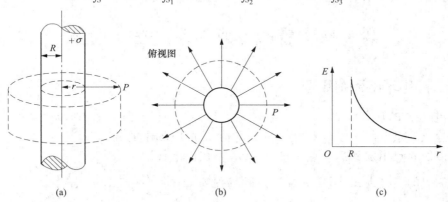

图 $6-10$ 无限长均匀带电圆柱面的电场

由于上、下底面的外法线方向与 E 垂直，$\cos\theta = 0$，所以 S_1 和 S_2 这两个底面上的电通量为零。又由于侧面 S_3 的外法线方向与 E 方向一致，$\cos\theta = 1$ 且 S_3 上各点 E 的大小相等，故上式可化为

$$\Phi_e = \oint_S \boldsymbol{E} \cdot \mathrm{d}\boldsymbol{S} = E\int_{S_3} \mathrm{d}S = E 2\pi r l$$

当 $r > R$ 时，S 面所包围的电荷为 $q = 2\pi R l \sigma$，由高斯定理有

$$\Phi_e = E \cdot 2\pi rl = \frac{q}{\varepsilon_0} = \frac{\sigma 2\pi Rl}{\varepsilon_0}$$

所以
$$E = \frac{R\sigma}{r\varepsilon_0}$$

如果令 $\lambda = 2\pi R\sigma$ 表示圆柱面沿轴线每单位长度的电量（λ 称为线电荷密度），则上式可化为

$$E = \frac{\lambda}{2\pi\varepsilon_0 r} \qquad\qquad (6-21)$$

E 的方向沿着垂直于轴线方向从轴线至场点 P 的径向，用 r_0 表示径矢方向的单位矢量，写成矢量式为

$$\boldsymbol{E} = \frac{\lambda}{2\pi\varepsilon_0 r}\boldsymbol{r}_0 \qquad\qquad (6-22)$$

显然，当 $\lambda < 0$ 时，上式仍然成立，只是 $\boldsymbol{E}$ 的方向与 $\boldsymbol{r}_0$ 方向相反。

若取 $r = a$，则式（6-21）的结果与例题 6-2 中积分求得的结果式（6-9）是完全一致的。这说明无限长均匀带电圆柱面外的场强分布，与其所有电荷集中于轴线上的均匀带电直线的场强分布是相同的。

当场点 P 取在圆柱面内时，$r < R$，所作高斯面 S 没有包围电荷，因而容易求得圆柱面内任一点场强 $E = 0$。空间各点的场强随该点到带电圆柱面轴线的距离 r 的变化关系，如图 6-10（c）所示。

思考题

1. 高斯面外的电荷对高斯面上的场强有影响吗？对通过高斯面的电通量有影响吗？
2. 在哪些具体的对称性情况下，高斯定理求场强更加简单、方便？

第四节　静电场的环路定理　电势

一、静电场的环路定理

1. 电场力的功

设静止的点电荷 q 位于 O 点，试探电荷 q_0 沿电场中的任意路径 L 由 a 点出发到达 b 点（图 6-11）。在 L 上任取一点 c，q 至 c 点的径矢为 $\boldsymbol{r}$，电荷 q 在该点的场强为 $\boldsymbol{E} = \frac{q}{4\pi\varepsilon_0 r^2}\boldsymbol{r}_0$，则 q_0 从 c 点出发做微小位移 $\mathrm{d}\boldsymbol{l}$ 时，电场力所做的元功为

$$\mathrm{d}A = \boldsymbol{f} \cdot \mathrm{d}\boldsymbol{l} = q_0\boldsymbol{E} \cdot \mathrm{d}\boldsymbol{l} = q_0\frac{q}{4\pi\varepsilon_0 r^2}\mathrm{d}l\cos\theta$$

式中 θ 为 $\mathrm{d}\boldsymbol{l}$ 与径矢方向 $\boldsymbol{r}_0$ 之间的夹角，$\mathrm{d}l\cos\theta$ 是 $\mathrm{d}\boldsymbol{l}$ 在径矢方向的投影，由图可知 $\mathrm{d}l\cos\theta = \mathrm{d}r$，代入上式得

$$\mathrm{d}A = \frac{q_0 q}{4\pi\varepsilon_0 r^2}\mathrm{d}r$$

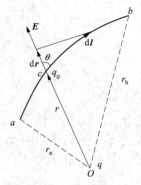

图 6-11　电场力对试探电荷 q_0 所做的功

当 q_0 由 a 移至 b 时，电场力所做的功可用积分求得，即

$$A_{ab} = \int_a^b \mathrm{d}A = \int_a^b q_0 \boldsymbol{E} \cdot \mathrm{d}\boldsymbol{l} = \int_{r_a}^{r_b} \frac{q_0 q}{4\pi\varepsilon_0 r^2} \mathrm{d}r$$

$$= \frac{q_0 q}{4\pi\varepsilon_0} \Big[-\frac{1}{r} \Big]_{r_a}^{r_b} = \frac{q_0 q}{4\pi\varepsilon_0} \Big(\frac{1}{r_a} - \frac{1}{r_b} \Big) \tag{6-23}$$

式中，r_a 和 r_b 分别为起点 a 和终点 b 距点电荷 q 的距离。上式表明，在任何给定的点电荷产生的电场中，电场力对试探电荷所做的功与路径无关，只与试探电荷电量的大小以及路径的起点和终点位置有关。

由于任何带电体系的电场都可以看成是点电荷系电场的叠加，因此在任意给定的静电场中，将试探电荷 q_0，由 a 点沿任一路径移至 b 点，电场力所做的功为

$$A_{ab} = \int_a^b q_0 \boldsymbol{E} \cdot \mathrm{d}\boldsymbol{l} = \int_a^b q_0 (\boldsymbol{E}_1 + \boldsymbol{E}_2 + \cdots + \boldsymbol{E}_n) \cdot \mathrm{d}\boldsymbol{l}$$

$$= \int_a^b q_0 \boldsymbol{E}_1 \cdot \mathrm{d}\boldsymbol{l} + \int_a^b q_0 \boldsymbol{E}_2 \cdot \mathrm{d}\boldsymbol{l} + \cdots + \int_a^b q_0 \boldsymbol{E}_n \cdot \mathrm{d}\boldsymbol{l}$$

$$= \sum_{i=1}^n \frac{q_0 q_i}{4\pi\varepsilon_0} \Big(\frac{1}{r_{ia}} - \frac{1}{r_{ib}} \Big) \tag{6-24}$$

式中，r_{ia} 和 r_{ib} 分别表示从点电荷 q_i 所在处到路径起点 a 和终点 b 的距离。上式表明，任意静电场中，电场力对 q_0 所做的功等于各个点电荷单独存在时，对 q_0 所做功的代数和，由于每个点电荷的电场力所做的功都与路径无关，所以它们的代数和也必然与路径无关。即**试探电荷在任何给定的静电场中移动时，电场力所做的功只与试探电荷电量的大小及路径的起点和终点的位置有关，而与路径无关**。

2. 静电场的环路定理

在静电场中，如果试探电荷 q_0 沿路径 L_1 从 a 点移动到 b 点，又沿路径 L_2 从 b 点回到 a 点，于是路径 L_1 和 L_2 构成闭合路径 L（图 6-12），根据式（6-23）和式（6-24）可知，在此过程中电场力所做的功为零，即

$$A = \int_{L_1}^b q_0 \boldsymbol{E} \cdot \mathrm{d}\boldsymbol{l} + \int_{L_2}^b q_0 \boldsymbol{E} \cdot \mathrm{d}\boldsymbol{l}$$

$$= \oint_L q_0 \boldsymbol{E} \cdot \mathrm{d}\boldsymbol{l} = 0$$

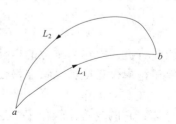

图 6-12 静电场的环路定理

因为试探电荷 $q_0 \neq 0$，所以由上式可得

$$\oint_L \boldsymbol{E} \cdot \mathrm{d}\boldsymbol{l} = \oint_L E\cos\theta \mathrm{d}l = 0 \tag{6-25}$$

这说明，**在静电场中场强沿任意闭合回路的线积分等于零**，这是静电场的一个重要特性，称为**静电场的环路定理**（circuital theorem of electrostatic field）。这一定理是静电场力做功与路径无关的必然结果，两种说法完全等价。

二、电势差 电势

1. 电势能和电势差

在力学中讲过，重力做功只与起点和终点的位置有关而与路径无关，当路径闭合

时，重力做功为零。静电场力做功与重力做功具有同样的特点，凡具有这种特点的力称为**保守力**，该力场称为**保守力场**。对任何保守力场都可以引入势能的概念，而且保守力的功都等于势能的减少量。

与物体在重力场中具有重力势能一样，电荷在静电场中也具有电势能。设在静电场中，将试探电荷 q_0 沿任意路径由 a 点移至 b 点，电场力所做的功为 A_{ab}。如果以 W_a 和 W_b 分别表示 q_0 在电场中 a 点和 b 点处的电势能，则此过程中电势能的减少为

$$W_{ab} = W_a - W_b = A_{ab} = q_0 \int_a^b \boldsymbol{E} \cdot \mathrm{d}\boldsymbol{l} \qquad (6-26)$$

式（6-26）表明，电势能差 W_{ab} 与 q_0 成正比，但比值 $\dfrac{W_{ab}}{q_0}$ 却与 q_0 无关，只与电场中 a、b 两点的位置有关，因此可以用它来描述电场本身在 a、b 两点的性质，称为 a、b 两点间的**电势差**（electric potential difference），用 U_{ab} 表示，于是

$$U_{ab} = U_a - U_b = \frac{W_{ab}}{q_0} = \int_a^b \boldsymbol{E} \cdot \mathrm{d}\boldsymbol{l} \qquad (6-27)$$

这就是说，静电场中任意两点 a、b 间的电势差，等于把单位正电荷从 a 点沿任意路径移到 b 点时，电场力所做的功，或者说等于单位正电荷在 a、b 两点间的电势能之差。

2. 电势

式（6-27）确定的只是电场中两点之间的电势差，要确定电场中某点的电势值还必须选定一个参考点，规定它的电势为零。这样就把电场中任一点与参考点的电势差称为该点的**电势**（electric potential），电势是描述电场中某点性质的物理量。电势零点的选择可以是任意的，视问题的方便而定。在理论计算中，如果带电体系局限在有限大小的空间里，通常选择无穷远处为电势零点，这时空间任一点 a 的电势为

$$U_a = U_a - U_\infty = \frac{W_a}{q_0} = \int_a^\infty \boldsymbol{E} \cdot \mathrm{d}\boldsymbol{l} \qquad (6-28)$$

由此可见，**电场中某点的电势，在数值上等于单位正电荷在该点所具有的电势能，或等于把单位正电荷从该点沿任意路径移至无穷远处电场力所做的功。**

在实际工作中，常常选取大地为电势零点，因为地球可以看成是一个半径很大的导体，它的电势比较稳定。这样任何导体接地后，就认为它的电势为零。在电子仪器中，常取机壳或公共地线的电势为零。改变电势参考点，各点电势的数值将随之改变，但两点之间的电势差与参考点的选择无关。显然，电势零点的选取与电势能零点的选取是完全一致的。

电势差和电势都是标量，在国际单位制中，它们的单位是 V（伏特），$1\,\mathrm{V} = 1\,\mathrm{J/C}$（焦耳/库仑）。

例题 6-7 计算点电荷 q 的电场中任一点的电势。

解 设点电荷 q 位于坐标原点 O，电场中任意点 a 到原点的距离为 r。应用式（6-28），选取从 a 点沿径矢方向至无穷远的积分路径，可得 a 点电势为

$$U_a = \int_a^\infty \boldsymbol{E} \cdot \mathrm{d}\boldsymbol{l} = \int_r^\infty \boldsymbol{E} \cdot \mathrm{d}\boldsymbol{r} = \int_r^\infty \frac{q}{4\pi\varepsilon_0 r^2}\mathrm{d}r$$

$$= \frac{q}{4\pi\varepsilon_0}\Big[-\frac{1}{r}\Big]_r^\infty = \frac{q}{4\pi\varepsilon_0 r}$$

因为场点 a 是任意的，可以略去下标，于是得到点电荷 q 的电场中任意点的电势公式

$$U = \frac{q}{4\pi\varepsilon_0 r} \qquad (6-29)$$

由上式可知，当 $q > 0$ 时，$U > 0$，空间各点电势为正，U 随 r 增大而减小；当 $q < 0$ 时，$U < 0$，空间各点电势为负，U 随 r 增大而增大。

3. 电势叠加原理

如果电场是由 n 个点电荷所产生，根据场强叠加原理，总场强 $\boldsymbol{E}$ 等于各个点电荷 q_1、q_2、$\cdots$、q_n 独立存在时产生的场强 $\boldsymbol{E}_1$、$\boldsymbol{E}_2$、$\cdots$、$\boldsymbol{E}_n$ 的矢量和，于是电场中任意点 a 的电势为

$$\begin{aligned}
U_a &= \int_a^\infty (\boldsymbol{E}_1 + \boldsymbol{E}_2 + \cdots + \boldsymbol{E}_n) \cdot \mathrm{d}\boldsymbol{l} \\
&= \int_a^\infty \boldsymbol{E}_1 \cdot \mathrm{d}\boldsymbol{l} + \int_a^\infty \boldsymbol{E}_2 \cdot \mathrm{d}\boldsymbol{l} + \cdots + \int_a^\infty \boldsymbol{E}_n \cdot \mathrm{d}\boldsymbol{l} \\
&= U_1 + U_2 + \cdots + U_n \\
&= \sum_{i=1}^n U_i
\end{aligned}$$

式中，U_i 表示第 i 个点电荷单独存在时在 a 点产生的电势，用 r_i 表示第 i 个点电荷 q_i 所在点到 a 的距离，根据式（6-29），上式可写成

$$U_a = \sum_{i=1}^n U_i = \sum_{i=1}^n \frac{q_i}{4\pi\varepsilon_0 r_i} \qquad (6-30)$$

上式表明，**点电荷系的电场中某点的电势，等于各个点电荷单独存在时的电场在该点电势的代数和**，这就是**电势叠加原理**。

如果一带电体上的电荷是连续分布的，则上式中的求和可以用积分来代替。以 $\mathrm{d}q$ 表示带电体上任一电荷元，r 表示电荷元 $\mathrm{d}q$ 与场点 a 之间的距离，则电荷元在 a 点的电势可由式（6-29）求出，即

$$\mathrm{d}U = \frac{\mathrm{d}q}{4\pi\varepsilon_0 r}$$

积分上式，得到该点电势为

$$U = \int \mathrm{d}U = \frac{1}{4\pi\varepsilon_0} \int \frac{\mathrm{d}q}{r} \qquad (6-31)$$

积分应遍及所有电荷元，由于电势是标量，这里的积分是标量积分。

例题 6-8　求距离电偶极子相当远处任一点 P 的电势。已知电偶极子两电荷 $-q$ 和 $+q$ 之间的距离为 l。

解　设电偶极子在真空中，场点 p 到 $\pm q$ 的距离分别为 r_+ 和 r_-，则 $\pm q$ 单独存在时 p 点的电势分别为

$$U_+ = \frac{q}{4\pi\varepsilon_0 r_+} \qquad\qquad U_- = \frac{-q}{4\pi\varepsilon_0 r_-}$$

根据电势叠加原理，有

$$U = U_+ + U_- = \frac{q}{4\pi\varepsilon_0}\left(\frac{1}{r_+} - \frac{1}{r_-}\right)$$

因为 P 点距离电偶极子相当远，故可进行近似计算。如图 $6-13$ 所示，设电偶极子中点 O 至 P 点的径矢为 r，r 与电偶极子电矩 P 之间的夹角为 θ，依题意 $r \gg l$，于是有

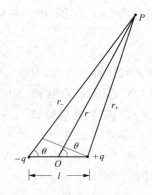

$$r_+ \approx r - \frac{l}{2}\cos\theta \qquad r_- \approx r + \frac{l}{2}\cos\theta$$

代入 U 的表达式，略去 l 的平方项，并利用 $p = ql$ 及 $\boldsymbol{p} = q\boldsymbol{l}$ 关系，可得

$$U = \frac{q}{4\pi\varepsilon_0}\frac{r_- - r_+}{r_+ r_-} \approx \frac{1}{4\pi\varepsilon_0}\frac{p\cos\theta}{r^2} = \frac{\boldsymbol{p}\cdot\boldsymbol{r}}{4\pi\varepsilon_0 r^3} \qquad (6-32)$$

结果表明，电偶极子在远处的性质是由它的电矩 P 决定的。

图 $6-13$　电偶极子的电势

例题 6-9　真空中有一均匀带电细圆环，半径为 R，带电荷为 q（$q > 0$），求圆环轴线上一点 a 的电势，点 a 到圆环中心 O 点的距离为 x（图 $6-14$）。

解　设圆环的线电荷密度为 λ，则 $\lambda = \dfrac{q}{2\pi R}$，细圆环上任一微小弧段 $\mathrm{d}l$ 上的电荷 $\mathrm{d}q = \lambda\mathrm{d}l$。电荷元 $\mathrm{d}q$ 在 a 点产生的电势为

$$\mathrm{d}U = \frac{\mathrm{d}q}{4\pi\varepsilon_0 r} = \frac{\lambda\mathrm{d}l}{4\pi\varepsilon_0 r}$$

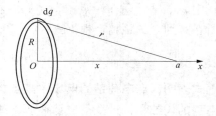

式中，r 为 $\mathrm{d}q$ 至 a 点的距离，由图 $r = \sqrt{x^2 + R^2}$，积分上式，得 a 点电势为

$$U = \int\mathrm{d}U = \frac{\lambda}{4\pi\varepsilon_0 r}\int_0^{2\pi R}\mathrm{d}l = \frac{\lambda}{4\pi\varepsilon_0 r}\left[l\right]_0^{2\pi R}$$

$$= \frac{q}{4\pi\varepsilon_0 r} = \frac{q}{4\pi\varepsilon_0}\frac{1}{\sqrt{x^2 + R^2}}$$

图 $6-14$　均匀带电圆环轴线上
一点的电势

例题 6-10　求真空中均匀带电球面电场中任一点 P 的电势。已知球面半径为 R，总带电量为 q。

解　此题若采用电势叠加原理，需将球面分割成很多小面积元，再由小面积元的电势积分求得整个球面的电势。显然，这种方法的数学运算相当繁琐。由于所给条件很容易由高斯定理求得场强的分布，故下面采用由电势的定义，即用场强的线积分求电势的方法。在例题 $6-3$ 中，根据高斯定理已经求得均匀带电球面场强的分布为

$$\boldsymbol{E} = \begin{cases} 0 & (r < R) \\ \dfrac{q}{4\pi\varepsilon_0 r^2}\,\boldsymbol{r}_0 & (r > R) \end{cases}$$

利用上式，并由电势的定义式（$6-28$）可得

（1）球面内距球心为 r 的任一点 P 的电势

$$U_p = \int_p^\infty \boldsymbol{E}\cdot\mathrm{d}\boldsymbol{l} = \int_r^\infty \boldsymbol{E}\cdot\mathrm{d}\boldsymbol{r}$$

$$= \int_r^R 0\mathrm{d}r + \int_R^\infty \frac{q}{4\pi\varepsilon_0 r^2}\mathrm{d}r$$

$$= \frac{q}{4\pi\varepsilon_0 R}$$

此结果表明，均匀带电球面内部任一点的电势是与 r 无关的常数，即球面内部是等势区域。

（2）球面外距球心为 r 的任一点 P 的电势

$$U_p = \int_p^\infty \boldsymbol{E} \cdot \mathrm{d}\boldsymbol{l} = \int_r^\infty \boldsymbol{E} \cdot \mathrm{d}\boldsymbol{r}$$

$$= \int_r^\infty \frac{q}{4\pi\varepsilon_0 r^2} \mathrm{d}r = \frac{q}{4\pi\varepsilon_0 r}$$

可见一个均匀带电球面，在球面外任一点的电势与电荷集中在球心的点电荷的电势完全相同。同时不难看出，在 $r = R$ 的球面上，由上式可得与球面内相同的电势。图 6-15 表示均匀带电球面电势随 r 变化的情况，可以看出与电场强度在球面处有突变不同，电势在 $r = R$ 的球面处是连续的。

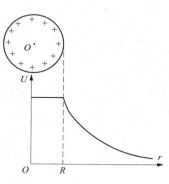

图 6-15 均匀带电球面内外各点的电势

思考题

1. 理论计算中，如果带电体系局限在有限大小的空间里，通常选择无穷远处为电势零点，如果带电体处在无线空间里（或者可以看成在无限大空间），应该如何处理？

2. 电势差的定义如何理解？如何理解电源电势？

第五节 等势面 场强与电势的关系

一、等势面

在静电场中，各点的电势都有确定的值，由电势相等的点组成的曲面称为**等势面**。由式（6-29）可知，在点电荷 q 的电场中，等势面是以点电荷为中心的一系列同心球面［图 6-16（a）中虚线］。它与沿径向的电场线（图中实线）正交，这一结果在一般情况下也是成立的。设试探电荷 q_0 沿等势面从 a 点移动任意微小位移 $\mathrm{d}\boldsymbol{l}$ 至 b 点，因 $U_a = U_b$，于是电场力做功 $\mathrm{d}A_{ab} = q_0 E \mathrm{d}l\cos\theta = 0$，但 q_0、E、$\mathrm{d}l$ 都不为零，所以必然有 $\cos\theta = 0$，即 $\theta = \pi/2$。这就是说场强 $\boldsymbol{E}$ 的方向总是与等势面垂直，因而电场线与等势面处处正交。图 6-16 中（b）和（c）分别画出了匀强电场及两个等量异号的点电荷的电场线和等势面分布图，图中相邻两等势之间的电势差相等。由图可以看出等势面越密的地方，电场线也越密，场强越大，这一结论将在后面给出证明。

等势面的概念有着重要的意义，由于电势差易于测量，所以常常用实验方法找出电势差为零的各点，把这些点连起来就画出了等势面，再根据等势面与电场线的关系就可以画出电场线，从而了解各处电场的强弱和方向。

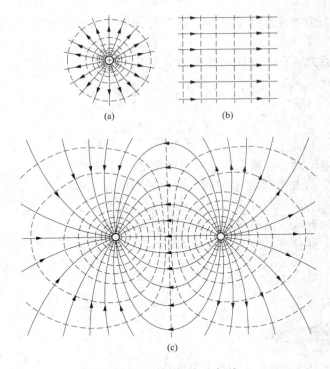

(a)　　　　　　　　(b)

(c)

图 6-16　等势面与电场线

（a）正点电荷的电场　　（b）匀强电场　　（c）等量异号点电荷的电场

（虚线为等势面，实线为电场线）

二、电场强度与电势的关系

电场强度与电势都是用来描述电场中某点性质的物理量，两者之间应该有密切联系。电势的定义实际上是场强与电势之间的积分关系，下面讨论它们之间的微分关系。

在静电场中，取两个非常靠近的等势面 1 和 2，其电势分别为 U 和 $U+dU$，并设 dU 为正。a 为等势面 1 上的一点，过 a 作等势面 1 的法线，规定法线的正方向指向电势升高的方向，以 $\boldsymbol{n}_0$ 表示法线方向上的单位矢量，以 dn 表示 1 与 2 两等势面间沿 a 点的法线方向的距离 ab（图 6-17）。由于 dU 很小，因此 dn 是从 a 点到等势面 2 的最短距离，它小于从 a 点到等势面 2 上的其他任意点（如 c）的距离 dl。于是在 a 点处沿 $\boldsymbol{n}_0$ 方向有最大的电势增加率。我们把矢量 $\dfrac{dU}{dn}\boldsymbol{n}_0$ 定义为 a 点处电势的**梯度**（gradient），用 ∇U 或 $\mathrm{grad}U$ 表示，即

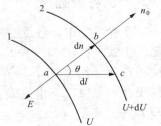

图 6-17　电势梯度与
场强的关系

$$\nabla U = \mathrm{grad}U = \frac{dU}{dn}\boldsymbol{n}_0 \tag{6-33}$$

上式表明，电场中任一点的电势梯度是一个矢量，其方向与该点处电势增加率最大的

方向相同，其大小等于沿该方向上的电势增加率。电势梯度的单位为 V/m（伏特/米）。

下面讨论电场强度与电势梯度的关系。

将试探电荷 q_0 沿 $\boldsymbol{n}_0$ 方向从 a 点移到 b 点，用 E_n 表示 a 点的电场强度 $\boldsymbol{E}$ 在 $\boldsymbol{n}_0$ 方向上的分量，则电场力做的功为

$$\mathrm{d}A = q_0 \boldsymbol{E} \cdot \mathrm{d}\boldsymbol{n} = q_0 E_n \mathrm{d}n$$

又因

$$\mathrm{d}A = q_0 [\, U - (U + \mathrm{d}U)\,] = -q_0 \mathrm{d}U$$

所以

$$E_n = -\frac{\mathrm{d}U}{\mathrm{d}n}$$

由于 $\boldsymbol{E}$ 与等势面正交，故 $\boldsymbol{E}$ 与 $\boldsymbol{n}_0$ 平行，则上式表明 $\boldsymbol{E}$ 的大小等于 $\dfrac{\mathrm{d}U}{\mathrm{d}n}$，而方向与 $\boldsymbol{n}_0$ 相反即

$$\boldsymbol{E} = -\frac{\mathrm{d}U}{\mathrm{d}n}\boldsymbol{n}_0 = -\nabla U = -\mathrm{grad}U \tag{6-34}$$

这就是场强与电势之间的微分关系。它表明，**在电场中某点的电场强度等于该点电势梯度矢量的负值**。式中负号表示场强的方向沿电势降落方向。

由图 6-17 可知，场强在任意方向 $\mathrm{d}l$ 上的分量为

$$E_l = E\cos(\pi - \theta) = -E\cos\theta$$

将场强的大小 $E = \dfrac{\mathrm{d}U}{\mathrm{d}n}$ 代入上式，再利用 $\mathrm{d}n = \mathrm{d}l\cos\theta$ 可得

$$E_l = -\frac{\mathrm{d}U}{\mathrm{d}n}\cos\theta = -\frac{\mathrm{d}U}{\mathrm{d}n/\cos\theta} = -\frac{\mathrm{d}U}{\mathrm{d}l} \tag{6-35}$$

上式表明**电场强度 $\boldsymbol{E}$ 在任意方向 $\mathrm{d}l$ 上的分量 E_l，等于电势在该方向上变化率的负值**。

根据式（6-34）还可以看出，电势为零处，场强不一定为零；场强为零处，电势也不一定为零。此外，就绝对值来说 $\mathrm{d}U = E\mathrm{d}n$，可见对于电势差为常数的等势面族来说，等势面密集处，场强大；等势面稀疏处，场强小。

例题 6-11 在例题 6-9 中，若已知距圆环中心 O 为 x 处的 P 点的电势，试利用场强与电势梯度的关系求出 P 点的场强。

解 根据电荷分布的对称性，当 $q > 0$ 时，可知圆环轴线上一点 P 的场强方向沿 x 轴正向。由式（6-35），取 $\mathrm{d}l$ 沿 x 轴方向，并将电势 $U = \dfrac{q}{4\pi\varepsilon_0 \sqrt{x^2 + R^2}}$ 代入，可得 P 点场强大小为

$$E = E_x = -\frac{\mathrm{d}U}{\mathrm{d}x} = -\frac{q}{4\pi\varepsilon_0}\frac{\mathrm{d}}{\mathrm{d}x}\left(\frac{1}{\sqrt{x^2 + R^2}}\right) = \frac{qx}{4\pi\varepsilon_0}\frac{1}{(x^2 + R^2)^{3/2}}$$

思考题

1. 试比较用场强和电势描述静电场的不同。

2. 试着定量描绘出几种熟悉的静电场的电场线和等势面。

重点小结

内容提要	重点难点
库仑定律	对场的物质性理解；电场强度的定义
电场强度	用微积分法计算带电体的空间场强分布
高斯定理	理解高斯定理在计算空间电场强度时的使用条件；运用高斯定理计算空间电场强度分布
静电场的环路定理、电势	静电场力做功；计算空间电势的分布
等势面、场强与电势的关系	场强和电势关系的推导；等势面

 习题六

1. 在 $x-y$ 平面上，两个电量为 10^{-8} C 的正电荷分别固定在点（0.1，0）及点（-0.1，0）上，坐标的单位为 m。求：

（1）在原点；

（2）在点（0，0.1）处的场强。

2. 两条无限长均匀带电平行直线相距 10cm，线电荷密度相同，其值为 $\lambda = 1.0 \times 10^{-7}$ C/m。求在与两带电直线垂直的平面上且与两带电直线的距离都是 10cm 的点的场强。

3. 长 $l = 15.0$ cm 的直导线 AB 上，均匀地分布着线密度 $\lambda = 5.00 \times 10^{-9}$ C/m 正电荷，求：

（1）在导线的延长线上与导线 B 端相距 $d_1 = 5.0$ cm 处的 P 点的场强；

（2）在导线的垂直平分线上与导线中点相距 $d_2 = 5.0$ cm 处 Q 点的场强。

4.（1）试证明均匀带电圆环，通过环心垂直于环面的轴线上任一给定点 P 处的场强公式为

$$E = \frac{1}{4\pi\varepsilon_0} \frac{qx}{(x^2 + R^2)^{3/2}}$$

式中，q 为圆环所带电量，R 为圆环半径，x 为 P 点到环心的距离；

（2）若已知 $R = 5.0$ cm，$q = 5.0 \times 10^{-9}$ C，求 $x = 5.0$ cm 处的场强。

5. 用不导电的细塑料棒弯成半径为 50.0cm 的圆弧，两端间空隙为 2.0cm，电量为 3.12×10^{-9} C 的正电荷均匀分布在棒上，求圆心处场强的大小和方向。

6. 一无限大平面，开有一半径为 R 的圆洞，设平面均匀带电，电荷面密度为 σ，求过洞中心，垂直于平面的轴线上离洞心为 r 处的场强。

7. 大小两个同心的均匀带电球面，半径分别为 0.10m 和 0.30m，小球面上带有电荷 $+1.0 \times 10^{-8}$ C，大球面上带有电荷 $+1.5 \times 10^{-8}$ C。求离球心为 0.05m、0.20m、0.50m 各处的电场强度。电场强度是否是坐标 r（即离球心的距离）的连续函数？

8. 两个无限长同轴圆柱面，内圆柱面半径为 R_1，每单位长度带的电荷为 $+\lambda$，外圆柱面半径为 R_2，每单位长度带的电荷为 $-\lambda$。求空间各处的场强。

9. （1）一点电荷 q 位于一立方体中心，立方体边长为 a，通过立方体每一个面的电通量是多少？

（2）如果这电荷移动到立方体的一个角顶上，这时通过立方体每一面的电通量各是多少？

10. 有人认为：

（1）如果高斯面上 E 处处为零，则该面内必无电荷；

（2）如果高斯面内无电荷，则高斯面上 E 处处为零；

（3）如果高斯面上 E 处处不为零，则高斯面内必有电荷；

（4）如果高斯面内有电荷，则高斯面上 E 处处不为零。

上面所说的高斯面，是空间任一闭合曲面，你认为以上这些说法是否正确？为什么？

11. 电场中电场强度与电势之间的关系，下列说法是否正确？

（1）场强为零处，电势一定为零；

（2）电势为零处，场强一定为零；

（3）电势较高处，电场强度一定较大；

（4）电场强度较小处，电势一定较低；

（5）场强大小相等处，电势一定相同；

（6）带正电的物体，电势一定为正；带负电的物体，电势一定为负；

（7）不带电的物体，电势一定为零；电势为零的物体一定不带电。

12. 如图 6-18 所示，已知 $r=8\text{cm}$，$a=12\text{cm}$，$q_1=q_2=\frac{1}{3}\times10^{-8}\text{C}$，电荷 $q_0=10^{-9}\text{C}$。求：

（1）q_0 从 A 移到 B 时电场力所做的功；

（2）q_0 从 C 移到 D 时电场力所做的功。

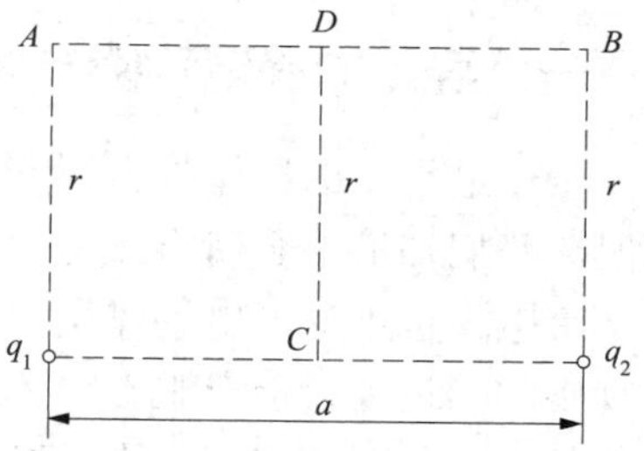

13. 长为 l 的均匀带电直线段 AB，所带电荷为 $+q$。

（1）求其延长线上距最近端 B 为 d 的 P 点的电势；

图 6-18　习题 12 示意图

（2）试从电势的表示式，由电势梯度算出 P 点的场强。

14. 试应用本章例题 6-10 所得到的结果，再应用电势叠加原理求出本章习题 7 中两个同心带电球面球心 O 点处的电势。（设两球面半径分别为 R_1 和 R_2；带电量分别为 q_1 和 q_2，结果可以不用代入数值）

15. 对上题所问，试根据电势的定义由在本章习题 7 中得到的电场强度分布函数 $E(r)$，由电势定义用场强积分法求出球心 O 点处的电势。

第七章 | 静电场中的导体和电介质

学习目标

1. 掌握导体静电平衡条件和静电平衡时导体的性质，熟悉空腔导体的性质和静电屏蔽的应用。
2. 掌握无极分子的位移极化和有极分子的取向极化的机制和应用，了解极化强度和极化电荷的计算。
3. 掌握平板电容器和球形电容器的计算，了解静电场能量和能量密度。
4. 掌握压电效应和逆压电效应的原理及其应用。

前面我们已经讨论了静电场的基本性质，本章主要介绍在静电场中的导体和电介质的基本性质以及电容、电容器和静电场的能量。

第一节 静电场中的导体

一、导体的静电平衡条件

由于最常见的导体是金属，下面就以金属导体为例，讨论导体与电场相互作用的情况。我们知道，金属导体是由带负电的自由电子和带正电的晶体点阵所构成，当导体不带电，也不受外电场作用时，其内部的自由电子可以在导体内像气体分子一样做无规则的热运动，但宏观上导体中任何一部分自由电子的负电荷和晶体点阵的正电荷数值相等，且互相中和，因而整个导体或导体中任何一部分都呈现电中性。这时除了微观的热运动之外没有宏观的电荷运动。

当把导体置于外电场中时，不论其原来是否带电，导体中的自由电子在电场力的作用下，就要相对晶体点阵做宏观的定向运动，引起导体中电荷的重新分布，这就是**静电感应现象**。导体上这种重新分布了的电荷将产生新的附加电场 E'。而导体内部的场强 E 应是外加场强 E_0 与 E' 叠加后的总场强，即

$$E = E_0 + E' \tag{7-1}$$

由于在导体内部，附加电场 E' 与外加电场 E_0 的方向相反，因而其结果是削弱外电场。但是，只要导体内部某处合场强 E 不为零，该处的自由电子就会在电场力的作用下继续移动，从而使 E' 增大，直到 E' 完全抵消外电场而使 E 等于零为止。这时，导体内部自由电荷的宏观定向运动完全停止，电荷又达到了新的平衡分布，这种状态称为导体的**静电平衡**（electrostatic equilibrium）。由此可见，导体达到静电平衡的条件就是其内

部的场强处处为零。

二、静电平衡时导体的性质

根据处于静电平衡下的导体内部场强处处为零的条件，可以推论它还具有以下性质。

1. 导体是等势体，导体表面是等势面

在导体内任取两点 a 和 b，则它们之间的电势差为 $U_a - U_b = \int_a^b \boldsymbol{E} \cdot \mathrm{d}\boldsymbol{l}$，当静电平衡时，由导体内部的场强处处为零，可以推出上式线积分的值也为零，因而 $U_a = U_b$，所以导体内任意两点间的电势相等，即导体是等势体，其表面是等势面。

2. 导体内部处处没有净电荷，电荷只能分布在导体的表面

在导体内部做一任意闭合曲面 S，如图 7-1 中虚线所示，因为静电平衡时在曲面上任一点的场强都是零，故根据高斯定理有

$$\oint_s \boldsymbol{E} \cdot \mathrm{d}\boldsymbol{S} = \frac{1}{\varepsilon_0} \sum_i q_i = 0$$

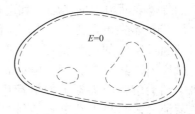

图 7-1　导体静电平衡时内部处处无净电荷

即该闭合曲面 S 所包围的电荷的代数和为零。由于高斯面 S 是任意取的，且可大可小、可以取在任意位置处，所以在导体内部不会出现某些区域有正电荷、另一些区域有负电荷的情况。只能是，导体内部处处没有净电荷，电荷只能分布在导体的表面上。

3. 导体表面附近的场强处处与表面垂直

场强大小与场点处导体表面面电荷密度的关系为

$$E = \frac{\sigma}{\varepsilon_0} \qquad (7-2)$$

因为导体表面是等势面，而电场线处处与等势面正交，所以导体表面附近的场强处处与表面垂直。

设 P 为导体表面之外附近空间的一点，在 P 点附近的导体表面上取一微小的面积元 ΔS，ΔS 可视为平面，它的面电荷密度 σ 可认为是均匀的。如图 7-2 所示，以 ΔS 为横截面，做一扁柱形高斯面 S。使 S 的上底面 S_1 在导体表面之外通过 P 点，下底面 S_2 在导体内部，S_1 和 S_2 都与 ΔS 平行并无限靠近导体表面。侧面 S_3 则与导体表面 ΔS 垂直，因而 $S_1 = S_2 = \Delta S$。通过高斯面的电通量为

$$\varPhi_e = \int_S \boldsymbol{E} \cdot \mathrm{d}\boldsymbol{S} = \int_{S_1} E\cos\theta \mathrm{d}S + \int_{S_2} E\cos\theta \mathrm{d}S + \int_{S_3} E\cos\theta \mathrm{d}S$$

由于导体内部场强处处为零，所以通过下底面 S_2 的电通量为零，又因侧面 S_3 与场强的方向平行，则 $\cos\theta = 0$，所以其电通量也为零。在上底面 S_1 处，E 与 S_1 垂直，故可求得其电通量为

$$\varPhi_e = \int_{S_1} E\cos\theta \mathrm{d}S = ES_1 = E\Delta S$$

在高斯面 S 内包围的电荷为 $\sigma\Delta S$，所以

$$E\Delta S = \frac{\sigma \Delta S}{\varepsilon_0}$$

消去 ΔS 得

$$E = \frac{\sigma}{\varepsilon_0}$$

上式表明，导体表面电荷面密度大的地方场强大，电荷面密度小的地方场强小。

达到静电平衡以后，电荷在导体表面的分布与表面的形状和周围存在的带电体有关。实验表明，对于孤立的带电导体，其表面曲率越大处（曲率半径越小）电荷面密度也就越大。孤立的球形导体因各部分的曲率相同，球面上电荷分布才是均匀的。

由于带电导体表面凸出而尖锐的地方曲率较大，因而其面电荷密度也较大。式（7－2）告诉我们导体表面附近的场强又和电荷面密度成正比，所以在导体尖端附近的电场会特别强。每当场强大到超过空气的击穿电压时，空气被电离而产生大量离子，其中与尖端上电荷符号相反的离子被吸引到尖端，与尖端上的电荷中和，使导体上的电荷消失；而与尖端上电荷符号相同的离子受到排斥，背离尖端运动，形成所谓的"电风"，总的

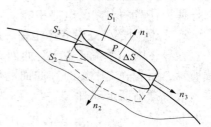

图 7－2 导体表面场强与电荷面密度的关系

效果就是电荷从尖端放出，这种现象称为 **尖端放电**（point charge）。避雷针就是利用尖端放电的原理来防止雷击对建筑物的破坏。在高压设备中，为防止因尖端放电而引起的危险和电能损耗，往往采用较粗且表面光滑的导线，并把电极做成光滑的球面。

三、空腔导体和静电屏蔽

在实心导体内部挖有空腔时就构成了空腔导体。在静电平衡条件下，空腔导体除了具有上述导体的性质外，还具有一些特殊的性质。

1. 空腔导体的性质

（1）腔内有带电体时 当导体空腔内部有带电量为 $+q$ 的其他带电体时，在静电平衡条件下，空腔的内表面一定带有 $-q$ 的电量。

为了证明上述结论，可以在空腔导体的内、外表面之间做一闭合的高斯面 S，将空腔包围起来，如图 7－3 中虚线所示。

由于闭合面 S 完全处于导体内部，在静电平衡条件下，面上场强处处为零，所以通过 S 面的电通量为零。设导体空腔的内表面带电为 q'，根据高斯定理可得

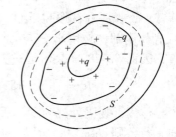

图 7－3 空腔导体内有带电体

$$\oint_S \boldsymbol{E} \cdot \mathrm{d}\boldsymbol{S} = \frac{1}{\varepsilon_0} \sum_i q_i = \frac{1}{\varepsilon_0}(q + q') = 0$$

即空腔内表面带电量为

$$q' = -q \qquad\qquad (7-3)$$

即空腔的内表面一定带有 $-q$ 的电量。

（2）腔内无带电体时　当导体空腔内部没有其他带电体时，在静电平衡条件下，空腔内表面上处处无电荷，电荷只能分布在外表面上，且空腔内无电场，腔内是等势区。

腔内无带电体的情况可以看成是前述腔内有带电体，但带电量 $q = 0$ 时的特殊情况。因而可以采用与前述完全相同的证明方法，或直接将 $q = 0$ 代入式（7－3），便可得到空腔内表面带电 $q' = -q = 0$，但这仅仅证明了空腔导体的内表面上电荷的代数和为零，进一步用反证法可以证明，达到静电平衡时空腔导体内表面上的面电荷密度 σ 必定处处为零。

假定在空腔内表面上面电荷密度 σ 并不处处为零，由于电荷的代数和为零，必然在某个 a 点处 $\sigma > 0$，在另外的 b 点处 $\sigma < 0$。由于导体内部场强 E 处处为零，因而电场线不可能穿过导体空腔的壁，所以从内表面 $\sigma > 0$ 的 a 处发出的电场线只能终止于某个 $\sigma < 0$ 的 b 处，这时电场线的两端 a 和 b 必定有电势差存在，这就与导体是等势体相矛盾，因此原假设 σ 不处处为零就不能成立，只能是内表面上处处无电荷。又因空腔内无带电体，故电场线既不可能在腔内有端点又不可能止于内表面或形成闭合线，所以腔内不可能有电场线和电场，腔内空间各点的电势处处相等。

2. 静电屏蔽

需要说明的是，不论空腔导体外部是否有其他带电体，也不论导体壳本身是否带电，空腔导体的上述性质都是成立的。在腔内无其他带电体时，空腔导体壳和实心导体一样，内部没有电场。然而，这并不意味着空腔导体外部的带电体以及导体壳外表面上的电荷在导体内及腔内不产生电场，而是导体外表面上的电荷在导体内及腔内各点产生的电场恰好抵消了外部电荷产生的电场，因而从最终的效果来看，具有空腔的导体壳可以遮住外电场，使腔内部物体不受外电场的影响。同样道理，若空腔内有带电体时，其在空腔外部所产生的电场，则由空腔内表面的电荷所产生的电场完全抵消。空腔导体这种能够遮住内、外电场的现象称为**静电屏蔽**（electrostatic shielding）。

若将空腔导体壳接地，则其电势恒为零。这样既可以保持其电势值不变，又可以把壳内部空腔中带电体对外界的影响全部消除，从而实现对内部和外部的**完全屏蔽**。

静电屏蔽在实际中有着重要的应用。例如，为使一些电子仪器和设备不受外界电场的干扰，通常都在其外面加上金属网罩或金属外壳；传送弱讯号时使用屏蔽线；为使高压设备不影响其他仪器的正常工作，往往在其外面罩上接地的金属网栅。

思考题

1. 如何理解静电平衡？
2. 举例说明静电屏蔽的应用。

第二节　静电场中的电介质

一、电介质的极化

电介质就是通常所说的绝缘体，在这类物质的分子中，电子都受到原子核的较强的束缚，电子运动不能离开原子的周围，所以几乎不存在能在电介质中自由移动的电荷，因而电介质就不能像导体那样转移或传导电荷，这也是电介质的主要特性。

在电介质中，每个分子中电荷的代数和为零，分子中的正、负电荷一般并不集中在一点，但在离开分子的距离比分子本身的线度大得多的地方，分子中全部正电荷的影响可以与一个正的点电荷等效，而且分子中全部负电荷的影响也可以与一个负的点电荷等效。这一对等效电荷的位置，分别称为分子的正电荷"重心"和负电荷"重心"。电介质可以按照电结构的不同分成两类，一类电介质，如 H_2O、H_2S、NH_3、有机酸等，在外电场不存在时，分子的正、负电荷重心不重合，这相当于一个电偶极子，它具有不为零的电矩，称为**分子的固有电矩**，这类分子称为**有极分子**（polar molecule）。另一类电介质，如 H_2、N_2、O_2、CH_4 等，在无外电场时，分子的正负电荷重心是重合的，其固有电矩为零，这类分子称为**无极分子**（nonpolar molecule）。下面分别讨论这两类电介质在电场作用下所发生的现象。

1. 无极分子的位移极化

由固有电矩为零的无极分子组成的电介质，在外电场作用下，每一分子的正、负电荷重心将发生相对位移，形成一个电偶极子，其感生电矩方向与外电场 E_0 方向相同［图 7-4（a）］。对于一整块电介质来说，在外电场作用下，每个分子都形成一个电偶极子，其电矩方向都沿外电场方向。在电介质内部，相邻的电偶极子间正负电荷互相靠近，所以对于均匀电介质来说，其内部各处仍是电中性的，但在和外电场方向垂直（或斜交）的两个端面上将出现电荷，一端出现负电荷，另一端出现正电荷［图 7-4（b）］。这种在外电场作用下，在电介质表面出现正、负电荷层的现象，称为电介质的**极化**（polarization）。因

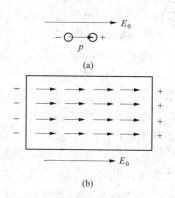

图 7-4　电介质的位移极化

极化而在电介质表面上出现的电荷，称为**极化电荷**（polarization charge）。极化电荷与导体中的自由电荷不同，它们不能在电介质内自由运动，也不能用传导的办法把它们引走，所以又称为**束缚电荷**（bound charge）。与束缚电荷相对应，我们把电介质因摩擦或与其他带电体接触而带上的电荷（这种电荷虽然不能在电介质内自由移动，但可用传导的办法引走）以及导体因得到或失去电子而在宏观上出现的电荷，都称为**自由电荷**。根据上述讨论可知，无极分子的极化是由于分子中正负电荷重心的相对位移而引起的，因而把这种极化机制称为**位移极化**（displacement polarization）。

2. 有极分子的取向极化

对于有极分子电介质，在无外电场时，由于分子的热运动，使分子固有电矩呈无规则排列，任何宏观小体积内所有分子电矩的矢量和仍为零，所以电介质在宏观上不显电性。当加上外电场 E_0 时，每个分子电矩都受到电场力矩作用，使分子电矩有转向外电场方向的趋势［图 7-5（a）］。由于分子热运动，又使这种转向并不完全，即不可能使所有分子电矩都很整齐地沿外电场的方向排列。外电场越强，分子电矩排列就越整齐。对整块电介质来说，不管这种排列的整齐程度如何，这时所有分子电矩在外电场方向上的分量的总和不为零。如果电介质是均匀的，其内部各处呈电中性，但在

与外电场方向垂直（或斜交）的两个端面上会出现束缚电荷［图7－5（b）］。这种由于分子固有电矩转向外电场而引起的极化，称为有极分子的**取向极化**（orientation polarization）。一般来说，在有极分子电介质中，上述两种极化过程都存在，但取向极化是主要的。

两类电介质极化的微观过程虽有不同，但其宏观效果是相同的。它们极化时，都出现一定取向的分子电矩并产生束缚电荷，因此，在对电介质的极化进行宏观描述时，可以不必去区分两种不同的电介质。

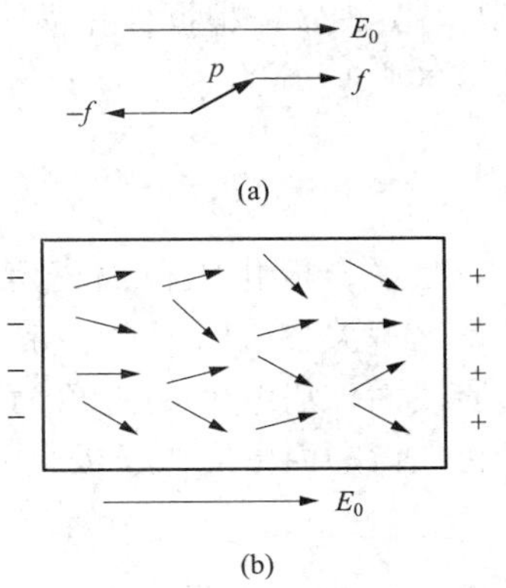

(a)

(b)

图7－5　电介质的取向极化

二、极化强度和极化电荷

1. 极化强度

为了描述电介质的极化程度，在电介质内任取一微小的体积元 ΔV。在无外电场时，这个体积元中各个分子的电矩 $\boldsymbol{p}_i$ 的矢量和 $\sum_i \boldsymbol{p}_i$ 将等于零；当有外电场时，电介质处于极化状态，$\sum_i \boldsymbol{p}_i$ 不等于零。单位体积内分子电矩的矢量和作为电介质极化程度的量度，称为**电极化强度**或**极化强度**（polarization），用符号 $\boldsymbol{P}$ 表示，即

$$\boldsymbol{P} = \frac{\sum_i \boldsymbol{p}_i}{\Delta V} \tag{7-4}$$

极化强度 $\boldsymbol{P}$ 是个矢量，它的单位是 C/m^2（库/米^2）。若在电介质中各处的极化强度矢量 $\boldsymbol{P}$ 的大小和方向都相同，则称为**均匀极化**；否则称为**非均匀极化**。

电介质被极化以后要产生束缚的极化电荷，这些束缚电荷也要在周围空间产生电场。根据场强叠加原理，在有电介质存在时，空间任意点的场强 $\boldsymbol{E}$ 应是外电场 $\boldsymbol{E}_0$ 和束缚电荷的电场 $\boldsymbol{E}'$ 的矢量和，即

$$\boldsymbol{E} = \boldsymbol{E}_0 + \boldsymbol{E}' \tag{7-5}$$

前面所述的极化过程表明，在电介质内部，极化电荷所产生的附加电场 $\boldsymbol{E}'$ 总是起着减弱原来的外电场 $\boldsymbol{E}_0$ 的作用。电介质中的分子除了受到外电场的影响外，还要受到极化电荷的电场的影响，即受到它们的合场强 $\boldsymbol{E}$ 的影响。实验表明，在各向同性线性电介质内，任一点的极化强度 $\boldsymbol{P}$ 正比于该点的场强 $\boldsymbol{E}$，即

$$\boldsymbol{P} = \chi_e \varepsilon_0 \boldsymbol{E} \tag{7-6}$$

式（7－6）中的比例系数 χ_e 是与电介质材料性质有关的大于零的常数，称为**电极化率**或**极化率**（polarizability），它与场强 $\boldsymbol{E}$ 无关。若电介质中各点的 χ_e 相同，则是均匀电介质。大多数气体和液体、多数非晶体固体是各向同性线性电介质。

2. 极化强度与极化电荷的关系

电介质极化程度越强时，电介质表面上的极化电荷面密度 σ' 也越大，所以极化强度 $\boldsymbol{P}$ 与极化电荷面密度 σ' 之间必有一定的关系。

如图7－6所示，将一块厚度为 d 的均匀电介质平板放在均匀电场中，极化是均匀的。在电介质中沿极化强度 $\boldsymbol{P}$ 的方向取长为 d，底面积为 ΔS 的柱体，柱体两底面处的极化电荷面密度分别为 $-\sigma'$ 和 $+\sigma'$。柱体内所有分子电矩的矢量和的大小为 $\left| \sum \boldsymbol{p}_i \right| =$

$q'd = \sigma'\Delta Sd$ ，根据极化强度的定义式（7－4），可得极化
强度的大小为

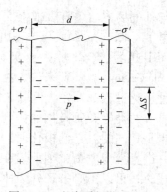

$$P = \frac{\left|\sum p_i\right|}{\Delta V} = \frac{\sigma'\Delta Sd}{\Delta Sd} = \sigma' \qquad (7-7)$$

这就是说，极化电荷面密度在数值上等于该处的极化强
度，这一关系适用于 $\boldsymbol{P}$ 与介质表面垂直的情况。在 $\boldsymbol{P}$ 与电
介质表面外法线 $\boldsymbol{n}$ 的夹角为 θ 的一般情况下，可以证明，
极化电荷的面密度等于极化强度 $\boldsymbol{P}$ 沿 $\boldsymbol{n}$ 方向上的分量，即

$$\sigma' = P_n = P\cos\theta \qquad (7-8)$$

图 7－6 电介质极化强度与
极化电荷的关系

由式（7－8）可知，当 $\theta < \dfrac{\pi}{2}$ 时，$\sigma' > 0$；当 $\theta > \dfrac{\pi}{2}$ 时，

$\sigma' < 0$；当 $\theta = \dfrac{\pi}{2}$ 时，$\sigma' = 0$。

3. 电介质中的场强

图 7－7（a）表示在真空中电荷面密度为 $+\sigma_0$ 和 $-\sigma_0$ 的两带电平行金属板间的均
匀电场，其电场强度为 E_0。图 7－7（b）表示电介质平板插入平行金属板间以后，电
介质表面的极化电荷面密度为 $-\sigma'$ 和 $+\sigma'$，极化电荷产生的均匀电场的场强为 E'，其
方向与 E_0 相反（图中虚线所示）。E_0 与 E' 的矢量和即为电介质中的合场强 E，由式
（7－5）得 E 的数值为

$$E = E_0 - E' \qquad (7-9)$$

这表明 E' 起着削弱外电场 E_0 的作用。将 $E' = \dfrac{\sigma'}{\varepsilon_0}$ 代入式（7－9），并根据，

$$\sigma' = P = \chi_e \varepsilon_0 E$$

可得

$$E = E_0 - \frac{\sigma'}{\varepsilon_0} = E_0 - \chi_e E$$

移项，并由 $E_0 = \dfrac{\sigma_0}{\varepsilon_0}$，得

$$E = \frac{E_0}{1 + \chi_e} = \frac{\sigma_0}{\varepsilon_0(1 + \chi_e)} \qquad (7-10)$$

令

$$\varepsilon_r = 1 + \chi_e \qquad (7-11)$$

$$\varepsilon = \varepsilon_0(1 + \chi_e) = \varepsilon_0\varepsilon_r \qquad (7-12)$$

则式（7－10）可化为

$$E = \frac{E_0}{\varepsilon_r} = \frac{\sigma_0}{\varepsilon_0\varepsilon_r} = \frac{\sigma_0}{\varepsilon} \qquad (7-13)$$

式（7－13）中 ε_r 称为**相对电容率**（relative permittivity）或**相对介电常量**，它是由电介
质性质决定的无量纲的量（表 7－1）；ε 称为**电容率**或**绝对介电常量**。在真空中，
$\chi_e = 0$，$\varepsilon_r = 1$，$\varepsilon = \varepsilon_0$；其他电介质的 ε_r 都大于1，ε 大于 ε_0。式（7－13）表明，这时
电介质中的场强减弱到真空中场强的 ε_r 分之一。在理论上可以证明，当均匀电介质充
满存在电场的全部空间时，或者当均匀电介质的表面是等势面时，关系式 $E = E_0/\varepsilon_r$ 成

立，其中 E_0 是自由电荷所产生的场强。例如，当点电荷 q_0 周围充满相对电容率为 ε_r 的电介质时，距点电荷 q_0 为 r 处的场强大小为

$$E = \frac{E_0}{\varepsilon_r} = \frac{q_0}{4\pi\varepsilon_0\varepsilon_r r^2} = \frac{q_0}{4\pi\varepsilon r^2} \tag{7-14}$$

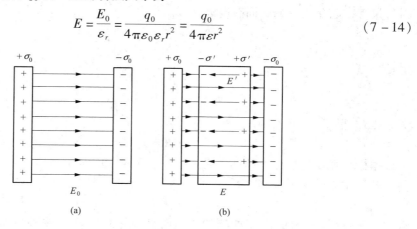

图 7 - 7　电介质中的场强

表 7 - 1　常见电介质的相对电容率

电介质	ε_r	电介质	ε_r	电介质	ε_r
真空	1	苯（180℃）	2.3	玻璃	5 ~ 10
空气（0℃，100kPa）	1.000 54	变压器油	4.5	瓷	5.7 ~ 6.8
空气（0℃，10MPa）	1.055	石蜡	2.0 ~ 2.3	脂肪	5 ~ 6
水（0℃）	87.9	硬橡胶	4.3	皮肤	40 ~ 50
水（20℃）	80.2	电木	5 ~ 7.6	血液	50 ~ 60
水（30℃）	76.6	纸	3.5	肌肉	80 ~ 85
乙醇（0℃）	28.4	云母	3.7 ~ 7.5	二氧化钛	100
甘油（15℃）	50	木材	2.5 ~ 8	钛酸钡	$10^3 \sim 10^4$

三、电位移　有电介质时的高斯定理

理论和实验表明，当有电介质存在时，高斯定理仍然成立。只不过这时计算高斯面 S 所包围的电荷时，应包括自由电荷 q_0 和束缚电荷 q'，即

$$\oint_S \boldsymbol{E} \cdot \mathrm{d}\boldsymbol{S} = \frac{1}{\varepsilon_0}\sum q_i = \frac{1}{\varepsilon_0}(\sum q_0 + \sum q') \tag{7-15}$$

在具体问题中，往往只知道自由电荷的分布，而电介质中的束缚电荷却难于确定，因而就给应用式（7－15）的高斯定理带来了困难。能否设法避开束缚电荷来求场强呢？下面从特例入手来进行分析。

仍以图 7－7（b）所示的置于两带电平行金属板间的电介质为例，将其重新画成图7－8，做如图虚线所示的封闭柱形高斯面 S，令其底面与平板平行，并且一个底面在金属板内，另一底面在电介质中，若其底面积为 ΔS，由高斯定理式（7－15）可得

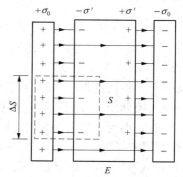

图 7 - 8　有电介质时的高斯面

$$\oint_S \boldsymbol{E} \cdot \mathrm{d}\boldsymbol{S} = \frac{1}{\varepsilon_0}(\sigma_0 \Delta S - \sigma' \Delta S)$$

因为只有在电介质中的底面有电通量，所以

$$\oint_S \boldsymbol{E} \cdot \mathrm{d}\boldsymbol{S} = E\Delta S$$

于是

$$E\Delta S = \frac{1}{\varepsilon_0}(\sigma_0 \Delta S - \sigma' \Delta S)$$

消去 ΔS，得

$$\varepsilon_0 E = \sigma_0 - \sigma'$$

再根据极化强度与极化电荷的关系式（7-7）可知 $P = \sigma'$
则上式可化为

$$\varepsilon_0 E + P = \sigma_0 \qquad (7-16)$$

将式（7-16）左边的两相加项的矢量形式，用一个新的物理量来表示，称为**电位移**（electric displacement），其定义式为

$$\boldsymbol{D} = \varepsilon_0 \boldsymbol{E} + \boldsymbol{P} \qquad (7-17)$$

利用电位移 $\boldsymbol{D}$，由式（7-16）有 $D = \sigma_0$。与电通量的引入完全类似，将 $\oint_S \boldsymbol{D} \cdot \mathrm{d}\boldsymbol{S}$ 称为**电位移通量**，因此容易求得通过上面的高斯面 S 的电位移通量为

$$\oint_S \boldsymbol{D} \cdot \mathrm{d}\boldsymbol{S} = D \cdot \Delta S = \sigma_0 \Delta S$$

式中 $\sigma_0 \Delta S$ 就是闭合曲面 S 所包围的自由电荷的代数和，用 $\sum q_0$ 表示，则上式可化为

$$\oint_S \boldsymbol{D} \cdot \mathrm{d}\boldsymbol{S} = \sum q_0 \qquad (7-18)$$

式（7-18）表明，**通过任意闭合曲面的电位移通量等于该闭合曲面所包围的自由电荷的代数和**。这就是有**电介质存在时的高斯定理**，对这一定理，虽然我们是从特例中导出的，但却是普遍成立的，它是高斯定理在电介质中的推广。大量事实证明，即使在变化的电磁场中，式（7-18）仍然成立，它是关于普遍的电磁场理论的**麦克斯韦方程组**中的第一个方程。

将 $\boldsymbol{P} = \chi_e \varepsilon_0 \boldsymbol{E}$ 代入式（7-17），可以得到

$$\begin{aligned} \boldsymbol{D} &= \varepsilon_0 \boldsymbol{E} + \chi_e \varepsilon_0 \boldsymbol{E} \\ &= \varepsilon_0(1 + \chi_e)\boldsymbol{E} \\ &= \varepsilon_0 \varepsilon_r \boldsymbol{E} \end{aligned}$$

即

$$\boldsymbol{D} = \varepsilon \boldsymbol{E} \qquad (7-19)$$

此式对于各向同性线性电介质成立，根据它可以很方便地由 $\boldsymbol{D}$ 求出 $\boldsymbol{E}$。

有电介质存在时的高斯定理表明，通过任意闭合面的电位移 $\boldsymbol{D}$ 的通量只与自由电荷有关，而与束缚电荷无关。因而在有电介质存在时，通常根据自由电荷的分布及 $\boldsymbol{D}$ 矢量的某种对称性，先由式（7-18）求出 $\boldsymbol{D}$，再由式（7-19）求出 $\boldsymbol{E}$。如再应用式（7-6）及式（7-8），则可求出介质中的极化强度 $\boldsymbol{P}$ 和介质端面上极化电荷的面密度 σ'。

例题7-1 半径为 R，带电量为 $q(q>0)$ 的导体球置于均匀无限大的电介质中，

电介质的电容率为 ε。求：（1）电介质内距离球心为 r 处的场强；（2）电介质表面处的极化强度和极化电荷面密度 σ'。

解　（1）依题意，导体和电介质体系具有球对称性，所以在静电平衡条件下，导体上的电荷均匀分布在球表面上，电介质中的 $\boldsymbol{D}$ 和 $\boldsymbol{P}$ 也是球对称分布，即距球心等远处大小相等，方向沿径矢向外。

如图 7-9 所示，做半径为 $r(r>R)$ 的与导体球同心的球形高斯面 S，因为 S 面上各点的 $\boldsymbol{D}$ 都与 S 面正交且大小相等，所以根据有介质时的高斯定理可得

$$\int_S \boldsymbol{D} \cdot \mathrm{d}\boldsymbol{S} = \int_S D\mathrm{d}S = D \cdot 4\pi r^2 = q$$

所以

$$D = \frac{q}{4\pi r^2} \qquad E = \frac{D}{\varepsilon} = \frac{q}{4\pi\varepsilon r^2}$$

场强方向与 $\boldsymbol{D}$ 相同，也沿径矢 $\boldsymbol{r}$ 方向向外，写成矢量式为

$$\boldsymbol{E} = \frac{q}{4\pi\varepsilon r^2}\,\boldsymbol{r}_0$$

（2）根据 $\boldsymbol{P}$ 与 $\boldsymbol{E}$ 的关系得

$$\boldsymbol{P} = \chi_e\varepsilon_0\boldsymbol{E} = \frac{\chi_e\varepsilon_0 q}{4\pi\varepsilon r^2}\boldsymbol{r}_0$$

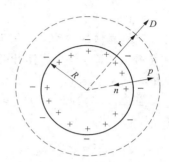

图 7-9　球形高斯面

由电介质表面处 $r=R$ 代入上式，可得电介质表面处极化强度大小为

$$P_R = \frac{\chi_e\varepsilon_0 q}{4\pi\varepsilon R^2}$$

$r=R$ 处的电介质表面，其外法线方向 $\boldsymbol{n}$ 与 $\boldsymbol{r}$ 方向（即与 $\boldsymbol{P}$ 方向）相反，故 $\theta = \pi$。所以由式（7-8）可得

$$\sigma' = P_n = P\cos\theta = -P = \frac{\chi_e\varepsilon_0 q}{4\pi\varepsilon R^2}$$

由式（7-11）可知

$$\chi_e = \varepsilon_r - 1$$

故可得

$$\chi_e\varepsilon_0 = \varepsilon_0\varepsilon_r - \varepsilon_0 = \varepsilon - \varepsilon_0$$

将此关系代入上面 σ' 的表达式，得

$$\sigma' = -\frac{\chi_e\varepsilon_0 q}{4\pi\varepsilon R^2} = -\frac{\varepsilon - \varepsilon_0}{\varepsilon}\frac{q}{4\pi R^2}$$

由于 $q>0$，$\varepsilon>\varepsilon_0$，故所求 $\sigma'<0$，即 $r=R$ 处介质表面极化电荷为负。

思考题

1. 何为电介质的极化？
2. 无极分子与有极分子的极化有何异同？

第三节　电容和电容器

一、孤立导体的电容

电容是导体或导体组的重要性质。理论和实验表明，对于附近没有其他导体和带电体的孤立导体，其所带的电量 q 与它的电势 U 成正比，比值 q/U 是与导体所带电量 q 无关的物理量，用符号 C 表示，称为孤立导体的**电容**（capacity），即

$$C = \frac{q}{U} \tag{7-20}$$

孤立导体的电容 C，只与导体的形状、尺寸及周围电介质有关，而与 q 和 U 无关。 它在量值上等于这个导体升高单位电势所需要的电量，可见电容 C 反映了导体储存电荷的能力。

在国际单位制中，电容的单位是 F（法拉），常用的较小的电容单位有 μF（微法）和 pF（皮法）等。

二、电容器的电容

对于非孤立的导体 A，其电势 U 不仅与它本身所带的电量 q 有关，还与周围的情况有关。为了消除周围其他导体和带电体的影响，可以利用静电屏蔽的原理，用导体空腔 B 将 A 屏蔽起来（图 7-10）。这时导体壳 B 的内表面带电荷为 $-q$，可以证明，A、B 之间的电势差 $U_A - U_B$ 与导体 A 所带的电量 q 成正比，其比值与 q 无关，不受外界的影响。由导体壳 B 与其腔内的导体 A 构成的导体组合称为**电容器**（capacitor），导体 A 和 B 称为电容器的两个极板，其电容定义为

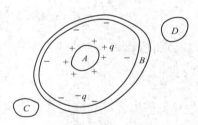

图 7-10　利用静电屏蔽原理构成的电容器

$$C = \frac{q}{U_A - U_B} = \frac{q}{U_{AB}} \tag{7-21}$$

电容器的电容 C 是反映电容器储存电荷能力的物理量，它只与两极板的尺寸、形状、相对位置及极板间的电介质有关，而与 q、$U_A - U_B$ 及外界情况无关。

实际应用中，对电容器屏蔽的要求并不十分严格，只要求从一个极板发出的电场线几乎都终止于另一个极板上，从而使外界对其电势差的影响可以忽略即可。

三、电容器电容的计算

下面根据电容的定义，举例说明如何计算电容器的电容。

1. 平板电容器

这是一种最常见的电容器，它是由两块彼此平行且相距很近的金属板组成（图 7-11）。设两极板 A、B 的面积均为 S，极板内表面间的距离为 d，两极板间充满电容率为 ε 的电介质。在极板面的线度远大于它们之间距离的情况下，除边缘部分外，两极板可

以看作是无限大的，它们互相屏蔽，在两极板相对的内表面，所带电荷等量异号，均匀分布，极板间的电场是均匀的，外界对其内部电场的影响可以忽略。

设两极板 A、B 分别带电 $+q$ 和 $-q$，则电荷的面密度分别为 $+\sigma = +q/S$ 和 $-\sigma = -q/S$。由于两极板间的电场可以看成是由两块带等量异号电荷的无限大均匀带电平面所产生的均匀电场，根据有介质时的高斯定理，由式（7－13）可知，其场强大小为

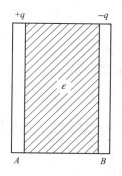

$$E = \frac{\sigma_0}{\varepsilon} = \frac{q}{\varepsilon S}$$

图 7－11　平板电容器

于是两极板间的电势差为

$$U_A - U_B = \int_A^B \boldsymbol{E} \cdot \mathrm{d}\boldsymbol{l} = E \int_A^B \mathrm{d}l = Ed = \frac{qd}{\varepsilon S}$$

所以平板电容器的电容为

$$C = \frac{q}{U_A - U_B} = \frac{\varepsilon S}{d} \tag{7－22}$$

2. 球形电容器

如图 7－12 所示，球形电容器由两个同心的金属球壳组成，内球壳 A 的外半径为 R_1，外球壳 B 的内半径为 R_2，两球壳之间充满电容率为 ε 的电介质。设内球壳 A 带电为 q 时，外球壳的内表面一定带电 $-q$。按例题 7－1 中，应用有介质时高斯定理可求得

$$E = \frac{q}{4\pi\varepsilon r^2}$$

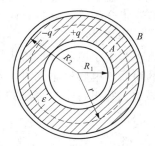

因此，两极板间的电势差为

图 7－12　球形电容器

$$U_A - U_B = \int_A^B \boldsymbol{E} \cdot \mathrm{d}\boldsymbol{l} = \int_{R_1}^{R_2} \boldsymbol{E} \cdot \mathrm{d}\boldsymbol{r} = \frac{q}{4\pi\varepsilon} \int_{R_1}^{R_2} \frac{\mathrm{d}r}{r^2}$$

$$= \frac{q}{4\pi\varepsilon} \left(\frac{1}{R_1} - \frac{1}{R_2} \right)$$

由电容的定义可得球形电容器的电容

$$C = \frac{q}{U_A - U_B} = 4\pi\varepsilon \frac{R_1 R_2}{R_2 - R_1}$$

3. 圆柱形电容器

如图 7－13 所示，圆柱形电容器由两个同轴圆柱形导体 A、B 构成。设其长度为 l，内圆柱 A 的外半径为 R_A，外圆筒的内半径为 R_A，A、B 两极板间电介质的电容率为 ε。当时 $l \gg R_B - R_A$ 时，两端的边缘效应可以忽略，因而计算场强时可以将两极板 A、B 视为无限长。

设 A、B 的带电量分别为 $\pm q$，单位长度上的电量分别为 $\pm \lambda = \pm \dfrac{q}{l}$，利用高斯定理可求得两极板间距轴线为 r 处的场强大小为

$$E = \frac{\lambda}{2\pi\varepsilon r}$$

E 的方向在垂直于轴线的平面内沿径矢方向，因而两极板间的电势差为

$$U_A - U_B = \int_A^B \boldsymbol{E} \cdot \mathrm{d}\boldsymbol{l} = \int_{R_A}^{R_B} \frac{\lambda}{2\pi\varepsilon r}\mathrm{d}r = \frac{\lambda}{2\pi\varepsilon}\ln\frac{R_B}{R_A}$$

再根据电容定义，可得圆柱形电容器电容为

$$C = \frac{q}{U_A - U_B} = \frac{\lambda l}{U_A - U_B} = \frac{2\pi\varepsilon l}{\ln\dfrac{R_B}{R_A}}$$

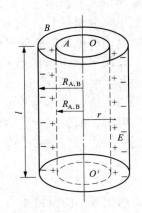

图 7 – 13　圆柱形电容器

四、电容器的串联和并联

电容器的规格性能中有两个主要指标，一个是电容量，另一个是耐压值。使用电容器时，两极板间所加电压不能超过规定耐压值，否则电容器内的电介质就可能被击穿，从而使两极板联通，电容器就损坏了。在实际应用中，现成电容器的电容量或者耐压值不能满足需要时，常把若干电容器适当地连接起来，形成电容器组合来使用。这种组合电容器两端极板的容电量与其电势差之比，称为该电容器组合的等效电容。连接电容器的基本方法有串联和并联两种，下面分别讨论。

1. 电容器的串联

将若干个电容器首尾相接联成一串称为电容器的串联，如图 7 – 14 表示 n 个电容器的串联。电容器串联时，各个电容器的电量相等，而总电压，即两端极板 A 和 B 的电势差，等于各个电容器的电压之和。

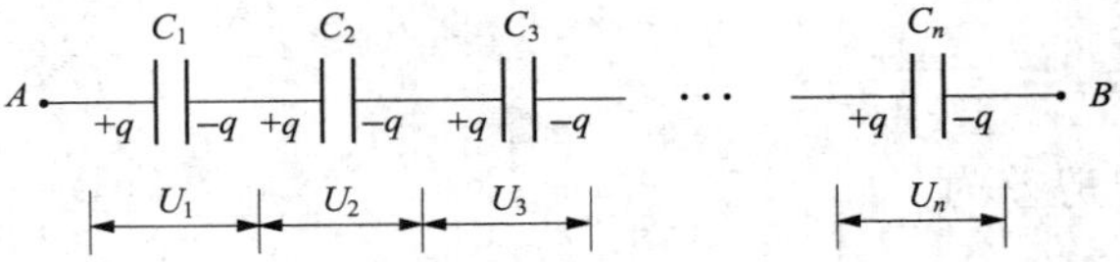

图 7 – 14　电容器的串联

因每个电容器上的电压为

$$U_1 = \frac{q}{C_1}, \quad U_2 = \frac{q}{C_2}, \quad \cdots U_n = \frac{q}{C_n}$$

故总电压为

$$U_A - U_B = U_1 + U_2 + \cdots + U_n = q\left(\frac{1}{C_1} + \frac{1}{C_2} + \cdots + \frac{1}{C_n}\right)$$

所以串联组合的等效电容为

$$C = \frac{q}{U_A - U_B} = \frac{1}{\left(\dfrac{1}{C_1} + \dfrac{1}{C_2} + \cdots + \dfrac{1}{C_n}\right)}$$

或

$$\frac{1}{C} = \frac{1}{C_1} + \frac{1}{C_2} + \cdots + \frac{1}{C_n} \tag{7 – 23}$$

可见，串联电容器组合的等效电容的倒数等于各电容器电容的倒数之和。

2. 电容器的并联

将若干电容器的一个极板接到一个共同点 A，另一极板接到另一共同点 B 称为电容器的并联，如图 7 – 15 表示 n 个电容器的并联。电容器并联时，每个电容器的电压都等于

A、B 两点间的电压 U_{AB}，而两端极板容电量 q 则等于各个电容器极板上电量之和，即

$$q = q_1 + q_2 + \cdots + q_n = (C_1 + C_2 + \cdots + C_n) U_{AB}$$

因此并联组合的等效电容为

$$C = \frac{q}{U_{AB}} = C_1 + C_2 + \cdots + C_n \tag{7-24}$$

式（7-24）表明，**并联电容器组合的等效电容等于各电容器电容之和。**

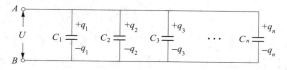

图 7-15　电容器的并联

串联和并联是电容器的两种基本连接方法，实际上所遇到的连接常常是既有串联，也有并联，即混合连接。

思考题

1. 电容器中有无电介质对电容量有何影响？
2. 阐述电容器的作用和串联、并联的效果。

第四节　静电场的能量

无论形成点电荷系或形成电荷连续分布的带电体都要移动电荷，在这个过程中，外力必须克服电荷间的相互作用力而做功。根据能量守恒和转换定律，外力所做的功必定转变为电荷系统的能量，所以任何带电体系都具有能量。相对于观测者为静止的带电体系的能量称为**静电能**。由于静电力是保守力，因而这种能量具有势能的性质。进一步的研究表明，静电能并不是储存在电荷上，而是储存在有电场存在的空间里，即电场具有能量。下面以电容器充电为例，讨论电荷系统电场的能量。

一、电容器的能量

以电容为 C 的平板电容器（图 7-11）为例，设开始时两极板都没有带电。为了使两极板分别带上电荷 $+Q$ 和 $-Q$，需要不断地把电荷元 $\mathrm{d}q$ 从一个极板 B 移到另一个极板 A，直到达到目的为止。设电容器所带电量为 q 时，两极板的电势差为 u，这时把 $\mathrm{d}q$ 从负极板移到正极板，外力反抗电场力做的功为

$$\mathrm{d}A = U\mathrm{d}q = \frac{q}{C}\mathrm{d}q$$

完成运送电荷 Q 所做的总功为

$$A = \int \mathrm{d}A = \frac{1}{C}\int_0^Q q\mathrm{d}q = \frac{Q^2}{2C}$$

此功 A 应等于带电电容器所具有的静电能，即

$$W = A = \frac{Q^2}{2C} \qquad (7-25)$$

将 $Q = CU$ 代入式（7-25），得

$$W = \frac{1}{2}CU^2 \qquad (7-26)$$

或

$$W = \frac{1}{2}QU \qquad (7-27)$$

式（7-25）、式（7-26）和式（7-27）虽然是以平行板电容器为例推出来的，但它具有一般性，可以用来表示任何结构的电容器的能量，即电容器内电场所具有的能量。

二、电场的能量和能量密度

一个带电系统带电的过程也就是这个带电系统的电场建立的过程。既然带电系统的能量是储存在有电场的空间中，那么有必要把电荷系统能量的公式用描述电场的物理量来表示。仍以平板电容器为例，将电容 $C = \dfrac{\varepsilon S}{d}$，电势差 $U = Ed$ 代入计算电容器能量的公式（7-26），可得

$$W = \frac{1}{2}CU^2 = \frac{1}{2}\frac{\varepsilon S}{d}(Ed)^2 = \frac{1}{2}\varepsilon E^2 V = \frac{1}{2}DEV$$

式中 $V = Sd$，是电场所占有的空间的体积。由于平板电容器中电场是均匀分布的，因而所储存的电场能量也应该是均匀分布的，所以由上式可以得出电场中单位体积具有的能量，即电场的**能量密度**为

$$w = \frac{W}{V} = \frac{1}{2}\varepsilon E^2 = \frac{1}{2}DE \qquad (7-28)$$

能量密度 w 的单位为 J/m^3（焦耳/米^3）。式（7-28）虽然是从平板电容器中的均匀电场这样的特例中推出的，但却是普遍成立的。在非均匀电场中，各处的能量密度不同，某点处的能量密度为

$$w = \frac{dW}{dW} = \frac{1}{2}\varepsilon E^2 = \frac{1}{2}DE$$

于是在场强的大小为 E 处的体积元 dV 中的电场能量是

$$dW = wdV = \frac{1}{2}\varepsilon E^2 dV = \frac{1}{2}DEdV$$

而整个电场的总能量为

$$W = \int wdV = \int_v \frac{1}{2}\varepsilon E^2 dV = \int_v \frac{1}{2}DEdV \qquad (7-29)$$

积分应遍及电场存在的全部空间的体积。

例题 7-2 导体球壳 A 的外半径为 R_1，带电量为 q（设 $q>0$）。把一个原来不带电的内半径为 R_2，外半径为 R_3 的导体球壳 B，同心地罩在 A 的外面，球壳 A 与 B 之间充满相对电容率为 ε_r 的电介质，球壳 B 外为真空。（1）求场强分布；（2）求球心 O 点

电势 U_o；（3）求电介质中电场的能量。

解　（1）根据有电介质存在时的高斯定理求场强。在静电平衡条件下，电荷 q 均匀地分布在球壳 A 的外表面上。根据空腔导体的性质，球壳 B 的内表面带电量为 $-q$，并均匀分布在内表面上。因电荷守恒，可知球壳 B 的外表面带电荷为 q。由电荷分布的球对称性，可知 E、D 的分布也具有球对称性，设它们的方向沿径矢 r 方向。做半径为 r 的与导体球壳同心的球形高斯面 S，因 S 面上各点 D 的大小相等，D 的方向沿球面的外法线，所以通过高斯面 S 的电位移通量为

$$\oint_S \boldsymbol{D} \cdot \mathrm{d}\boldsymbol{S} = D\int_S \mathrm{d}S = D4\pi r^2$$

根据高斯定理，上式应等于 S 面所包围的自由电荷的代数和，即

$$4\pi r^2 D = \sum q_0$$

$r < R_1$ 时　　　$\sum q_0 = 0$　　　$D_1 = 0$　　　$E_1 = 0$

$R_1 < r < R_2$ 时　　$\sum q_0 = q$　　$D_2 = \dfrac{q}{4\pi r^2}$　　$E_2 = \dfrac{D_2}{\varepsilon_0 \varepsilon_r} = \dfrac{q}{4\pi\varepsilon_0\varepsilon_r r^2}$

$R_2 < r < R_3$ 时　　$\sum q_0 = 0$　　$D_3 = 0$　　$E_3 = 0$

$r > R_3$ 时　　　$\sum q_0 = q$　　$D_4 = \dfrac{q}{4\pi r^2}$　　$E_4 = \dfrac{D_4}{\varepsilon_0} = \dfrac{q}{4\pi\varepsilon_0 r^2}$

其中，E_2、E_4 方向沿径矢 r 方向。

（2）根据电势定义得球心 O 点电势为

$$U_O = \int_0^\infty \boldsymbol{E} \cdot \mathrm{d}\boldsymbol{l} = \int_0^\infty \boldsymbol{E} \cdot \mathrm{d}\boldsymbol{r}$$

$$= \int_0^{R_1} E_1 \mathrm{d}r + \int_{R_1}^{R_2} E_2 \mathrm{d}r + \int_{R_2}^{R_3} E_3 \mathrm{d}r + \int_{R_3}^\infty E_4 \mathrm{d}r$$

$$= \int_{R_1}^{R_2} \frac{q}{4\pi\varepsilon_0\varepsilon_r r^2} \mathrm{d}r + \int_{R_3}^\infty \frac{q}{4\pi\varepsilon_0 r^2} \mathrm{d}r$$

$$= \frac{q}{4\pi\varepsilon_0\varepsilon_r}\left(\frac{1}{R_1} - \frac{1}{R_2}\right) + \frac{q}{4\pi\varepsilon_0 R_3}$$

（3）电介质中，与球心相距 r 处场强大小为 $E = E_2 = \dfrac{q}{4\pi\varepsilon_0\varepsilon_r r^2}$，因而电场的能量密度为

$$w = \frac{1}{2}\varepsilon E^2 = \frac{1}{2}\varepsilon_0\varepsilon_r\left(\frac{q}{4\pi\varepsilon_0\varepsilon_r r^2}\right)^2$$

$$= \frac{q^2}{32\pi^2\varepsilon_0\varepsilon_r r^4}$$

在电介质中取一个与金属球壳同心的薄介质球壳，其半径为 r，厚度为 $\mathrm{d}r$，则它的体积为

$$\mathrm{d}V = 4\pi r^2 \mathrm{d}r$$

体积元 $\mathrm{d}V$ 内的电场能量为 $\mathrm{d}W = w\mathrm{d}V = \dfrac{q^2}{8\pi\varepsilon_0\varepsilon_r r^2}\mathrm{d}r$，所以两球壳间的电介质中电场的总能量为

$$W = \int \mathrm{d}W = \frac{q^2}{8\pi\varepsilon_0\varepsilon_r}\int_{R_1}^{R_2}\frac{\mathrm{d}r}{r^2}$$

$$= \frac{q^2}{8\pi\varepsilon_0\varepsilon_r}\left(\frac{1}{R_1} - \frac{1}{R_2}\right)$$

$$= \frac{q^2}{8\pi\varepsilon_0\varepsilon_r}\frac{R_2 - R_1}{R_1 R_2}$$

这个结果也可以由已求得的球形电容器电容和电容器能量的公式（7 – 25）直接得出，即

$$W = \frac{q^2}{2C} = \frac{q^2}{8\pi\varepsilon_0\varepsilon_r\dfrac{R_1 R_2}{R_2 - R_1}} = \frac{q^2}{8\pi\varepsilon_0\varepsilon_r}\frac{R_2 - R_1}{R_1 R_2}$$

可见两种方法得到的结果是完全一致的。同学们还可以试求电介质中的极化强度和电介质表面极化电荷面密度。

思考题

1. 何为电容器的能量？
2. 阐述电场的能量和能量密度的关系。

第五节　铁电体　永电体　压电体

前面讨论的是各向同性线性电介质，除此之外，还存在其他电介质，它们的极化规律具有某些特殊性，下面仅介绍三类。

一、铁电体

这类电介质中 **P** 与 **E** 的关系是非线性的，即在一定温度范围内，它们的电容率并不是常量，而是随场强而变化的。不仅如此，当撤去外电场后，这些电介质仍会留有剩余极化。这种特性与铁磁性物质能保持磁化状态的性质非常类似（见第八章第六节中的铁磁质的磁化）。通常把这种性质称为**铁电性**（ferroelectricity），把具有铁电性的电介质称为**铁电体**（ferroelectric）。铁电性较强的铁电体有酒石酸钾钠和钛酸钡等。

与铁磁质磁化过程中具有磁滞现象以及会形成磁滞回线类似，铁电体在极化过程中也会显示出**电滞现象**并形成**电滞回线**。从其电滞回线可以看出铁电体的相对电容率 ε_r 并非常量，它随外加电场的变化而变化，而且在很宽的范围内可以有很高的量值。这种特性使得用铁电体作绝缘材料制成电容器时，能大大增加它的电容值。还可以用它制成非线性电容器，应用于振荡电路和介质放大器中。此外，铁电体还能在强光作用下产生非线性效应，这些特性使它在现代激光技术及全息照相中有着重要的应用。

二、永电体

这类电介质的极化强度并不随外电场的撤出而消失，且能长期保留其极化状态，

这与永磁铁有些类似，称为**永电体**或**驻极体**（electret）。它与铁电体不同的是，其极化状态不受外电场的影响。钛酸钙、石蜡、碳氢化合物及合成有机高分子材料等都可以用来制备永电体。

永电体常被较多地应用于制作各种换能器，用高分子薄膜永电体作为传声器的振动元件，具有高灵敏度和较好的频率响应等优点。此外，永电体换能器还在放射性检测及超声全息技术等近代技术中得到了很好的应用。

三、压电体

1. 压电效应

前面讨论的电介质极化都是由外加电场引起的。实验发现有些晶体电介质，由于它们结晶点阵的特殊结构，会产生一种特殊的现象。这就是当它们在外力作用下发生机械形变（伸长或缩短）时，也会产生极化现象，从而在某些相对应的表面上将产生异号的极化电荷。例如，石英晶体在 $1 \times 10^5 \, N/m^2$ 压强下，承受压力的两个表面上出现正、负电荷，从而产生约 $0.5V$ 的电势差。这种因机械形变而产生的电极化现象称为**压电效应**（piezoelectric effect）。能够产生压电效应的物体称为**压电体**（piezoelectrics）。典型的压电晶体有石英（SiO_2）、电气石、酒石酸钾钠（$C_4H_4KNaO_6 \cdot 4H_2O$）、钛酸钡（$BaTiO_3$）等。此外，在一些非晶体、多晶体、聚合物等材料以及金属、半导体、铁磁体和生物体（如木材、骨骼、血管和血浆延伸成的薄膜等）中也发现具有压电性，目前已知的压电体已有几千种。

2. 逆压电效应

压电效应还有逆效应，这就是当对压电体施加电场作用时，晶体会发生机械形变（伸长或收缩），这种现象称为**逆压电效应**，也称**电致伸缩**（electrostriction）效应。若电极所带电荷与原来晶片受压力时产生的电荷同号，则观察到晶体发生伸张；反之，则发生收缩。如果对压电晶体加一交变电压，它将交替地伸缩，从而引起振动。

3. 压电效应的应用

压电效应及其逆效应已被广泛地应用于现代技术中。由于压电效应产生的电量或电势差正比于晶体表面所受的压力，可将压电晶体用作压力传感器来测量各种情况下的压力和振动，如可用于应变仪、血压计。利用压电晶体可把机械振动变为电振动，因而广泛应用于各种电声器件中，如晶体式话筒、电唱头等。用压电晶体代替普通振荡回路做成的电振荡器称为**晶体振荡器**。晶体振荡器突出的优点是其频率的高度稳定。在无线电技术中可用来稳定高频发生器中电振荡的频率。利用这种振荡器制造的石英钟，每昼夜的误差不超过 $2 \times 10^{-5} s$。近代，这种压电晶体振荡器已广泛应用于钟表、通信和计算机技术中。

逆压电效应可以变电振动为机械振动。将石英晶片放在两块平行金属板电极之间，在电极上加频率与晶片固有频率相同的交变电压，石英片在交变电场作用下，将作强烈的高频振动，从而产生超声波。利用压电晶体制成的超声波发生器和声呐装置已被广泛地应用于海洋探测（如测潜艇位置，鱼雷，测海深、鱼群等）、固体探伤、焊接、粉碎、清洗以及 B 超检查和疾病治疗（如粉碎体内结石）等各方面。电话耳机中利用压电晶体的电致伸缩效应把电的振荡还原为晶体的机械振动，晶体再把这种振动传给一块金属薄片，发出声音。值得一提的是 1986 年获得诺贝尔物理学奖的是三位科学家，其成果之一是**扫描隧道显微镜**（scanning tunneling microscopy），它是一种可以极精确地显示样品表面原子排列情况的装置。这种显微镜除利用了**电子的隧道效应**以外，还巧妙地利用了压电晶体的电致伸缩效应。

此外，已发现利用骨骼的压电性可控制其生长，这一成果已用于临床。还有报道指出，研究生物体的压电性很可能对弄清生理功能、控制生物生长及对生物疾病的防治等方面具有重大意义。

电介质在现代技术中有着十分广泛的应用，这方面的研究已经发展成为材料科学中的一类专门学科"电介质物理学"。

思考题

1. 铁电体、永电体和压电体有什么相同点和不同点？
2. 举例说明压电效应和逆压电效应的应用。

重点小结

内容提要	重点难点
静电场中的导体	导体静电平衡条件和静电平衡时导体性质，空腔导体的性质和静电屏蔽
静电场中的电介质	电介质极化机制，极化强度和极化电荷的计算
电容和电容器	平板电容器和球形电容器的计算
静电场的能量	静电场能量和能量密度的计算
铁电体、永电体、压电体	铁电体、永电体、压电体及其应用

 习题七

1. 某带电量为 q_1 的导体球 A 置于带电量为 q_2 的空腔导体球壳 B 的空腔内球心处，问：

（1）此时电荷如何分布？

（2）如果导体 A 在空腔内移动偏离球心，电荷分布有何变化？球壳 B 的外部电场分布是否变化？

（3）此时，当有其他带电体自 B 外部移近它时，腔内各点场强和电势是否变化？

（4）球壳 B 外表面电荷分布是否均匀？

（5）球壳 B 外表面附近场强是否还垂直于外表面？

（6）如果先将球壳 B 接地，再移近其他带电体，对腔内各点场强和电势是否有影响？

2. 半径为 10.0×10^{-2}m 的金属球 A，带电 $q = 1.00 \times 10^{-8}$C，把一个原来不带电的半径为 20.0×10^{-2}m 的金属球壳 B（其厚度不计）同心地罩在 A 球的表面。

（1）求距离球心为 15.0×10^{-2}m 的 P 点的电势，以及距离球心为 25.0×10^{-2}m 的 Q 点的电势；

（2）用导线把 A 和 B 连起来，再求 P 点和 Q 点的电势。

3. 两个均匀带电的金属同心球壳，内球壳半径为 $R_1 = 5.0$cm，带电 $q_1 = 0.60 \times 10^{-8}$C，外球壳内半径 $R_2 = 7.5$cm，外半径 $R_3 = 9.0$cm，所带电量 $q_2 = -2.00 \times 10^{-8}$C。求距离球心 3.0cm、6.0cm、8.0cm、10.0cm 各点处的场强和电势。如果用导线把两个球壳连起来，又如何？

4. A、B、C 是三块平行金属板，面积均为 200cm^2，A、B 相距 4.0mm，A、C 相距 2.0mm，B、C 两板都接地（图 7−16）。设 A 板带电 3.0×10^{-7}C，不计边缘效应，求 B 板和 C 板上的感应电荷，以及 A 板的电势，若在 A、B 间充以相对电容率为 $\varepsilon_r = 5$ 的均匀电介质，再求 B 板和 C 板上的感应电荷以及 A 板的电势。

5. 如图 7−17 所示，有一导体球带电 $q = 1.00 \times 10^{-8}$C，半径为 $R = 10.0$cm，球外有一层相对电容率为 $\varepsilon_r = 5.00$ 的电介质球壳，其厚度 $d = 10.0$cm，电介质球壳外面为真空。

（1）求离球心 O 为 r 处的电场强度 E；

（2）求离球心 O 为 r 处的电势；

（3）分别取 $r = 5.0$cm、15.0cm、25.0cm，算出相应的 E 和 U 的量值；

（4）求出电介质表面上的极化电荷面密度。

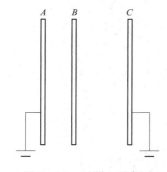

图 7−16　习题 4 示意图

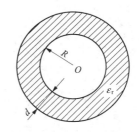

图 7−17　习题 5 示意图

6. 如图 7−18 中所示，求组合电容器的等值电容，并求各电容器上的电荷。

7. 有一平行板电容器的两极板间有两层均匀电介质，一层电介质的相对电容率为 $\varepsilon_{r_1} = 4.0$，厚度 $d_1 = 2.0$mm，另一层电介质的相对电容率为 $\varepsilon_{r_2} = 2.0$，厚度 $d_2 = 3.0$mm，极板面积为 $S = 50 \text{cm}^2$，两极板间电压为 200V。计算：

（1）每层介质中的电场能量密度；

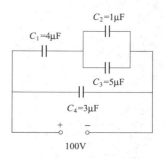

图 7−18　习题 6 示意图

（2）每层介质中的总能量。

8. 两个同轴的长圆柱面（可视为无限长），长度均为 l，半径分别为 a 和 b，两圆柱面之间充有电容率为 ε 的均匀电介质。当这两个圆柱面带有等量异号电荷 $+Q$ 和 $-Q$ 时，求：

（1）在半径为 $r(a < r < b)$、厚度为 dr，长度为 l 的圆柱薄壳中任一点处，电场能量密度是多少？整个薄壳中电场的总能量是多少？

（2）电介质中的总能量是多少（由积分式算出）？能否以此总能量推算圆柱形电容器的电容？

9. 真空中有一导体球的半径为 R，带有电荷 q，求其电场中储存的能量。

第八章 电流的磁场

学习目标

1. 掌握磁感应强度概念。
2. 理解磁场的毕奥－萨伐尔定律、高斯定理、安培环路定理，并能应用它们求电流的磁场。
3. 掌握安培定律及其应用。
4. 理解洛伦兹力的公式及其应用。
5. 了解质谱仪、霍尔效应的原理、磁介质。

电荷在电场力的作用下，做定向运动便形成**电流**（electric current）。不随时间变化的电流称为**恒定电流**（steady current）或称为**直流**（direct current）。将直流电源接入由电阻等元件组成的电路就构成**直流电路**（direct current circuit）。大小和方向都随时间变化的电流是**交流电**（alternating current）。电荷的运动会激发**磁场**（magnetic field）。本章先简要回顾一下直流电的基本性质，这些物理概念是研究不随时间变化的稳恒磁场的基础。关于电流和电路更为详细的知识可以参阅相关书籍。

电荷在空间的定向运动便形成电流。运动电荷可以是电子（如在金属体中）或离子（如在电解质溶液中）。由电子或离子的定向运动形成的电流称为**传导电流**（conduction current）；电荷的携带者也可以是宏观的带电体（如带电的塑料圆盘），由带电体的机械运动形成的电流称为**运流电流**（convection current）。存在传导电流的两个条件是导体中有大量可移动的电荷和导体两端有电势差。电流强度定量地描述了电流的强弱：在 dt 时间内，通过导体任一截面的电量为 dq ，电流强度就是 $I = \dfrac{dq}{dt}$ ，显然这是一个标量，其单位是安培（A）。由于在同一电场作用下，正负电荷总是沿着相反的方向运动的，而且等量的正负电荷沿相反方向运动时，各自产生的电磁效应、热效应等也是相同的。故在讨论电流时，只要将正电荷的运动方向规定为电流的方向即可，这样一来，电流总是由高电势处流向低电势处。

在有恒定电流通过的电路中，当导体的温度不变时，通过一段导体的电流强度 I 和导体两端的电压 U_{ab} 以及导体的电阻 R 三者之间的关系由欧姆定律（Ohm law）给出：$U_{ab} = IR$ ，或 $I = \dfrac{U_{ab}}{R}$ 。注意电阻常常会随着导体的温度发生改变。

在电路中维持恒定的电流，通常要有**电源**（electric source）存在。电流从电源的正极流经外电路回到电源的负极，而在电源内部从负极流向电源的正极，形成连续的电流回路。注意电源的正极电势高于负极，在电源内部电流不能只在静电力的作用下从负极运动到正极。能够实现这样作用的一定是某种非静电力，这就是电源的作用。电源是一种对电荷具有非静电力作用的装置，把其他形式的能量转化为电能。不同类型的电源中，非静电力的本质是不同的。常用的电源有化学电池、光电池等。

电源的非静电力作用可以用**电动势**（electromotive force）表示，符号是 ε，在数值上等于将单位正电荷在电源内部从负极移动到正极过程中非静电力所做的功，单位是 V（伏特）。电源内部有电阻，称为内阻 r。

由欧姆定律知道，电流 I 流经电阻 R 时会产生电势降落 IR。由于有电源内阻 r 的存在，电流 I 流经电源内部时会有电势降落 Ir。顺着电流方向，在从电源负极到正极过程中，电势升高为 ε。遵循这样的电势降落和升高的原则，就可以找到一段含有电源的电路中电流、电势差和电阻的关系。同样也可以解决具有较为复杂的网络电路问题。电流 I 流经电阻 R 时会产生热效应，体现为热功率 I^2R。在本章中讨论的主要是电流的磁效应。

第一节　磁场　磁感应强度

人类在公元前 6 世纪至 7 世纪，就发现了磁石（Fe_3O_4）吸铁、磁石指南的现象。北宋科学家沈括制造了航海指南针并发现了地磁偏角。

人们很早就已经知道磁现象的下列性质：①磁铁具有吸引铁、钴、镍等物质的性质，称为**磁性**（magnetism）。②条形磁铁的两端磁性最强。磁体上磁性特别强的区域称为**磁极**（magnetic pole）。任何磁体都有两极，条形磁铁悬挂起来后，指向地球北极方向的磁极称为**北极**（N 极），指向地球南极方向的磁极称为**南极**（S 极）。磁极总是成对出现的，把条形磁铁分成许多小段，每一小段总是有 N 极和 S 极。③磁铁之间有相互作用，同性相斥，异性相吸。

尽管磁现象和电现象有某些相似之处，但人们起初并没有把它们联系起来，两者是分开研究的。首先发现电和磁之间有密切联系的是丹麦物理学家奥斯特（Oersted），他认为自然界各种基本力是可以相互转换的，他深信电和磁有某种联系，并进行长达13 年的潜心研究。最终在 1820 年 4 月给学生做演示实验时，偶然发现电流附近的小磁针发生了偏转。磁针的磁极受力方向与电流方向垂直，而不是他原来想象的顺着电流的方向，如图 8-1 所示。奥斯特电流磁效应的发现震惊了物理学界，并导致了"磁场"的引入。从此突破了电学与磁学彼

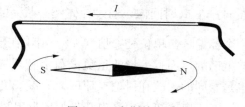

图 8-1　奥斯特实验

此隔绝的状态，开始了电磁学势如破竹的发展新阶段。

此后经过安培、毕奥等人的研究，知道磁现象和电荷运动是密切联系的。安培在1822 年提出**分子电流假说**，认为磁性物质的分子中存在着分子电流，这是一切磁现象的来源。现在已经知道，不管是永久磁铁的磁性还是电流的磁性，都来源于电荷的运动。

一、磁场

由静电场的研究知道，在静止电荷周围的空间存在着电场，静止电荷间的相互作用是通过电场来实现的。电流间（含运动电荷）的相互作用是靠什么来实现的呢？经过大量的研究我们知道，运动电荷或电流均在周围空间产生一种特殊形式的物质——**磁场**（magnetic field）。磁场的物质性表现在：①对在磁场中运动的电荷或载流导体、永磁体有力的作用；②载流导体在磁场内移动时，磁场将对载流导体做功，即磁场具有能量。因此，运动电荷与运动电荷之间、电流与电流之间、电流与磁体之间的相互作用，都可以看成它们中任意一个所激发的磁场对另一个施加作用力的结果。

"电动生磁"是物质磁性的来源。静止电荷周围只有电场而无磁场，运动电荷周围既有电场又有磁场。但要注意动与静是相对的，完全取决于参考系的选取，通过参考系的变换，可以使电荷获得磁性或失去磁性，但不能使电荷失去电性。也就是说，磁来源于电。

二、磁感应强度

磁感应强度矢量 B 是描述磁场各点的强弱和方向的重要物理量。自从认识了运动电荷是磁现象的根源以后，常用磁场对运动电荷、载流导线或载流线圈的作用来描述磁场。下面用磁场对载流线圈的作用描述磁场。

取一个线度很小、载有微小电流的平面线圈，假设：在线圈范围内磁场的性质处处相同、载流线圈不影响磁场的原有性质，这个线圈就称为**试验线圈**。线圈的法线与电流成右手螺旋关系，即对着法线方向看电流时，电流为逆时针方向，如图 8-2 所示。n_0 表示沿法线方向的单位矢量。

设试验线圈的面积为 S，线圈的电流强度为 I，则定义试验线圈的**磁矩**（magnetic moment）为

$$p_m = ISn_0$$

磁矩 p_m 是矢量，方向与试验线圈的法线方向一致，单位为安培·米²（$A \cdot m^2$），它是表示线圈本身特性的物理量。

把试验线圈悬挂在磁场某点，设线圈悬线的扭力矩可以忽略。线圈受到磁场作用的力矩也称**磁力矩**。从实验可知，它将使线圈转动到一定位置而达到稳定平衡，此时线圈所受的磁力矩为零。稳定平衡时线圈法线所指的方向，就定义为线圈所在处的磁场方向，如图 8-3 所示。

转动试验线圈使它偏离平衡位置，线圈所受的磁力矩就不为零。当试验线圈从平衡位置转过 90° 时，即图 8-3 虚线所示的位置，线

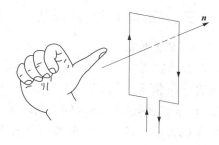

图 8-2　载流线圈法线方向的规定

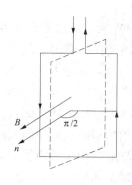

图 8-3　用试验线圈研究磁场的方向

圈受到的磁力矩最大，用 M_{max} 表示。实验指出，在磁场中的任一给定点

$$M_{max} \propto IS$$

即
$$M_{max} \propto p_m$$

并且比值 $\dfrac{M_{max}}{p_m}$ 仅与线圈所在点位置有关，它反映了该点磁场本身的性质。类似静电场的描述，引入**磁感应强度**（magnetic induction）**B** 来描述磁场的强弱和方向。令 **B** 的大小

$$B \propto M_{max}/p_m$$

写成等式
$$B = kM_{max}/p_m \qquad (8-1)$$

式中各量选用适当单位可使比例系数 $k=1$，得

$$B = \frac{M_{max}}{p_m} \qquad (8-2)$$

因此，**磁感应强度 B** 是描述磁场性质的物理量，磁场中某点的磁感应强度的量值等于具有单位磁矩的试验线圈所受到的最大磁力矩，磁感应强度的方向为该点试验线圈在稳定平衡位置时线圈的法线方向。

在国际单位制中，当式（8-1）中规定 $k=1$ 后，磁力矩 M 的单位用牛顿·米（N·m），磁矩 p_m 的单位用安培·米^2（A·m^2），磁感应强度 **B** 的单位称为**特斯拉**(T)。

如果磁场中各点的磁感应强度 **B** 都相同，则称为**匀强磁场**。

三、磁感应线和磁通量

1. 磁感应线

由于磁场中每一点的磁感应强度 **B** 的大小和方向都是确定的，为了形象地反映磁场的分布情况，可以像用电场线描绘静电场那样，用**磁感应线**（magnetic induction line）来表示磁场中各点的方向和大小。规定曲线上每一点的切线方向就是该点磁感强度 **B** 的方向；通过磁场中某点垂直于 **B** 矢量的单位面积的磁感应线数等于该点 **B** 的量值。用式子表示为

$$B = \frac{dN_m}{dS_\perp} \qquad (8-3)$$

式中，dN_m 表示通过垂直于 **B** 的面积元 $dS_\perp$ 的磁感应线数。由上式可知，磁感应线较密处，磁场较强；磁感应线较疏处，磁场较弱。磁感应线的方向与电流的方向有关，图 8-4 是一些不同形状的载流导线所产生的磁场的磁感应线图形。对于长直载流导线，右手拇指顺着电流方向，四指握住导线，弯曲四指的指向就是磁感应线的方向；对圆形电流线圈或长直通电螺线管，右手四指顺着电流方向，握住圆形电流线圈或螺线管，伸直拇指的指向就是圆形电流线圈或通电螺线管中心处磁感应线的方向。也就是说电流方向与电流产生的磁场方向符合右手螺旋法则，见图 8-5。

从以上几种典型的载流导线的磁感应线的图形可以得出以下结论。

（1）磁场中每一点的磁场方向是确定的，所以磁感应线不会相交。

（2）载流线圈周围的磁感应线都是围绕电流的闭合曲线，没有起点，也没有终点，因此磁场是一种**涡旋场**（vortex field）。

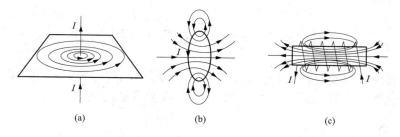

图 8-4　电流周围的磁感应线

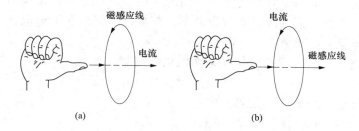

图 8-5　磁感应线回转方向与电流方向的关系

2. 磁通量

通过磁场中某一曲面的磁感应线总数称为通过该曲面的**磁通量**（magnetic flux）。用 $\varPhi_m$ 表示，单位为韦伯（Wb）。由式（8-3）可知，$1\text{Wb} = =1\text{T} \cdot \text{m}^2$。

计算通过曲面 S 的磁通量，可在曲面上取面积元 $\mathrm{d}S$，如图 8-6 所示。$\mathrm{d}S$ 的法线方向 $\boldsymbol{n}$ 与该处磁感应强度 $\boldsymbol{B}$ 的方向之间的夹角为 θ，通过该面积元 $\mathrm{d}S$ 的磁通量为

$$\mathrm{d}\varPhi_m = B\cos\theta \mathrm{d}S = \boldsymbol{B} \cdot \mathrm{d}\boldsymbol{S}$$

通过曲面 S 的磁通量可由积分求得，即

$$\varPhi_m = \int_S \mathrm{d}\varPhi_m = \int_S B\cos\theta \mathrm{d}S$$

$$\text{或} \quad \varPhi_m = \int_S \boldsymbol{B} \cdot \mathrm{d}\boldsymbol{S} \quad\quad (8-4)$$

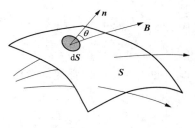

图 8-6　磁通量

对闭合曲面，规定正法线矢量 $\boldsymbol{n}$ 的方向垂直于曲面向外。因此对闭合曲面来说，从闭合曲面穿出的磁通量为正，穿入曲面的磁通量为负。由于磁感应线是闭合的，对任意闭合曲面来说，有多少条磁感应线穿入，就一定有相同数量的磁感应线穿出。所以**通过任意闭合曲面的磁通量必等于零**。即

$$\oint_S \boldsymbol{B} \cdot \mathrm{d}\boldsymbol{S} = 0 \quad\quad (8-5)$$

这个结论称为**磁场的高斯定理**，它是表明磁场性质的重要定理之一。与静电学中的高斯定律相似，但二者有着本质上的区别。在静电场中，由于自然界中自由电荷能够单独存在，故通过闭合面的电通量可以不为零，说明静电场是有源场，源头是正电荷，源尾是负电荷。在磁场中，由于目前所知自然界中不存在单独磁极，故通过闭合面的磁通量必等于零，这说明磁场是无源场。由此可知磁场和电场是两类不同性质的场。

第二节　毕奥-萨伐尔定律

稳恒电流激发的磁场称为稳恒磁场，在稳恒磁场中，任意一点的磁感应强度仅是空间坐标的函数，与时间无关。本节讨论载流导线激发稳恒磁场的规律和应用。

一、毕奥-萨伐尔定律

在奥斯特发现电流的磁效应之后，法国的毕奥和萨伐尔更仔细地研究了载流导线对磁针的作用。在数学家拉普拉斯的帮助下，总结出载流导线的电流元产生磁场的基本定律，称为**毕奥-萨伐尔定律**（Biot-Savart law）。

类似静电场中计算任意带电体在某点的电场强度 **E** 的方法。如图 8-7 所示，把载流导线分成很多小段，任取一小段 d*l*，按该处的电流方向定义为线元矢量 d**l**，把电流与线元矢量的乘积 *I*d**l** 称为该处的**电流元矢量**。

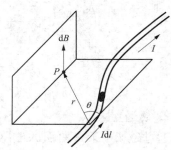

毕奥-萨伐尔定律指出：电流元 *I*d**l** 在真空中某点 *P* 处产生的磁感应强度 d**B** 为

$$d\boldsymbol{B} = \frac{\mu_0}{4\pi} \cdot \frac{I d\boldsymbol{l} \times \boldsymbol{r}_0}{r^2} \qquad (8-6)$$

图 8-7　电流元产生的磁感应强度

式中，$\boldsymbol{r}_0 = \dfrac{\boldsymbol{r}}{r}$ 是电流元指向 *P* 点的矢径 **r** 的单位矢量。μ_0 称为**真空的磁导率**（permeability of vacuum），$\mu_0 = 4\pi \times 10^{-7}$ 亨利/米（H/m）。根据矢量叉乘的规则，电流元 *I*d**l** 在 *P* 点处产生的磁感应强度的数值为

$$dB = \frac{\mu_0}{4\pi} \cdot \frac{I dl \sin\theta}{r^2} \qquad (8-7)$$

d**B** 的方向垂直于 *I*d**l** 和 **r** 所组成的平面，并且 *I*d**l**、**r** 和 d**B** 三者满足右手螺旋法则：右手四指由 d**l** 沿小于 π 的角度转到 **r**，则拇指的指向即为 d**B** 的方向。

长度为 *L* 的载流导线由很多电流元组成。根据场的叠加原理，载流导线产生的磁场应该是所有电流元产生的磁场的矢量和，即

$$\boldsymbol{B} = \int d\boldsymbol{B} = \int_L \frac{\mu_0}{4\pi} \cdot \frac{I d\boldsymbol{l} \times \boldsymbol{r}_0}{r^2} \qquad (8-8)$$

毕奥-萨伐尔定律是计算电流磁场的基本定律。这个定律虽然不能由实验直接证明，但由这个定律出发得出的结果都很好地和实验相符。下面应用毕奥—萨伐尔定律来讨论几种载流导体所激发的磁场。

二、毕奥-萨伐尔定律应用举例

用毕奥-萨伐尔定律计算电流的磁感应强度 **B**，首先应把电流分成电流元，求出任一电流元在磁场中某点产生的磁感应强度 d**B**。然后再用场的叠加原理 $\boldsymbol{B} = \int_L d\boldsymbol{B}$ 进行计算。由于是矢量积分，而各电流元在该点产生的 d**B** 方向不一定相同，在计算中通常先

用右手螺旋法则确定电流元 Idl 产生的磁感应强度 d$\boldsymbol{B}$ 的方向，然后建立适当的坐标系，写出 d$\boldsymbol{B}$ 在各坐标方向的分量，如 dB_x、dB_y 等，把矢量积分变为标量积分。从式（8-7）可见，积分变量可能是 l、r 或 θ，具体计算时要选择便于积分的变量。

例题 8-1 计算真空中圆电流轴线上的磁场。

解 如图 8-8 所示，半径为 R、电流强度为 I 的圆电流置于真空中。以轴线为 x 轴，圆心为原点 O，P 为轴线上的一点，则 $OP = x$。在圆电流上对称地取两个电流元，它们在 P 点产生的磁感应强度 d$\boldsymbol{B}$ 和 d$\boldsymbol{B}'$ 以 x 轴为对称，并且在与轴线垂直的方向上的分量相互抵消，而沿轴线方向上的分量互相加强。整个圆电流在 P 点产生的磁感应强度 $\boldsymbol{B}$ 沿 x 轴方向。

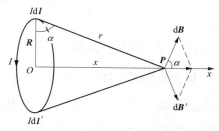

图 8-8 圆电流轴线上的磁场

d$\boldsymbol{B}$ 沿轴线方向的分量为

$$dB_x = dB \cdot \cos\alpha = \frac{\mu_0}{4\pi} \cdot \frac{Idl}{r^2} \cdot \frac{R}{r} = \frac{\mu_0}{4\pi} \cdot \frac{IRdl}{r^3}$$

P 点位置一定，r、α 都是常量

所以
$$B = \oint_L dB_x = \frac{\mu_0 IR}{4\pi r^3} \int_0^{2\pi R} dl = \frac{\mu_0}{2} \cdot \frac{IR^2}{(R^2 + x^2)^{3/2}} \tag{8-9}$$

当 $x = 0$ 时，求得圆心 O 的磁感应强度大小为

$$B = \frac{\mu_0 I}{2R}$$

例题 8-2 求长直电流的磁场。

解 设真空中有一直线电流 AB，电流强度为 I，从 A 流向 B。空间某一点 P 到直线电流的距离为 a，如图 8-9 所示。将直线电流分成许多电流元，每个电流元在 P 点产生的磁场方向相同，均垂直于纸面向里。直线上任一电流元 Idl 在 P 点的磁感应强度 d$\boldsymbol{B}$ 的数值，根据毕奥-萨伐尔定律为

$$dB = \frac{\mu_0}{4\pi} \cdot \frac{Idl\sin\theta}{r^2}$$

考虑统一用变量 θ，从几何关系可得

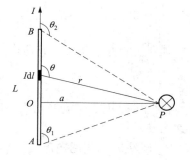

图 8-9 长直电流的磁场

$$l = a\cot(\pi - \theta) = -a\cot\theta$$
$$dl = -ad(\cot\theta) = a\csc^2\theta d\theta$$
$$r^2 = a^2\csc^2\theta$$

$$dB = \frac{\mu_0}{4\pi} \cdot \frac{Ia\csc^2\theta d\theta}{a^2\csc^2\theta} \cdot \sin\theta = \frac{\mu_0 I}{4\pi a} \cdot \sin\theta d\theta$$

直线电流 AB 在 P 点产生的磁感应强度的数值为

$$B = \int_L dB = \frac{\mu_0 I}{4\pi a} \int_{\theta_1}^{\theta_2} \sin\theta d\theta = \frac{\mu_0 I}{4\pi a}(\cos\theta_1 - \cos\theta_2) \tag{8-10}$$

若导线 AB 为无限长，则 $\theta_1 = 0$，$\theta_2 = \pi$，由式（8-10）得

$$B = \frac{\mu_0 I}{2\pi a} \qquad (8-11)$$

第三节　安培环路定律

一、安培环路定律

静电场中的电场线始于正电荷，终止于负电荷，不形成闭合曲线。由此得到静电场中的环路定理：电场强度沿任何闭合路径 L 的积分等于零，即 $\oint_L \boldsymbol{E} \cdot \mathrm{d}\boldsymbol{l} = 0$，它表示静电场是保守力场，这是静电场的一个重要特征。

磁感应线是围绕电流的闭合曲线，那么，在磁场中磁感应强度 $\boldsymbol{B}$ 沿闭合回路的积分 $\oint_L \boldsymbol{B} \cdot \mathrm{d}\boldsymbol{l}$ 等于多少？磁场是不是保守力场呢？它表示磁场的什么重要性质呢？下面分析 $\oint_L \boldsymbol{B} \cdot \mathrm{d}\boldsymbol{l}$ 有什么结果。

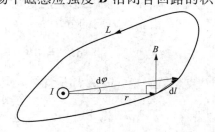

1. 环路 L 包围电流

如图 8-10 所示，闭合曲线 L 围绕一根无限长直载流导线，当环路 L 的走向与电流 I 构成右手螺旋关系时

图 8-10　环路 L（围绕电流）

$$\oint_L \boldsymbol{B} \cdot \mathrm{d}\boldsymbol{l} = \oint_L B\cos\theta \mathrm{d}l$$

$$= \oint_L Br\mathrm{d}\varphi = \oint_L \frac{\mu_0 I}{2\pi r} r\mathrm{d}\varphi = \frac{\mu_0 I}{2\pi} \oint_L \mathrm{d}\varphi = \frac{\mu_0 I}{2\pi} \cdot 2\pi = \mu_0 I$$

如果 I 的方向相反，它所产生的磁感应强度 $\boldsymbol{B}$ 的方向也相反

$$\theta > \frac{\pi}{2} \qquad \cos\theta \mathrm{d}l = -r\mathrm{d}\varphi \qquad \oint_L \boldsymbol{B} \cdot \mathrm{d}\boldsymbol{l} = -\mu_0 I$$

由此可以规定电流的正负：**电流方向与积分环路绕行方向构成右手螺旋关系为正，反之为负。**

2. 环路 L 不包围电流

如图 8-11 所示，可得

$$\oint_L \boldsymbol{B} \cdot \mathrm{d}\boldsymbol{l} = \oint_L Br\mathrm{d}\varphi = \frac{\mu_0 I}{2\pi} \int_{\varphi_1}^{\varphi_2} \mathrm{d}\varphi + \frac{\mu_0 I}{2\pi} \int_{\varphi_2}^{\varphi_1} \mathrm{d}\varphi = 0$$

3. 环路 L 围绕 n 个电流，并且 L 外面还有 k 个电流

根据叠加原理

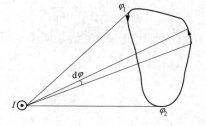

图 8-11　环路 L（不围绕电流）

$$\boldsymbol{B} = \boldsymbol{B}_1 + \boldsymbol{B}_2 + \cdots + \boldsymbol{B}_n + \boldsymbol{B}_{n+1} + \cdots + \boldsymbol{B}_{n+k}$$

则有

$$\oint_L \boldsymbol{B} \cdot \mathrm{d}\boldsymbol{l} = \oint_L \boldsymbol{B}_1 \cdot \mathrm{d}\boldsymbol{l} + \oint_L \boldsymbol{B}_2 \cdot \mathrm{d}\boldsymbol{l} + \cdots \oint_L \boldsymbol{B}_n \cdot \mathrm{d}\boldsymbol{l} + \oint_L \boldsymbol{B}_{n+1} \cdot \mathrm{d}\boldsymbol{l} + \cdots + \oint_L \boldsymbol{B}_{n+k} \cdot \mathrm{d}\boldsymbol{l}$$

$$= \mu_0 I_1 + \mu_0 I_2 + \cdots + \mu_0 I_n + 0 = \mu_0 \sum_{i=1}^{n} I_i$$

上式表明，**在真空中的稳恒磁场，总磁感应强度 B 沿任意闭合路径积分的值等于它所包围的电流代数和的 μ_0 倍**，即

$$\oint_L \boldsymbol{B} \cdot \mathrm{d}\boldsymbol{l} = \mu_0 \sum_{i=1}^{n} I_i \tag{8-12}$$

这个关系称为**安培环路定律**（Ampere circuital theorem）。注意等式右端 ΣI 是指闭合环路所围绕的那些电流，而等式左端的 B 是空间所有电流产生的磁感应强度的矢量和，是环路 L 内外的电流共同产生的磁场，只不过环路 L 以外的电流所产生的磁场沿 L 的环路积分为零。我们不难看出，不管闭合路径外面电流如何分布，只要闭合路径内没有包围电流或者所包围电流的代数和为零，总有 $\oint_L \boldsymbol{B} \cdot \mathrm{d}\boldsymbol{l} = 0$。但是，并这不意味着闭合路径上各点的磁感应强度都为零。

无限长直电流可视为在无穷远处闭合，根据毕奥-萨伐尔定律可以证明式（8-12）对任意形状的闭合传导电流和任何形式的平面或非平面内的闭合环路仍然成立。

对比静电场和磁场可见，静电场的环流等于零，静电场是保守力场；而电流所产生的磁场的环路积分一般不等于零，磁场是非保守力场，安培环路定律进一步说明磁场是涡旋场。

二、安培环路定律应用举例

对于电流分布具有一定对称性的磁场，用安培环路定律计算磁感应强度比用毕奥-萨伐尔定律方便。首先根据电流的分布分析磁场分布的对称性；然后选择适当的积分环路 L，使得磁感应强度 B 能以标量形式从 $\oint_L \boldsymbol{B} \cdot \mathrm{d}\boldsymbol{l}$ 中提出积分号外，只需计算 L 包围的电流代数和就可以方便地算出 B 的数值。

例题 8-3　求真空中无限长直螺线管的磁场。

解　设长度为 l、有 N 匝线圈均匀密绕的长直螺线管，当长度比线圈半径大得多时，可认为是"无限长"。这种螺线管无漏磁，即管外侧磁场可忽略不计。管内是均匀磁场。

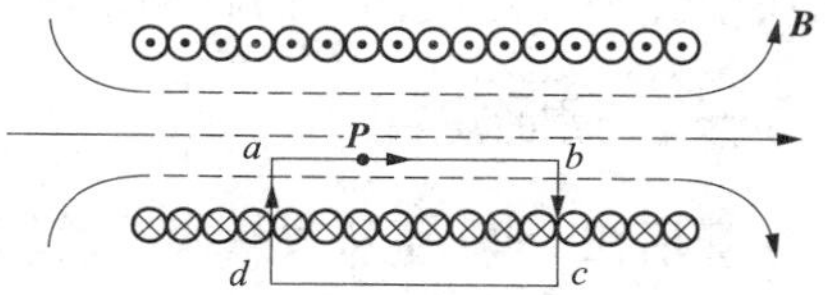

图 8-12　无限长直螺线管内磁感应强度的计算

选取图 8-12 所示的矩形闭合曲线 $abcda$ 为积分环路 L。ab、cd 与管轴平行，bc、da 与管轴垂直。则

$$\oint_L \boldsymbol{B} \cdot \mathrm{d}\boldsymbol{l} = \int_{ab} \boldsymbol{B} \cdot \mathrm{d}\boldsymbol{l} + \int_{bc} \boldsymbol{B} \cdot \mathrm{d}\boldsymbol{l} + \int_{cd} \boldsymbol{B} \cdot \mathrm{d}\boldsymbol{l} + \int_{da} \boldsymbol{B} \cdot \mathrm{d}\boldsymbol{l}$$

因为螺线管外 $B=0$，线段 bc、da 在管内部分的 $\mathrm{d}\boldsymbol{l}$ 与 B 相互垂直，所以

$$\int_{bc} \boldsymbol{B} \cdot \mathrm{d}\boldsymbol{l} = 0 \qquad \int_{cd} \boldsymbol{B} \cdot \mathrm{d}\boldsymbol{l} = 0 \qquad \int_{da} \boldsymbol{B} \cdot \mathrm{d}\boldsymbol{l} = 0$$

线段 ab 的 $\mathrm{d}\boldsymbol{l}$ 与 B 同向，因此

$$\oint_L \boldsymbol{B} \cdot \mathrm{d}\boldsymbol{l} = \int_{ab} \boldsymbol{B} \cdot \mathrm{d}\boldsymbol{l} = \int_{ab} B \cdot \mathrm{d}l = B \cdot \overline{ab}$$

螺线管上单位长度线圈匝数 $n = \dfrac{N}{l}$，当线圈通有电流 I 时，应用安培环路定律

可得

$$\oint_L \boldsymbol{B} \cdot \mathrm{d}\boldsymbol{l} = B \cdot \overline{ab} = \mu_0 \, \overline{ab} \, \frac{N}{l} I$$

$$B = \mu_0 nI \tag{8-13}$$

例题 8-4　求真空中环形螺线管的磁场。

解　图 8-13 所示的平均半径为 R，总匝数为 N 的环形螺线管，设环上线圈半径远小于 R，线圈均匀密绕，则管内的磁感应线都是同心圆，且圆周上每一点的磁感应强度大小相等，方向则沿该点的切线方向。因此，取这样的圆周为积分环路。应用安培环路定律

$$\oint_L \boldsymbol{B} \cdot \mathrm{d}\boldsymbol{l} = 2\pi R \cdot B = \mu_0 \sum I$$

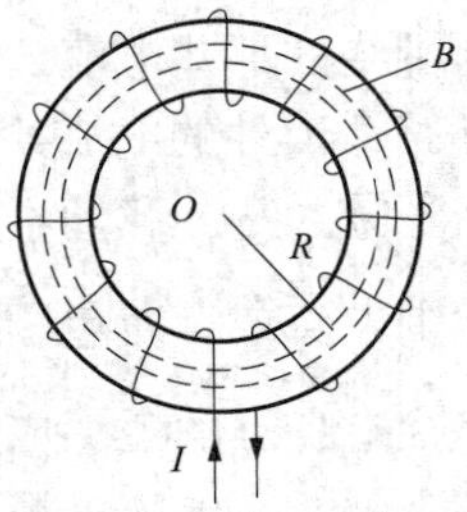

（1）螺线管外　$\sum I = 0, B = 0$

（2）螺线管内　$\sum I = NI$

$$B = \frac{\mu_0 NI}{2\pi R} = \mu_0 nI \tag{8-14}$$

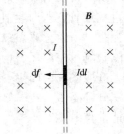

图 8-13　环形螺线管的磁场

式中，$n = \dfrac{N}{2\pi R}$ 为单位长度上的匝数。上式说明，环形螺线管的平均半径 R 远大于环上线圈半径时，环内各处磁感应强度大小相同。

第四节　磁场对电流的作用

载流导线在磁场中所受到的力称为**安培力**（Ampere force）。安培力使载流线圈在磁场中受到力矩的作用而转动，可把电能转变为机械能，这是电机工作的原理。

一、安培定律

安培在 1820 年从大量实验总结出电流在磁场中受力的规律，称为**安培定律**（Ampere law）。它指出电流元 $I\mathrm{d}\boldsymbol{l}$ 在磁场 $\boldsymbol{B}$ 中所受的磁场作用力为

$$\mathrm{d}\boldsymbol{f} = I\mathrm{d}\boldsymbol{l} \times \boldsymbol{B} \tag{8-15}$$

力的大小为 $\mathrm{d}f = BI\mathrm{d}l\sin\theta$，方向垂直于 $I\mathrm{d}\boldsymbol{l}$ 与 $\boldsymbol{B}$ 决定的平面并且满足右手螺旋法则，如图 8-14 所示。

根据安培定律，可以计算任意载流导线在磁场中所受的力和任意形状的载流线圈在磁场中所受的力和力矩。

图 8-14　安培定律

在匀强磁场中，电流为 I、长度为 L 的直导线所受的安培力等于各电流元安培力的矢量和，如图 8-15 所示。

$$F = \int_L \mathrm{d}f = \int_L IB\sin\theta \mathrm{d}l = BIL\sin\theta \tag{8-16}$$

式中，θ 是 dl 与 B 的夹角。当 $\theta = 0$ 或 $\theta = \pi$ 时，$F = 0$，这时导线中电流方向与 B 的方向相同或相反，载流导线受力为零。当 $\theta = \dfrac{\pi}{2}$ 时，导线中电流方向与 B 垂直，载流导线受到的安培力最大，$F = BIL$。力的方向由右手螺旋法则决定。

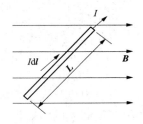

图 8 – 15　电流元受力

当载流导线为任意形状或处于非均匀磁场中，各电流元受力的大小和方向都可能不同，对于任意形状载流导线在外磁场中受到的安培力，应等于它的各个电流元所受安培力的矢量和，可用积分式表示为

$$F = \int \mathrm{d}f$$

这时必须把电流元 $I\mathrm{d}l$ 所受的力 df 按坐标分解，把矢量积分变成标量积分处理。

例题 8 – 5　求两根平行无限长直载流导线的相互作用。

解　设两导线之间的垂直距离为 d，电流分别为 I_1 和 I_2，如图 8 – 16 所示。则导线 1 在导线 2 处产生的磁感应强度为 $B_1 = \dfrac{\mu_0 I_1}{2\pi d}$，方向与导线 2 垂直。导线 2 上的线元 d$l_2$ 受到安培力的大小

$$\mathrm{d}f_{21} = I_2 B_1 \mathrm{d}l_2 = \frac{\mu_0 I_1 I_2}{2\pi d} \mathrm{d}l_2$$

同理，I_2 对导线 1 上的线元 dl_1 受到安培力的大小

$$\mathrm{d}f_{12} = \frac{\mu_0 I_1 I_2}{2\pi d} \mathrm{d}l_1$$

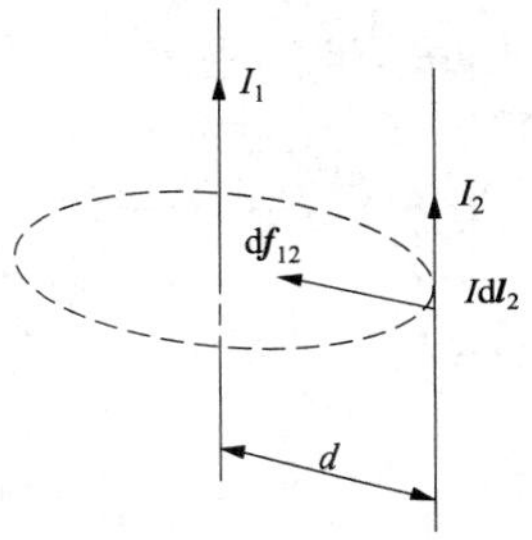

图 8 – 16　两无限长直载流导线的相互作用

单位长度导线所受作用力的大小为

$$f = \frac{\mathrm{d}f_{21}}{\mathrm{d}l_2} = \frac{\mathrm{d}f_{12}}{\mathrm{d}l_1} = \frac{\mu_0 I_1 I_2}{2\pi d}$$

当两电流方向相同时，f 为相互吸引力；当电流方向相反时，f 为斥力。当两电流大小相等，$I_1 = I_2 = I$，则

$$f = \frac{\mu_0 I^2}{2\pi d}$$

国际单位制中电流强度单位安培就以这样的两根平行无限长直载流导线的相互作用来定义：当 $d = 1\mathrm{m}$，$f = 2 \times 10^{-7} \mathrm{N/m}$，则规定 $I = 1\mathrm{A}$。

二、磁场对载流线圈的作用

通电线圈在磁场中发生转动，说明磁场有磁力矩作用在通电线圈上。下面讨论均匀磁场对刚性的平面矩形载流线圈的作用。

设均匀磁场 B 中有一载有电流 I 的矩形线圈 $abcd$，$da = bc = l_1$，$ab = cd = l_2$，ab，cd 这组对边与磁场垂直，并且线圈平面与磁场 B 的夹角为 θ，如图 8 – 17（a）所示。

由式（8 – 16）可知，对边 da 和 bc 受力分别为

$$F_1 = Il_1 B\sin\theta$$

和 $\qquad F_1' = Il_1 B\sin(\pi - \theta) = Il_1 B\sin\theta$

两个力在同一直线上，大小相等，方向相反，所以作用相互抵消。

而对边 ab 和 cd 受力如图 8 – 17（b）所示。

$$F_2 = F_2' = IBl_2$$

两个力也是大小相等，方向相反，但不在一条直线上，因此形成力偶使线圈转动。作用在线圈上的力矩为

$$M = F_2 l_1 \cos\theta = BIl_1 l_2 \cos\theta = ISB\cos\theta \qquad (8-17)$$

式中，$S = l_1 l_2$ 是线圈的面积。

若线圈法线 $\boldsymbol{n}$ 的方向与磁场 $\boldsymbol{B}$ 方向的夹角为 φ，则 $\theta + \varphi = \dfrac{\pi}{2}$。对 N 匝线圈，由式（8 – 17），有

$$M = NISB\sin\varphi = p_{\mathrm{m}} B\sin\varphi$$

式中，$p_{\mathrm{m}} = NIS$ 为 N 匝线圈磁矩的大小。磁矩矢量 $\boldsymbol{p}_{\mathrm{m}}$ 的方向是载流线圈的法线方向。由力矩方向的判定可知，上述平面载流线圈在磁场所受的力矩可用矢量式表示

$$\boldsymbol{M} = \boldsymbol{p}_{\mathrm{m}} \times \boldsymbol{B} \qquad (8-18)$$

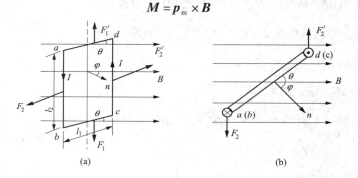

图 8 – 17　平面载流线圈所受的磁力矩

在磁场力矩作用下，载流线圈将发生转动。当线圈法线 $\boldsymbol{n}$ 与磁场 $\boldsymbol{B}$ 方向一致时，$\varphi = 0$，通过线圈的磁通量最大，线圈所受力矩 $\boldsymbol{M} = 0$，线圈处于稳定的平衡状态。如果这时外界扰动使线圈稍有偏转，在磁力矩作用下线圈将回到平衡位置。当二者方向相反，$\varphi = \pi$ 时，虽然也是 $\boldsymbol{M} = 0$，但线圈处于非稳定平衡状态。如果有外界扰动使线圈稍有偏转，线圈将转动到二者方向一致为止。当二者互相垂直，$\varphi = \dfrac{\pi}{2}$ 时，$\sin\varphi = 1$，磁力矩有最大值 $M = NISB$。

式（8 – 18）不仅对矩形线圈成立，在均匀磁场中，任意形状的平面线圈同样适用。在匀强磁场中的平面线圈所受安培力的合力为零，仅受到磁力矩的作用。故刚性线圈只发生转动，不发生平移。磁场对载流线圈有磁力矩的作用是制造电动机、动圈式电磁仪表等的基本理论依据。

原子核外电子的绕核运动，形成环形电流，它与电流所包围的面积的乘积，称为电子的**轨道磁矩**（orbital magnetic moment）。另外，根据量子力学的概念，电子和原子核分别具有电子的**自旋磁矩**（spin magnetic moment）和原子核的**自旋磁矩**。这些概念对研究磁介质、原子和分子光谱、核磁共振现象都是有用的。

例题 8-6　无限长直电流 I_1 位于半径为 R 的半圆电流 I_2 的直径上，半圆可绕该直径转动，如图 8-18 所示。求半圆电流 I_2 受到的磁场作用力和磁力矩。

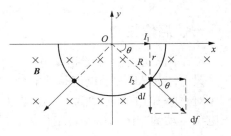

图 8-18　半圆电流受到的磁场作用力

解　作用在 I_2 的磁场由直线电流 I_1 产生。半圆电流 I_2 受到的磁场力的分布是以 y 轴为对称，故 x 方向的合力 $F_x = 0$，如图 8-18 所示。

半圆电流 I_2 每一小段 $\mathrm{d}l$ 受力为

$$\mathrm{d}f = I_2 B \mathrm{d}l = I_2 \frac{\mu_0 I_1}{2\pi r}\mathrm{d}l$$

其中 $r = R\sin\theta$，$\mathrm{d}l = R\mathrm{d}\theta$，所以

$$\mathrm{d}f = \frac{\mu_0 I_1 I_2}{2\pi R\sin\theta}R\mathrm{d}\theta = \frac{\mu_0 I_1 I_2}{2\pi\sin\theta}\mathrm{d}\theta$$

$$\mathrm{d}f_y = \mathrm{d}f \cdot \sin\theta = \frac{\mu_0 I_1 I_2}{2\pi}\mathrm{d}\theta$$

半圆电流 I_2 所受合力指向 y 轴负方向，其大小为

$$F = F_y = \int_0^\pi \frac{\mu_0 I_1 I_2}{2\pi}\mathrm{d}\theta = \frac{1}{2}\mu_0 I_1 I_2$$

由于各电流元受的磁力都过 O 点，故磁力矩 $\boldsymbol{M} = 0$。

例题 8-7　氢原子中的电子，在半径 $r = 5.3 \times 10^{-11}\mathrm{m}$ 的圆周上以 $v = 2.2 \times 10^6\mathrm{m/s}$ 匀速运动，求电子的轨道磁矩。

解　电子做圆周运动每秒钟通过轨道上任一点的次数

$$n = \frac{v}{2\pi r}$$

产生的电流

$$I = ne = \frac{ve}{2\pi r}$$

故电子的轨道磁矩

$$p_\mathrm{m} = IS = \frac{ve}{2\pi r} \cdot \pi r^2 = \frac{1}{2}ver$$

$$= \frac{1}{2} \times (-1.6 \times 10^{-19}) \times 2.2 \times 10^6 \times 5.3 \times 10^{-11} = -9.3 \times 10^{-24}\mathrm{A} \cdot \mathrm{m}^2$$

负号表示电子轨道磁矩方向与电子转动的角速度方向相反。

第五节　磁场对运动电荷的作用

导线中的电流是自由电子定向运动形成的，载流导线受到磁场的作用力，是磁场对定向运动电子作用力叠加的结果。磁场对运动电荷的作用力称为**洛伦兹力**（Lorentz force）。

一、洛伦兹力

可以用安培定律推导运动电荷在磁场中受到的洛伦兹力。

设电流元 $I\mathrm{d}l$ 中的电流是由电量为 q 的电荷定向运动形成的,电流元的横截面积为 S,单位体积内的电荷数为 n,定向运动速度为 v。则电流强度 $I = nqvS$,$\mathrm{d}l$ 的方向就是正电荷运动的方向。由安培定律表达式可得

$$\mathrm{d}\boldsymbol{f} = I\mathrm{d}\boldsymbol{l} \times \boldsymbol{B} = nqvS\mathrm{d}\boldsymbol{l} \times \boldsymbol{B}$$

在电流元 $I\mathrm{d}l$ 中包含的电荷个数为 $N = nS\mathrm{d}l$,由上式可得每个电荷受到的洛伦兹力为

$$\boldsymbol{f} = \frac{\mathrm{d}\boldsymbol{f}}{N} = q\boldsymbol{v} \times \boldsymbol{B} \tag{8-19}$$

在数值上

$$f = qvB\sin\theta \tag{8-20}$$

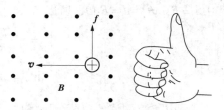

式中,θ 是速度 v 与磁场 B 之间的夹角。洛伦兹力的方向垂直于 v 和 B 所决定的平面,而且 $\boldsymbol{f}$、v 和 B 三个矢量的方向符合右手螺旋法则:右手四指由 v 以小于 π 的角度转向 B,拇指的指向为力的方向,如图 8-19 所示。

图 8-19 洛伦兹力方向的确定

由于洛伦兹力的方向总是与电荷的速度方向垂直,因此对运动电荷不做功,也不会改变电荷运动速度的大小,而只能改变电荷的运动方向。

当电荷以一定速度 v 进入磁场,它的运动可能出现以下三种情况。

(1)速度方向与磁场方向平行,$v /\!/ B$,洛伦兹力 $f = 0$,电荷在磁场中做匀速直线运动。

(2)速度方向与磁场方向垂直,$v \perp B$,电荷受到的洛伦兹力的大小为 $f = qvB$,方向与 v、B 垂直。如果是匀强磁场,该电荷将在与磁场垂直的平面内做匀速圆周运动,如图 8-20 所示。其向心力就是洛伦兹力

$$m\frac{v^2}{R} = qvB$$

因此,圆周运动的半径也称为**回旋半径**,其大小为

$$R = \frac{mv}{qB} \tag{8-21}$$

图 8-20 电荷在匀强磁场中做匀速圆周运动

可见,在同一磁场中,若电荷的 q、v 相同,质量 m 越大的电荷,回旋半径也越大。

电荷的运动周期 T,即回旋一周所需的时间为

$$T = \frac{2\pi R}{v} = \frac{2\pi m}{qB} \tag{8-22}$$

回旋频率 ν,即单位时间内回旋的圈数为

$$\nu = \frac{1}{T} = \frac{qB}{2\pi m} \tag{8-23}$$

由式(8-23)可见,在同一磁场 B 中,只要电荷的 q、m 相同,其回旋频率 ν 相同,与运动速度 v 和回旋半径 R 无关,只是速度较大的粒子回旋半径较大,速度较小的

粒子回旋半径较小。如果带正电的粒子，在交变电场和均匀磁场的作用下，多次累积式的被加速而沿着螺线形的平面轨道运动，直到粒子能量足够高时到达半圆形电极的边缘，通过铝箔覆盖的缝，粒子就可以被引出，这个原理在粒子回旋加速器上得到应用。

（3）一般情况下，电荷以与 **B** 成 θ 角的速度 **v** 进入匀强磁场。把 **v** 分解为垂直于 **B** 的分量 $v_\perp$ 和平行于 **B** 的分量 $v_{/\!/}$，如图 8 – 21 所示。

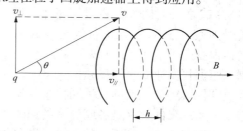

$$v_\perp = v\sin\theta \qquad v_{/\!/} = v\cos\theta$$

垂直分量使电荷受到洛伦兹力 $f = qvB\sin\theta$ 的作用，在垂直于磁场方向的平面做半径为 $R = \dfrac{mv}{qB}\sin\theta$ 的匀速圆周运动。在

图 8 – 21　电荷在磁场中的螺旋运动

与 **B** 平行的方向上，电荷所受的力为零，电荷以速度 $v_{/\!/}$ 做匀速直线运动，二者叠加，使电荷做螺旋运动。螺距为

$$h = v_{/\!/} \cdot T = v_{/\!/} \cdot \frac{2\pi m}{qB} = \frac{2\pi m}{qB}v\cos\theta \qquad (8-24)$$

二、质谱仪

带电粒子在同时存在着电场和磁场的真空中运动时，将受到电场力和磁场洛伦兹力的共同作用。利用这种现象，可以把电量相同而质量不同的粒子，比如同位素分离开来，以便进行研究。具有这种功能的仪器称为**质谱仪**（mass spectrograph），质谱仪是用物理方法分析同位素的仪器。工作原理见图 8 – 22。

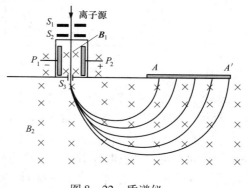

图 8 – 22　质谱仪

S_1 和 S_2 是一对平行金属板，中间有狭缝可让运动离子通过。两极板之间加有电压，初速度不同的正离子进入电场之后将被加速。P_1 和 P_2 是另一对电极，设 P_2 电势高于 P_1。P_1、P_2 之间的空间有一均匀磁场 B_1，方向如图所示。加速后的正离子进入这个区间将受到方向相反的电场力和洛伦兹力作用，只有速度满足

$$qE = qvB_1 \qquad (8-25)$$

即 $v = E/B_1$ 的正离子，才会无偏转地通过 P_1、P_2 之间的区间，并穿过狭缝 S_3，因此这部分也称为**速度选择器**。经过速度选择的正离子进入另一匀强磁场 B_2，方向如图 8 – 22 所示。正离子将在洛伦兹力作用下做圆周运动。将 $v = E/B_1$ 代入式（8 – 21），得

$$R = \frac{mE}{qB_1B_2} \qquad (8-26)$$

根据半径 R 的不同，可以识别同一元素的各种同位素。

$$m = \frac{qRB_1B_2}{E}$$

半径越大，同位素的质量越大。在图 8 - 22 的 AA' 位置上装照相底片，粒子射到底片上形成线状条纹，称为**质谱**，根据条纹的位置可以测量出半径 R，进而计算同位素的质量。图 8 - 23 是质谱仪摄得锗元素的五种同位素的质谱，上面标出的数字是各同位素的原子量。质谱仪还能识别不同的化学元素和化合物，也能方便地测出离子的荷质比

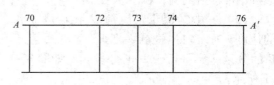

图 8 - 23 锗同位素的质谱

$$\frac{q}{m} = \frac{E}{RB_1B_2}$$

三、霍尔效应

1897 年霍尔发现：在匀强磁场 $\boldsymbol{B}$ 中有一块宽度为 a，厚度为 b，载有电流的半导体薄片，当薄片平面与磁场垂直，则在薄片两侧 A、B 会产生横向电势差 U_{AB}，如图 8 - 24（a）所示。这种现象称为**霍尔效应**（Hall effect）。U_{AB} 称为**霍尔电势差**（Hall potential difference）。

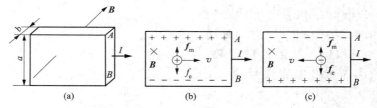

图 8 - 24 半导体的霍尔效应

设处于磁场中的是 P 型半导体薄片，则多数载流子是带正电的空穴。如图 8 - 24（b）所示，若平均定向漂移速度为 $\boldsymbol{v}$，则正电荷受到向上的洛伦兹力 $\boldsymbol{f}_m = q\boldsymbol{v} \times \boldsymbol{B}$ 作用，在薄片的上侧（A 侧）积累正电荷，而下侧（B 侧）相应出现负电荷，建立了从 A 指向 B 的横向电场 E。该电场对正电荷产生向下的作用力 $f_e = qE$。正电荷所受的电场力和洛伦兹力方向相反，当这两个力平衡时，即

$$qE = qvB$$

运动的正电荷受到的合力为零，AB 两侧才停止电荷的积累，形成稳定的**霍尔电场**。电场强度

$$E_H = vB \tag{8-27}$$

若载流子密度为 n，载流子电量为 q，则上式中载流子的漂移速度 $\boldsymbol{v}$ 可以根据电流强度 I 求得

$$I = nqvab$$

$$v = \frac{I}{nqab}$$

设霍尔电场是匀强电场，霍尔电势差为

$$U_{AB} = Ea = vBa = \frac{I}{nqab} \cdot Ba = \frac{1}{nq} \cdot \frac{IB}{b} = R_H \frac{IB}{b} \qquad (8-28)$$

可见霍尔电势差与电场强度 I 和磁感应强度 B 成正比，与薄片厚度 b 成反比，比例系数 $R_H = \frac{1}{nq}$ 称为**霍尔系数**（Hall coeffitient）。

金属材料中，自由电子体密度 n 很大，所以 R_H 很小，霍尔电势差也就很小。半导体材料中载流子的体密度 n 很小，霍尔效应显著，可以用来制造产生霍尔效应的器件，也称为**霍尔元件**。当使用的是 N 型半导体，由于多数载流子是电子，在 A 侧积累的就是负电荷，霍尔电势差 U_{AB} 变为负，如图 8 – 24（c）所示。所以根据霍尔电势差的正负，可以判断半导体的类型。

根据式 8 – 28，对一定的霍尔元件，当电流 I 一定，霍尔电势差 U_{AB} 与磁感应强度 B 成正比。据此可以制造用于测量磁感应强度的**特斯拉计**。霍尔电场是由非静电力的洛伦兹力建立的，霍尔电势差的正负又决定于载流子的正负，因此霍尔效应在测量技术、电子技术和自动化领域都有广泛的应用。如判别材料的导电类型、确定载流子数密度与温度的关系、测定温度、测定磁场、测定电流等。

第六节　磁　介　质

前面讨论的是运动电荷或电流在真空中所激发磁场的性质和规律，而实际上运动电荷的周围存在着各种各样的物质，这些物质与磁场是会相互影响的。能够影响磁场的物质称为**磁介质**（magnetic medium）。因为各种物质对磁场都有影响，所以所有物质都是磁介质。磁介质在磁场 B_0 作用下会产生附加磁场 B'，使原有磁场发生变化，这种现象称为**磁化**（magnetization）。物质中的磁场是两者的叠加，即

$$B = B_0 + B' \qquad (8-29)$$

不同的物质磁化后磁场的强弱有不同的变化，据此可以把磁介质分为三类。

（1）顺磁质（paramagnetic substance）　B' 与 B_0 同向，$B > B_0$，如钠、铝、锰、铬、氮、氧等。

（2）抗磁质（diamagnetic substance）　B' 与 B_0 反向，$B < B_0$，如铜、铅、铋、银、水、氯、氢等。

（3）铁磁质（ferromagnetic substance）　B' 与 B_0 同向，但 $B \gg B_0$，主要是铁、钴、镍及其合金。

实验表明，顺磁质和抗磁质产生的附加磁场 $B' \ll B_0$，对磁场的影响很小，称为**弱磁质**。铁磁质对磁场影响很大，称为**强磁质**。

一、磁介质的磁化机制

一切物质都由分子、原子组成，分子或原子中每一个电子的运动都产生磁效应，如上节所述，产生了电子的轨道磁矩和自旋磁矩。分子的各个电子对外界产生的磁效应的总和，可以用一个等效圆电流表示，称为**分子电流**（molecular current），所具有的磁矩称为**分子磁矩**（molecular magnetic moment），以 p_m 表示。正常情况下，分子磁矩 $p_m = 0$ 的物质就是抗磁质；$p_m \neq 0$ 的物质是顺磁质。铁磁质是一种特殊的顺磁质。

当置于外磁场 B_0 中，原子中的每一个电子除具有轨道磁矩和自旋磁矩外，由于受

到磁场力矩 $M = p_m \times B_0$（见式 8－18）的作用，引起以外磁场方向为轴线的进动，而产生了**附加磁矩**（additional magnetic moment），其原理与第一章中刚体的进动相似。如图 8－25（a）所示是电子沿逆时针方向运动的情况，电子带负电，所以轨道磁矩 p_m 和轨道角动量 L 方向相反。外磁场对电子的力矩 M 使电子获得角动量增量 $\Delta L = M\Delta t$，电子将出现逆时针方向的进动，因而产生与外磁场 B_0 方向相反的附加磁矩 Δp_m。图 8－25（b）是电子沿顺时针方向运动的情况，外磁场对电子的力矩 M 也使电子出现逆时针方向的进动。可见，不管电子原来的运动方向如何，面对外磁场 B_0 的方向看，进动的方向总是逆时针的，所产生的附加磁矩总是与 B_0 相反。

分子中各个电子，由进动而产生的附加磁矩的总和，可以用一个等效的分子电流的磁矩 Δp_m 表示，并且 Δp_m 总是与 B_0 方向相反。Δp_m 也称为附加磁矩。

顺磁质中每个分子都具有一定的磁矩 p_m。没有外磁场时，由于热运动，大量分子的磁矩在空间的取向是杂乱无章、没有规律的。对磁介质中任何一个体积都有 $\sum p_m = 0$，对外不显磁性。引入外磁场后，受到磁力矩的作用和分子之间的碰撞，分子磁矩 p_m 的方向与外磁场 B_0 方向趋向一致，$\sum p_m \neq 0$，并远大于附加磁矩 Δp_m，因此 $B > B_0$，如图 8－26 所示。

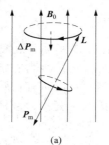
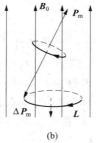

（a）　　　　　（b）

图 8－25　电子在磁场中的运动

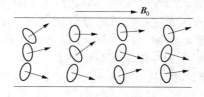

图 8－26　顺磁质的磁化

抗磁质由于每个分子的磁矩 p_m 为零，没有外磁场时，介质中任何一个体积有 $\sum p_m = 0$，对外不显磁性。如果置于外磁场下，由于产生了与外磁场 B_0 方向相反的附加磁矩 Δp_m，所以 $B < B_0$。

实验表明，电子的轨道磁矩与自旋磁矩的大小同数量级，原子核的磁矩则比电子磁矩小很多，因此研究磁介质的磁化时可以忽略原子核的磁矩。另外电子的自旋角动量在外磁场 B_0 中只有两种取向：与 B_0 同向或反向。根据泡利不相容原理和能量最小原理，自旋方向与 B_0 同向的电子数和与 B_0 反向的电子数相等。因此，从总体来看，自旋磁矩不会对外磁场 B_0 产生影响。在研究介质磁化时也不考虑电子的自旋磁矩。

二、磁导率　磁场强度

在给定的载流导线所产生的磁场中，当充有不同的磁介质时，由于磁化过程不同，会产生不同的磁感应强度。这种情况与静电场中在给定自由电荷分布时，充有不同的电介质，便产生不同的电场强度的情况相类似。在研究电场时，引入了电位移矢量 D 这一物理量。在无限大均匀电介质中 D 只与自由电荷分布有关，而与电介质的性质无关。与此相似，对于磁场也可以引入一个称为**磁场强度**（magnetic field intensity）的新物理量，用 H 表示。在无限大均匀磁介质中，磁场强度只与产生磁场的电流分布有关，而与磁介质的性质无关，这样就可以方便地处理有磁介质的磁场的问题。

1. 磁导率

磁介质的磁化对磁场的影响，可以通过实验测量。真空中无限长直导线外距导线为 a 处的磁感应强度

$$B_0 = \frac{\mu_0 I}{2\pi a} \tag{8-30}$$

如果让空间充满不同的均匀磁介质，测量同一点的磁感应强度 B，实验表明

$$B = \mu_r B_0 \tag{8-31}$$

即磁介质中的磁感应强度与真空中的磁感应强度成正比。比例系数 μ_r 称为磁介质的**相对磁导率**（relative permeability），它是没有单位的纯数，取决于磁介质的种类和状态。真空的 $\mu_r = 1$；顺磁质 $\mu_r > 1$；抗磁质 $\mu_r < 1$；铁磁质 $\mu_r \gg 1$。

无限长直导线外距导线为 a 处的磁介质中的磁感应强度为

$$B = \mu_r B_0 = \mu_r \mu_0 \frac{I}{2\pi a} = \mu \frac{I}{2\pi a} \tag{8-32}$$

式中，$\mu = \mu_r \mu_0$ 称为磁介质的**磁导率**（permeability），单位与真空的磁导率 μ_0 相同，都是亨利/米（H/m）。磁导率是常量的材料称为**线性介质**，磁导率随磁场强弱而变化的材料是**非线性介质**，铁磁质如硅钢就是非线性介质。

2. 磁场强度

比较式（8-30）和式（8-32），可得

$$\frac{B_0}{\mu_0} = \frac{B}{\mu} = \frac{I}{2\pi a}$$

引入**磁场强度 H** 这一物理量，定义为

$$H = \frac{B}{\mu} \tag{8-33}$$

则 $H = \frac{I}{2\pi a}$，只与产生磁场的电流分布有关，与磁介质的性质无关，简化了具有磁介质的磁场问题。从式（8-33）可见，磁场中充满各向同性的均匀磁介质时，磁场强度 H 和磁感应强度 B 的方向相同，大小成正比。H 的单位是安培/米（A/m）。上式也可以写为

$$B = \mu H \tag{8-34}$$

磁场强度的定义对任何类型的磁场都适用。

三、铁磁质的磁化

铁磁质的磁化具有特殊性，显著的特点是磁导率很大，而且随磁场强度而变化。另外，磁化过程有明显的磁滞现象。

图 8-27 是硅钢在磁化时，相对磁导率 μ_r 随磁场强度 H 的变化曲线。可以看到，H 较小时，μ_r 随 H 的增加而迅速增大。当 H 增大到一定值时，μ_r 达到最大值。然后随着 H 值继续增加，μ_r 反而减小。可见铁磁质的磁导率 $\mu = \mu_r \mu_0$ 不是常量，是随磁场强度 H 而变化的。

铁磁质的磁化规律，即磁感应强度 B 与磁场强度 H 的关系曲线可以由实验测定，

如图 8 – 28 所示。

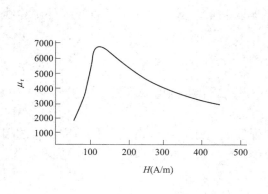

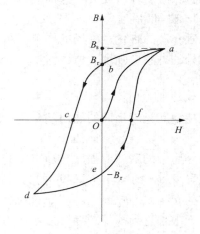

图 8 – 27　硅钢的磁化曲线

图 8 – 28　磁滞回线

1. 起始磁化曲线

曲线的 Oa 段，铁磁质从完全未被磁化的状态 0（$B=0$，$H=0$）开始，当 H 很小时，B 与 H 呈线性关系；之后 B 随着 H 的增大而迅速增大，曲线斜率很大；当 H 增大到一定值时，B 随着 H 的增大而缓慢增加，曲线斜率变小；最后斜率变为零，B 不再随 H 的增大而增加，$B=B_s$，称为**磁饱和状态**。

2. 磁滞回线

铁磁质被磁化达到磁饱和状态后，如果 H 减小，B 不沿原来的曲线 Oa 下降，而是沿另一条曲线 ab 下降，B 减小时比增大时的变化要慢得多。当 H 减小到零，B 还保留一定数值 B_r，称为**剩磁**（remanent magnetization）。要使 B 减小到零，必须加上反向磁场，即曲线的 bc 段，磁场强度 H_c 称为**矫顽力**（coercive force）。如果继续增大反向磁场，沿 cd 段到达 d 点，又可达到反方向的磁饱和。以后逐渐减小反向磁场，当 $H=0$ 时，$B=-B_r$。再加上正向磁场，B 继续增大，最后构成闭合曲线 $abcdefa$。这条闭合曲线称为**磁滞回线**（hysteresis loop）。在铁磁质反复磁化过程中，磁滞回线的形状保持不变。磁感应强度 B 数值的变化总是落后于磁场强度 H 的变化，这种现象称为**磁滞**。磁滞回线包围的面积称为**磁滞损耗**（hysteresis loss），损耗的能量以热的形式放出。

根据磁滞回线的特点，不同的铁磁质有不同的剩磁和矫顽力，可以把铁磁质分为三类。硅钢、软铁等软磁材料的磁滞回线包围的面积比较小，磁滞损耗小，矫顽力也小，容易磁化也容易去磁，适合制造变压器、电磁铁和电动机的铁芯。碳钢、镍钢、铝镍钴合金等硬磁材料的磁滞回线包围的面积大，矫顽力大，外磁场去掉后能保留很强的剩磁，适合于制造扬声器和仪表中的永久磁铁。还有一类磁滞回线呈矩形的矩磁材料，其剩磁 B_r 几乎和磁感应强度 B_s 相同，矫顽力不强，在两个方向磁化后的剩磁总是 B_r 或 $-B_r$，可以用来表示计算机二进制的两个数码 "0" 和 "1"，制成记忆元件。

铁磁质的磁化过程如此特殊，需要用磁畴理论解释。

铁磁质可以分为许多体积约为 $10^{-12} \sim 10^{-8} \mathrm{m}^3$ 的小区域，每个小区域内的分子磁矩都向同一方向整齐排列，这些小区域称为**磁畴**（magnetic domain）。如图 8 – 29 所示。

无外磁场时，磁畴因热运动而呈无规则排列，宏观上不显磁性。在外磁场作用下，铁磁质的磁化曲线可以用图 8-30 所示的磁畴结构变化解释。外磁场 H 较小时，顺着 H 方向的磁畴范围增大，逆着 H 方向的磁畴范围缩小，磁感应强度 B 缓慢增加；H 继续增强，磁畴逐渐转向外磁场方向，磁性迅速增加；在强磁场作用下，所有磁畴都转到外磁场方向，达到磁饱和状态。当外磁场减小时，由于磁畴间的相对运动而存在摩擦等原因，使 B 的变化滞后于 H 的变化，形成磁滞回线。一部分磁化能量转化为分子无规则运动而形成磁滞损耗。

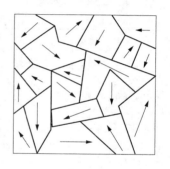

图 8-29　磁畴

图 8-30　磁化过程磁畴的变化

　　温度升高到一定值，铁磁质会退化为顺磁质，这个温度称为**居里点**（Curie point）。硅钢的居里点是 660℃，铁是 770℃，钴是 1117℃，镍是 376℃，铁氧体是 300℃。铁磁质受到强烈震动，磁畴也会瓦解变成顺磁质。量子力学认为，温度不太高时，铁磁质内邻近的原子之间的交换作用使得电子自旋磁矩在小范围内作平行排列而形成磁畴。温度升高后，当原子的不规则运动足以破坏原子的交换作用时，磁畴就被瓦解。

思考题

　　1. 人体生物磁场的形成特点是什么？磁学研究在医学上有哪些应用？
　　2. 磁性药物治疗剂是近年来国内外竞相研发的一种新型药物制剂，请从互联网上查询相关知识。

重点小结

内容提要	重点难点
磁场	线圈磁矩 $\boldsymbol{p}_m = IS\boldsymbol{n}_0$
	磁感应强度 B 的定义 $B = \dfrac{M_{max}}{p_m}$
	磁感应线描述磁场
	磁通量的概念 $\varPhi_m = \int_S \boldsymbol{B} \cdot \mathrm{d}\boldsymbol{S}$
	磁场高斯定理 $\oint_S \boldsymbol{B} \cdot \mathrm{d}\boldsymbol{S} = 0$

内容提要	重点难点
比奥－萨伐尔定律	$\boldsymbol{B} = \int \mathrm{d}B = \int_L \dfrac{\mu_0}{4\pi} \cdot \dfrac{I\mathrm{d}\boldsymbol{l} \times \boldsymbol{r}_0}{r^2}$ 及其应用磁场叠加原理求任意电流的磁场
安培环路定律	$\oint_L \boldsymbol{B} \cdot \mathrm{d}\boldsymbol{l} = \mu_0 \sum\limits_{i=1}^{n} I_i$ 及应用该定律求磁场
安培定律	安培定律 $\boldsymbol{f} = \int_L \mathrm{d}\boldsymbol{f} = \int_L I\mathrm{d}\boldsymbol{l} \times \boldsymbol{B}$ 磁场对载流导体的作用 匀强磁场中的平面线圈受磁力矩 $\boldsymbol{M} = \boldsymbol{p}_{\mathrm{m}} \times \boldsymbol{B}$
洛伦兹力	洛伦兹力 $\boldsymbol{f} = q\boldsymbol{v} \times \boldsymbol{B}$ 回旋半径 $R = \dfrac{mv}{qB}$ 质谱仪 $m = \dfrac{qRB_1B_2}{E}$ 霍尔效应 $U_{AB} = R_{\mathrm{H}} \dfrac{IB}{b}$
磁介质	磁介质的磁化机制 磁导率 $\mu = \mu_r\mu_0$ 磁场强度 $H = \dfrac{B}{\mu}$ 铁磁质的磁化

 习题八

1. 真空中有两根互相平行的无限长直导线 L_1 和 L_2，相距 0.10m，通有方向相反的电流，$I_1 = 10A$，$I_2 = 20A$，如图 8－31 所示。A、B 两点与导线在同一平面内，这两点与导线 L_2 的距离均为 0.050m。试求：

（1）A、B 两点处的磁感应强度；

（2）磁感应强度为零的点的位置。

2. 如图 8－32 所示，载有电流 $I = 2.0A$ 的无限长直导线，中部弯成半径 $r = 0.10m$ 的半圆环。求环中心 O 的磁感应强度。

图 8－31 习题 1 示意图

图 8－32 习题 2 示意图

3. 一根载有电流 I 的长直导线沿半径方向接到均匀铜环的 A 点，然后从铜环的 B 点沿半径方向引出，见图 8－33。求环中心的磁感应强度。

4. 如图 8－34 所示，I 为两个平行的无限长直电流，电流方向垂直纸面向外，求在 O 点的磁感应强度 B。

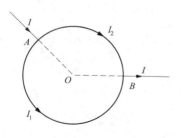

图 8－33　习题 3 示意图

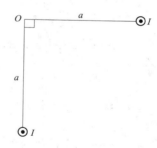

图 8－34　习题 4 示意图

5. 一空心长直螺线管半径 1.0cm，长 20cm，共绕 500 匝，通有 1.5A 的电流，求通过螺线管的磁通量。

6. 一个半径为 R 的无限长半圆柱面导体，自上而下沿长度方向的电流 I 在柱面上均匀分布，如图 8－35 所示。求半圆面轴线上的磁感应强度。

7. 真空中有一半径为 R 的无限长直金属圆棒，通有电流 I，若电流在导体横截面上均匀分布，求：

（1）导体内、外磁感应强度的大小；

（2）导体表面磁感应强度的大小。

8. 电流 I 均匀地流过半径为 R 的圆形长直导线，试计算单位长度导线内通过图 8－36 中所示剖面的磁通量。

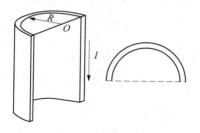

图 8－35　习题 6 示意图

图 8－36　习题 8 示意图

9. 一条通有 2.0A 电流的铜线，弯成如图 8－37 所示的形状。半圆的半径 $R = 0.12\text{m}$，放在 $B = 1.5 \times 10^{-2}\text{T}$ 的均匀磁场中，磁场方向垂直纸面向里，试求该铜线所受的磁场作用力。

10. 一条无限长直载流导线通有电流 I_1，另一载有电流 I_2、长度为 l 的直导线 AB 与它互相垂直放置，A 端与长直导线相距为 d，如图 8－38 所示。试求导线 AB 所受的安培力。

11. 如图 8－39 所示，一根长直导线载有电流 $I_1 = 30\text{A}$，与它同一平面的矩形线圈 $ABCD$ 载有电流 $I_2 = 10\text{A}$。试计算作用在矩形线圈的合力。已知 $d = 1.0\text{cm}$，$b = 9.0\text{cm}$，$l = 12\text{cm}$。

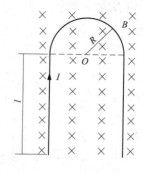

图 8－37　习题 9 示意图

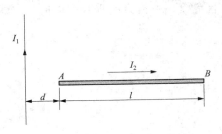

图 8 - 38   习题 10 示意图

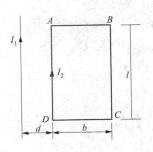

图 8 - 39   习题 11 示意图

12. 长方形线圈 *ABCD* 载有 10A 电流，方向如图 8 - 40 所示，可以绕 *y* 轴转动。线圈放置在磁感应强度为 0.20T、方向平行于 *x* 轴的匀强磁场中。试求：

(1) 线圈每边受力的大小和方向；

(2) 要维持线圈不动，需要多大力矩？

(3) 线圈处在什么位置时所受力矩最小？

13. 一长直导线载有电流 30A，离导线 3.0cm 处有一电子以速率 2.0×10^7 m/s 运动，求以下三种情况作用在电子上的洛伦兹力：

(1) 电子的速度 ***v*** 平行于导线；

(2) 速度 ***v*** 垂直于导线并指向导线；

(3) 速度 ***v*** 垂直于导线和电子所构成的平面。

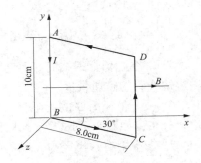

图 8 - 40   习题 12 示意图

14. 图 8 - 41 中，一个电子在 $B = 5.0 \times 10^{-4}$ T 的均匀磁场中做圆周运动，圆周半径 $r = 2.2$ cm，磁感应强度 ***B*** 垂直于纸面向外。当电子运动到 *A* 点时，速度方向如图所示。

(1) 试画出电子运动的轨道；

(2) 求出运动速度 ***v*** 的大小；

(3) 求出电子的动能 E_k。

15. 质谱仪的原理如图 8 - 42 所示，离子源 *S* 产生质量为 *m*、电荷为 *q* 的离子。离子的初速度很小，可看作是静止的。经电势差 *U* 加速后，离子进入磁感应强度为 *B* 的均匀磁场，并沿着半圆形轨道到达离入口处距离为 *x* 的感光底片上。试证明该离子的质量为 $m = \dfrac{B^2 q}{8U} x^2$。

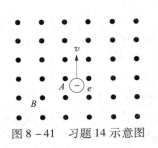

图 8 - 41   习题 14 示意图

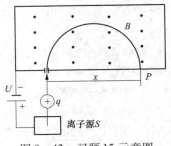

图 8 - 42   习题 15 示意图

16. 一个铁芯环形螺线管，中心线长为20cm，均匀密绕400匝，当通以2.0A电流时，测得环内的磁感应强度为1.0T。试求：

（1）放入和移去铁芯时，环内的磁场强度；

（2）该铁芯的相对磁导率。

第九章 | 电磁感应

1. 理解电磁感应现象。
2. 掌握法拉第电磁感应定律。
3. 掌握动生电动势和感生电动势的物理意义及计算方法。
4. 理解自感系数和互感系数。
5. 了解磁能密度和超导电性。

  1820 年奥斯特通过实验发现了电流的磁效应，由此人们自然想到了能否利用磁效应产生电流的问题。从 1821 年起，英国著名物理学家迈克尔·法拉第开始对这一问题进行有目的实验研究。在长达 10 年的时间里，他试图从稳恒电流的周围获得感应电流的许多实验都失败了。1831 年 8 月，他把注意力转向电流的变化上，终于取得了突破性的进展，发现了电磁感应现象，即利用磁场产生电流的现象。法拉第发现，当通过一个闭合回路所包围的面积的**磁通量发生变化时，回路中就产生电流**，这种电流称为**感应电流**（induction current）。由于磁通量的变化而产生电流的现象，称为**电磁感应**（electromagnetic induction）。

  电磁感应现象的发现是电磁学领域最重大的成就之一，它标志着一场重大的工业和技术革命的到来。在理论上，它不仅为揭示电与磁之间的相互联系和转化奠定了实验基础，而且它本身就是麦克斯韦电磁理论的基本组成部分之一。在实践上，电磁感应是现代电工技术的基础，在电工、电子技术、电气化、自动化等方面得到了广泛应用，为人类开拓了大规模利用和传输电能的道路，对推动社会生产力和科学技术的发展发挥了重要的作用。

  本章主要讨论电磁感应的基本定律、自感和磁场能量，简单介绍电磁波的产生和传播。

第一节　法拉第电磁感应定律

一、楞次定律

  受法拉第实验的启发，德国科学家楞次也做了大量的电磁感应实验。1833 年，楞次明确给出了确定感应电流方向的表述：闭合回路中产生的感应电流具有确定的方向，它总是使感应电流所产生的通过回路面积的磁通量去抵消或补偿引起感应电流的磁通量的变化，这个规律就是**楞次定律**。

图 9-1 表示磁棒的 N 极插入线圈 A
时，通过线圈的磁通量增加。根据楞次
定律，线圈 A 的感应电流所产生的磁场
方向，应该与磁铁的磁场方向相反，
以抵消线圈内磁通量的增加。根据右
手螺旋法则，从磁棒的 N 极向线圈看
过去，感应电流的方向是逆时针的。

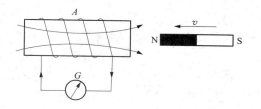

图 9-1　楞次定律的应用

也可以理解为：当线圈 A 产生感应电流时，线圈相当于一根条形磁铁，N 极面向
正在插向线圈的磁棒的 N 极，两者互相排斥，所以感应电流所产生的磁场是反抗
磁棒的插入。

反之，当磁棒离开线圈时，线圈内的磁通量减少，感应电流所产生的磁场方向应
该与磁棒的磁场方向相同，以补偿线圈内磁通量的减少。从磁棒向线圈看过去，感应
电流应取顺时针方向。若把线圈看成条形磁铁，则其 S 极面向正在离开的磁棒的 N 极，
相互吸引，阻止磁棒拔出。从能量观点看，按照楞次定律，把磁棒插入线圈或拔出，
都必须克服斥力或引力做功。实际上，正是这部分机械功转化成感应电流所释放的焦
耳热，也就是说，用楞次定律确定感应电流的方向，在本质上是符合能量守恒和转换
定律的。

二、法拉第电磁感应定律

闭合电路出现感应电流，表明由于电磁感应使电路产生了**感应电动势**（induction
electromotive force）。电磁感应的数学表达式是 1845 年由纽曼（F. E. Neumann）提
出的。

$$\varepsilon_i = -\frac{\mathrm{d}\varPhi}{\mathrm{d}t} \tag{9-1}$$

上式说明：回路中所产生的感应电动势 ε_i 的大小与通过回路的磁通量对时间的变
化率的负值成正比，称为**法拉第电磁感应定律**（faraday law of electromagnetic induc-
tion）。式中的负号包含了楞次定律的内容，表示感应电动势的方向总是反抗磁通量的
变化。式中负号与 ε_i 的关系可以说明如下：任意选定回路的绕行方向，规定感应电动
势 ε_i 与绕行方向一致时为正，反之为负；按右手螺旋法则规定回路的正法线 $\boldsymbol{n}$ 的方向，
当磁感应强度 $\boldsymbol{B}$ 与 $\boldsymbol{n}$ 的夹角为锐角时，通过回路包围面积的磁通量 $\varPhi > 0$，$\boldsymbol{B}$ 与 $\boldsymbol{n}$ 的夹
角为钝角时，$\varPhi < 0$。这样，$\mathrm{d}\varPhi/\mathrm{d}t$ 可以决定 ε_i 的正负号。当 $\mathrm{d}\varPhi/\mathrm{d}t > 0$，则 $\varepsilon_i < 0$，感
应电动势或感应电流的方向与回路所选定的绕行方向相反；当 $\mathrm{d}\varPhi/\mathrm{d}t < 0$，则 $\varepsilon_i > 0$，
说明感应电动势或感应电流的方向与回路所选定的绕行方向相同。图 9-2 表示磁通量
变化的四种情况所对应的感应电动势的方向，这种方法确定的结果与用楞次定律所确
定的是一致的。

式（9-1）是单匝线圈的情况。如果回路是 N 匝线圈，每匝线圈的磁通量变化率
相同，则式中的 $\varPhi$ 用 $N\varPhi$ 代替。$N\varPhi$ 称为**磁链**（magnetic flux linkage），这时

$$\varepsilon_i = -N\frac{\mathrm{d}\varPhi}{\mathrm{d}t} = -\frac{\mathrm{d}(N\varPhi)}{\mathrm{d}t} \tag{9-2}$$

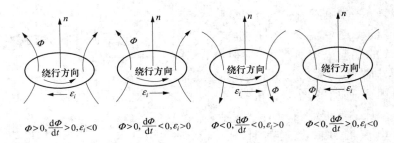

$$\Phi>0,\frac{d\Phi}{dt}>0,\varepsilon_i<0 \qquad \Phi>0,\frac{d\Phi}{dt}<0,\varepsilon_i>0 \qquad \Phi<0,\frac{d\Phi}{dt}<0,\varepsilon_i>0 \qquad \Phi<0,\frac{d\Phi}{dt}>0,\varepsilon_i<0$$

图 9-2 用法拉第电磁感应定律确定 ε_i 方向

例题 9-1 交流发电机的转子是由 N 匝相同线圈组成的,如图 9-3 所示,线圈所包围的面积为 S,以角速度 ω 绕轴在匀强磁场 B 中匀速转动,求线圈的感应电动势。

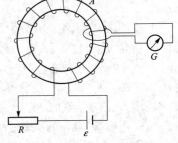

图 9-3 交流发电机原理

解 转子转动时通过线圈所包围面积的总磁通量

$$\Phi = N(\boldsymbol{B} \cdot \boldsymbol{S}) = NBS\cos\omega t$$

产生的感应电动势

$$\varepsilon_i = -\frac{d\Phi}{dt} = -\frac{d(NBS\cos\omega t)}{dt}$$

$$= NBS\omega\sin\omega t = \varepsilon_0\sin\omega t$$

即产生了**正弦式交流电**,式中 $\varepsilon_0 = NBS\omega$ 是交变电动势的幅值。

例题 9-2 一个由漆包线绕成的环形空心螺线管,单位长度上的匝数 $n=5000\mathrm{m}^{-1}$,截面积 $S=2.0\times10^{-3}\mathrm{m}^2$,线圈、电源及可变电阻组成闭合回路。另有一个线圈 A 环绕螺线管,匝数 $N=5.0$ 匝,电阻 $R'=2.0\Omega$。改变可变电阻,使通过螺线管的电流强度 I_1 每秒降低 20A,求线圈 A 中产生的感应电动势 ε_i 和感应电流 I_2。

解 螺线管内的磁感应强度 $B=\mu_0 nI_1$,磁场集中在螺线管内,故通过线圈 A 的磁通量为

$$\Phi = \mu_0 n I_1 S$$

线圈 A 的感应电动势数值为

图 9-4 例题 9-2 示意图

$$\varepsilon_i = \left| -N\frac{d\Phi}{dt} \right| = \mu_0 nNS \left| \frac{dI_1}{dt} \right|$$

$$= 4\pi \times 10^{-7} \times 5000 \times 5.0 \times 2.0 \times 10^{-3} \times 20$$

$$= 1.3 \times 10^{-3}\ \mathrm{V}$$

感应电流为

$$I_2 = \frac{\varepsilon_i}{R'} = \frac{1.3 \times 10^{-3}}{2.0} = 6.5 \times 10^{-4}\mathrm{A}$$

思考题

1. 闭合电路在磁场中运动时，闭合电路中一定会有感应电流吗？
2. 穿过闭合电路的磁通量为零的瞬间，闭合电路中是否一定不会产生感应电流？

第二节　动生电动势

整个回路或回路中的一部分在磁场中有相对运动而产生的感应电动势，习惯上称为**动生电动势**（motional electromotive force）。

一、在磁场中运动的导线产生的动生电动势

设在磁感应强度为 B 的匀强磁场中有一条长度为 l 的导线 ab，沿着平面与磁场垂直的矩形金属框以速度 v 向右移动。速度 v 和运动导线以及磁场方向三者互相垂直，如图 9－5 所示。如果导线 ab 在 dt 时间内移动的距离是 dx，则 ab 与矩形金属框组成的闭合回路面积变化 ldx，磁通量变化为

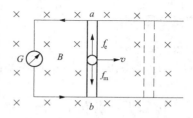

图 9－5　动生电动势

$$d\Phi = Bldx$$

根据法拉第电磁感应定律，所产生的动生电动势大小为

$$\varepsilon_i = \left|\frac{d\Phi}{dt}\right| = Bl\frac{dx}{dt} = Blv \tag{9－3}$$

当导线 ab 向右运动，通过回路面积的磁通量增加，根据楞次定律，感应电流应该是逆时针方向的。动生电动势 ε_i 是由于 ab 的移动产生的，因此运动着的导线 ab 相当于一个电源，a 端的电势高于 b 端的电势，a 端相当于电源的正极，b 端相当于电源的负极。导线运动速度 $v \perp B$，可以认为是在作切割磁感应线的运动。式（9－3）表明，**动生电动势在数值上等于单位时间内导线切割的磁感应线数**。

二、动生电动势产生的原因

产生动生电动势的非静电力是洛伦兹力。在图 9－5 中，导线 ab 以速度 v 向右做匀速直线运动时，导线内每一个自由电子受到的洛伦兹力 $f_m = -ev \times B$，则非静电性场强

$$E_k = \frac{f_m}{-e} = v \times B \tag{9－4}$$

自由电子在 f_m 作用下在 b 端聚集，而 a 端就积累相同的正电荷，从而在 a、b 间建立静电场 E。自由电子又将受到静电力的作用

$$f_e = -eE$$

当 f_e 与 f_m 平衡时，自由电子受到的合力为零，导体两端的电势差达到稳定值。导线 ab 相当于一个电源，根据电动势的定义，动生电动势大小为

$$\varepsilon_i = \int_a^b \boldsymbol{E}_k \cdot \mathrm{d}\boldsymbol{l} = \int_a^b (v \times \boldsymbol{B}) \cdot \mathrm{d}\boldsymbol{l} \qquad (9-5)$$

在匀强磁场条件下，若 $v \perp \boldsymbol{B}$，即导线做切割磁感应线的运动，则 $\varepsilon = Blv$；若 $v /\!/ \boldsymbol{B}$，即导线顺着磁场方向运动，则 $v \times \boldsymbol{B} = 0$，没有动生电动势产生。

闭合回路在匀强磁场中切割磁感应线产生的电动势为

$$\varepsilon_i = \oint_L (\boldsymbol{v} \times \boldsymbol{B}) \cdot \mathrm{d}\boldsymbol{l} \qquad (9-6)$$

例题 9-3 一长直导线通有电流 I，周围介质的磁导率为 μ，旁边距离为 d 处有一个长为 l，宽为 a 的矩形线圈，线圈平面与载流导线在同一平面内，如图 9-6 所示。线圈以速度 v 平行于长直导线匀速向上运动。求：（1）AB、BC、CD 和 DA 各段的动生电动势；（2）整个线圈的感应电动势。

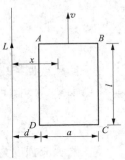

图 9-6 矩形线圈的感应电动势

解 长直载流导线所产生的是非均匀磁场，距导线为 x 处的磁感应强度是 $B = \dfrac{\mu I}{2\pi x}$，线圈所在处的磁场方向是垂直纸面向里。

（1）线圈的 BC、DA 段不切割磁感应线，故

$$\varepsilon_{BC} = 0, \varepsilon_{DA} = 0$$

AB 段上各点 B 不相同，可以分成许多无限小的线元 $\mathrm{d}x$，距长直导线为 x 处的 $\mathrm{d}x$ 上，磁感应强度 $\boldsymbol{B}$ 可视作均匀。则长为 $\mathrm{d}x$ 的线元切割磁感应线所产生的动生电动势为

$$\mathrm{d}\varepsilon = Bv\mathrm{d}x = \frac{\mu I}{2\pi x}v\mathrm{d}x$$

由于所有线元的 $\mathrm{d}\varepsilon$ 方向相同，均从 B 指向 A，所以 AB 段的动生电动势为

$$\varepsilon_{AB} = \int_d^{d+a} \frac{\mu I}{2\pi x}v\mathrm{d}x = \frac{\mu I}{2\pi}v\ln\left(\frac{d+a}{d}\right)$$

A 端电势高于 B 端。

同理，CD 段的动生电动势大小也是

$$\varepsilon_{DC} = \frac{\mu I}{2\pi}v\ln\left(\frac{d+a}{d}\right)$$

D 端电势高于 C 端。

（2）整个线圈的感应电动势是各段导线电动势之和。若以顺时针方向的电动势为正，则

$$\varepsilon_i = \varepsilon_{AB} + \varepsilon_{BC} - \varepsilon_{DC} + \varepsilon_{DA} = 0$$

这一结果从磁通量变化来看，线圈在运动过程中，通过线圈的磁通量没有改变，$\mathrm{d}\varPhi/\mathrm{d}t = 0$，因此虽然一些线段因切割磁感应线会产生动生电动势，但整个线圈的电动势为零。

思考题

1. 动生电动势产生的原因有哪些？

2. 导线在磁场中运动，一定会产生动生电动势吗？

第三节 感生电动势

在磁场中，如果导体回路不动，由于磁感应强度改变致使磁通量发生变化，而在回路中产生的感应电动势称为**感生电动势**（induced electromotive force），感生电动势在导体回路内所引起的感应电流称为**感生电流**。

一、感生电场

由于导体回路没有运动，引起感生电动势的非静电力就不可能是洛伦兹力。麦克斯韦指出，变化的磁场在其周围的空间激发一种新的电场，称为**感生电场**（induced electric field）或**有旋电场**（curl electric field），用 E_r 表示。如果闭合回路置于变化磁场中，则感生电场所提供的非静电力使回路产生感生电动势，驱使导体中的自由电子运动，从而形成感生电流。如果变化磁场中没有导体回路，感生电场仍然是客观存在的。

现在已学习了两种形式的电场，一种是由电荷激发的电场，也称为**库仑场**（Coulomb field）E；另一种是由变化磁场激发的电场，即感生电场或有旋电场 E_r。两种电场的共同点是对电荷都有作用力。在静电场中，电力线是不闭合的，总是从正电荷出发而终止于负电荷。单位正电荷绕任意闭合回路一周电场力所做的功为零，所以静电场的环流为零，即

$$\oint_L E \cdot dl = 0$$

而感生电场是非静电性电场，它的电力线是闭合的，所以又称为有旋电场或**涡旋电场**。感生电动势等于单位正电荷沿闭合回路 L 移动一周时非静电力所做的功。即

$$\varepsilon_i = \oint_L E \cdot dl$$

把上式代入法拉第电磁感应定律公式，得

$$\oint_L E_r \cdot dl = -\frac{d\Phi}{dt} = -\frac{d}{dt}\int_S B \cdot dS$$

式中，S 是以闭合回路为周界的曲面。当闭合回路 L 不变时，可以将对时间求导与对曲面的积分这两个运算顺序对调，得

$$\oint_L E_r \cdot dl = -\int_S \frac{\partial B}{\partial t} \cdot dS \tag{9-7}$$

上式表明，**感生电场的环流不为零**。这一关系式是麦克斯韦电磁场理论的基本方程之一，应用较多。

二、涡电流

当金属块处于变化的磁场内或在磁场中运动时，金属体内将产生闭合的感应电流，称为**涡电流**或**涡流**（eddy current）。

图 9-7 所示的金属棒外面绕了线圈，当线圈通有交变电流，在线圈包围的面积上就产生交变磁场，因而金属棒的横截面上激发感生电场，自由电子在感生电场作用下，

一圈一圈地绕轴线做往复的涡旋运动，形成涡电流。因为金属的电阻很小，所以涡电流强度很大，放出大量热量。高频感应冶金炉就是根据这一原理制成的，在化工和制药工业也广泛应用这种加热方法。

在电机和变压器的铁芯中，因涡电流而发热是有害的，所损失的能量称为**涡流损耗**（eddy current loss）。当发热太多使温度过高时，还会破坏绝缘损坏机器，因此铁芯通常采用电阻率大、相互绝缘的硅钢片叠合而成。在高频变压器中，常采用电阻率很高的铁氧体粉末制成的铁芯。

在磁场中运动的金属片中的涡电流所产生的磁场与引起涡电流的磁场相互吸引，会阻碍金属片的运动，这种现象称为**电磁阻尼**（electromagnetic damping）。应用在电磁式仪表上，就可以使电表指针在读数位置上迅速停下来，如图9-8所示。应用在电气列车上可以制成电磁制动刹车装置等。

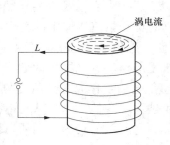

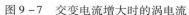

图9-7 交变电流增大时的涡电流

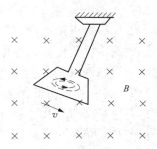

图9-8 电磁阻尼

高频电流通过导线时，也会在导线中产生涡电流，它与原来的电流叠加，会改变电流的均匀分布，使得越靠近导线表面的电流密度越大，从而形成所谓的**趋肤效应**。交流电的频率越高，导线的磁导率越大，趋肤效应越明显。因此可以把传导高频电流的导线改为空心金属管，如半导体收音机的天线，不但节省材料，而且减轻了重量。材料加工时利用趋肤效应进行高频淬火，工效高，又能大大提高齿轮、轴承等工件表面的硬度，增强耐磨性，延长使用寿命。

三、电子感应加速器

电子感应加速器是利用感生电场对电子加速的装置。它直接证实了感生电场的存在，它的原理如图9-9所示。N和S是圆形电磁铁的两极，两极之间有一环形真空室。在频率为50Hz的强大交流电激励下，电磁铁产生交变磁场，并且在环形真空室内产生很强的感生电场，其电力线是同心圆。由电子枪注入环形真空室的电子在洛伦兹力作用下沿圆形轨道运动，同时在感生电场作用下沿轨道切线方向被加速。

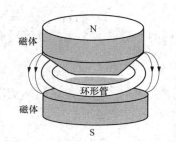

图9-9 电子感应加速器

交变电流所产生的磁场和感生电场都是交变的，只有在磁场变化的第一个或第四个1/4周期内（约50ms），所产生的感生电场的方向与带负电的电子运动方向相反，电子才能得到加速。否则，电场方向改变，电子反而被减速。实际上，只需约0.1ms

的极短时间，电子已经能在真空室绕轨道回旋数十万圈，获得很高的能量。100MeV 的电子感应加速器可把电子加速到 0. 999 986c。把电子引入靶室就可以进行实验工作。用这种装置可以产生硬 X 射线和 γ 射线，进行工业探伤、医疗和科学研究。

思考题

1. 感生电动势和动生电动势的本质区别是什么？
2. 查阅资料，了解涡电流的产生及其应用。

第四节　自感和互感

根据法拉第电磁感应定律，不论何种原因，当通过回路所包围面积的磁通量发生变化时，回路将产生感应电动势。下面讨论线圈自身的电流发生变化以及两个相邻线圈电流发生变化时相互影响所产生的电磁感应现象。

一、自感现象

1. 自感电动势

当一个线圈的电流发生变化时，会引起通过线圈本身磁通量的变化，从而产生感应电动势，这种现象称为**自感现象**（self inductance）。自感现象产生的感应电动势称为**自感电动势**（self induction e. m. f. ）。

根据对长直螺线管内磁感应强度的分析，线圈内的磁感应强度与通过线圈的电流强度成正比，因此通过线圈横截面积的磁通量 Φ 也与 I 成正比，即

$$\Phi = LI \tag{9-8}$$

式中的比例系数 L 称为线圈的**自感系数**（coefficient of self-inductance），简称**自感**或**电感**，它的量值决定于线圈的形状、面积和周围磁介质的磁导率。当 $I=1$ 单位时，$L=\Phi$，说明**自感系数在数值上等于流过单位电流时，通过线圈横截面积的磁通量。**

自感电动势可以按法拉第电磁感应定律计算

$$\varepsilon_L = -\frac{\mathrm{d}\Phi}{\mathrm{d}t} = -\frac{\mathrm{d}(LI)}{\mathrm{d}t} = -\left(L\frac{\mathrm{d}I}{\mathrm{d}t} + I\frac{\mathrm{d}L}{\mathrm{d}t}\right)$$

如果线圈的形状和周围磁介质的性质保持不变，则 L 为常量，$\dfrac{\mathrm{d}L}{\mathrm{d}t}=0$，此时

$$\varepsilon_L = -L\frac{\mathrm{d}I}{\mathrm{d}t} \tag{9-9}$$

对于 N 匝线圈，如果通过每一匝的磁通量为 Φ，则上式可写为

$$\varepsilon_L = -\frac{\mathrm{d}(N\Phi)}{\mathrm{d}t} = -L\frac{\mathrm{d}I}{\mathrm{d}t} = -\frac{\mathrm{d}(LI)}{\mathrm{d}t}$$

因此有关系

$$N\Phi = LI \tag{9-10}$$

当 $I=1$ 单位，$L=N\Phi$，说明线圈的自感系数 L 在数值上等于通有单位电流时线圈的

磁链。

在国际单位制中，自感系数的单位是亨利（H）。1H 是指当电流变化率为 1A/s，产生 1V 电动势时的自感系数。

式（9-9）的负号也是反映楞次定律的内容，它指出自感电动势是阻碍线圈电流变化的：当电流增大时，自感电动势与原来电流方向相反，阻止电流增加；当电流减小时，自感电动势与原来电流方向相同，阻止电流减小。

2. RL 电路电流的变化规律

如图 9-10 所示，把电感 L、电阻 R 和电源 ε 串联组成回路。当开关 K 扳向 1 时，回路有电流 i 通过。以顺时针为正方向，由基尔霍夫第二定律列出回路方程

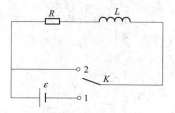

$$\varepsilon - L\frac{\mathrm{d}i}{\mathrm{d}t} = iR$$

分离变量可得

$$\frac{\mathrm{d}i}{\frac{\varepsilon}{R} - i} = \frac{R}{L}\mathrm{d}t$$

图 9-10　自感电路

两边积分，得

$$\ln\left(\frac{\varepsilon}{R} - i\right) = -\frac{R}{L}t + C$$

设初始条件为 $t = 0$ 时，$i = 0$，即 K 刚闭合的瞬间电流为零，算得积分常数

$$C = \ln\frac{\varepsilon}{R}$$

代入上式得

$$i = \frac{\varepsilon}{R}(1 - e^{-\frac{R}{L}t}) \tag{9-11}$$

RL 电路接通时电流的增长如图 9-11（a）所示。开关接通瞬间，电流为零，再随时间按指数规律增加。电流增长的快慢决定于电路的 **时间常量** $\tau = \dfrac{L}{R}$。时间常量 τ 越大，电流增长越慢。当 t 趋向无穷大，i 达到稳定值 $I_0 = \dfrac{\varepsilon}{R}$。

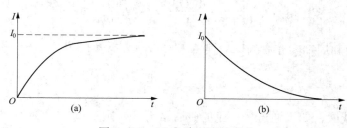

图 9-11　RL 电路电流的变化
（a）电流增长　（b）电流衰减

RL 回路电流增长到稳定值后，如果把开关扳向 2，则成为一个没有电源的闭合回路，电路方程为

$$-L\frac{\mathrm{d}i}{\mathrm{d}t} = iR$$

$$\frac{\mathrm{d}i}{i} = -\frac{R}{L}\mathrm{d}t$$

两边积分得

$$\ln i = -\frac{R}{L}t + C$$

电路的初始条件为 $t=0$ 时，$i = \dfrac{\varepsilon}{R}$，所以 $C = \ln\dfrac{\varepsilon}{R}$。代入上式算得

$$i = \frac{\varepsilon}{R}e^{-\frac{R}{L}t} \tag{9-12}$$

此时电流随时间变化的曲线如图 9 – 11（b）所示。失去电源后电流不能立刻为零，而是随时间按指数规律衰减。

从 RL 串联电路电流的增长与衰减规律看，一个输电回路，自感作用越强，回路中电流的改变越不容易。在切断电源时，所产生的自感电动势的大小决定于切断过程所经历的时间，以致可能产生强电弧烧坏电器和引起火灾，需要采取措施避免这种情况的发生。

自感现象也有广泛应用，例如利用线圈阻碍电流变化的特性稳定回路电流，利用线圈和电容的组合作为电子电路中的谐振回路和滤波器等。日常普遍使用的日光灯电路也要利用自感电动势。如图 9 – 12 所示。日光灯管两端有可以发射电子的灯丝，管内充有氩气和微量水银，管内壁涂有可以发光的荧光物质。当合上开关 K，电源电压同时加到日光灯管两端和启辉器两端。220V 的交流电不足以使日光灯管放电，但能使启辉器里的惰性气体产生辉光放电，使常分开的双金属片受热伸

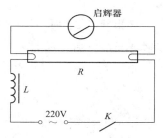

图 9 – 12　日光灯电路

直与静触片相接，整个电路接通，灯丝被加热而发射电子。启辉器由于两电极接通而停止辉光放电，双金属片因冷却收缩与静触片分离而切断电路。镇流器是自感系数很大的铁芯线圈，在断电的瞬间产生很高的自感电压，与电源电压一起叠加到日光灯两端，足以使管内氩气电离放电，管内水银蒸气受激发而辐射紫外线，激励管壁上的荧光粉而发光。日光灯点亮后，由于串联电路上镇流器线圈的分压，灯管两端的电压，也就是启辉器的端电压，比电源电压低得多，不足以使启辉器放电，但能维持日光灯的正常发光。

例题 9 – 4　一空心长直螺线管长 20cm，截面直径 2.0cm，均匀绕有 500 匝线圈。试求：（1）线圈的自感；（2）当线圈内充满 $\mu_r = 5000$ 的铁芯时的自感。

解　（1）由于线圈长度比直径大得多，可看成无限长直螺线管。管内磁感应强度 $B = \mu_0 nI = \mu_0\dfrac{N}{l}I$，根据 $N\varPhi = L_0 I$，可得

$$L_0 = \frac{N\varPhi}{I} = \frac{N}{I}BS = \frac{N}{I}\cdot\mu_0\frac{N}{l}I\cdot\pi\frac{d^2}{4} = \frac{\mu_0 N^2\pi d^2}{4l}$$

$$= \frac{4\pi \times 10^{-7} \times 500^2 \times \pi \times (2.0 \times 10^{-2})^2}{4 \times 20 \times 10^{-2}} = 4.9 \times 10^{-4} \text{H}$$

（2）当 $\mu_r = 5000$ 时

$$L = \frac{\mu_0 \mu_r N^2 \pi d^2}{4l} = \mu_r L_0 = 5000 \times 4.9 \times 10^{-4} = 2.45 \text{ H}$$

二、互感现象

当一个线圈的电流发生变化时，在它周围的空间会产生变化的磁场，使处于它附近的另一线圈产生感应电动势，这种现象称为**互感现象**。所产生的电动势称为**互感电动势**。

在图 9 – 13 中有两个相邻的线圈 1 和 2，线圈 1 的电流 I_1 产生的磁场穿过线圈 2 的磁通量为 Φ_{21}，若线圈 2 有 N_2 匝，则磁链为 $N_2 \Phi_{21}$。由毕奥 – 萨伐尔定律可知 $N_2 \Phi_{21}$ 与 I_2 成正比，即

$$N_2 \Phi_{21} = M_{21} I_1 \tag{9 – 13}$$

根据法拉第电磁感应定律，当 I_1 发生变化时，在线圈 2 产生的感应电动势为

$$\varepsilon_{21} = -\frac{\mathrm{d}(N_2 \Phi_{21})}{\mathrm{d}t} = -M_{21} \frac{\mathrm{d}I_1}{\mathrm{d}t} \tag{9 – 14}$$

如果线圈 2 也是载流线圈，通过的电流是 I_2 ［图 9 – 13（b）］，则在线圈 1 中的互感磁通量和互感电动势分别为

$$N_1 \Phi_{12} = M_{12} I_2$$

$$\varepsilon_{12} = -\frac{\mathrm{d}(N_1 \Phi_{12})}{\mathrm{d}t} = -M_{12} \frac{\mathrm{d}I_2}{\mathrm{d}t}$$

以上的比例系数 M_{21} 和 M_{12} 称为**互感系数或互感**（coefficient of mutual induction），其量值决定于两个线圈的匝数、相对位置和周围磁介质的性质。理论和实践都可以证明

$$M_{12} = M_{21} = M$$

在国际单位制中，互感的单位与自感的单位相同，都是亨利（H），$1\text{H} = 1\text{Wb/A} = 1$（$\text{V} \cdot \text{s}$）/A。互感系数的计算比较复杂，常用实验方法测定。

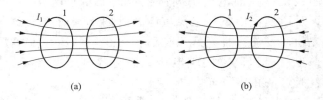

图 9 – 13　两线圈间的互感

在电子技术中，常利用互感线圈使能量或信号从一个回路传送到另一个回路，如输出或输入变压器，电源变压器，变压器式反馈振荡器等，但由于回路之间也会因为互感而相互干扰，因此有些时候互感是有害的，可以采用**磁屏蔽**（magnetic shielding）等方法来减小干扰。常温下可用磁导率很高的坡莫合金，低温下可用超导体制成磁屏蔽装置。在一些精密测量中，有时需要用这类装置屏蔽地磁场的影响。

例题 9 – 5　在图 9 – 14 中，长直螺线管 C_1 是原线圈，长度 l，截面积 S，共有 N_1 匝。副线圈 C_2 是与 C_1 共轴的螺线管，其长度和截面积都与 C_1 相同，匝数为 N_2。螺线管内磁介质的磁导率为 μ。试求：（1）两线圈的自感系数；（2）两线圈的互感系数与自感系数的关系。

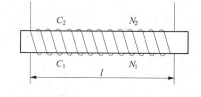

图 9 – 14　长直螺线管上的共轴线圈

解　（1）设线圈 C_1 通过的电流为 I_1，产生的磁感应强度

$$B_1 = \mu \frac{N_1}{l} I_1$$

原线圈本身的磁链为

$$N_1 \Phi_1 = N_1 B_1 S = \mu \frac{N_1^2 I_1}{l} S$$

由 $N\Phi = LI$ 得原线圈自感系数

$$L_1 = \frac{N_1 \Phi_1}{I_1} = \mu \frac{N_1^2}{l} S$$

同理，副线圈的自感系数　　　$$L_2 = \mu \frac{N_2^2}{l} S$$

（2）原线圈 C_1 产生的磁感应线全部都通过副线圈 C_2，故 C_2 的互感磁链

$$N_2 \Phi_{21} = N_2 B_1 S = \mu \frac{N_1 N_2 I_1}{l} S$$

由 $N_2 \Phi_{21} = MI_1$ 得

$$M = \frac{N_2 \Phi_{21}}{I_1} = \mu \frac{N_1 N_2}{l} S$$

因为　　　　　　　$$M^2 = \mu^2 \frac{N_1^2 N_2^2}{l^2} S^2 = L_1 L_2$$

所以两线圈的互感系数与自感系数的关系为

$$M = \sqrt{L_1 L_2}$$

在本例题中，原线圈产生的磁场全部通过副线圈，没有漏磁，称为全耦合。若有漏磁，则 $M < \sqrt{L_1 L_2}$；若没有互感，则 $M = 0$。一般情况下，$M = K\sqrt{L_1 L_2}$，K 称为耦合系数，$0 \leqslant K \leqslant 1$，其数值由两线圈的相对位置，即耦合程度而定。

思考题

1. 自感电动势的大小与哪些因素有关？
2. 查阅资料，了解自感和互感在生活中的应用与防护。

第五节 磁场的能量

在建立磁场的过程中,电源克服自感电动势所做的功转化为磁场的能量。在图 9-10中,当开关扳向1时,回路的方程是

$$\varepsilon - L\frac{\mathrm{d}i}{\mathrm{d}t} = iR$$

把方程各项乘以 $i\mathrm{d}t$ 再积分,得

$$\int \varepsilon i\mathrm{d}t - \int Li\frac{\mathrm{d}i}{\mathrm{d}t}\mathrm{d}t = \int i^2 R\mathrm{d}t$$

积分的上下限为从 $t = 0$, $i = 0$ 到 $t = t_0$, $i = I$

$$\int_0^{t_0} \varepsilon i\mathrm{d}t = \int_0^{t_0} i^2 R\mathrm{d}t + \frac{1}{2}LI^2$$

等式左边的 $\int_0^{t_0} \varepsilon i\mathrm{d}t$ 表示在 $0 \sim t_0$ 时间内,电源 ε 所做的功,就是电源所供给的能量;等式右边的 $\int_0^{t_0} i^2 R\mathrm{d}t$ 表示在这段时间内,回路电阻所放出的焦耳热;而 $\frac{1}{2}LI^2$ 表示电源反抗自感电动势所做的功。上式表明,电源所提供的能量,一部分转化为电阻放出的焦耳热,另一部分用于反抗自感电动势所做的功,在建立磁场的过程中,转化为**磁场的能量**,因此,通有电流 I 的自感线圈具有磁场的能量为

$$W_\mathrm{m} = \frac{1}{2}LI^2 \tag{9-15}$$

当把开关扳向2,磁场的能量转化为电能,最后以焦耳热形式释放出来。设 $I = \frac{\varepsilon}{R}$,根据式(9-12),切断电源后放出的热量为

$$\int_0^\infty i^2 R\mathrm{d}t = \int_0^\infty I^2 e^{-\frac{2R}{L}t} R\mathrm{d}t = \frac{1}{2}LI^2$$

可见,切断电源后,电路放出的热量与磁场的能量是相等的。

如讨论电场能量一样,可以引入磁场能量体密度的概念。以长直螺线管内的均匀磁场为例讨论。如例题9-4所分析的,长直螺线管的自感系数为 $L = \mu\frac{N^2}{l}S$。当通有电流 I 时,螺线管内的磁感应强度 $B = \mu\frac{N}{l}S$,磁场的能量为

$$W_\mathrm{m} = \frac{1}{2}LI^2 = \frac{1}{2}\left(\mu\frac{N^2}{l}S\right)\left(\frac{Bl}{\mu N}\right)^2 = \frac{B^2}{2\mu}(Sl) = \frac{B^2}{2\mu}V$$

式中, $V = Sl$ 是长直螺线管的体积,也是磁场空间的体积。**磁场能量体密度**是指磁场中每单位体积的能量,以 w_m 表示,则

$$w_\mathrm{m} = \frac{W_\mathrm{m}}{V} = \frac{B^2}{2\mu} = \frac{\mu}{2}H^2 = \frac{1}{2}BH \tag{9-16}$$

这个结果虽然从一个特殊例子导出,但可以证明也适用于包括非均匀磁场在内的一切磁场。

在非均匀磁场中,可以把磁场分成无数体积元 $\mathrm{d}V$,每一体积元内的 B 和 H 都可以

认为是均匀的，体积元的能量为

$$\mathrm{d}W_{\mathrm m} = w_{\mathrm m}\mathrm{d}V = \frac{1}{2}BH\mathrm{d}V$$

则有限体积 V 内磁场能量为

$$W_{\mathrm m} = \int \mathrm{d}W_{\mathrm m} = \frac{1}{2}\int_V BH\mathrm{d}V \qquad (9-17)$$

例题 9-6　电信工程常用的同轴电缆是由两个无限长的同轴圆筒状导体组成，内筒和外筒上的电流方向相反而强度相等，两者之间充满磁导率为 μ 的绝缘介质。设内、外筒横截面的半径分别为 R_1 和 R_2，如图 9-15 所示。试求单位长度的自感系数。

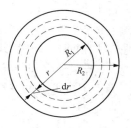

图 9-15　同轴电缆截面

解　在电缆的横截面内，以轴线为圆心，半径为 r 的圆周作为积分路线，其中 $R_1 < r < R_2$，用安培环路定律可以计算内外两筒之间，距轴为 r 处的磁感应强度。

$$\oint_l \boldsymbol{B} \cdot \mathrm{d}\boldsymbol{l} = \mu I$$

$$B \cdot 2\pi r = \mu I$$

$$B = \frac{\mu I}{2\pi r}$$

在半径为 r 的圆周上各点的磁场能量密度为

$$w_{\mathrm m} = \frac{B^2}{2\mu} = \frac{1}{2\mu}\left(\frac{\mu I}{2\pi r}\right)^2 = \frac{\mu I^2}{8\pi^2 r^2}$$

在半径为 r，壁厚为 $\mathrm{d}r$，长度为 l 的圆筒状绝缘介质上取体积元 $\mathrm{d}V$，则 $\mathrm{d}V = 2\pi rl\mathrm{d}r$。在 l 长度内，磁场总能量为

$$W_{\mathrm m} = \int_V w_{\mathrm m}\mathrm{d}V = \int_{R_1}^{R_2} \frac{\mu I^2}{8\pi^2 r^2} \cdot 2\pi rl\mathrm{d}r = \frac{\mu I^2 l}{4\pi}\ln\frac{R_2}{R_1}$$

磁场能量又可以表示为 $W_{\mathrm m} = \frac{1}{2}L_l I^2$，故

$$\frac{1}{2}L_l I^2 = \frac{\mu I^2 l}{4\pi}\ln\frac{R_2}{R_1}$$

$$L_l = \frac{\mu l}{2\pi}\ln\frac{R_2}{R_1}$$

单位长度的自感系数

$$L = \frac{L_l}{l} = \frac{\mu}{2\pi}\ln\frac{R_2}{R_1}$$

第六节　电磁场及其传播

麦克斯韦着重从场的观点出发，继承了法拉第、安培等人对电磁学的全部研究成果，提出了**感生电场**（induced electric field）和**位移电流**（displacement current）两个假说，指出不但变化的磁场可以产生（感生）电场，而且变化的电场也可以产生磁场，

他揭示了电场和磁场的相互关系，把它们统一为电磁场，归纳出**麦克斯韦方程组**，建立了完整的电磁场理论。麦克斯韦还预言**电磁波**的存在，计算出电磁波的传播速度等于光速，创立了光的电磁理论。1888 年赫兹首先用实验证实了电磁波的预言。

一、位移电流

自由电荷定向运动形成的电流称为**传导电流**（conduction current）。在串联有电容器的电路中，如图 9 – 16 所示，不管是电容器的充电还是放电过程，金属导体上的电流强度 I 在同一时刻是处处相等的，但它们不能在电容器两极之间的电介质中流动，就是说，传导电流在电容器两极板之间中断了。

为了解决电流的连续性，麦克斯韦引入了位移电流的概念。

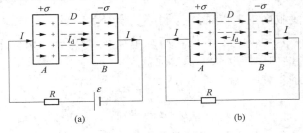

图 9 – 16　位移电流

实际上，在每个极板面积为 S 的平行板电容器充放电过程中，两极板上的电荷 q 和电荷面密度 σ 都随时间而变化。相应地，两极板之间电场的电位移矢量 $\boldsymbol{D}$（数值上等于 σ）和通过整个截面的电位移通量 Φ_D 也随时间而变化。其中电位移通量

$$\Phi_D = SD = S\sigma = q$$

在对平行板电容器充电过程中，传导电流

$$I = \frac{\mathrm{d}q}{\mathrm{d}t} = \frac{\mathrm{d}(S\sigma)}{\mathrm{d}t} = \frac{\mathrm{d}(SD)}{\mathrm{d}t} = \frac{\mathrm{d}\Phi_D}{\mathrm{d}t}$$

麦克斯韦把 $\dfrac{\mathrm{d}\Phi_D}{\mathrm{d}t}$ 定义为**位移电流强度**，用 I_d 表示。上式表明位移电流强度 I_d 等于通过某一截面的电位移通量对时间的变化率。当截面不变时

$$I_\mathrm{d} = \frac{\mathrm{d}\Phi_D}{\mathrm{d}t} = \frac{\mathrm{d}}{\mathrm{d}t}\int_S \boldsymbol{D} \cdot \mathrm{d}S = \int_S \frac{\partial \boldsymbol{D}}{\partial t} \cdot \mathrm{d}S = \int_S \sigma_\mathrm{d} \cdot \mathrm{d}S \qquad (9-18)$$

式中，$\sigma_\mathrm{d} = \dfrac{\partial D}{\partial t}$，称为**位移电流密度**。当电容器充电时，$\dfrac{\mathrm{d}\Phi_D}{\mathrm{d}t} > 0$，$I_\mathrm{d}$ 与传导电流的方向一致；放电时，$\dfrac{\mathrm{d}\Phi_D}{\mathrm{d}t} < 0$。$I_\mathrm{d}$ 与 I 的方向也一致。

位移电流是否也和传导电流一样具有磁效应呢？由于位移电流源于变化的电场，麦克斯韦提出了大胆的假设：**变化的电场能激发涡旋磁场**。这一假设不久被实验所证实，在两块金属板之间悬挂的小磁针，在充电或放电时都发生了偏转。

在图 9 – 16 电路中，传导电流 I 和位移电流 I_d 合起来保持了电流的连续性，而且在一般情况下可能同时通过某一截面，因此，麦克斯韦又提出了**全电流**的概念：全电流是传导电流和位移电流的代数和。全电流密度是传导电流密度和位移电流密度的矢

量和。在任何电路中，**全电流总是连续的**。

需要指出，传导电流和位移电流虽然在产生磁场方面是等效的，但它们是两个不同的物理概念。传导电流是自由电荷的定向运动形成的，传导过程放出焦耳热；而位移电流是变化的电场形成的，通过电介质时不放出焦耳热。

二、麦克斯韦电磁场方程组

麦克斯韦的统一电磁场理论，可以归纳为四个定理，就是电场的高斯定理和环路定理、磁场的高斯定理和环路定理。下面介绍反映这几个定理的方程的积分形式。

1. 电场的高斯定理

自由电荷激发的电场的电位移线是不闭合的，用 D_1 表示，是无旋场。高斯定理的数学式是

$$\oint_S D_1 \cdot dS = \sum q$$

变化磁场产生感生电场，电位移线是闭合的，用 D_2 表示，是有旋场。其高斯定理的数学式是

$$\oint_S D_2 \cdot dS = 0$$

两种电场同时存在时，$D = D_1 + D_2$，由此可得

$$\oint_S D \cdot dS = \sum q \tag{9-19}$$

上式指出：在任何电场中，**通过任何封闭曲面的电位移通量等于该封闭曲面内自由电荷的代数和**。

2. 电场环路定理

自由电荷激发的电场是有势场，用 E_1 表示，场强环路定理是

$$\oint_L E_1 \cdot dl = 0$$

变化磁场激发的电场是涡旋电场，一般不能引入势能，是**无势场**，用 E_2 表示。根据式（9-7），其环路定理为

$$\oint_L E_2 \cdot dl = -\int_S \frac{\partial B}{\partial t} \cdot dS$$

两种电场同时存在时，$E = E_1 + E_2$，由此可得

$$\oint_L E \cdot dl = -\int_S \frac{\partial B}{\partial t} \cdot dS \tag{9-20}$$

上式指出：**在任何电场中，电场强度沿任意闭合曲线的线积分等于通过该曲线所包围面积的磁通量对时间的变化率的负值**。

3. 磁场高斯定理

传导电流激发的磁场 B_1 是涡旋场，磁感应线是闭合的，通过任何封闭曲面的磁通量总是等于零。

$$\oint_S B_1 \cdot dS = 0$$

位移电流所激发的磁场 B_2 也是涡旋场，也有

$$\oint_S \boldsymbol{B}_2 \cdot d\boldsymbol{S} = 0$$

两者同时存在时，$\boldsymbol{B} = \boldsymbol{B}_1 + \boldsymbol{B}_2$，由此可得

$$\oint_S \boldsymbol{B} \cdot d\boldsymbol{S} = 0 \tag{9-21}$$

4. 磁场环路定理

传导电流产生的磁场 $\boldsymbol{H}_1$ 应满足安培环路定理

$$\oint_L \boldsymbol{H}_1 \cdot d\boldsymbol{l} = \sum I = \int_S \sigma \cdot d\boldsymbol{S}$$

位移电流产生的磁场 $\boldsymbol{H}_2$，当闭合回路 L 不变时，根据安培环路定理和式（9 - 18），可以表示如下

$$\oint_L \boldsymbol{H}_2 \cdot d\boldsymbol{l} = I_d = -\int_S \frac{\partial \boldsymbol{D}}{\partial t} \cdot d\boldsymbol{S}$$

两者同时存在，$\boldsymbol{H} = \boldsymbol{H}_1 + \boldsymbol{H}_2$，由此得

$$\oint_L \boldsymbol{H} \cdot d\boldsymbol{l} = \sum I + I_d = \int_S \left(\sigma + \frac{\partial \boldsymbol{D}}{\partial t} \right) \cdot d\boldsymbol{S} \tag{9-22}$$

它表明：**在任何磁场中，磁场强度沿任意闭合曲线的线积分等于通过闭合曲线所包围面积内的全电流。**

以上四个方程是**麦克斯韦方程组的积分形式**。适用于一个闭合回路或封闭曲面内等一定范围的电磁场。如果要处理电磁场中某给定点的问题，就需要把方程组变换为微分形式才能解决。

三、电磁波

麦克斯韦电磁场理论指出，变化的磁场激发出感生电场，变化的电场激发出涡旋磁场。两者交替激发产生的电磁场在空间由近及远的传播过程称为**电磁波**（electromagnetic wave）。

能产生交变电磁场的电路称为**振荡电路**（oscillating circuit）。由一个自感线圈 L 和一个电容器 C 并联组成了最简单的 LC 振荡电路，如图 9 - 17（a）所示。可以根据电容器两极板间电势差与线圈自感电动势相等的关系列出回路方程做定量研究。电路分析表明，若忽略线圈的电阻，不考虑回路的能量损失。电容器充电后，电场能量与线圈的磁场能量周期性地相互转化且能量守恒；电荷和电流也随时间周期性等幅变化，这种现象称为**电磁振荡**（electromagnetic oscillating），其振荡周期

$$T = 2\pi \sqrt{LC}$$

频率

$$\nu = \frac{1}{T} = \frac{1}{2\pi \sqrt{LC}} \tag{9-23}$$

普通平行板电容器的电场局限在两极板之间，是闭合电路，电场能量不能向外辐射，如图 9 - 17（a）所示。图 9 - 17（b）显示半开放的 LC 振荡电路可以辐射部分能量。若把电容器 C 两个极板距离拉开，直至缩小成两个小球；线圈 L 也逐渐拉开，最后成为一条直线，成为全开放电路，如图 9 - 17（c）所示。这样，向外辐射的电磁场就越来越多，当然频率也比原来高得多。

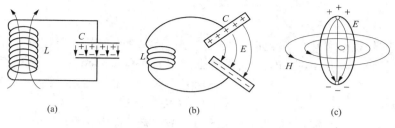

(a)　　　　　(b)　　　　　(c)

图 9-17　LC 振荡电流

　　由于向外辐射能量，同时 LC 振荡电路实际上存在电阻，使一部分能量变为焦耳热放出，因此需要有电源不断向振荡电路补充能量。

　　根据麦克斯韦方程组，可以推导出电场和磁场在初相位为零时，传播过程中的平面波方程

$$E = E_{m}\cos\omega\left(t - \frac{r}{v}\right) \tag{9-24}$$

$$H = H_{m}\cos\omega\left(t - \frac{r}{v}\right) \tag{9-25}$$

式中，E_{m}、H_{m} 分别表示电场强度 E 和磁场强度 H 的幅值，r 为空间某点到波源的距离，v 为电磁波在介质中的传播速度，$\omega = 2\pi\nu$ 是角频率。可见电场强度 E 和磁场强度 H 都是余弦函数，具有相同的相位。每一时刻 E 和 H 的分布可用图 9-18 表示，E、H、v 三者互相垂直，构成右手螺旋关系，说明电磁波是**横波**（transverse wave）。

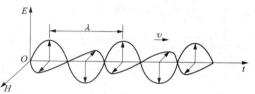

图 9-18　平面电磁波

　　麦克斯韦还推算出电磁波在介质中的传播速度 $v = \frac{1}{\sqrt{\varepsilon\mu}}$。在真空中，则

$$v = \frac{1}{\sqrt{\varepsilon_0\mu_0}} = c = 2.998 \times 10^8 \text{m/s}$$

传播速度与实验测得的光速一致，说明光波是电磁波。

　　同一电磁波的 E 和 H 在数量上有关系

$$\sqrt{\varepsilon}E = \sqrt{\mu}H \tag{9-26}$$

　　由于电磁波的传播过程也伴随着能量的传播，以电磁波形式辐射的能量称为**辐射能**。在电磁场中任一点处，总的能量体密度是电场能量体密度 w_e 和磁场能量体密度 w_m 之和

$$w = w_e + w_m = \frac{1}{2}\varepsilon E^2 + \frac{1}{2}\mu H^2 = \frac{1}{2}\sqrt{\varepsilon}E \cdot \sqrt{\varepsilon}E + \frac{1}{2}\sqrt{\mu}H \cdot \sqrt{\mu}H$$

$$= \frac{1}{2}\sqrt{\varepsilon}E \cdot \sqrt{\mu}H + \frac{1}{2}\sqrt{\varepsilon}E \cdot \sqrt{\mu}H = \sqrt{\varepsilon\mu}EH$$

考虑到 $v = \frac{1}{\sqrt{\varepsilon\mu}}$，因此

$$w = \frac{EH}{v} \tag{9-27}$$

在能量的传播过程中，单位时间内通过垂直于传播方向上单位面积的辐射能称为**能流密度**（energy flux density）或**辐射强度**（radiation intensity），用 S 表示。其大小为

$$S = wv = EH$$

能流密度 S 的方向就是波速 v 的方向，由于 E，H，v 三者相互垂直并成右手螺旋关系，通常用矢量式表示为

$$S = E \cdot H$$

能流密度矢量 S 又称为**坡印亭矢量**（Poynting vector）。

电磁场不仅具有能量，实验表明还具有质量、动量等物质的特性。同时也具有波的所有共同性质，如产生反射、折射、干涉和衍射等现象，因此，电磁波是一种特殊形式的物质。

思考题

1. 微分形式的麦克斯韦数学表达式揭示了哪些物理量含义？
2. 传导电流、位移电流是如何定义的？各有什么特点？

第七节　超导电性

超导电性简称超导，它是指金属、合金或其他材料在低于某些温度下电阻变为零的性质。超导现象是荷兰物理学家翁纳斯（Onnes）首先发现的。

一、超导现象

翁纳斯在 1908 年首次把最后一个"永久气体"氦气液化，并得到了低于 4K 的低温。1911 年他在测量一个固态汞样品的电阻与温度的关系时发现，当温度下降到 4.2K 附近时，样品的电阻突然减小到仪器无法觉察出的一个小值（当时约为 $1 \times 10^{-5}\,\Omega$）。物体所处的这种电阻率为零，即完全没有电阻的状态称为**超导态**（superconducting state）。具有超导电性的物体称为**超导体**（superconductor），把电阻突然消失时的温度称作**转变温度**或**临界温度**（critical temperature），用 T_c 表示。

超导状态下的电阻准确为零，因此一旦它内部产生电流后，只要保持超导状态不变，其电流就不会减小。这种电流**持续电流**（persistent current）。有人曾在超导铅环中激发了几百安培的电流，在持续两年半的时间内没有发现可观察到的电流变化。如果不是撤掉了维持低温的液氦装置，此电流可能持续到现在。当然，任何测量仪器的灵敏度都是有限的，测量都会有一定的误差，因而我们不可能证明超导态时的电阻严格地为零。

除了汞以外，目前已发现有许多金属及合金在低温下也能转变成超导态，但它们的**转变温度**不同。表 9-1 为一些典型超导材料和它们的转变温度 T_c 的值。

表 9 – 1　几种超导体

材　料	$T_c(K)$	材　料	$T_c(K)$
Al	1. 20	Nb	9. 26
In	3. 40	V_3Ga	14. 4
Sn	3. 72	Nb_3Sn	18. 0
Hg	4. 15	Nb_3Al	18. 6
Au	4. 15	Nb_3Ge	23. 2
V	5. 30	钡基氧化物	约90
Pb	7. 19		

二、迈斯纳效应

零电阻是超导体的一个基本特性，超导体的另一个基本特性是完全抗磁性，即迈斯纳效应。

一种材料能减弱其内部磁场的性质称为**抗磁性**（diamagnetism）。1933 年，迈斯纳（Meissner）和奥克森费尔特（Ochsenfeld）在实验中发现：在临界温度以上，将具有超导电性的物体移入磁场中，当温度降低到临界温度以下转变为超导态后，磁场完全被排斥到超导体之外，超导体内部磁场为零，如图 9 – 19所示。转变为超导体时能排除体内磁场的现象称为**迈斯纳效应**。迈斯纳实验表明，**超导体具有完全的抗磁性**。

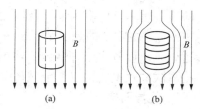

图 9 – 19　在磁场中样品向超导体转变

严格来说，理想的迈斯纳效应只能在沿磁场方向的非常长的圆柱体（如导线）中发生。对于其他形状的超导体，磁感线被排除的程度取决于样品的几何形状。

三、BCS 理论

1957 年，巴登（Bardeen）、库珀（Cooper）和史雷夫（Schrieffer）建立了关于超导态的微观理论，简称 BCS 理论，成功地解释了超导现象。根据这一理论，超导电性的起因是在超导体中费米面附近的电子之间存在着通过交换声子而发生的吸引作用，由于这种吸引作用，费米面附近的电子两两结合成对，形成了"库珀对"。当超导金属处于静电平衡时（没有电流），每个"库珀对"由两个动量完全相反的电子所组成。很明显，这样的结构用经典的观点是无法解释的。然而，根据量子力学的观点，每个粒子都用波来描述，如果两列沿相反方向传播的波，能较长时间地连续交叠在一起，就能够连续地相互作用，因而这种结构是有可能的。

在有电流的超导金属中，每一个电子对都有一总动量，这动量的方向与电流方向相反，因而能传送电荷。电子对通过晶格运动时不受阻力。这是因为当电子对中的一个电子受到晶格散射而改变其动量时，另一个电子也同时要受到晶格的散射而发生相反的动量改变。结果这电子对的总动量不变。所以晶格既不能减慢也不能加快电子对的运动，这在宏观上就表现为超导体对电流的电阻是零。

四、超导电性的应用

超导电性的应用基本上可以分为强电强磁应用和弱电弱磁应用两大类。

1. 超导强电强磁应用

超导在技术中最主要的应用是做成电磁铁的超导线圈以产生强磁场。这项技术是近 30 年来发展起来的新兴技术之一。例如：**磁悬浮列车**：利用高温超导强磁场使列车悬浮起来，大幅度地减少了列车运行过程中列车与铁轨之间的摩擦，减少了能耗、提高了速度。**受控热核聚变反应**：核聚变能是通过氢的两种同位素氘（D）和氚（T），在高温下发生聚变反应而产生的。氘在海水中的含量丰富，还可以用成熟的技术途径进行生产，因此，受控核聚变一旦实现，将为人类提供丰富、经济、无环境污染的理想能源。**磁流体发电**：将气体加热到很高的温度，例如 2500K 以上，使原子电离形成等离子体，然后让等离子体通过两平行的极板之间。两极板之间加上很强的磁场，当正负离子经过这磁场时，在两个极板之间就产生了电压。磁流体发电第一次大规模地实现了热能向电能的直接转化。**超导磁体贮能**：超导材料还可能作为远距离传送电能的传输线。由于其电阻为零，当然大大减小了线路上能量的损耗（传统高压输电损耗可达 10%）。更重要的是，由于重量轻、体积小，输送大功率的超导传输线可铺设在地下管道中，从而省去了许多传统输电线的架设铁塔。利用超导线中的持续电流可以借磁场的形式储存电能，以调节城市每日用电的高峰与低潮。

2. 超导弱电弱磁应用

以约瑟夫森效应为基础，以建立极灵敏的电子测量装置为目标的超导电子学成为目前超导电性的另一大类实际应用。高温超导体发现以后，超导电子学得到了进一步的充实和发展。超导微波无源器件，如滤波器、谐振器、延迟线、耦合器、微波开关等；超导红外辐射计开辟了超导电子学在红外领域的应用。

综上所述，超导电性的应用范围非常广泛，但是，超导材料和器件的使用需要有一个极低温度环境，这给它的应用带来很大的局限性。正如已故的超导材料权威 Matthias 所说："如能在常温下，例如 300K 左右实现超导电性，那么现代文明的一切技术都将发生变化。"随着低温与超导技术的飞快发展，将会使超导材料和器件在许多领域中得到更多的实际应用。

思考题

1. 超导形成的原因是什么？
2. 高温超导体有没有迈斯纳效应？为什么？

重点小结

内容提要	重点难点
电磁感应现象	法拉第电磁感应定律
法拉第电磁感应定律	
动生电动势和感生电动势	动生电动势和感生电动势的物理意义及计算方法

内容提要	重点难点
自感和互感	自感和互感现象产生的原因和特点
磁场的能量	麦克斯韦电磁场方程组、磁场的能量、高斯定理
电磁场及其传播	
超导电性	超导电性的应用

 习题九

1. 一圆线圈有 100 匝，通过线圈面积上的磁通量 $\Phi = 8 \times 10^{-5}\sin100\pi t$（Wb），如图 9 - 20 所示。求 $t = 0.01\text{s}$ 时圆线圈内感应电动势的大小和方向。

2. 如图 9 - 21 所示，一长直导线载有 $I = 5.0\text{A}$ 的电流，旁边有一矩形线圈 $ABCD$ 与它在同一平面上，长边与长直导线平行。AD 边与导线相距 $d = 0.1\text{m}$，矩形线圈长 $l_1 = 0.2\text{m}$，宽 $l_2 = 0.1\text{m}$，共有 100 匝。当线圈以 $v = 3.0\text{m} \cdot \text{s}^{-1}$ 的速度垂直于长直导线向右运动时，求线圈中的感应电动势。

图 9 - 20　习题 1 示意图

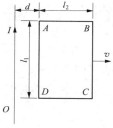

图 9 - 21　习题 2 示意图

3. 如果上题中的线圈保持不动，长直导线通以交变电流 $i = 10\sin(100\pi t)\text{A}$，$t$ 的单位为秒（s），求线圈中的感应电动势。

4. 一横截面半径为 a，单位长度上密绕了 n 匝线圈的长直螺线管，通以电流 $I = I_0\cos\omega t$（I_0 和 ω 为常量）。现将一半径为 b，电阻为 R 的单匝圆形线圈套在螺线管上，如图 9 - 22 所示。求圆线圈中的感应电动势和感应电流。

5. 一边长分别为 a、b，匝数为 N 的矩形线圈，以角速度 ω 在匀强磁场 $\boldsymbol{B}$ 中匀速转动，转轴在线圈平面内且与 $\boldsymbol{B}$ 垂直。$t = 0$ 时，线圈处于图 9 - 23 中位置。求线圈中的感应电动势。

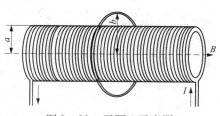

图 9 - 22　习题 4 示意图

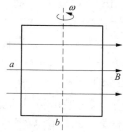

图 9 - 23　习题 5 示意图

6. 放置在均匀磁场中的长度为 0.2m 的铜棒，以每秒 5.0 圈的转速绕通过中心 O 的转轴旋转。磁感应强度 $B = 1.0 \times 10^{-2}$ T，磁场方向与转轴平行，如图 9-24 所示。求棒的一端 A 和中心 O 之间的动生电动势和铜棒两端 A、B 之间的动生电动势。

7. 如图 9-25 所示，长度为 L 的金属棒 OP 处于均匀磁场中，并绕转轴 OO' 以角速度 ω 旋转，棒与转轴之间的夹角为 θ，磁感应强度 B 与转轴平行，求棒 OP 的动生电动势。

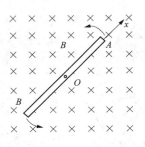

图 9-24 习题 6 示意图

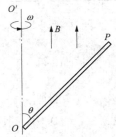

图 9-25 习题 7 示意图

8. 一半径为 R 的圆柱形空间区域内存在着由无限长通电螺线管产生的均匀磁场，磁场方向垂直纸面向里，如图 9-26 所示。当磁感应强度以 dB/dt 的变化率均匀减小时，求圆柱形空间区域内、外各点的感生电场。

9. 面积为 S 的平面单匝线圈，以角速度 ω 在磁场 $\boldsymbol{B} = B_0\sin\omega t\boldsymbol{k}$（ B_0 和 ω 为常量）中做匀速转动，如图 9-27 所示。转轴在线圈平面内且与 $\boldsymbol{B}$ 垂直，$t = 0$ 时线圈的法线与 $\boldsymbol{k}$ 同向，求线圈中的感应电动势。

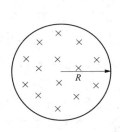

图 9-26 习题 8 示意图

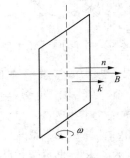

图 9-27 习题 9 示意图

10. 一长直电流 I 与直导线 AB（$AB = l$）共面，如图 9-28 所示。AB 以速度 v 沿垂直于长直电流 I 的方向向右运动，求图示位置时导线 AB 中的动生电动势。

11. 用一根硬导线弯成半径为 $r = 0.10$m 的一个半圆，使这根半圆形导线在磁感应强度为 $B = 0.50$T 的均匀磁场中以频率 $f = 50$Hz 旋转，如图 9-29 所示，回路的总电阻 $R = 1000\Omega$，试求感应电流的表达式和最大值。

12. 属于同一回路的两根平行长直导线，横截面的半径都是 a，两导线中心相距 d，如图 9-30 所示，设两导

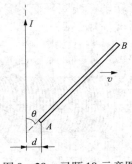

图 9-28 习题 10 示意图

线内部的磁通量都可略去不计，求这对导线长度为 l 的一段的自感系数。

13. 一个截面为长方形，共有 N 匝的空心环形螺线管，尺寸如图 9 – 31 所示，求证螺线管的自感系数为

$$L = \frac{\mu_0 N^2 h}{2\pi}\ln\frac{b}{a}$$

14. 在真空中，若一个均匀电场的电场能量密度与一个 0.50T 的均匀磁场的磁场能量密度相等，该电场的电场强度为多少？

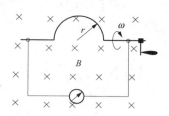

图 9 – 29 习题 11 示意图

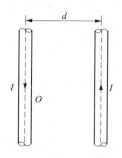

图 9 – 30 习题 12 示意图

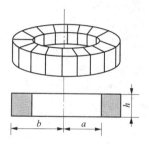

图 9 – 31 习题 13 示意图

15. 一导线弯成角形（$\angle bcd = 60°$，$bc = cd = a$），在匀强磁场 B 中绕 OO' 轴转动，转速每分钟 n 转。$t = 0$ 时，导线处于图 9 – 32 中所示位置，求导线 bcd 中的感应电动势。

16. 一半径为 R 的圆柱形空间区域内存在着均匀磁场，磁场方向垂直纸面向里，如图 9 – 33 所示，磁感应强度以 dB/dt 的变化率均匀增加。一细棒长 $AB = 2R$，其中点与圆柱形空间相切，求细棒 AB 中的感生电动势，并指出哪点电势高。

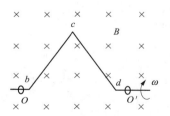

图 9 – 32 习题 15 示意图

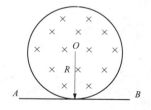

图 9 – 33 习题 16 示意图

17. 在半径为 R 的圆筒内，有方向与轴线平行的均匀磁场 B，以 1.0×10^{-2}T/s 的速率减小，A、B、C 各点离轴线的距离均为 $r = 5.0$cm，如图 9 – 34 所示。试求电子在 A、B、C 各点和轴线 O 上的加速度的大小和方向。

18. 一圆形线圈 C_1 的横截面积 $S_1 = 4.0$cm^2，匝数 $N_1 = 50$ 匝，被放在另一个半径 $R = 20$cm 的圆形线圈 C_2 的中心，两线圈同轴，如图 9 – 35 所示，C_2 的匝数 $N_2 = 100$ 匝。

（1）求两线圈的互感 M；

（2）当大线圈 C_2 中的电流以 50A/s 的变化率减小时，求小线圈 C_1 中的感应电动势。

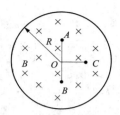

图 9 – 34　习题 17 示意图

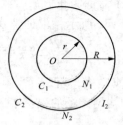

图 9 – 35　习题 18 示意图

第十章 | 光的干涉

1. 掌握获得相干光的方法；光程、光程差的概念；杨氏双缝干涉公式，薄膜干涉的光程差公式。
2. 熟悉增透膜、高反膜、劈尖、牛顿环的干涉原理、特点及公式。
3. 了解迈克耳逊干涉仪的原理及应用。

19世纪后半叶，麦克斯韦在其电磁波理论的基础上，从电磁波的速度等于光速这一事实出发，提出了光在本质上是一定波段的电磁波的论断，从而形成了以光的电磁理论为基础的**波动光学**（wave optics）。

能为人眼感受到的一定波段的电磁波称为**可见光**（visible light），它在电磁波谱中所占区域很窄，其波长为390~760nm。至20世纪初，光学的研究除可见光外，已发展到包含微波、红外线、紫外线直到X射线的宽广波段范围。然而就在光的电磁理论取得巨大成功的同时，它也遇到了严重困难，经历了大量的科学实验之后，人们终于认识到光既具有波动性，又具有粒子性这样的客观事实。随之发展起来的，以研究光和物质相互作用时显示出的粒子性及其规律的一门分支学科称为**量子光学**（quantum optics）。波动光学与量子光学统称为**物理光学**。

从20世纪40年代开始，激光科学和技术得到了迅速发展，形成了研究全息技术、激光光谱、信息光学、光纤通信、集成光学和非线性光学等问题的现代光学。它构成了当代科学十分活跃的又一前沿领域。

本章和第十一章、第十二章重点讲述波动光学的内容，关于激光和光的量子性将在第十四章和第十五章中加以介绍。

第一节 光的相干性

一、光矢量

根据光的电磁场理论，光是一种电磁波，而电磁波是横波，它由两个相互垂直的振动矢量，即电场强度 E 和磁场强度 H 来表征，E 和 H 都与电磁波传播方向垂直。实验表明，在光波中产生感光作用和生理作用的主要是电场强度 E，因此，一般情况下可把光波看成是电场强度 E 的振动在空间的传播，而把 E 的振动称为**光振动**，把 E 矢量称为**光矢量**（photo vector）。

二、普通光源的发光机制

发光物体称为**光源**，光源可分为**普通光源**和**激光光源**两大类。普通光源按光的激发方式又可分为热光源和气体放电光源两类，前者包括白炽灯、太阳光源及其他一些高温的发光体；后者包括日光灯，各种气体放电管及各种谱灯等。

下面仅对普通光源中的热光源发光机制做简单介绍。在热光源中，大量的分子和原子在热能的激发下，从正常态跃迁到激发态，在它们从激发态返回正常态的过程中，都将辐射电磁波。各个分子或原子的激发和辐射参差不齐，而且彼此之间没有联系。因而在同一时刻，各个分子或原子所发出光波的频率、振动方向和相位也各不相同。还应注意，分子或原子的发光是间歇的，一个分子或原子在发出一列光波后，总要间歇一段时间才发出另一列光波，每列光波称为一个波列。每个原子发光的持续时间大约为 10^{-9} s。

三、光的相干性

在第五章波动学基础中讨论机械波时，我们知道由两个频率相同、振动方向相同、相位相同或相位差恒定的波源所发出的两列波，在相遇的空间将呈现干涉现象。对于机械波来说，上述条件比较容易满足。例如，两个频率完全相等的音叉（或接到同一音频信号发生器上的两个扬声器）在室内振动时，可以觉察到空间中有些点的声振动始终很强，而另一些点的声振动始终很弱。这是因为机械波的波源可以连续地振动，辐射出不中断的波，所以，观察机械波的干涉现象比较容易。

干涉现象是波动的基本特征之一，如果能在实验中实现光的干涉就能证实光的波动性。然而，最初的一些实验表明，即使两个光源的强度、形状、大小等完全相同，例如两个同样的钠光灯，相干条件仍然不能满足，这是由光源发光本质的复杂性所决定的。如前所述，一般光源发出的光波是由各个分子或原子发出的大量波列组成的，而这些波列之间没有固定的相位联系，因此来自两个独立光源的光波即使频率相同、振动方向相同、相位差也不可能保持恒定，因而不满足相干条件。同理，利用同一光源的两个不同波面发出的光也不可能产生相干光波。

值得指出的是，由于科技的发展，目前激光光源已经成为很普遍的光源。激光光源的相干性非常好，现在已能实现两个独立的激光束的干涉。关于激光的特性，将在十四章中专门介绍。

四、相干光的获得

由上面讨论可知，两个独立的普通光源是不相干的。要想实现光的干涉，只有把同一光源的同一点发出一列光波通过某些装置分成两束，在空间经不同路径再相遇才能实现。因为尽管这光源上各点发出的光，其相位随时在变化，但从这光源上同一点发出的光，实际上都来自同一发光原子同一次发出的一个波列，由它所分成的两束光的相位的变化是同步的，因此这两束光在任一相遇点的相位差恒定不变，从而满足相干条件并实现光的干涉。来自同一光源上某点的两束相干光，可看作来自两个相位相等或相位差恒定的光源，这样的光源称为**相干光源**（coherence source），相干光源发出来的光称为**相干光**。利用同一光源获得相干光一般有两种方法，一种是**分割波阵面的方法**，即同一列的波面上取出两个次波源；另一种是**分割振幅的方法**，即同一波列的波分为两束光波。本章将具体讲述几种重要的实验和应用较多的类型。

思考题

获得相干光的原则是什么？常用的方法是什么？

第二节　双　缝　干　涉

本节将介绍通过分割振波面的方法获得相干光的三个实验。

一、杨氏双缝实验

1. 实验装置

19 世纪初，杨氏（Young）首先用实验方法实现了光的干涉现象。其实验装置如图 10-1 所示，在单色平行光的前方放有一狭缝 S，S 前又放有两条平行狭缝 S_1 和 S_2，均与 S 平行且等距。这时 S_1 和 S_2 构成一对相干光源。根据惠更斯原理，缝光源 S 将向狭缝右方发出子波，到达 S_1 和 S_2 处，又分别再向双狭缝右方发出子波，由于 S_1 和 S_2 发出的光就是从同一光源 S 同一波阵面分出的两束相干光，故它们在空间叠加，将产生干涉现象。这是通过**分波面法**获得相干光。如果在 S_1 和 S_2 后放一屏幕，屏幕上出现一系列稳定的明暗相间的条纹，称为**干涉条纹**（interference fringe）。

2. 干涉明暗纹条件

下面根据两相干波加强和减弱的条件，讨论相干光源 S_1 和 S_2 在屏 EE' 上产生的干涉条纹的分布情况。如图 10-2 所示，设相干光源 S_1 和 S_2 之间的距离为 d，它们到屏幕 E 的距离为 D，已知 $D \gg d$，在屏幕上任取一点 P，P 距 S_1 和 S_2 的距离分别为 r_1 和 r_2，从 S_1 和 S_2 所发出的光，到达 P 点处的波程差为

$$\delta = r_2 - r_1$$

设 N_1 和 N_2 分别为 S_1 和 S_2 在屏幕上的投影点，O 为 N_1 和 N_2 的中点，并设 $OP = x$，从图中直角三角形 S_1PN_1 和 S_2PN_2，可知

$$r_1^2 = D^2 + \left(x - \frac{d}{2}\right)^2 \qquad r_2^2 = D^2 + \left(x + \frac{d}{2}\right)^2$$

两式相减后，得

$$r_2^2 - r_1^2 = (r_2 - r_1)(r_2 + r_1) = \delta(r_2 + r_1) = 2dx$$

因为 $D \gg d$，且 x 值不大（即 P 点与 O 点距离比 D 小很多），所以 $r_2 + r_1 \approx 2D$，故得波程差为

$$\delta = r_2 - r_1 = \frac{2dx}{2D} = \frac{dx}{D} \qquad (10-1)$$

根据波动理论，当 $\delta = \pm k\lambda$ 时，满足干涉加强条件，P 点应为明纹，故得

（1）明纹位置 $\qquad \delta = \dfrac{dx}{D} = \pm k\lambda \qquad (k=0,1,2,\cdots)$

所以 $\qquad x = \pm k\dfrac{D\lambda}{d} \qquad (k=0,1,2,\cdots) \qquad (10-2)$

式中，取 $k=0$ 时，$x=0$，即在 O 点出现明条纹，称为**零级明纹**或**中央明条纹**。其他与 k（$k=1,2,\cdots$）相对应的明条纹，分别称为第一级、第二级……明条纹。

当 $\delta = \pm(2k+1)\lambda/2$ 时，满足干涉减弱条件，P 点应为暗纹，所以

（2）暗纹位置 $\qquad \delta = \dfrac{dx}{D} = \pm(2k+1)\dfrac{\lambda}{2} \qquad (k=0,1,2,\cdots)$

$$x = \pm(2k+1)\dfrac{D}{d}\cdot\dfrac{\lambda}{2} \qquad (k=0,1,2,\cdots) \qquad (10-3)$$

相应地取 $k=0,1,2,\cdots$ 对应不同级暗条纹。

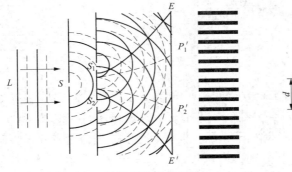 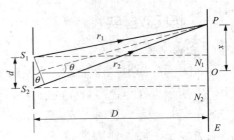

图 10-1　杨氏双缝干涉实验　　　　图 10-2　干涉条纹计算

3. 干涉条纹特点

由式（10-2）和（10-3）容易得出干涉条纹具有如下特点。

（1）屏上的干涉图样是以 O 点为中心、上下对称、明暗相间的直条纹，图 10-1 右侧即为示意图。

（2）相邻两明条纹或暗条纹之间的距离 Δx 为

$$\Delta x = D\dfrac{\lambda}{d} \qquad (10-4)$$

由于光的波长 λ 值很小，因此，两缝间距离 d 必须足够小，而 D 要足够大，使得干涉条纹间距 Δx 大到用眼睛可以分辨，才能观测到干涉条纹。

（3）对入射的单色光，若已知 d 和 D 的值，测出与 k 级条纹相应的 x，即可计算出单色光的波长 λ。

（4）设 d 和 D 值不变，由式（10-4）可知 Δx 与 λ 成正比，所以，波长短（如紫光），则干涉条纹间距小，波长长（如红光），则干涉条纹间距大。用白光做实验时，只有中央明条纹是白色的，其他各级明条纹则形成由紫到红按波长展开的彩色条纹，因此在实验中中央明条纹很容易辨认。

二、菲涅耳双镜实验

在杨氏双缝实验中，仅当缝 S、S_1、S_2 都很狭窄时，才能保证光源 S_1、S_2 的相干性，但这时通过狭缝的光强过弱，因而干涉条纹不够清晰，而且缝很窄的时候，我们

还必须考虑缝的边缘效应。为了克服这些弱点，1818 年，菲涅耳（Fresnel）提出了一种可使问题简化的获得相干光束的方法。如图 10-3 所示，用作分波前的光具组是一对紧靠在一起的夹角 θ 很小的平面反射镜 M_1 和 M_2，称为**菲涅耳双面镜**。狭缝光源 S 与两镜面的交棱平行，于是从 S 发出的光波经镜面反射后被分割为两束相干光，在它们的相遇区域里的屏幕上就会出现等距的平行干涉条纹。设 S_1 和 S_2 为 S 对菲涅耳双面镜所成的两个虚像，屏幕上的干涉条纹就如同是相干虚光源 S_1 和 S_2 发出的一样，因此可利用杨氏双缝实验的结果进行有关计算。

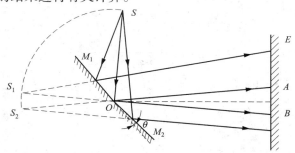

图 10-3　菲涅耳双镜实验

三、劳埃德镜实验

图 10-4 表示劳埃德镜实验简图。图中 S_1 是一狭缝光源，一部分光直接射到屏 E 上，另一部分几乎与镜面平行地（入射角接近 90°）射向平面镜 M，被平面镜反射后也射到屏上。设 S_2 为 S_1 在镜中的虚像，S_1 与 S_2 构成一对相干光源。图中画有影线的部分就表示相干光在空

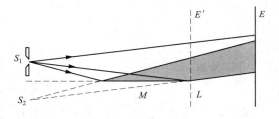

图 10-4　劳埃德镜实验

间重叠的区域。把屏放在这个区域内，显然屏上也会出现明暗相间的干涉条纹。实验还发现，当将屏幕移至图 10-4 中的虚线位置处时，在平面镜与屏接触的那点按杨氏双缝公式应该是形成中央明纹，但实验观察结果却是暗纹。这一实验事实，恰好可以用光从光密介质反射出来发生了"半波损失"，因而可以用相位突变了 π 来解释。

例题 10-1　在杨氏双缝干涉实验中，已知双缝间的距离为 0.342mm，双缝至屏幕的垂直距离为 2.00m，测得第 10 级干涉明纹至零级明纹之间的距离为 3.44cm，试求光源的单色光的波长。

解　由式（10-2）　$x = k\dfrac{D\lambda}{d}$，可得

$$\lambda = \frac{d}{D} \cdot \frac{x}{k}$$

将 $d = 0.342 \times 10^{-3}$m，$D = 2.00$m，$\dfrac{x}{k} = \dfrac{3.44}{10} = 0.344$cm 代入上式，即可求得单色光的波长为

$$\lambda = \frac{d}{D} \cdot \frac{x}{k} = \frac{0.342 \times 10^{-3}}{2.00} \times 0.344 \times 10^{-2} = 588\text{nm}$$

例题 **10-2** 设两个同频率单色光波传播到屏幕上某一点的光矢量 E_1 和 E_2 的量值分别为 $E_1 = E_{10}\cos(\omega t + \varphi_1)$，$E_2 = E_{20}\cos(\omega t + \varphi_2)$，如果两光矢量是同方向的，且属于：（1）非相干光；（2）相干光，试由合成光矢量分别讨论该点的光强的情况。

解 光矢量 E_1 和 E_2 叠加后的光矢量为 $E = E_1 + E_2$。E_1 和 E_2 已知是同方向的，所以合成光矢量值为

$$E = E_0\cos(\omega t + \theta)$$

式中

$$E_0 = \sqrt{E_{10}^2 + E_{20}^2 + 2E_{10}E_{20}\cos(\varphi_2 - \varphi_1)}$$

$$\theta = \arctan \frac{E_{10}\sin\varphi_1 + E_{20}\sin\varphi_2}{E_{10}\cos\varphi_1 + E_{20}\cos\varphi_2}$$

在我们所观察的时间隔 τ 内（$\tau \gg$ 光振动的周期），平均光强 I 是正比于 $\overline{E_0^2}$ 的，即

$$I \propto \overline{E_0^2} = \frac{1}{\tau}\int_0^\tau E_0^2 \mathrm{d}t = \frac{1}{\tau}\int_0^\tau \left[E_{10}^2 + E_{20}^2 + 2E_{10}E_{20}\cos(\varphi_2 - \varphi_1)\right]\mathrm{d}t$$

$$= E_{10}^2 + E_{20}^2 + 2E_{10}E_{20}\frac{1}{\tau}\int_0^\tau \cos(\varphi_2 - \varphi_1)\mathrm{d}t \qquad (10-5)$$

（1）对于非相干光，由于原子或分子发光的不规则性和间歇性，所以上述光波之间相位差 $\varphi_2 - \varphi_1$ 是杂乱变化的，即相当于在所观察时间内经历 0 到 2π 间的一切数值，故有

$$\int_0^\tau \cos(\varphi_2 - \varphi_1)\mathrm{d}t = 0$$

所以

$$\overline{E_0^2} = E_{10}^2 + E_{20}^2$$

相应地光强为

$$I = I_1 + I_2$$

上式表明两束光波重合后的光强等于它们分别照射时的光强 I_1 和 I_2 的总和。要注意到，这是对非相干光而言的。我们把两束白炽灯光投射到屏幕上时，合光强正是两光强之和。

（2）对于相干光，则对于屏幕上各指定点而言，$\Delta\varphi = \varphi_2 - \varphi_1$ 不随时间变化。因而式（10-5）中被积函数可从积分号中提出，所以合成后的光强为

$$I = I_1 + I_2 + 2\sqrt{I_1 I_2}\cos(\varphi_2 - \varphi_1)$$

上式说明，两相干光合成后的光强并不是两光强简单地相加，屏幕上各点处的光强随各点处所对应的 $\Delta\varphi$ 的值而定，而 $\Delta\varphi$ 随光程差 δ 变化，因而屏幕上各点的强度与情形（1）相比，有不同的分布，有些位置处，$\cos(\Delta\varphi) > 0$，则 $I > I_1 + I_2$；有些位置处，$\cos(\Delta\varphi) < 0$，则 $I < I_1 + I_2$，所以屏幕上形成稳定的明暗相间的条纹，这是相干光的重要特征。

特殊情况下，如果 $I_1 = I_2 = I_0$，那么合成后的光强为

$$I = 2I_0[1 + \cos(\Delta\varphi)] = 4I_0\cos^2\frac{\Delta\varphi}{2} \qquad (10-6)$$

当 $\Delta\varphi = 0$，$\pm 2\pi$，$\pm 4\pi$，$\cdots$ 时，在这些位置光强最大，等于单个光束时的 4 倍（$I = 4I_0$），当 $\Delta\varphi = 0$，$\pm 3\pi$，$\pm 5\pi$，$\cdots$ 时，在这些位置光强最小（$I = 0$）。光强 I 随相位差变化的情况如图 10-5 所示。

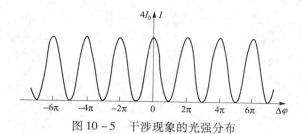

图 10 - 5　干涉现象的光强分布

思考题

1. 杨氏双缝实验中，以下两种情况：减小双缝和屏幕之间的距离、减小两个缝之间的宽度，光的干涉条纹将如何变化？

2. 杨氏双缝实验中，用白光作为光源时，若在缝 S_1 后面放一个黄色滤光片，S_2 后面放一个紫色滤光片，能否观察到干涉条纹？为什么？

3. 杨氏双缝实验中，如果入射缝面的相干光是斜入射，屏幕上零级条纹的位置是否改变？为什么？

4. 杨氏双缝实验中，当缝在垂直于轴线向上或向下移动时，干涉条纹如何变化？

5. 图 10 - 5 中，两光波叠加区，最亮的地方 $I_{max} = 4I_0$，此波能量是从哪里来的？最暗的地方 $I_{min} = 0$，能量到哪里去了？

第三节　光程和光程差

一、光程

上节讨论光的干涉，限于光在同一种介质中传播的情况，那么光经过不同介质后情况如何呢？如双缝干涉，若用一透明薄片（如云母或玻璃）挡住一缝，就会看到屏上干涉条纹发生了移动（用白光照射时更明显，可看到白色的中央明纹不在 O 点而移动了）。为什么呢？这种现象说明两光波在 O 点引起振动的相位差不仅决定于它们的几何路径之差（波程差 $r_1 - r_2$），而且还与通过什么介质有关。

我们知道，同一光源发出的光经不同介质传播时，频率 ν 是不变的，但光波在不同介质中传播的速度和波长是变化的。设真空中光速为 c，波长为 λ，则 $c = \lambda\nu$；又设介质中的光速为 v，波长为 λ'，则 $v = \lambda'\nu$，所以介质的折射率为：

$$n = \frac{c}{v} = \frac{\lambda}{\lambda'}$$

故介质中波长为

$$\lambda' = \frac{\lambda}{n}$$

以上两式说明，在折射率为 n 的介质中光波传播速度比真空中减小了（$v = c/n$），光波波长比真空中缩短了（$\lambda' = \lambda/n$），因而光波在真空中和介质中通过同样的几何路程 x，所对应的波长个数不同。在真空中波长个数为 x/λ；在介质中波长个数为 $x/\lambda' = nx/\lambda$；

在真空中相位的改变为 $\Delta\varphi = 2\pi x/\lambda$，而介质中相位的改变为 $\Delta\varphi = 2\pi x/\lambda' = 2\pi nx/\lambda$。所以真正与相位改变对应的不是几何路程 x 而是 nx 的乘积，只要 nx 相同，相位改变就相同。把这个量，即光波在某种介质中所经历的几何路程 x 与这种介质的折射率 n 的乘积定义为**光程**（optical path），由此定义可知

　　（1）均匀介质中，光程　　　　　　　$L = nx$

　　（2）分段均匀媒质中，光程　　$L = n_1 x_1 + n_2 x_2 + \cdots = \sum_i n_i x_i$

　　采用光程以后，相当于把光在不同介质中的传播都折算到在真空中的传播，计算时一律用真空中波长和真空中的光速。这时，当光通过不同介质时，和相位改变相对应的不再是波程差而是光程差。光程差用字母 δ 表示，$\delta = \Delta L$，显然，光程差与相位差的关系为

$$\Delta\varphi = \frac{2\pi}{\lambda}\delta \qquad\qquad (10-7)$$

把用相位差表示的两相干波加强和减弱的条件 $\Delta\varphi = \pm 2k\pi$ 和 $\Delta\varphi = \pm(2k+1)\pi$ 代入式（10-7），可得用光程差表示的两相干光干涉的明暗纹公式为

$$\delta = \begin{cases} \pm k\lambda & (k=0,1,2,\cdots) \quad 明纹 \\ \pm(2k+1)\dfrac{\lambda}{2} & (k=0,1,2,\cdots) \quad 暗纹 \end{cases} \qquad (10-8)$$

二、薄透镜成像的等光程原理

　　下面简单说明光波通过薄透镜传播时的光程情况，几何光学告诉我们，从实物发出的不同光线，经不同路径通过透镜能汇聚成一个明亮的实像，这一事实说明，光线在像点是相干加强的，因而从物点到像点各光线一定具有相同的相位差，也就是说物点与其像点之间各光线光程都相等，这就是物像之间的**等光程性**。例如图10-6中，S 是放在透镜 L 主轴上的点光源，S' 是 S 经透镜对所成的实像。图中表明：①从 S 发出的球面波波阵面到达 CA 位置处，光线 SA 和 SC 是等光程的；②当光线 SA 通过透镜到达 B

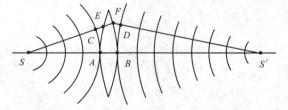

图10-6　从光源 S 到像点 S' 各光线有相等的光程

时，经相同时间，光线 SC 则在透镜上 E，F 两点处相继折射而到达 D，几何路程 $CEFD$ 虽较 AB 为长，但两者的光程相等；③之后，球面波波阵面从 BD 逐渐汇聚到达像点 S'，光线 BS' 和 DS' 也是等光程的。

　　又如图10-7（a）中，点光源 S 放在透镜 L_1 的主焦点 F_1 处，光线通过透镜 L_1 后成为平行光，这束平行光恰好平行于透镜 L_2 的主轴，因此通过透镜 L_2 后汇聚的像点 S' 位于透镜 L_2 主焦点 F_2 处，现取垂直于平行光线的某一波阵面 A，显然，从这一波阵面上的 A_1，A_2，A_3，$\cdots$各点到 S' 的光线 $A_1 S'$，$A_2 S'$，$A_3 S'$，$\cdots$是等光程的。设如图10-7（b）所示，由透镜 L_1 处射来的平行光斜射到透镜 L_2 上，由于这束平行光是平行于与 L_2 主轴成 θ 角的副轴，所以通过透镜 L_2 后汇聚的像点 S'' 将位于该副轴上的副焦点 F_2' 处。在这种情况下，从波阵面上的 A_1，A_2，A_3，$\cdots$各点到 S'' 的光程也是

相等的。

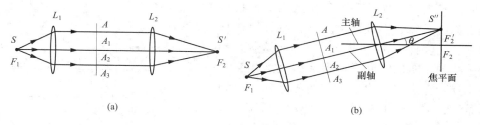

图 10 - 7 平行光经透镜汇聚时的光程

(a) 从波面 A 上的各点到 F_2 的各光线等光程   (b) 从波面 A 上的各点到 F_2' 的各光线等光程

观察光的干涉现象和衍射现象时透镜是常用的光学元件，在某些装置中甚至是必需的。从上述说明可知，**透镜的使用可以改变光波的传播情况但不产生附加的光程差。**

思考题

1. 引入光程差概念的目的是什么？光程差和相位差有何关系？
2. 相同时间内，一束单色光在空气中和在水中的传播路程是否相等？光程是否相等？

第四节 薄 膜 干 涉

前面介绍的相干光源都是由点光源或狭缝光源获得的，但日常生活中常见的并非点光源，而是有一定宽度的光源，称为**扩展光源**或**面光源**。本节将讨论扩展光源所发出的光照射在薄膜上时所产生的干涉现象，如在阳光照射下所看到的彩色肥皂膜以及雨后在马路上看到的彩色油膜，这些都是扩展光源发出的光在薄膜两表面上反射后相干涉的结果，这类干涉现象称为**薄膜干涉**（film interference）。当从光源发出的一束光投射到两种透明介质的分界面上时，它携带的能量一部分反射回来，一部分透射过去，能流正比于振幅的平方，因此可以形象地说，入射波的振幅被"分割"成若干部分，这样获得相干光的方法称为**分振幅法**。最基本的分振幅干涉装置是一块由透明介质做的薄膜。薄膜干涉在科学技术中有着许多重要的应用，对薄膜干涉现象进行详细的分析是较复杂的问题，理论上分析比较简单且实际应用较多的是厚度均匀薄膜在无穷远处形成的等倾干涉条纹和厚度不均匀薄膜表面上的等厚干涉条纹。下面对这两种情况分别进行讨论。

一、等倾干涉

1. 薄膜反射光相干的明暗纹条件

设厚度为 e、折射率为 n_2 的均匀平行平面薄膜，薄膜上方和薄膜下方介质的折射率分别为 n_1 和 n_3，从扩展光源上任取一点 S 发出的光，以倾角 i 投射到薄膜上，如图 10 - 8 所示，入射光在 A 点产生反射光线 a，而折射后进入薄膜内的光在 C 点反射后射

到 B 点；然后又折回原介质中成为光线 b，此外还有在膜内经三次反射、五次反射……再折回膜上方的光线，但其强度迅速下降，所以只考虑 a、b 这两束光线间的干涉。由于这两束光线是平行的，所以它们只能在无穷远处相交而发生干涉。在实验室中为了在有限远处观察到干涉条纹，用一个汇聚透镜 L 就使它们在其焦平面上 P 叠加而产生干涉。如果用肉眼直接观察，必须使眼睛放松，调整视力到无限远处的状态。

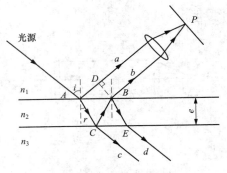

图 10-8 薄膜等倾干涉

为讨论干涉明纹和暗纹情况，现在来计算两条光线 a、b 在焦平面上 P 点相交时的光程差。从 B 点作光线 a 的垂线 BD，根据物像间的等光程原理，从 D 和 B 到 P 的光程相等所以两相干光线 a、b 之间的光程差为

$$\delta = n_2 (\overline{AC} + \overline{CB}) - n_1 \overline{AD} \qquad (10-9)$$

由图中的几何关系可得

$$\overline{AC} = \overline{CB} = \frac{e}{\cos r} \qquad \overline{AD} = \overline{AB}\sin i = 2e\tan r\sin i \qquad (10-10)$$

根据折射定律有

$$n_1 \sin i = n_2 \sin r \qquad (10-11)$$

将 (10-10) 式，(10-11) 式 代入 (10-9) 式得

$$\delta = 2n_2 \frac{e}{\cos r} - 2n_1 e\tan r\sin i$$

$$= \frac{2n_2 e}{\cos r}(1 - \sin^2 r)$$

$$= 2n_2 e\cos r \qquad (10-12)$$

用入射角表示为

$$\delta = 2e\sqrt{n_2^2 - n_2^2 \sin^2 r}$$

$$= 2e\sqrt{n_2^2 - n_1^2 \sin^2 i} \qquad (10-13)$$

式 (10-12)，式 (10-13) 没有考虑半波损失对光程差的影响。考虑半波损失时，由于介质的折射率不同，有以下几种情况。

(1) 当 $n_1 < n_2 > n_3$ 时 光线在 A 点反射有半波损失，即减少了半个波长的光程，光线在 C 点反射时无半波损失，所以光程差为

$$\delta = 2n_2 e\cos r + \frac{\lambda}{2} \qquad (10-14)$$

(2) 当 $n_1 > n_2 < n_3$ 时 光线在 A 点反射时无半波损失，光线在 C 点反射时有半波损失，即减少了半个波长的光程，所以光程差为

$$\delta = 2n_2 e\cos r - \frac{\lambda}{2}$$

由于以上两种情况的光程差中 $\lambda/2$ 前加正号和加负号，相当于相位差 $+\pi$ 和 $-\pi$，这只影响干涉的级数 k，不影响条纹的明暗情况，为统一起见，我们今后一律取正号。

(3) 当 $n_1 < n_2 < n_3$ 时 光线在 A 点反射时有半波损失，光线在 C 点反射时也有半

波损失，所以不产生附加光程差，即光程差为

$$\delta = 2n_2e\cos r \qquad\qquad (10-15)$$

（4）当 $n_1 > n_2 > n_3$ 时　因两反射光均无半波损失，故其光程差与式（10-15）相同，即

$$\delta = 2n_2e\cos r$$

根据以上讨论并由式（10-8）很容易写出薄膜反射光相干的明暗纹条件。

有附加光程差时，明暗纹条件为

$$\delta = 2n_2e\cos r + \frac{\lambda}{2} = \begin{cases} \pm k\lambda & (k = 1,\ 2,\ 3\cdots) & \text{明纹} \\ \pm(2k+1)\dfrac{\lambda}{2} & (k = 0,\ 1,\ 2,\ \cdots) & \text{暗纹} \end{cases} \qquad (10-16)$$

无附加光程差时，明暗纹条件为

$$\delta = 2n_2e\cos r = \begin{cases} \pm k\lambda & (k = 0,\ 1,\ 2,\ \cdots) & \text{明纹} \\ \pm(2k+1)\dfrac{\lambda}{2} & (k = 0,\ 1,\ 2,\ \cdots) & \text{暗纹} \end{cases} \qquad (10-17)$$

为简单起见，上面式（10-16）、（10-17）中光程差只写了用折射角 r 表示的形式。由式（10-16）、（10-17）可以看出，对于我们所讨论的平面平行薄膜，薄膜厚度和介质折射率一定时，光程差是随光线的倾角（指入射角 i 或折射角 r）而改变的。这样，不同的干涉明条纹和暗条纹，相对应地具有不同的倾角，而同一干涉条纹上的各点都具有同一的倾角，因此，这种干涉称为**等倾干涉**（equal inclination interference）。

2. 薄膜透射光相干的明暗纹条件

上面讨论的是薄膜上、下表面反射光的干涉。实际上在薄膜的下方，透射光也会产生干涉。如图10-8所示，入射光在 A 点折射后进入薄膜内，在 C 点除反射外还有折射光进入折射率为 n_3 的介质中成为光线 c，而从 C 点反射到 B 点的光除折射光 b 外，也同时有反射至 E 点后，再折射到折射率为 n_3 的介质中的光线 d。光线 c 和 d 就是从薄膜透射出来的两束平行的相干光，它们和反射相干的光一样也是在无穷远处相交而发生干涉。透射相干光的光程差与反射时的计算相类似，只差有无附加光程差。若反射时，有附加光程差，则透射时没有。反之，亦然。因而，对某一入射角而言，当反射光相互加强时，透射光就相互减弱；当反射光相互减弱时，透射光就相互加强，即它们的干涉条纹明暗互补。如果从能量的角度来看，上述结论也是很自然的，因为总光能一定，若反射光能大时，透射光能必然小。

以上所讨论的是单色光的干涉情形。若所用的光源是复色光源，因光程差 δ 与波长有关，所以将会看到彩色的干涉图样。

3. 增透膜和高反射膜

利用薄膜干涉的原理能制成增透膜和高反射膜。例如，在光学元件的透光表面上，用真空镀膜等方法敷上一薄层透明胶。如果我们选择透明胶薄膜的折射率介于空气和光学元件之间。光线垂直入射或接近垂直入射时薄膜上下表面反射的两束光相干，由式（10-17）得两反射光干涉相消时应满足关系

$$2n_2e = (2k+1)\frac{\lambda}{2} \qquad (k = 0,1,2,\cdots)$$

于是在膜层的光学厚度为 $e = \dfrac{\lambda}{4n_2}$, $\dfrac{3\lambda}{4n_2}$, …时，干涉的结果为暗场，这就使光学元件因反射而造成的光能损失大为减少，从而增加了光的透射，这种薄膜称为**增透膜**（reflection reducing coating）。当然，每种增透膜只对特定波长的光才有最佳的增透作用。对于助视光学仪器或照相机，一般选择可见光的中部波长 550nm 来消除反射光。由于该波长的光呈黄绿色。所以增透膜的反射光呈现出与它互补的蓝紫色，这就是我们平常所看到的照相机镜头的颜色。

同理，在光学元件的透光表面镀上一层或多层薄膜。适当选择薄膜材料及其厚度，也可以使反射率大大增加。使透射率相应减小。这种薄膜称为**高反射膜**（high reflecting film）。例如，激光器中的高反射镜，对特定波长的光的反射率可达 99% 以上，宇航员头盔和面甲上都镀有对红外线具有高反射率的多层膜，以屏蔽宇宙空间中极强的红外线照射。

例题 10-3　空气中有一厚度 $e = 4 \times 10^{-7}\text{m}$ 的薄膜，其折射率为 1.5，问白光垂直照射到该膜上时，可以观察到哪些波长的反射光加强？

解　因薄膜处于空气中，故其上、下表面反射光有附加光程差，所以加强条件为

$$2n_2 e + \frac{\lambda}{2} = k\lambda \qquad (k = 1, 2, 3, \cdots)$$

因而可得

$$\lambda = \frac{2n_2 e}{k - \frac{1}{2}} = \frac{4en_2}{2k - 1} = \frac{4 \times 4 \times 1.5 \times 10^{-7}}{2k - 1}$$

由式可知　$k = 1$ 时，$\lambda = 24 \times 10^{-7}\text{m}$（不在可见光范围，舍）

$\qquad\qquad k = 2$ 时，$\lambda = 8 \times 10^{-7}\text{m}$（不在可见光范围，舍）

$\qquad\qquad k = 3$ 时，$\lambda = 4.8 \times 10^{-7}\text{m}$（可见光）

$\qquad\qquad k = 4$ 时，$\lambda = 3.428 \times 10^{-7}\text{m}$（不在可见光范围，舍）

所以可看到 $\lambda = 4.8 \times 10^{-7}\text{m}$ 的光加强。（即反射光为青色）

例题 10-4　如果在观察空气中的肥皂水薄膜（$n = 1.33$）反射时，它呈现 $\lambda = 5 \times 10^{-7}\text{m}$ 的绿色光，且这时法线与视线间角度为 45°。求：（1）膜最薄厚度；（2）保持厚度 e 不变，在法线观察时可见什么颜色的光？

解　依题意，反射光加强条件为

$$\delta = 2e \sqrt{n_2^2 - n_1^2 \sin^2 i} + \frac{\lambda}{2} = k\lambda \qquad (k = 1, 2, 3, \cdots)$$

（1）解上式可得

$$e = \frac{\left(k - \dfrac{1}{2}\right)\lambda}{2\sqrt{n_2^2 - n_1^2 \sin^2 i}}$$

k 取 1 时，e 最小，即

$$e_{\min} = \frac{\dfrac{1}{2} \times 500 \times 10^{-9}}{2\sqrt{1.33^2 - \sin^2 45}} = 1.11 \times 10^{-7}\text{m}$$

（2）由上面光程差公式，得波长为

$$\lambda = \frac{2e\sqrt{n_2^2 - n_1^2\sin^2 i}}{k - \frac{1}{2}}$$

法线方向，取 $i = 0$，得

$$\lambda = \frac{2n_2 e}{k - \frac{1}{2}}$$

$k = 1$ 时　　　　$\lambda_1 = 590.5\,\mathrm{nm}$（黄色）

$k = 2$ 时　　　　$\lambda_2 = 197\,\mathrm{nm}$（舍去）

二、等厚干涉

1．薄膜反射光相干的明暗纹条件

当光线射到厚度很薄但不均匀的薄膜上，会观察到呈现在薄膜表面的干涉条纹。将图 10 - 8 中的薄膜改画成厚度不均匀的情况，如图 10 - 9 所示。设距薄膜较远的点光源 S 发出的一束光 a 在 A 点折射和 C 点反射后，通过上表面 B 点而成为光线 a_1，另一束光 b 射向 B 点后反射形成光线 b_1。A 点和 B 点距离很近，因 a 与 b 间夹角很小，且可以认为 AC 近似等于 BC，A 与 B 之间薄膜的厚度可看作相等设为 e，这样做 $AD \perp b$，便可以按求得式（10 - 12）相同的计算方法，得到 a 和 b 两相干光的光程差，即

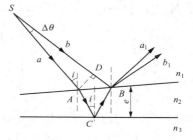

图 10 - 9　薄膜等厚干涉

$$\delta = 2n_2 e\cos r$$

同样，关于如何考虑半波损失对光程差的影响，以及反射光相干的明暗纹条件，也与前面得到的式（10 - 16）和式（10 - 17）在形式上相同，所不同的是前述等倾干涉中薄膜厚度是均匀的，两反射光相干于无限远处；而此时膜各处的厚度是不同的，两反射光相干于薄膜表面处。

由式（10 - 16）或式（10 - 17）可知，当薄膜的厚度不均匀时，若倾角 i（式 r）相同，随着膜各处厚度 e 的不同，可以看到明暗相间的干涉条纹。因为同一干涉条纹上各点对应同一厚度，故称这种为**等厚干涉**（equal thickness fringes）。我们将讨论等厚干涉的两个重要例子：劈形膜和牛顿环。

2．薄膜透射光相干的明暗纹条件

对某一厚度的薄膜而言，在反射光相互加强处，透射光将相互减弱；在反射光相互减弱时，透射光将相互加强。

3．劈形膜

（1）薄膜的形状成劈形的，称为劈形膜，常见的劈形膜如图 10 - 10 所示，两块平面玻璃片，一端互相重合，另一端夹一薄纸片（为了便于说明问题和易于做图，图中纸片的厚度放大了很多）。因此，在两玻璃片之间形成一劈形空气薄膜，也称为**空气劈**

尖。两玻璃片的交线称为**棱边**，在平行于棱边的线上劈形膜的厚度是相等的。

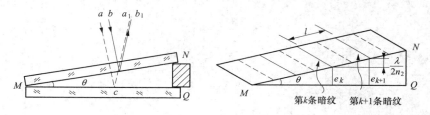

图 10 - 10　劈形膜干涉

当平行单色光垂直（$i = 0$）入射于这样的两块玻璃片时，在空气劈形膜（$n_2 = 1$）上下两表面所引起的反射光线将形成相干光。若劈形膜在 C 点处的厚度为 e，光线 a、b 在劈形膜上下表面反射，形成两相干光线 a_1、b_1。由式（10 - 16）得这两光线的光程差

$$\delta = 2en_2 + \frac{\lambda}{2}$$

所以，反射光的干涉加强与减弱的条件为

$$\delta = 2n_2 e + \frac{\lambda}{2} = \begin{cases} \pm k\lambda & (k = 1,\ 2,\ 3,\ \cdots) & \text{明纹} \\ \pm(2k+1)\dfrac{\lambda}{2} & (k = 0,\ 1,\ 2,\ \cdots) & \text{暗纹} \end{cases}$$

每一明、暗条纹都与一定的 k 值相当，也就是与劈形膜的一定厚度 e 相当，所以这些干涉条纹称为**等厚干涉条纹**（equal thickness fringes）。

（2）劈形膜干涉条纹特点　由于劈形膜的等厚线是一系列平行于棱边的直线，所以其干涉条纹为一系列平行于棱边的明暗相间的直条纹。同一厚度处对应同一条纹。离棱边越远，厚度 e 越大，光程差 δ 越大，干涉级次越高。棱边处厚度为零，有附加程差时为零级暗纹，无附加程差时为零级明纹。任何两个相邻的明条纹或暗条纹之间所对应的劈形膜厚度之差为

$$e_{k+1} - e_k = \lambda / 2n_2 \tag{10 - 18}$$

任何两个相邻的明条纹或暗条纹之间的距离 l 由下式决定

$$l = \frac{\lambda}{2n_2 \sin\theta}$$

$$l\sin\theta = e_{k+1} - e_k = \frac{\lambda}{2n_2} \tag{10 - 19}$$

式中，θ 为劈形膜的夹角。显然 θ 愈小，干涉条纹愈疏；θ 愈大，干涉条纹愈密。如果 θ 大到一定程度，可使干涉条纹密集得无法分辨。所以通常 θ 角很小，此时 $\sin\theta \approx \theta$，因而

$$l \approx \lambda / 2n_2 \theta$$

对于常见的空气薄膜，上述各式中取 $n_2 = 1$。

由式（10 - 19）可知，劈形膜的条纹间距 l 与入射光波长 λ 成正比，所以，当用复色光（或白光）照射时，由于不同波长光的间距不同，将会形成彩色的干涉条纹。显然，在同一级次的干涉条纹中，波长短的要靠近棱边。

劈形膜的干涉对检查玻璃片的光平程度，有很重要的应用。如果形成劈形空气膜的两块玻璃片之中，其一是光学平面的标准玻璃片，另一是不严格光平的待测玻璃片，

那么，干涉条纹将不是直线，在不平处将呈现不规则弯曲的曲线。

例题 10 – 5　如图 10 – 11 所示，折射率 $n =$ 1.4 的劈形膜，在单色光的垂直照射下，量得两相邻的明条纹之间的距离 $l = 0.25\text{cm}$，已知单色光在空气中的波长 $\lambda = 700\text{nm}$，求劈形膜的顶角 θ。

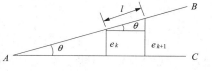

图 10 – 11　例题 10 – 5 示意图

解　如图 10 – 11 所示，在劈形膜的表面上取第 k 条和第 $k+1$ 条两条相邻的明条纹，用 e_k 和 e_{k+1} 分别表示这两明条纹所在处劈形膜的厚度，按明条纹的条件，e_k 和 e_{k+1} 应分别满足下列两式

$$2ne_k + \frac{\lambda}{2} = k\lambda$$

$$2ne_{k+1} + \frac{\lambda}{2} = (k+1)\lambda$$

将两式相减整理得

$$e_{k+1} - e_k = \frac{\lambda}{2n}$$

将式（10 – 19）代入上式，得　　　$l\sin\theta = \frac{\lambda}{2n}$

将 $n = 1.4$，$l = 0.25\text{cm}$，$\lambda = 700\text{nm}$ 代入上式，得

$$\sin\theta = \frac{\lambda}{2nl} = \frac{700 \times 10^{-9}}{2 \times 1.4 \times 0.25 \times 10^{-2}} = 10^{-4}$$

因 $\sin\theta$ 很小，所以

$$\theta \approx \sin\theta = 10^{-4}\text{rad}$$

4. 牛顿环

在一块光平的玻璃片 B 上，放一曲率半径 R 很大的平凸透镜 A，如图 10 – 12 所示。在 A、B 之间形成一厚度不均匀的空气薄层。当平行光束垂直地射向平凸透镜时，由于透镜下表面所反射的光和平面玻璃片的上表面所反射的光发生干涉，因而在其上可以观察到同心圆环形的等厚干涉条纹。这种干涉条纹是牛顿首先观察到并加以描述的，所以称为**牛顿环**（Newton rings），如图 10 – 13 所示。

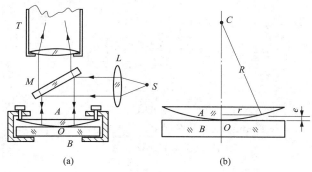

(a)　　　　　　　　　　　　(b)

图 10 – 12　牛顿环

（a）观察牛顿环仪器简图　　（b）牛顿环半径计算用图

由式（10 – 16）得，空气层厚度 e 处形成牛顿环的光程差为

$$\delta = 2n_2 e + \frac{\lambda}{2} = \begin{cases} \pm k\lambda & (k = 1,\ 2,\ 3,\ \cdots) \qquad \text{明纹} \\ \pm(2k+1)\dfrac{\lambda}{2} & (k = 0,\ 1,\ 2,\ \cdots) \qquad \text{暗纹} \end{cases} \qquad (10-20)$$

下面，我们求与 O 相距 r 处空气层的厚度 e。从图 10-12 中的直角三角形得

$$r^2 = R^2 - (R - e)^2 = 2Re - e^2$$

因 $R \gg e$。所以 $e^2 \ll 2Re$，可以将高级小量 e^2 从式中略去，于是

$$e = \frac{r^2}{2R} \qquad (10-21)$$

上式说明 e 与 r 的平方成正比，所以离开中心愈远。光程差增加愈快，所看到的牛顿环也变得愈来愈密。

取空气折射率 $n_2 = 1$，把式（10-21）代入式（10-20），求得反射光中的明环和暗环的半径分别为：

$$r = \sqrt{(2k-1)\ R\lambda/2} \qquad (k = 1,\ 2,\ 3,\ \cdots) \qquad \text{明环} \qquad (10-22)$$
$$r = \sqrt{kR\lambda} \qquad (k = 0,\ 1,\ 2,\ \cdots) \qquad \text{暗环} \qquad (10-23)$$

由上式可知，波长 λ 增大时，所对应的环半径 r 也越大，因而，当用复色光（或白光）照射牛顿环时，将会看到彩色的环形干涉条纹。

本节介绍的两种干涉现象都是在薄膜的反射光中看到的。在透射光中，也同样有干涉条纹，但这时条纹的明暗情形与反射时恰好相反。如在空气劈形膜中，接触处是明纹；在空气牛顿环中，接触点是亮点。

例题 10-6　设一平玻璃凸透镜与一平板玻璃能完全接触，两者之间充满空气构成观察牛顿环的装置。利用波长为 589.3nm 的单色光源，测得第 k 级暗环的直径为 0.70mm，第 $k+15$ 级暗环的直径为 2.20mm，求所用平凸镜的曲率半径。

解　根据牛顿环的暗环公式（10-23）

$$r = \sqrt{kR\lambda}$$

得

$$r_k^2 = kR\lambda$$

$$r_{k+15}^2 = (k+15)R\lambda$$

从以上两式得

$$R = \frac{(r_{k+15}^2 - r_k^2)}{15\lambda}$$

以 $r_k = 0.35\text{mm}$，$r_{k+15} = 1.10\text{mm}$，$\lambda = 589.3\text{nm}$ 代入上式，可算出

$$R = 12.3\text{cm}$$

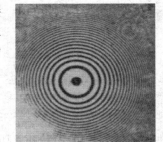

图 10-13　牛顿环的照相图

思考题

1. 观察正在被吹大的肥皂泡时，先看到彩色分布在泡上，随着泡的扩大各处彩色

会发生改变，当彩色消失呈现黑色时，肥皂泡破裂。为什么？

2. 窗玻璃也可以是一块介质板，但是在日光照射下，为什么我们观察不到干涉现象？

3. 用两块平玻璃构成的劈尖观察等厚干涉条纹时，若把劈尖上表面向上缓慢地平移，干涉条纹有什么变化？若把劈尖角逐渐增大，干涉条纹又有什么变化？

第五节　干涉仪　干涉现象的应用

干涉仪是根据光的干涉原理制成的，是近代精密测量仪器之一，在科学技术方面有着广泛而重要的应用。干涉仪具有各种形式，本节只介绍**迈克耳逊干涉仪**，此种干涉仪曾在物理学史上起过重大作用，并且是其他各种干涉仪的基础。

一、迈克耳逊干涉仪的结构和光路

如图 10-14 所示，M_1 和 M_2 是两块精密磨光的平面镜，其中 M_2 是固定的，M_1 用精密螺旋控制，可作微小移动。G_1 和 G_2 是两块厚薄和折射率都很均匀的相同的玻璃板，两者平行放置，与平面镜成 45°角，在 G_1 的背面镀有一层半透明的薄银层，使光源射来的光线（如 a 和 b）一半反射，一半透射。具体而言，反射光线 a_1 和 b_1 射到 M_1，经 M_1 反射后再次透过 G_1 进入透镜 L_2 或眼睛。如果先不考虑 G_2，则透射光线 a_2 和 b_2 射到 M_2，

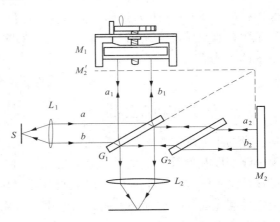

图 10-14　迈克耳逊干涉仪

经 M_2 反射后再经 G_1 上的半镀银面反射到透镜 L_2 或眼睛。玻璃 G_2 起了补偿光程的作用；反射光线 a_1 和 b_1 通过 G_1 前后共三次，而透射光线 a_2 和 b_2 只通过 G_1 一次；有了 G_2，透射光将往返通过它两次，从而也通过玻璃板三次。在使用白光光源时，这种补偿是不可缺少的。两束相干光（如 a_1b_1 和 a_2b_2），在透镜的焦面上或眼睛的视网膜上相遇时，将产生一定的干涉图样。设 M_2' 是 M_2 对 G_1 上半镀银面所成的虚像，则从观察者看来，就像两相干光束是从 M_1 和 M_2' 反射而来的，因此所看到的干涉条纹犹如 M_1 和 M_2' 之间的"空气薄膜"所产生的薄膜干涉条纹。调节 M_1 就可能得到厚度 d 相等或不相等以及不同厚度、不同夹角的空气薄膜，它们分别对应于等倾条纹或等厚条纹。

当 M_1 与 M_2' 的镜面相互平行时，可观察到同心圆形等倾干涉条纹。将 M_1 逐渐向 M_2' 移近，条纹逐渐变稀，中央条纹对应的干涉级 k 随之减小，我们将看到各圈条纹不断缩进中心，视场中条纹数越来越小。

当 M_1 与 M_2' 的镜面相互重合时，条纹消失，视场均匀。如果继续沿原方向推进 M_1，它将穿 M_2' 而过，我们将看到稀疏的条纹不断由中心冒出，条纹又重新逐渐变密。

当 M_1 与 M_2' 的镜面不平行而相交成劈形膜时，可把观察系统调焦于 M_2' 附近，我们

将看到平行于 M_1 与 M_2' 的镜面交线的等间距的直线等厚条纹。当 M_1 的移动距离为 $\lambda/2$ 时，观察者将看到一条亮纹或一条暗纹移过视场中的某一参考标记。如果数出条纹移动的数目 N，则可以得出平面镜 M_1 平移的距离为 $\Delta e = N\lambda/2$。实际上，这是对长度进行精密测量的一种方法。由式 $\Delta e = N\lambda/2$ 可知，用已知波长的光波可以测定长度，也可用已知的长度来测定波长，迈克耳逊曾用自己的干涉仪测定了红镉线的波长，同时也用红镉线的波长作为单位，表示出标准尺"米"的长度，测定的结果如下：在温度 $t = 15℃$ 和压强 $P = 1atm$ 时，红镉线在干燥空气中的波长是

$$\lambda_1 = 643.846\ 96nm$$

因此
$$1m = 1\ 553\ 164.13\lambda_1$$

1960 年 10 月，在第十一届国际计量大会上，决定用比红镉线更精细的 ^{86}Kr 发射的橙色线的波长来定义"标准米"，规定"m"为这种光的波长的 1 650 763.73 倍，其精度为 4×10^{-9}。后来稳频激光器的发展，使激光频率的复现性远远优于上述"m"的定义的精度。1983 年 10 月，第十七届国际计量大会通过了"m"的新定义："1m 的长度确定为在真空中的光速在 1/299 792 458s 的时间间隔内所通过的距离。"按此定义，真空中的光速值为

$$c = 299\ 792\ 458m/s$$

二、干涉现象的应用

光的干涉现象在科学研究和工程技术上的应用很广，除了可以测定长度、长度的微小改变以及检验表面的磨光程度以外，还有很多其他方面的应用。根据不同要求，可设计出不同式样的干涉仪。在工业上常用显微干涉仪检查光学玻璃的表面质量、测定机件磨光面的光洁度等。在光谱学中，应用精确度极高的近代干涉仪有迈克耳逊干涉仪和法布里 – 珀罗（Fabry – Perot）干涉仪。在工业和化学分析中，也常用折射干涉仪，可以准确地测定气体和液体的折射率并决定气体或液体中的杂质浓度。在天文学中，利用特种天体干涉仪还可以测定远距离星体的直径。

例题 10 – 7 将迈克耳逊干涉仪中的平面反射镜 M_1、M_2 适当放置，观察 G_1 分束板时看到的视场大小为 $3cm \times 3cm$，在波长为 $600nm$ 的单色光照射下，视场中呈现 24 个竖直的明条纹，试计算 M_1、M_2 的平面与严格垂直位置的偏离程度。

解 设 G_1 上镀银层所形成的 M_1 的虚像是 M_1'，按题意，此时 M_1' 和 M_2 构成一空气劈形膜，所以本题可按劈形膜进行计算。相邻两明条纹间的距离为

$$l = (3\times10^{-2}) \div 24 = 1.25\times10^{-3}m$$

与之相应的空气膜厚度的增量为
$$\Delta e = \lambda/2 = 300nm = 3000\times10^{-10}m$$

所以 M_1' 和 M_2 平面之间的夹角为

$$\alpha = \frac{\Delta e}{l} = 2.4\times10^{-4}rad = 0.0138°$$

这也是 M_1 和 M_2 与严格垂直位置所偏离的角度。

重点小结

内容提要	重点难点
光的相干条件	获得相干光的方法
获得相干光的方法	
光程 $L = nx$ 和光程差	光程差与相位差的关系
杨氏双缝干涉	杨氏双缝干涉条纹特点及明暗纹位置的计算
透镜成像的等光程原理	
薄膜干涉	薄膜反射光及透射光相干明暗纹条件
等倾干涉和等厚干涉	等倾干涉和等厚干涉及应用
增透膜、高反射膜	
牛顿环、劈尖	牛顿环、劈尖干涉特点

习题十

1. 在杨氏双缝实验中，做如下调节时，屏幕上的干涉条纹将如何变化？（要说明理由）

（1）使两缝之间距离逐渐减小；

（2）保持双缝的间距不变，使双缝与屏幕的距离逐渐减小；

（3）如图 10 – 15 所示，把双缝中的一条狭缝遮住，并在两缝的垂直平分线上放置一块平面反射镜．

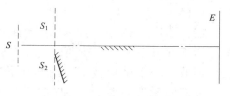

图 10 – 15 习题 1 示意图

2. 如图 10 – 16 所示，设光线 a、b 从相位相同的 A、B 点传至 P，试讨论：

（1）在图中的三种情况下，光线 a、b 在相遇处 P 是否存在光程差？为什么？

（2）若 a、b 为相干光，那么在相遇处的干涉情况怎样？

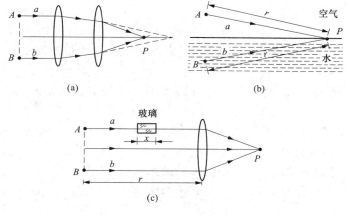

(a)　　　　　(b)

(c)

图 10 – 16 习题 2 示意图

3. 由汞弧灯发出的光，通过一绿色滤光片后，照射到相距为 0.60mm 的双缝上，在距双缝 2.5m 远处的屏上出现干涉条纹。现测得相邻两明条纹中心的距离为 2.27mm，求入射光的波长。

4. 在双缝装置中，用一个很薄的云母片（$n = 1.58$）覆盖其中的一条狭缝，这时屏幕上的第七级明纹恰好移到屏幕中央原零级明条纹的位置。如果入射光的波长为 550nm，则这云母片的厚度应为多少？

5. 一平面单色光波垂直照射在厚度均匀的薄油膜上，油膜覆盖在玻璃板上。油的折射率为 1.30，玻璃折射率为 1.50，若单色光的波长可由光源连续可调，可观察到 500nm 与 700nm 这两个波长的单色光在反射时中消失，试求油膜层的厚度。

6. 白光垂直照射到空气中一个厚度为 380nm 的肥皂膜上，设肥皂膜的折射率为 1.33，该膜正面呈现什么颜色？背面呈现什么颜色？

7.（1）空气中有一层折射率为 1.33 的薄油膜，当我们的观察方向与膜面的法线方向成 30° 角时，可看到油膜反射的光呈波长为 500nm 的绿色光，油膜的最薄厚度为多少？

（2）如果从膜面的法线方向观察，则反射光的颜色如何？

8. 在棱镜（$n_1 = 1.52$）表面涂一层增透膜（$n_2 = 1.30$），为使此增透膜适用于 550nm 波长的光，膜的最小厚度为多少？

9. 有劈形膜，折射率 $n = 1.4$，尖角 $\theta = 10^{-4}$rad，某单色光垂直照射下，可测得两相邻明纹之间的距离为 0.25cm，试求：如果劈形膜长为 3.5cm，那么总共可出现多少条明条纹？单色光的波长是多少？

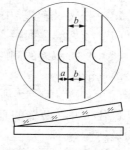

10. 利用空气劈形膜的等厚干涉条纹，可以测量经精密加工后工件表面上极小纹路的深度。如图 10 - 17，在工件表面上放入一个平板玻璃，使其间形成空气劈形膜，以单色光垂直照射玻璃表面，用显微镜观察干涉条纹，由于工件表面不平，观察到的条纹如图所示。试根据条纹弯曲的

图 10 - 17　习题 10 示意图

方向，说明工件表面上纹路是凹的还是凸的。证明纹路深度或高度可用下式表示

$$H = \frac{a}{b} \cdot \frac{\lambda}{2}$$

其中 a、b 见图 10 - 17 所示。

11.（1）若用波长不同的光观察牛顿环，$\lambda_1 = 600$nm，$\lambda_2 = 450$nm，观察到用 λ_1 时的第 k 级暗环与用 λ_2 时的第 $k+1$ 级暗环重合，已知透镜的曲率半径是 190cm，求用 λ_1 时第 k 级暗环的半径；

（2）在牛顿环中用波长为 500nm 的第 5 级明环与用波长为 λ_2 时的第 6 级明环重合，求波长 λ_2。

12. 在图 10 - 18 所示装置中，平面玻璃板是由两部分组成的（冕牌玻璃 $n = 1.50$ 和火石玻璃 $n = 1.75$）透镜是用冕牌玻璃制成的，而透镜与玻璃之间的空间充满着二硫化碳（$n = 1.62$）。由此而成的牛顿环的花样如何？为什么？

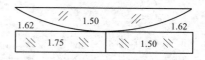

图 10 - 18　习题 12 示意图

第十一章 | 光的衍射

学习目标

1. 了解惠更斯 – 菲涅耳原理。掌握光的衍射现象等。
2. 掌握分析单缝夫琅和费衍射明暗纹分布规律的方法。
3. 理解缝宽及波长对衍射条纹分布的影响，了解圆孔衍射及分辨率。
4. 熟悉光栅衍射公式、缺级条件和确定主极大条纹位置与条纹数。会确定光栅衍射谱线的位置，会分析光栅常量及波长对光栅衍射谱线分布的影响。

光的衍射是指光波遇到障碍物时偏离几何光学中直线传播的物理现象。几何光学表明，光在均匀媒质中按直线定律传播，光在两种媒质的分界面按反射定律和折射定律传播。但是，光是一种电磁波，当一束光通过有孔的屏障以后，其强度可以波及几何阴影区。衍射效应使障碍物后空间的光强分布既区别于几何光学给出的光强分布，又区别于光波自由传播时的光强分布，衍射效应使光强有了一种重新的分布。衍射使一切几何影界失去了明锐的边缘。意大利物理学家和天文学家格里马尔迪在 17 世纪首先精确地描述了光的衍射现象，法国物理学家菲涅耳于 19 世纪最早阐明了这一现象。

第一节 光的衍射现象 惠更斯 – 菲涅耳原理

前面讲过，波的衍射是指波在其传播路径上如果遇到障碍物，它能绕过障碍物的边缘而进入几何阴影内传播的现象。作为电磁波，光也能产生衍射现象，光的这种偏离直线传播的现象称为**光的衍射**（diffraction）。干涉和衍射现象都是波动所固有的特性。激光出现以后，人们利用其特点为衍射现象的应用又开辟了许多新的领域。

一、光的衍射现象及分类

1. 光的衍射现象

由于光的波长较短，因此在日常生活中光的衍射现象不易被人们所觉察，而光在均匀介质中直线传播的现象却给人们留下深刻印象，但是，当障碍物的大小比光的波长大得不多时，例如小孔、狭缝等，就能观察到明显的光的衍射现象，即光线偏离直线传播的现象。小孔、狭缝等障碍物的线度越小，衍射现象就越明显。

如图 11 – 1 所示，一束平行光通过狭缝 K 以后，在屏幕 P 上将呈现光斑 E。若缝宽比波长大得多时，屏幕 P 上的光斑和狭缝完全一致［图 11 – 1（a）］，这时表明光沿直线传播。若缩小缝宽，最初可见光斑随之缩小，当进一步缩小缝宽，使它可与光波波长相比较时，在屏幕 P 上将出现明暗相间的条纹［图 11 - 1 （b）］，这就是光的衍射。若将狭缝换成一个大小可以调节的小圆孔，改变圆孔的半径时，在小孔后面的屏幕上会出现明暗相间的圆形条纹，如图 11 - 2 （a）。图 11 - 3 （c）为方形孔的衍射。不但光通过细缝和小孔时会产生衍射现象，可以观察到衍射条纹，当光射向不透明的细丝或细粒时，也会产生衍射现象，在细丝或细粒后面也会观察到衍射条纹。图 11 - 2 （b）就是单色光越过（照射）一微小不透光圆片时产生的衍射图样，其中心的小亮点称为泊松斑。

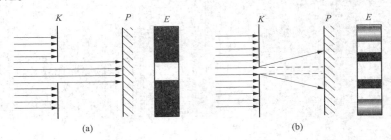

图 11 - 1　光的衍射

（a）缝宽比波长大得多时，光可看成是直线传播　　（b）缝宽可与波长相比较时，出现衍射条纹

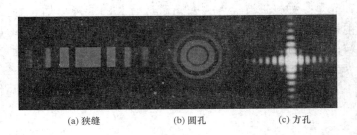

(a) 狭缝　　　　　　(b) 圆孔　　　　　　(c) 方孔

图 11 - 2　衍射图案

2. 衍射现象的分类

根据光源、障碍物、屏幕三者的相互位置，可把衍射现象分成两类。一类是光源到障碍物或障碍物到屏的距离为有限远，这类衍射称为**菲涅耳衍射**（Fresnel diffraction），数学处理比较复杂。另一类称为**夫琅和费衍射**（Fraunhofer diffraction），此时障碍物与光源和屏幕的距离均为无限远时，如图 11 - 3 所示。在夫琅和费衍射中，入射光和衍射光均可视为平行光，所以通常也将夫琅和费衍射称为平行光衍射。在实验室中，可用凸透镜来实现夫朗和费衍射。本章主要讨论夫琅和费衍射。

二、惠更斯 - 菲涅耳原理

在波动中我们已学过惠更斯原理，它的基本内容是把波阵面上各点都看成是子波波源，它只能定性地解决衍射现象中光的传播方向问题。为了说明光波衍射图样中的强度分布，菲涅耳做出如下补充：**从同一波面上各点所发出的子波，经传播而在空间某点相遇时，也可以相互叠加而产生干涉现象，衍射时波场中各点的强度由各子波在该点的相干叠加决定。**经过这样发展了的惠更斯原理称为惠更斯 - 菲涅耳原理（Huygens – Fresnel principle）。

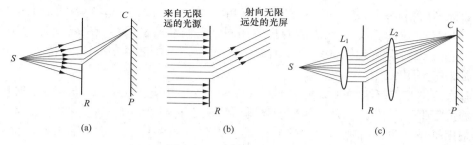

图 11-3　衍射现象的分类

（a）菲涅耳衍射　（b）夫琅和费衍射　（c）在实验室中产生夫琅和费衍射

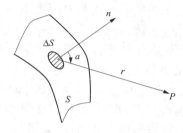

图 11-4　惠更斯-菲涅耳
原理说明用图

　　根据这一原理，如果已知波动在某一时刻的波面为 S，就可以计算从 S 传到下一时刻给定点 P 时振动的振幅和相位。首先将 S 分成许多面积元 ΔS，每一面积元都是子波波源，然后计算各个面积元 ΔS 在 P 点所产生振动的总和（积分），就可得出 P 点的合振动。在计算中惠更斯-菲涅耳原理还指出：每一面积元 ΔS 所发出的子波在 P 点引起振动的振幅与面积元 ΔS 的大小成正比，与 ΔS 到 P 点的距离 r 成反比，并且和 r 与 ΔS 的法线之间的夹角 α 有关。

　　因此，利用积分的方法就可以计算出整个波面 S 在 P 点的振动情况。在一般情形中，这样的积分计算是很复杂的，在后面我们将介绍并应用菲涅耳半波带法来解释光的衍射现象，从而避免复杂的积分计算。

第二节　单缝衍射

　　当平行光垂直通过单缝后，将产生单缝夫琅和费衍射。借助于透镜，在屏幕上能观察到衍射条纹，如图 11-5，下面用菲涅耳波带法来说明单缝衍射条纹的形成。

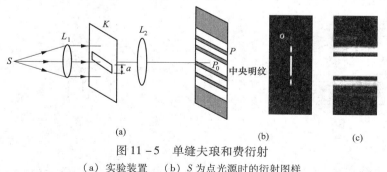

图 11-5　单缝夫琅和费衍射

（a）实验装置　（b）S 为点光源时的衍射图样

（c）S 为线光源并与单缝 K 平行时的衍射图样

　　如图 11-6 所示，设单缝 AB 的缝宽为 a。当平行光照射单缝时，按照惠更斯-菲涅耳原理，AB 上各点都可以看成是发射子波的波源，它们发出的子波到达空间某点会叠加而产生干涉。

　　首先考虑沿单缝法线方向传播的子波（图 11 - 6 中用 1 表示）经透镜汇聚于 P_0，由于 AB 是同相面，所以这些子波的相位相同，它们经透镜后不会引起附加的光程差，在点 P_0 处汇聚时保持相同的相位，因而相互加强。这样正对狭缝中心 P_0 处将出现亮纹，称为中央明纹。

　　其次考虑与单缝法线成 φ 角的子波（图 11 - 6 中用 2 表示），φ 角称为衍射角，它们经透镜汇聚于 P 点，在 P 处相干的强弱将取决于它们到达 P 点的相位差。为此，菲涅耳采用了一个非常直观的方法来确定屏上光强分布的规律，称为菲涅耳半波带法。首先，从 B 点做 BC 垂直 AC（图 11 - 6），则由 BC 上各点到达 P 点的光程都相等，因此只需考虑从 AB 至 BC 段各子波的光程差。容易看出，在沿 φ 角方向各子波光线中，由单缝的两端 A 和 B 点发出的子波到 P 点的光程差最大，即图中线段 AC 的长度，我们称它为**缝端光程差**（或**最大光程差**）。显然，$AC = a\sin\varphi$，为 A 发出的子波比点 B 发出的子波多走的光程。然后，做一些平行于 BC 的平面，使两相邻平面之间的距离等于入射光的半波长，即 $\lambda/2$，如图 11 - 7 所示。如果这些平面恰好将单缝处宽度为 a 的波阵面 AB 分成 AA_1，A_1A_2 等整数个面积相等的纵长条带，则最大光程差 AC 按光的半波长 $\lambda/2$ 也被分成相同的等份，在图 11 - 7 中恰好是三份，由于每一纵长条带是按半波长划分的，故称为半波带（或波带）。显然，在两个相邻的半波带上，任何两个对应点所发出的光线的光程差总是 $\lambda/2$，即相位差总是 π，同时透镜不产生附加光程差，所以经透镜汇聚后到达 P 点时相位差仍然是 π。又由于两个面元的大小相同，到 P 点的距离相等，对 P 点的倾斜角也相同，故它们子波的振幅相等，干涉时将完全抵消。由于相邻两个半波带的对应点面元发光都相互抵消，所以我们得到结论：**两个相邻半波带的子波在 P 点的光振动将完全抵消**。由此可见，当 AC 是半波长的偶数倍时，即单缝处波面分成偶数个半波带时，所有半波带的作用成对地相互抵消，因而 P 点处是暗的；如果 AC 是半波长的奇数倍，即单缝处波面可分成奇数个半波带时，由于相互抵消的结果，偶数个半波带都被抵消，只留下一个半波带的作用，因而 P 点处是亮的（图 11 - 7）。以此类推，如果在图 11 - 7 中，波面 AB 被分成 4 个半波带，即 $AC = 4\left(\dfrac{\lambda}{2}\right)$，4 个半波带作用的结果，请同学们思考在 P 处将呈现明条纹还是暗条纹。

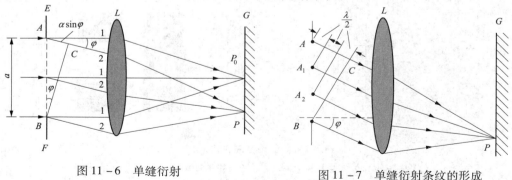

图 11 - 6　单缝衍射　　　　　　　图 11 - 7　单缝衍射条纹的形成

　　根据上面的讨论，如果单缝 AB 的最大光程差 $AC = a\sin\varphi$ 满足条件

$$a\sin\varphi = \pm 2k\frac{\lambda}{2} \qquad (k=1, 2, 3, \cdots) \tag{11-1}$$

则屏上对应点出现暗条纹。$k=1$，为第一级暗纹；$k=2$，为第二级暗纹……式中正负号表示条纹对称分布于中央明纹的两侧。

如果最大光程差满足条件

$$a\sin\varphi = \pm(2k+1)\frac{\lambda}{2} \qquad (k=1,2,3,\cdots) \tag{11-2}$$

屏上就出现明条纹。$k=1$，为第一级明纹；$k=2$，为第二级明纹；以此类推。

由式（11-1）可知，当 k 取 1 时的暗纹位置为 $a\sin\varphi = \pm\lambda$，它们位于中央明纹的两侧，将这两个第一级暗纹中间的区域称为中央明纹区，显然中央明纹的区域为

$$-\lambda < a\sin\varphi < \lambda$$

取其中的一半，即

$$\sin\varphi = \lambda/a \qquad \varphi = \arcsin\lambda/a \tag{11-3}$$

通常 φ 角很小，这时有

$$\varphi \approx \lambda/a \tag{11-4}$$

φ 角称为**半角宽度**，它的 2 倍即 2φ 称为中央明纹区的**角宽度**。

值得指出的是，对任意衍射角 φ，AB 一般不能恰巧分成整数个半波带，即 AC 不等于 $\lambda/2$ 的整数倍。此时衍射光束经透镜聚焦后，形成屏幕上亮度介于最明和最暗之间的中间区域。在单缝衍射图样中，亮度分布并不是均匀的。如图 11-8 所示，中央明纹中心处最亮，称为**主极大**，同时中央明纹区也最宽，其宽度约为其他明纹区宽度的两倍。中央明纹中心两侧的亮度迅速减小，直至第一个暗条纹（也称**第一极小**）；其后亮度又逐渐增大而成为第一级明纹的中心，称为**一级次极大**，依此类推。必须注意到：各级明条纹的亮度随着级数的增大而逐渐减小，这是由于 φ 角越大，AB 分成的半波带数越多，未被抵消的半波带面积仅占单缝面积的很少一部分的缘故。

由于屏幕处在透镜的焦面处，由图 11-9 可见，在衍射角 φ 很小时，$\tan\varphi \approx \sin\varphi \approx \varphi$，于是角 φ 和透镜焦距 f 以及条纹在屏上距中心 O 的距离 x 之间的关系为

$$x = f\cdot\tan\varphi \approx f\cdot\sin\varphi \approx f\varphi \tag{11-5}$$

利用式（11-5），再结合式（11-1）及式（11-2）就可以求出某一级暗条纹或亮条纹相对衍射图样中心 O 的位置 x。

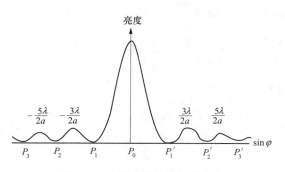

图 11-8　单缝衍射的亮度分布

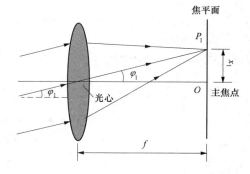

图 11-9　单缝衍射条纹在焦面处屏上的位置

由式（11-1）及式（11-2）可知，对于给定波长 λ 的光来说，缝宽 a 愈小，则与各级条纹相对应的衍射角 φ 就愈大，即衍射现象愈显著。反之，a 愈大，则 φ 角将愈

小，衍射现象就愈不明显。当 $a \gg \lambda$ 时，$\varphi \to 0$，这意味着光沿直线传播，因此，从上面的讨论中可以更清楚地看出，只有障碍物的大小可以与波长进行比较时才能看到明显的衍射现象。

例题 11－1 用波长 500nm 的单色光照射单缝，观察到第一级暗条纹发生在衍射角 $\varphi = 5°$ 的方位上，试求：（1）狭缝的宽度；（2）如果单缝宽度 $a = 0.4\text{mm}$，入射光波长保持不变，在焦距 $f = 0.8\text{m}$ 的透镜焦面处的屏上观察到的中央明纹的宽度是多少？

解 （1）由暗纹公式 $\qquad a\sin\varphi = \pm 2k\dfrac{\lambda}{2}$

对于第一级暗纹 $k = 1$，有

$$a\sin\varphi = \lambda$$

故

$$a = \frac{\lambda}{\sin\varphi} = \frac{500 \times 10^{-9}}{\sin 5°} = 5.74 \times 10^{-6}\text{m}$$

（2）中央明纹的宽度是指两个第一级暗纹间的距离

由

$$a\sin\varphi = 2k\frac{\lambda}{2} = \lambda \qquad (k = 1)$$

$$x = f \cdot \tan\varphi \approx f \cdot \sin\varphi$$

得

$$x = f\frac{\lambda}{a} = 0.8 \times \frac{5000 \times 10^{-7}}{0.4 \times 10^{-3}} = 1 \times 10^{-3}\text{m} = 1\text{mm}$$

故中央明纹的宽度为 $\qquad\qquad 2x = 2\text{mm}$

例题 11－2 在宽度 $a = 6 \times 10^{-4}\text{m}$，焦距 $f = 0.4\text{m}$ 透镜焦平面处的屏上观测单缝衍射条纹。在距中央明纹中心为 $1.4 \times 10^{-3}\text{m}$ 的某点 P 观察到第三级明纹。求：（1）入射光的波长；（2）从点 P 看来，狭缝处的波面可分为几个半波带？

解 （1）由 $a\sin\varphi = (2k + 1)\dfrac{\lambda}{2}$ 　　第三级 $k = 3$

$$\lambda = \frac{2}{7}a\sin\varphi$$

又

$$x = f \cdot \tan\varphi \approx f \cdot \sin\varphi \qquad \sin\varphi = \frac{x}{f}$$

所以

$$\lambda = \frac{2}{7}a\sin\varphi = \frac{2}{7}a\frac{x}{f} = \frac{2}{7} \times \frac{6 \times 10^{-4} \times 1.4 \times 10^{-3}}{0.4} = 6 \times 10^{-7}\text{m}$$

（2）半波带数即是上面式子中 $\dfrac{\lambda}{2}$ 前边的系数

故 　　　　　　　　半波带数 $m = 2k + 1 = 2 \times 3 + 1 = 7$（个）

思考题

1. 若例题 11－2 中的 P 点处观察的是暗条纹，那么半波带数是否仍为 $2k + 1 = 7$ 个？

2. 在白炽灯的照射下能从两块捏紧的玻璃板的表面看到彩色条纹，通过游标卡尺的狭缝观察发光的白炽灯也会看到彩色条纹，如何解释这两种现象？

第三节　衍　射　光　栅

在单缝衍射中，若缝较宽，衍射明纹亮度虽较强但相邻明纹的间隔很窄而不易分辨；若使各明纹分得很开，单缝宽度就需很小，而宽度小则通过单缝的光能量必然很少，条纹就不够明亮，所以单缝衍射不能用于高精度的光谱测量。为克服这一困难，人们采用了多缝衍射，即用光栅衍射来测波长。本节主要介绍衍射光栅。

一、光栅

由大量等宽等间距的平行狭缝所组成的光学元件称为**光栅**。用于透射光衍射的叫**透射光栅**，用于反射光衍射的叫**反射光栅**。在一块平板玻璃上用金刚石刀尖或电子束刻出一系列等宽等距的平行刻痕，刻痕处因漫反射而不大透光，相当于不透光部分，未刻痕的部分相当于透光的狭缝，这样就做成了透射光栅。在光洁度很高的金属表面刻出一系列等间距的平行细槽可做成反射光栅。

图 11 - 10 为一衍射光栅，狭缝的宽度 a 与刻痕的宽度 b 之和，即 $a+b$，称为**光栅常数**。实际的光栅，通常在 1cm 内刻痕可达几千、几万条。**光栅常数亦是指一定长度内刻痕条数的倒数**。如在 1cm 内刻有 1000 条刻痕，其光栅常数 $a+b$ = $\frac{1}{1000}$ cm = 1×10^{-5} m。

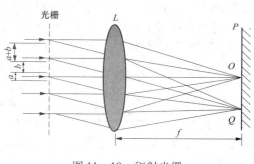

图 11 - 10　衍射光栅

二、光栅衍射和光栅方程

由于光栅中含有大量等宽等距离的平行狭缝，如图 11 - 10 所示，当一束平行单色光照射到光栅上时，就单个狭缝来说，每一狭缝都要产生衍射，前面讨论的单缝衍射结果完全可以适用；但就整个光栅而言，各个狭缝所发出的光波之间还要产生干涉。所以光栅的衍射条纹是单缝衍射与多缝间干涉的总效果，在观察屏上呈现的是几乎黑暗的背景上出现了一系列又细又亮的明条纹。

1. 光栅方程（光栅公式）

由于缝与缝间光波的干涉，当任意两个相邻狭缝发出的光线的光程差满足

$$(a+b)\sin\varphi = \pm k\lambda \qquad (k=0,\ 1,\ 2,\ \cdots) \qquad (11-6)$$

时，即由所有相邻的狭缝所发出光线的光程差是波长的整数倍时，因相互加强而形成明条纹。显然，光栅上狭缝的条数越多，条纹就越亮。式（11 - 6）称为**光栅方程**，也称为**光栅公式**，亦即光栅衍射的明条纹公式。$k=0$，称为零级明纹或中央明纹；$k=1$，称为第一级明纹；$k=2$，为第二级明纹……通常也称这些明纹为主极大条纹。

2. 缺级条件

还应指出，式（11 - 6）只是产生明条纹的必要条件，如果满足式（11 - 6）的 φ 角恰好满足单缝衍射暗条纹的条件时，由于各个狭缝所发出的光线各自都形成极小，

所以在这种情况下尽管按式（11-6）来计算应出现明条纹，但因它与单缝衍射极小重合，因而并不能出现，这称为**光栅衍射的缺级现象**。由此可得缺级时应满足

$$a\sin\varphi = \pm 2k'\frac{\lambda}{2} = \pm k'\lambda \qquad (k' = 1, 2, 3, \cdots) \qquad (11-7)$$

将上式与光栅公式相比，即得到光栅产生缺级现象时的条件为

$$\frac{a+b}{a} = \frac{k}{k'} \qquad (k' = 1, 2, 3, \cdots) \qquad (11-8)$$

因此，只要知道 $a+b$ 与 a 的关系为整数比时，就可由上式求出光栅的缺级级次 k。

三、光栅衍射光谱

由式（11-6）可知，在给定光栅常数的情况下，衍射角 φ 的大小与入射光的波长有关。因此，白光通过光栅后，各种单色光将产生由各自不同级次主极大形成的彼此分开的条纹，称为**光栅衍射光谱**。由于不同波长的 $k=0$ 级主极大重合，所以中央明条纹即零级条纹仍为白色。在中央明条纹的两侧，从 $k=1$ 级开始，因不同波长的极大对应不同的角位置，因而形成对称排列着的第一级、第二级等光谱，如图 11-11 所示。由于各谱线间的距离随光谱的级数而增大，所以高级数的光谱彼此将有所重叠。光栅的衍射光谱和棱镜的色散光谱不同。前者谱线的分布有规律，而后者各谱线间的距离取决于棱镜的顶角和材料，谱线的分布规律较复杂。

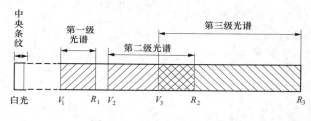

图 11-11　各级衍射光栅

各种元素或化合物有自己特定的光谱，研究原子、分子等的光谱线结构并分析各元素含量的光谱分析方法是了解物质内部结构和运动规律的主要途径。衍射光谱已广泛地用于药物分析、鉴定、测量等多个领域。

例题 11-3　用每厘米有 5000 条栅纹的衍射光栅观察钠光谱线（$\lambda = 589.3\text{nm}$），问：（1）光线垂直入射时，最多能看到第几级条纹？（2）设 $(a+b) = 2a$，问最多能看到几条亮纹？

解　（1）由光栅公式　　　$(a+b)\sin\varphi = \pm k\lambda$

所以
$$k = \frac{(a+b)\sin\varphi}{\lambda}$$

又
$$(a+b) = \frac{1}{5000}\text{cm} = 2 \times 10^{-6}\text{m}$$

当 $\sin\varphi = 1$ 时，k 值最大

$$k \leqslant \frac{(a+b)}{\lambda} = \frac{2 \times 10^{-6}}{590 \times 10^{-9}} \approx 3.4$$

取整数 $k_{\text{max}} = 3$

（2）已知 $(a+b)=2a$，由缺级条件　$k=\dfrac{a+b}{a}k'=2k'$

当 $k'=1$ 时，$k=2$；当 $k'=2$ 时，$k=4$

即 $k=\pm2$，±4 缺级

又根据（1）的结果　$k_{max}=3$

故最多能看到 $k=0$，±1，±3 共 5 条亮纹。

思考题

1. 衍射光栅的透光部分太窄或太宽将会出现什么现象？为什么？
2. 查阅资料，了解光栅的最新应用。

第四节　圆孔衍射　光学仪器的分辨率

一、圆孔夫琅和费衍射

在单缝夫琅和费衍射中，如果用一小圆孔代替狭缝，则在透镜焦面处的屏上可得到圆孔的衍射图样。由于大多数光学仪器的孔径相当于一个透光的小圆孔，所以圆孔夫琅和费的衍射对于光学仪器成像的质量具有重要意义。

圆孔衍射的衍射图样及强度分布曲线如图 11－12 及图 11－13 所示，衍射图样的中央是一明亮圆斑，外围是一组同心的暗环和明环。由第一暗环所围的中央光斑称为**爱里斑**，它占整个入射光强的 84%。理论计算证明，爱里斑的半角宽度为

$$\theta\approx\sin\theta=0.610\frac{\lambda}{R}=1.22\frac{\lambda}{D}\tag{11-9}$$

式中，R 和 D 分别是圆孔的半径和直径。把式（11－9）和单缝衍射的半角宽度公式（11－4）比较，除了一个反映几何形状不同的系数 1.22 外，在定性方面是一致的。

图 11－12　圆孔衍射图样

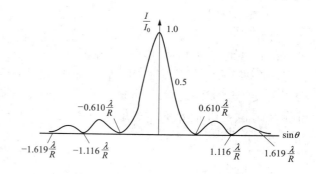

图 11－13　圆孔衍射的亮度分布

二、光学仪器的分辨率

光学仪器观察细小物体时，不仅要有一定的放大能力，还要有足够的分辨本领，

才能把微小物体放大到清晰可见的程度。根据几何光学的成像原理，物点和像点是一一对应的，物体上的一个发光点经透镜成像后会在像平面上得到一个几何像点，因而只要适当地选择透镜的焦距和物距，就可得到所需要的放大率，但实际上光学仪器的透镜、光阑等都相当于透光的小圆孔，由于光的衍射，光学仪器所成的像已不是一个几何上的点，而是一个圆孔衍射图样，其主要部分就是具有一定大小的中央亮斑，即爱里斑。因此对相距很近的两个点，发出的光通过这些衍射孔成像时，由于衍射会形成两个衍射斑，它们的像就是这两个衍射斑的非相干叠加。如果两个衍射斑之间的距离过近，斑点过大，其相对应的两个爱里斑就会相互重叠以至无法分辨出两个物点的像。只有当这两个圆斑足够小或者距离较远时才能被分辨。由此可见，光的衍射限制了光学仪器的分辨本领，如图 11 - 14 所示。

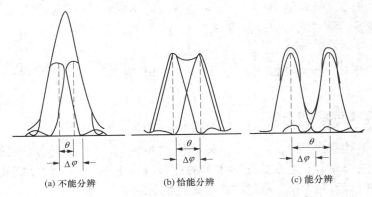

(a) 不能分辨　　　　(b) 恰能分辨　　　　(c) 能分辨

图 11 - 14　分辨两个衍射最大值的条件

1. 瑞利分辨判据

对一个光学仪器来说，在什么条件下能从两个爱里斑判断出两个物点？怎样才算能分辨？瑞利（Rayleigh）对此提出一个标准：对于两个强度相等的不相干的点光源（物点），一个点光源的衍射图样的主极大刚好与另一点光源衍射图样的第 1 个极小相重合时，就可以认为，两个点光源（或物点）恰为这一光学仪器所分辨，这个标准称为**瑞利判据**。

2. 最小分辨角

如图 11 - 15 所示，以呈小圆孔形的物镜（透镜）为例，恰能分辨的两个点光源的两个衍射图样中心间的距离应等于中央亮斑的半角宽度。此时，两点光源在透镜处所张的角称为最小分辨角，也叫角分辨率，用 $\delta\varphi$ 表示。即

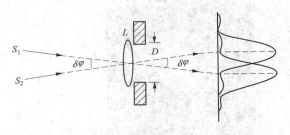

$$\delta\varphi = \theta = 1.22\frac{\lambda}{D} \quad (11-10)$$

图 11 - 15　最小分辨角

如果透镜对所观察的物体上的两点所张的角大于或等于最小分辨角，则能分辨；若小于最小分辨角，这时物体上两点的像将重叠而无法分辨。式（11 - 10）中，λ 为入射光波长，D 为光学仪器的孔径即直径。

3. 光学仪器的分辨率

在光学中，常将光学仪器最小分辨角的倒数称为该仪器的分辨本领或分辨率，用 R 表示。即

$$R = \frac{1}{\delta\varphi} = \frac{D}{1.22\lambda} \tag{11-11}$$

显然，光学仪器的分辨率越大越好。式（11-11）表明，分辨率的大小与仪器的孔径 D 成正比，与入射光波波长成反比。瑞利判据为设计光学仪器提出了理论指导，如天文望远镜可用大口径的物镜来提高分辨率，在天文观测上，目前正在设计凹面物镜直径为 8m 的太空望远镜。对于电子显微镜则用波长短的射线来提高分辨率，目前用几十万伏高压产生的电子波，波长约为 10^{-3} nm，做成的电子显微镜可以对分子、原子的结构进行观察。

例题 11-4　通常人眼瞳孔直径约为 3mm，问人眼对波长为 500nm 的光最小分辨角是多少？若黑板上画有相距 1cm 的两条平行直线，问离开多远处恰能分辨？

解　　　　$\delta\varphi = 1.22\frac{\lambda}{D} = 1.22 \times \frac{500 \times 10^{-9}}{3 \times 10^{-3}} \approx 2.03 \times 10^{-4}\text{rad}$

设人离开黑板的距离为 s，平行线间距 $l = 1\text{cm}$，相应的张角为 θ

则　　　　　　　　　　　　　$\theta \approx \frac{l}{s}$

恰能分辨时　　　　　　　　　$\theta = \delta\varphi$

所以　　　　　　　　　　$\frac{l}{s} = \delta\varphi = 2.03 \times 10^{-4}$

故　　　　　　　　　$s = \frac{l}{\delta\varphi} = 49.3\text{m}$

第五节　X 射线的衍射　布喇格方程

一、X 射线的衍射

X 射线是伦琴于 1895 年发现的，故又称**伦琴射线**。图 11-16 所示为产生 X 射线的真空管结构示意图。其中，K 是发射电子的热阴极，A 是由钼、钨或铜等金属制成的阳极，又称对阴极。两极间加数万伏以上的高电压，阴极发射的电子，在强电场作用下加速，高速电子撞击阳极（靶）时，就从阳极产生一种看不见的穿透本领极高的射线，即 X 射线（X-ray）。

研究表明，X 射线不受电场和磁场的影响，是波长在 $10^{-3} \sim 1\text{nm}$ 范围内的电磁波，其特点是波长短穿透力强。很容易穿过由氢、氧、碳和氮等轻元素组成的肌肉组织，但不易穿透骨骼。随着近代物理技术的发展，所获得的 X 射线波长更短，穿透力更强，由此发展成一门新技术领

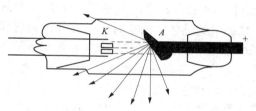

图 11-16　伦琴射线

域——**X射线探伤学**。然而，也正是由于 X 射线的波长很短，用普通的光学光栅看不到

它的衍射现象。这是由于通常光学光栅其光栅常数的数量级为 $10^{-6} \sim 10^{-5}$ m，比 X 射线波长大得多的缘故。

1912 年，劳厄（Laue）利用天然晶体作为光栅，成功地实现了 X 射线的衍射。劳厄实验装置简图如图 11 - 17 所示，在图 11 - 17（a）中，PP' 为铅板，铅板上有一小孔，X 射线由小孔射入，C 为晶体，E 为照相底片。因为构成晶体的原子在晶体内按一定的点阵排列，各原子间的距离约为 0.1 nm，因此，晶体可看成是光栅常数很小（数量级为 0.1 nm）的天然光栅。通过实验，劳厄圆满地获得了 X 射线的衍射图样——对称分布的若干衍射斑点，称为劳厄斑点，见图 11 - 17（b）。从而证实了 X 射线的波动性，并由此测定了 X 射线的波长，开创了用 X 射线作晶体结构分析的新纪元。

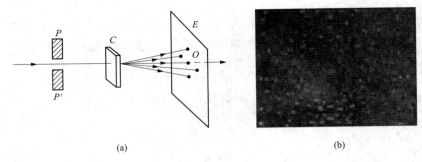

(a)　　　　　　　　　　　(b)

图 11 - 17　劳厄实验

现在，X 射线衍射实验已经成为研究晶体结构的重要手段。它在物理学、化学、生物学和药学等许多科技领域得到越来越广泛的应用。1953 年，科学家们利用 X 射线的结构分析方法得到了遗传基因脱氧核糖核酸（DNA）的**双螺旋结构**。这对于揭示生物体的遗传功能以及 DNA 的复制有着极为重要的意义。

二、布喇格方程

1913 年，英国的布喇格父子在劳厄实验的基础上，提出了另一种研究 X 射线衍射的方法，研究 X 射线在晶体表面反射时的干涉情况。他们认为晶体是由一系列平行的原子层（称为**晶面**）所构成，各原子层即晶面间的距离为 d，称为**晶格常数**或**晶面间距**。当 X 射线照射晶体时，晶体中每一个原子都是发射子波的衍射中心，可向各个方向发射子波，这些子波相干叠加，形成衍射图样。如图 11 - 18 所示，当一束平行相干的 X 射线，以 φ 角掠射到晶体表面上时，一部分将为表面层原子所散射，其余部分将为内部各晶面所散射。

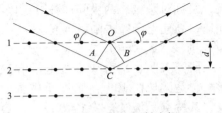

图 11 - 18　各级衍射光栅

我们知道，在同一晶面上所有子波源散射的射线中，只有遵循反射定律的反射线的强度为最大，因此，在考虑不同晶面间的这些散射线的叠加效应时，主要考虑反射线的叠加，叠加后强度的大小则取决于它们的光程差。

由图 11 - 18 可见，相邻的上下两晶面所发出的反射线光程差为

$$AC + CB = 2d\sin\varphi$$

显然当满足条件

$$2d\sin\varphi = k\lambda \qquad (k = 1, 2, 3, \cdots) \qquad (11-12)$$

时，各层晶面的反射线将相互加强，形成亮点。式（11-12）就是著名的**布喇格方程**。式中 d 为晶格常数，φ 为掠射角。应该指出，同一块晶体的空间点阵，从不同方向看去，可以看到粒子形成取向不相同，间距也各不相同的许多晶面族。当 X 射线入射到晶体表面上时，对于不同的晶面族，掠射角 φ 不同，晶面间距 d 也不同。凡是满足式（11-12）的，都能在相应的反射方向得到加强。

应用布喇格方程，若晶体的结构已知，可用来测定 X 射线的波长，由此已发展成为一个专门的学科——**X 射线光谱分析**；若已知 X 射线的波长就可以测定出晶体的晶格常数，由此发展而成的专门学科，称为 **X 射线晶体结构分析**。这些，对原子和分子结构的研究极为重要，已被广泛地应用于多种学科和领域。

三、电子的衍射与电子显微镜的分辨率

近代物理的量子理论指出，实物粒子如电子、中子等均具有波动性，因此，电子束、中子与 X 射线一样，也会在晶体上产生衍射现象，一样遵从布喇格方程，它们都是研究物质结构的重要手段，利用电子的波动性制成的**电子显微镜**其分辨率比光学显微镜要高得多。

电子显微镜与光学显微镜的成像原理基本一样，所不同的是电子显微镜是用电子束作为光源，用电磁场作透镜。由于电子束的穿透力很弱，因此用于电镜的标本需制成厚度约 50nm 的超薄切片。电子显微镜的放大倍数最高可达近百万倍，由照明系统、成像系统、真空系统、记录系统、电源系统 5 部分构成。其主体部分是电子透镜和显像记录系统，由置于真空中的电子枪、聚光镜、物样室、物镜、衍射镜、中间镜、投影镜、荧光屏和照相机组成。

电子显微镜是使用电子来展示物件的内部或表面的显微镜。由上一节内容可知，光学仪器的分辨率与波长成反比，由于高速电子的波长在 $0.01 \sim 0.1$nm 数量级，比可见光的波长短（波粒二象性），而显微镜的分辨率受其使用的波长的限制，因此电子显微镜的理论分辨率（约 0.1nm）远高于光学显微镜的分辨率（约 200nm）。应用电子显微镜能分辨单个原子的尺寸，可以用于研究药物的结构、病毒和细胞等，为药物研究者提供了有力的工具。

例题 11-5　波长为 2.86×10^{-10}m 的 X 射线以 30° 掠射角投射到晶体上，获得一级反射极大，求此晶体的晶格常数？

解　由布喇格方程　　　　　$2d\sin\varphi = k\lambda$

一级反射极大即 $k = 1$

故

$$d = \frac{k\lambda}{2\sin\varphi} = \frac{2.86 \times 10^{-10}}{2\sin 30°} = 2.86 \times 10^{-10} \text{m}$$

思考题

1. X 射线有哪些物理特性？

2. X 射线有哪些化学特性和生物特性？

3. 一束光照射到镜子上被反射，这一过程中镜子会受到光束的作用力吗？

4. 我国物理学家吴有训曾经对康普顿效应有过重要贡献。请从互联网上查询有关历史细节。

第六节　全息照相

全息照相（简称全息）原理是 1948 年由英国物理学家盖伯（Dennis Gabor）为了提高电子显微镜的分辨本领而提出的。他曾用汞灯作为光源拍摄了第一张全息照片，其后，这方面的工作进展相当缓慢。直到 1960 年激光问世以后，它的高强度和高相干性为全息照相提供了十分理想的光源，才使全息技术获得了迅速的发展，现在它已成为科学技术的一个新的领域。盖伯也因此获得 1971 年诺贝尔物理学奖。

和普通照相比较，全息照相的基本原理、拍摄过程和观察方法都不相同。本节从前面学过的干涉和衍射知识出发，避开复杂的数学推导，对全息照相原理做简要的介绍。

一、全息照相的记录

全息照相的"全息"是指物体发出光波的全部信息：既包括振幅或强度，也包括相位。全息照相的实验装置略图如图 11 – 19 所示。将激光器射出的激光束通过分束镜分成两束，光束 I 被称为**物光**（O 光）。光束 II 被称为**参考光**（R 光）。两束光相干叠加，就会在感光底片上形成干涉条纹（图 11 – 20）。由于从被照物体上各点反射出来的物光具有不同的振幅和相位，所以感光底片上各处干涉条纹的浓淡、疏密程度也不相同，它记录了被照物体反射光中的全部信息，这信息既包括振幅也包括相位，故称为"全息图"（hologram）。感光底片经过显影、定影后得到的全息照片就是一张干涉图像（图 11 –21），它完全不同于普通照片，并不直接显示被照物体的任何形象。

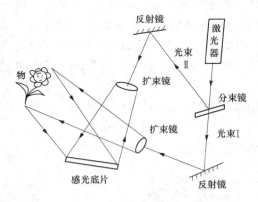

图 11 – 19　全息照相的光路图

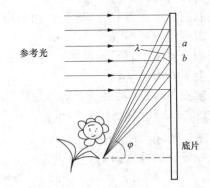

图 11 – 20　全息图像的记录

二、全息图像的再现

要再现被照物体的像时，需用一束与拍摄时的参考光波长和传播方向完全相同的光束来照射全息照片，这束光称为再现光或**照明光**。再现过程中，记录了干涉条纹的全息照片起到了一块复杂光栅的作用，照明光束通过它衍射后会产生一系列零级、一级、二级等衍射光波。其中零级波可看成是衰减后的入射光束，而一级衍射光与物体在原来位置时所发出的光波完全一样，观察者从照片背面沿原来拍照时放置物体的方向就能看到与原物体形象完全一样的立体虚像（图11-22）。通过全息照片去看物体的像，如同从窗口去观察原来物体一样，当人眼换一个位置时，还可以看到物体的侧面像，原来被挡住的地方也可以显露出来，这与普通的照片完全不同。人们看普通照片时也会有立体的感觉，那是因为人脑对视角的习惯感受，如远小近大等。在普通照片上无论如何也不能看到物体上原来被挡住的那一部分。

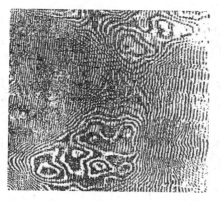

图11-21　全息照片外观

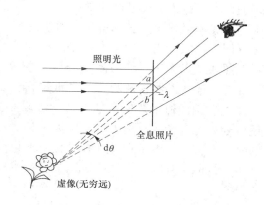

图11-22　全息图像的再现

全息照片还有一个重要特征是通过其一部分，例如一块残片，也可以看到整个物体的立体像。这是因为拍摄照片时，物体上任一发光点发出的物光在整个底片上各处都和参考光发生干涉，因而在底片上各处都有该发光点的记录。

以上所述是平面全息的原理，在这里照相底片上乳胶层厚度比干涉条纹间距小得多，因而干涉条纹是两维的。如果乳胶层厚度比干涉条纹间距大，则物光和参考光有可能在乳胶层深处发生干涉而形成三维干涉图样。这种光信息记录是所谓**体全息**。

三、全息技术的应用

全息学的原理适用于各种形式的波动，只要这些波动在形成干涉花样时具有足够的相干性即可，如X射线、微波、声波、电子波等。全息照相的方法从光学领域推广到其他领域，如红外、微波和超声全息技术。现在不仅有激光全息，而且还研究出了白光全息、彩虹全息以及全景彩虹全息等，全息技术在许多方面都获得了广泛的应用。

我们知道，一般的雷达只能探测到目标的方位、距离等，由于对可见光不透明的物体往往对超声波透明，因此超声全息照相能再现潜伏于水下物体的三维图样，可以及时识别飞机、舰艇等，因此超声全息可用于军事方面的水下侦察和监测等。**全息图**用途很广，做成各种薄膜型光学元件，如各种透镜、光栅、滤波器等，可在空间重叠，十分紧凑、轻巧，适于宇宙飞行中使用。目前，除用光波产生全息图外，已发展到用计算机产生全息图，用于贮存资料，具有容量大、易提取、抗污损等优点。

在生活中，全息技术的应用更是比比皆是。例如，迅猛发展的模压彩虹全息图，作为防伪标识出现在商标、证件卡、银行信用卡，甚至钞票上；模压全息标识，由于它有三维层次感，有随观察角度而变化的彩虹效应以及千变万化的防伪标记，它与其他高科技防伪手段紧密结合，把防伪技术推向了新的辉煌顶点。另外，把一些珍贵的文物用这项技术拍摄下来，展出时可以真实地立体再现文物，供参观者欣赏，而原物妥善保存，防止失窃。大型全息图既可展示轿车、卫星以及各种三维广告，亦可采用脉冲全息术再现人物肖像、结婚纪念照。小型全息图则可以戴在颈项上形成美丽的装饰，再现人们喜爱的动物，多彩的花卉，还可制成生动的卡通片、贺卡、立体邮票、书籍中的装饰等，使人们享受印刷技术与包装技术的新成果。全息投影技术在舞台中的应用，不仅可以产生立体的空中幻像，还可以使幻像与表演者产生互动，一起完成表演，产生令人震撼的演出效果。

最先把激光全息技术应用于医学的是 Van Ugten，他于 1966 年在世界上首次摄得眼全息图，但限于当时的技术水平，再现像的分辨率较差。利用超声全息技术可以获得一般照相技术无法得到的体内器官全息像。由于超声可深入人体内部，因而超声全息可探测人体内部器官及胎儿的生理异常。由于超声的无损性，这一方法被认为是探测人体内脏器官和胎儿的最佳方法。肢端和关节软组织的超声全息成像是极有价值的，超声全息还有希望应用于腱、肌肉和神经结构的显示。激光全息医学诊断术虽然产生的时间不长，但由于它具有种种优点，已越来越为人们所重视，并日益广泛地应用于临床。目前，各国科学家将激光全息技术应用于医学领域，从眼科扩展至胸外科、口腔科等。

应该指出的是，虽然全息照相具有一系列优点，有着很广泛的应用前景，但上述应用还多处于实验阶段，到成熟的应用还有大量的工作要做。

思考题

1. 为了拍出一张满意的全息照片，拍摄系统必须具备哪些条件？
2. 请查阅资料，了解全息照相方法在各个领域的最新应用。

重点小结

内容提要	重点难点
单缝夫琅和费衍射	用半波带分析单缝夫琅和费衍射明暗纹分布规律的方法
圆孔衍射	瑞利分辨判据
	光学仪器的分辨率
光栅衍射	光栅衍射方程
	条纹缺级条件
	缝宽（光栅常量）及波长对衍射条纹分布的影响
X 射线的衍射	布喇格方程
	X 射线光谱分析与 X 射线晶体结构分析
全息照相	全息照相的记录
	全息图像的再现

习题十一

1. 以钠光 589.3nm 照射单缝，在焦距为 80cm 的透镜焦面处的屏上观察到中央明纹的宽度为 2×10^{-3}m，求缝宽。

2. 一宽度为 2.0cm 的光栅上共有 6000 条缝，用钠黄光垂直入射，在哪些角位置处出现主极大？

3. 波长为 500nm 的平行光线垂直地入射于一宽为 1mm 的狭缝。若在缝的后面有一焦距为 100cm 的薄透镜，使光线聚焦于一屏幕上，从衍射图形的中心点到下列各点的距离如何？

（1）第一极小处；

（2）第一级明纹的极大处；

（3）第三极小处。

4. 在一单缝夫琅和费衍射实验中，缝宽 $a = 5\lambda$，缝后透镜焦距 $f = 40$cm，求中央条纹和第一级亮纹的宽度。

5. 有一单缝，宽 $a = 0.10$mm，在缝后放一焦距为 50cm 的汇聚透镜，用平行绿光（$\lambda = 546$nm）垂直照射单缝，求位于透镜焦面处的屏幕上的中央明条纹的宽度。

6. 在白光形成的单缝衍射条纹中，若某波长光波的第三级明条纹恰好与红光（$\lambda = 630$nm）的第二级明条纹重合，求该光波的波长。

7. 利用一个每厘米有 4000 条缝的光栅可以产生多少完整的可见光谱（设可见光的波长 400 ~ 700nm）？

8. 为了测定一个给定光栅的光栅常数，用氦氖激光器的红光（632.8nm）垂直地照射光栅，做夫琅和费衍射实验。已知第一级明条纹出现在 38° 的方向，问这光栅的光栅常数是多少？1cm 内有多少条缝？第二级明条纹出现在什么角度？

又使用这光栅对某单色光同样做衍射实验，发现第一级明条纹出现在 27° 的方向，问这单色光的波长是多少？对这单色光，至多可看到第几级明条纹？

9. 波长为 600nm 的单色光垂直入射在一光栅上，第二、第三级明纹分别出现在 $\sin\varphi = 0.20$ 与 $\sin\varphi = 0.30$ 处，第四级缺级。试问：

（1）光栅上相邻两缝的间距是多少？

（2）光栅上狭缝的最小宽度有多大？

（3）按上述选定的 a、b 值，在 $-90° < \varphi < 90°$ 范围内，实际呈现的全部级数是多少。

10. 用波长 530nm 的光照射光栅，光栅常数为 3×10^{-6}m，求：

（1）光线垂直入射时，最多能看到第几级条纹？该级条纹对应的衍射角是多少？

（2）设缝宽为 1×10^{-6}m，问最多能看到多少条谱线？

11. 在迎面驶来的汽车上，两盏前灯相距 120cm。汽车离人多远的地方，眼睛恰可分辨这两盏灯？设夜间人眼瞳孔直径为 5.0mm，入射光波长 $\lambda = 550$nm（这里仅考虑人眼圆形瞳孔的衍射效应）。

12. 已知天空中两颗星相对于一望远镜的角距离为 4.84×10^{-6}rad，它们都发出波

长 $\lambda = 5.50 \times 10^{-5}$ cm 的光。望远镜的口径至少要多大才能分辨出这两颗星?

13. 老鹰眼睛的瞳孔直径约为 6mm,其飞翔多高时可看清地面上身长为 5.5cm 的小鼠? 设光在空气中的波长为 600nm。

14. 以波长为 0.11nm 的 X 射线照射岩盐晶体,实验测得 X 射线与晶面夹角为 11.5°时获得第一级反射极大。试求:

(1) 岩盐晶体原子平面之间的间距 d 为多大?

(2) 如以另一束待测 X 射线照射,测得 X 射线与晶面夹角为 17.5°时,获得第一级反射光极大,求该 X 射线的波长。

15. 在 X 射线衍射实验中,入射的 X 射线包含有从 0.095 ~ 0.130nm 这一波带中的各种波长。若已知晶体的晶格常数为 0.275nm,掠射角为 45°,是否会有干涉加强的衍射 X 射线产生? 如果有,这种 X 射线的波长是多少?

16. 已知单缝宽度为 1.0×10^{-4} m,透镜焦距为 0.50m,用 $\lambda_1 = 400$nm 和 $\lambda_2 = 760$nm 的单色平行光分别垂直照射,求这两种光的第一级明纹离屏中心的距离以及这两条明纹之间的距离。若用每厘米刻有 1000 条刻线的光栅代替这个单缝,则这两种单色光的第一级明纹分别距屏中心多远? 这两条明纹之间的距离又是多少?

17. 用一个 1.0mm 内有 500 条刻痕的平面透射光栅观察钠光谱 ($\lambda = 589$nm),设透镜焦距 $f = 1.00$m,问:

(1) 光线垂直入射时,最多能看到第几级光谱?

(2) 光线以 30°入射角入射时,最多能看到第几级光谱?

(3) 若用白光垂直照射光栅,求第一级光谱的线宽度。

18. 用肉眼观察星体时,星光通过瞳孔的衍射在视网膜上形成一个小亮斑。试求:

(1) 取瞳孔最大直径为 7.0mm,入射光波长为 550nm 时,星体在视网膜上的像的角宽度;

(2) 若瞳孔到视网膜的距离为 23mm,视网膜上星体的像的直径是多少?

19. 据说有的卫星上的照相机能清楚识别地面上汽车的牌照号码。问:

(1) 如果需要识别的牌照上的字划间的距离为 5cm,在 160km 高空的卫星上的照相机的角分辨率应是多少?

(2) 此照相机的孔径需要多大? (光的波长按 500nm 计)

第十二章　光的偏振

学习目标

1. 掌握马吕斯定律，理解用偏振片进行起偏和检偏的方法。
2. 掌握布儒斯特定律，理解光在反射和折射时偏振态的变化。
3. 掌握晶体双折射的基本规律，理解双折射现象及其产生原因。
4. 掌握旋光现象及其应用，理解椭圆偏振光和圆偏振光的产生及特点。

　　光的干涉和衍射现象证实了光的波动性质。然而，横波和纵波均可产生干涉和衍射，而光的偏振现象说明了光的横波性质。

　　麦克斯韦电磁理论指出电磁波是横波。光是电磁波，其电场强度矢量 E 和磁场强度矢量 H 均与其传播方向垂直。光波中可以引起人的视觉和使照相底片感光的均是电场强度矢量 E，因此电场强度矢量 E（electric field vector）称为光矢量，它的各种振动状态使光具有各种偏振态。本章研究光的偏振性。

第一节　自然光和偏振光

　　光的横波性质表明，光矢量 E 与光的传播方向垂直。然而，在与传播方向垂直的二维空间里可以有各种各样的振动状态，我们称此为光的**偏振态**（polarization state）。光的偏振态有以下五种：自然光、线偏振光、部分偏振光、圆偏振光和椭圆偏振光。本节主要讨论前三种。

一、自然光

　　根据普通光源的发光机制可知，一个由大量原子构成的普通光源所发出的光，是由各种可能振动方向的大量波列组成，它包含有各种可能方向的光矢量。统计平均看来，在垂直于光波传播方向的平面内，没有哪一个方向的光振动占有优势，即在所有可能的方向上，E 矢量的振幅都相等，这样的光称为**自然光**（natural light）（图 12 – 1）。

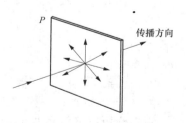

图 12 – 1　自然光中 E 振动的对称分布

　　在任一时刻，任一方向的光矢量 E 都可分解成两个相互垂直的分矢量，这样分解的结果，可简便地把自然光用两个独立的（无确定相位关系）、相互垂直而振幅相等的光振动来表示（图 12 – 2）。

　　图中用短线和黑点分别表示振动方向平行和垂直于纸面的两个相互垂直的光振动，

且画成均等分布以表示两者振幅相等，能量各占自然光总能量的一半。

二、线偏振光

在垂直于光波传播方向的平面内只含有单一方向的光振动，即光振动只在某一固定方向的光称为**线偏振光**（linear polarization light），简称**偏振光**，见图 12 - 3。一个原子或一个分子在某一瞬间发出的波列是线偏振光。通常把线偏振光的光振动方向和传播方向所组成的平面称为**振动面**，也就是 E 矢量的振动始终处于这一平面内，因此线偏振光又称为**平面偏振光**。

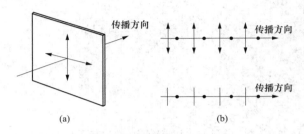

图 12 - 2 自然光的表示方法

（a）自然光分解为两个相互垂直而振幅相等的独立光振动

（b）用黑点表示垂直于纸面的光振动，用短线表示纸面内的光振动，

对自然光，黑点和短线画成均等分布

三、部分偏振光

在垂直于光波传播方向的平面内，如果某一方向的光振动比与之相垂直方向的光振动占优势，这种光称为**部分偏振光**（partial polarization light），见图 12 - 4 。

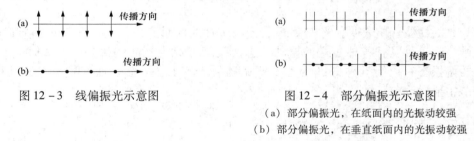

图 12 - 3 线偏振光示意图   图 12 - 4 部分偏振光示意图

（a）部分偏振光，在纸面内的光振动较强

（b）部分偏振光，在垂直纸面内的光振动较强

第二节 偏振片的起偏和检偏 马吕斯定律

自然光可以分解为两个相互垂直、振幅相等、无一定相位关系的光振动，因此，只要把自然光中某一方向上的光振动完全消去，就可得到与其垂直方向光振动的线偏振光。能够从自然光获得线偏振光的装置称为**起偏器**。现在广泛应用的**偏振片**（polaroid）就是起这种作用的光学元件。

一、偏振片的起偏和检偏

偏振片是一种透明的薄片，它是利用某种具有**二向色性**的物质制成的（在本章第四节中介绍）。偏振片能吸收某一方向的光振动，而只让与这一方向相垂直的光振动通过。通常把偏振片所允许通过的光振动方向称为**偏振化方向**，又称**透光轴**。该方向在偏振片上用"↕"标出。显然，光强为 I 的自然光通过偏振片后成为光强为 $I/2$ 的线偏振光。

图 12-5 表示自然光通过偏振片 A 后成为线偏振光，偏振光的振动方向取决于偏振片 A 的偏振化方向。这时，偏振片 A 就是一个**起偏器**（polarizer）。

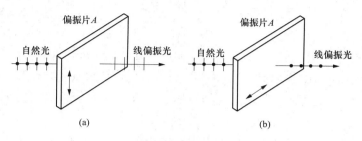

(a)　　　　　　　　(b)

图 12-5　偏振片用作起偏器

同样，偏振片也可作为**检偏器**（analyzer），以检验某一光束是否为线偏振光。如图 12-6 所示，一束线偏振光射到偏振片 B 上，旋转偏振片 B，当 B 转到某一位置时，透过 B 的光强最大，视场最亮，此时表明 B 的偏振化方向与线偏振光的振动方向相同；当 B 旋转到另一位置时，透过 B 的光强为零，视场最暗，即出现**消光现象**，此时表明 B 的偏振化方向与线偏振光的振动方向互相垂直。继续旋转 B，则视场由最暗变回到最亮。如果入射光是自然光，上述现象就不会发生。因此偏振片 B 就是个检偏器，用来检验入射光是否为线偏振光。线偏振光透过检偏器后，其光强的变化是遵循马吕斯定律的。

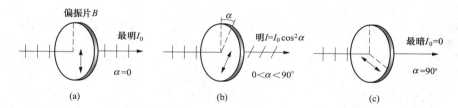

(a)　　　　　　(b)　　　　　　(c)

图 12-6　线偏振光通过检偏器后光强的变化

（α 是入射线偏振光的光振动方向与检偏器的偏振化方向之间的夹角）

二、马吕斯定律

法国物理学家马吕斯（E. L. Malus）指出：**强度为 I_0 的线偏振光，透过检偏器后，若不考虑吸收，透射光的强度为**

$$I = I_0 \cos^2 \alpha \qquad (12-1)$$

式中 α 是线偏振光的振动方向与检偏器偏振化方向的夹角，式（12-1）称为**马吕斯定律**，现证明如下。

如图 12-7 所示，OM 表示入射线偏振光的振动方向，ON 表示检偏器的偏振化方向，两者的夹角为 α。设 A_0 为入射线偏振光的振幅，将 A_0 分解成与检偏器偏振化方向平行和垂直的两个分量 $A_0\cos\alpha$ 和 $A_0\sin\alpha$，其中只有平行于检偏器偏振化方向 ON 的分量 $A_0\cos\alpha$ 可通过检偏器，因此透射光的振幅为 $A_0\cos\alpha$。又由于光强与振幅的平方成正比，故透射光强 I 与入射光强 I_0 之比等于各自振幅的平方之比。即

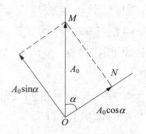

图 12-7 马吕斯定律的证明

$$\frac{I}{I_0} = \frac{A^2}{A_0^2} = \frac{A_0^2 \cos^2\alpha}{A_0^2} = \cos^2\alpha$$

于是有
$$I = I_0 \cos^2\alpha$$

由马吕斯定律可知，当 $\alpha = 0°$ 或 $180°$ 时，$I = I_0$，透射光强最大；当 $\alpha = 90°$ 时，$I = 0$，透射光强最小，即此时没有光从检偏器透出。若 α 介于 $0°$ 和 $90°$ 之间，则光强在最大和零之间。

例题 12-1 从起偏器获得的线偏振光强度为 I_0，入射检偏器后透射光的强度是入射光的四分之一，检偏器与起偏器两者偏振化方向的夹角是多少？

解 由马吕斯定律 $I = I_0 \cos^2\alpha$

由已知 $I = \frac{1}{4}I_0$，所以 $\cos^2\alpha = \frac{I}{I_0} = \frac{1}{4}$

即 $\cos\alpha = \pm\frac{1}{2}$，得 $\alpha = \pm 60°$，$\alpha = \pm 120°$

例题 12-2 两个偏振片，它们的偏振化方向的夹角为 $30°$，强度为 I_0 的自然光垂直入射，求：

（1）透过第一个偏振片的光强；

（2）透过第二个偏振片的光强；

（3）若每一偏振片都吸收 20% 的能量，最后从第二个偏振片透射出的光强是多少？

解（1）自然光通过第一个偏振片后变成线偏振光，强度是原来的 $\frac{1}{2}$，即 $I_1 = \frac{1}{2}I_0$

（2）由马吕斯定律 $I_2 = I_1 \cos^2\alpha = \frac{1}{2}I_0 \cos^2 30°$

故 $I_2 = \frac{3}{8}I_0 = 0.375I_0$

（3）因为偏振片吸收 20% 的能量，那么将有 80% 的能量透过偏振片，即

$$I_3 = \frac{1}{2}I_0 \cos^2 30° \times (80\%)^2 = 0.24I_0$$

思考题

若入射到检偏器的光束是部分偏振光，当旋转检偏器时，透射光强会有怎样的变化？能看到消光现象吗？

第三节　反射光和折射光的偏振

一、布儒斯特定律

实验表明，自然光在两种各向同性介质的分界面上反射和折射时，一般情况下，反射光与折射光都是部分偏振光，其中反射光线中垂直入射面的振动占优势，而折射光线中平行入射面的振动占优势（图 12 - 8）。图中黑点表示垂直于入射面的光振动，短线表示平行于入射面的光振动。

1812 年，布儒斯特（D. Brewster）从实验研究中发现，**反射光的偏振化程度取决于入射角 i，当自然光以特定入射角 i_0 入射，即 i_0 满足**

$$\tan i_0 = \frac{n_2}{n_1} = n_{21} \qquad (12 - 2)$$

时，**反射光就成为振动面与入射面垂直的线偏振光**，即反射光中没有平行于入射面的光振动。此时，折射光仍为部分偏振光（图 12 -9）。

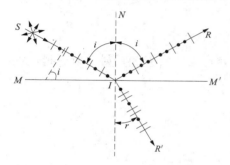

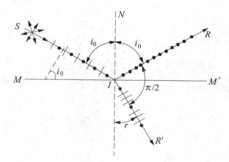

图 12 - 8　自然光反射和折射后产生的部分偏振光　　图 12 - 9　产生反射完全偏振光的条件

式（12 - 2）称为**布儒斯特定律**。i_0 称为**起偏角**或**布儒斯特角**，n_{21} 是折射介质对入射介质的相对折射率。例如光线从空气射向玻璃而反射时，$n_{21} = 1.50$，因此起偏角 $i_0 \approx 56°$。

根据折射定律　　　　　　　　　　　$n_1 \sin i_0 = n_2 \sin r$

得　　　　　　　　　　　　$\sin i_0 = \dfrac{n_2}{n_1} \sin r = n_{21} \sin r$

又由布儒斯特定律　　　　　　　　　$\tan i_0 = n_{21}$

于是有　　　　　　　　　　　　$\sin i_0 = \tan i_0 \sin r$

所以　　　　　　　　　　　$\sin r = \dfrac{\sin i_0}{\tan i_0} = \cos i_0$

即：　　　　　　　　　　　　$i_0 + r = \dfrac{\pi}{2}$

这说明当入射角为起偏角 i_0 时，反射光线与折射光线相互垂直。

二、玻璃片堆

一般情况下，当自然光以起偏角 i_0 入射到空气和玻璃的界面上时，反射光是线偏振光，但一次反射光的强度很小，仅占入射光中垂直入射面振动的光强的较少一部分。通常不足入射光强的 10%。折射光虽然是部分偏振光，但它具有入射光中在入射面内振动的全部光强和垂直入射面振动的大部分光强。为了增加反射光强和折射光的偏振化程度，可以把玻璃片叠起来，组成**玻璃片堆**。当自然光以起偏角 i_0 连续通过各玻璃片时，在每片玻璃的上下表面的反射光均为线偏振光（光振动垂直入射面），这样不仅反射的线偏振光的强度增大，同时折射光的偏振化程度也会增大。当玻璃片足够多时，最后从玻璃片堆透射出来的折射光就接近线偏振光，其振动面平行于入射面，与反射光的振动面相互垂直，如图 12 - 10 所示。

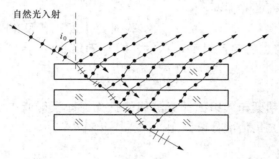

图 12 - 10　利用玻璃片堆产生线偏振光

由此可知，利用玻璃片或玻璃片堆在起偏角 i_0 下的反射和折射可以获得偏振光。它们和偏振片一样，也可以用于起偏和检偏。

第四节　光的双折射现象

一、光的双折射现象

1. 光的双折射现象

当一束光线在两种各向同性介质的分界面上发生折射时，只有一束折射光线在入射面内传播，其方向由折射定律决定。

$$\frac{\sin i}{\sin r} = n_{21}$$

如果一束光线射入各向异性的介质（如方解石晶体、石英晶体等）时，在介质中会出现两条折射光，这种现象称为**双折射**（birefringence）现象。实验表明，除立方系晶体（如岩盐）外，光线进入晶体一般都将产生双折射现象。图 12 - 11 表示光线在方解石晶体内的双折射。

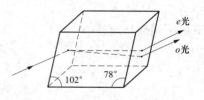

图 12 - 11　方解石的双折射

2. 寻常光和非常光

研究表明，在这两条折射光线中，其中一条遵守折射定律，称为**寻常光**（ordinary light），**简称 o 光**；另一条不遵守折射定律，称为**非常光**（extraordinary light），**简称 e 光**。一般情况下非常光并不在入射面内，而且 $\frac{\sin i}{\sin r}$ 也不是一个常数。当入射角 $i = 0$ 时，o

光沿着原方向前进遵守折射定律；而 e 光不遵守折射定律，不沿原方向前进。此时如果把晶体绕着光的入射方向慢慢转动，o 光始终不动，e 光则随着晶体的转动而转动，如图 12 – 12 所示。

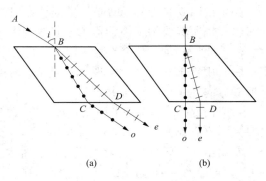

利用检偏器观察，发现从双折射晶体射出的这两束光都是线偏振光，它们的振动方向不同。应该指出，o 光和 e 光只在双折射晶体的内部才有此称谓，射出晶体以后就无所谓 o 光和 e 光了，仅是两条普通的线偏振光而已。

图 12 – 12　寻常光线和非常光线

3. 产生双折射的原因

研究表明，产生双折射现象的原因是由于晶体的各向异性，使得不同振动方向的光（o 光和 e 光）在晶体中具有不同的传播速度而引起的。其中 o 光在晶体中各方向的传播速度都相同，而 e 光的传播速度却随着方向而改变，因此 o 光和 e 光的折射率一般也不同。

4. 晶体的光轴、主截面和主平面

实验发现，在晶体内部有一特殊的方向，当光线在晶体内沿这一方向传播时，寻常光与非常光的传播速度相同，不发生双折射，这一方向称为**晶体的光轴**（optical axis）。

显然，沿光轴方向，o 光和 e 光不会分开。应该指出，晶体的光轴与光学系统的几何光轴不同，晶体的光轴是指一个特定的方向而不是特定的一条直线，因此在晶体内任何一点做一条与上述光轴方向平行的直线都是光轴，而几何光学系统的光轴则是指通过光学系统球面中心的一条直线。如图 12 – 13 所示的对角线 AD 的方向就是方解石晶体的光轴。

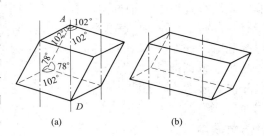

图 12 – 13　方解石晶体的光轴

只具有一个光轴方向的晶体称为**单轴晶体**（uniaxial crystal），如方解石、石英等；具有两个光轴方向的晶体称为**双轴晶体**（biaxial crystal），如云母、硫黄、蓝宝石等。本章的讨论以单轴晶体为限。

由晶体表面的法线与晶体光轴组成的平面，**称为晶体的主截面**（principal section）。它由晶体的自身结构决定。图 12 – 14 画出了天然方解石晶体的一个主截面。

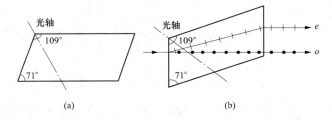

图 12 – 14　方解石的主截面及自然光通过方解石的 o 光和 e 光的偏振情况

为了说明 o 光和 e 光的光矢量振动方向，引入主平面的概念。在晶体中，任一已知光线和光轴所组成的平面，称为该光线的**主平面**（principal plane）。也就是说，在晶体中，o 光和光轴所组成的平面称为 o 光的主平面，e 光和光轴所组成的平面称为 e 光的主平面。用检偏器观察，发现 o 光光矢量的振动方向垂直于 o 光的主平面，e 光的光矢量振动方向在 e 光主平面内。

一般情况下，o 光主平面和 e 光主平面并不重合，有一个不大的夹角。一种典型的情况是，当入射光线在晶体主截面内时，o 光主平面和 e 光主平面均与晶体主截面重合。实用中，一般均取入射光线在晶体主截面内，这样双折射现象的分析大为简化。图 12 – 14 和 12 – 16 给出的就是这种现象。

二、惠更斯原理在双折射现象中的应用

应用惠更斯原理，可以说明光线在晶体中发生双折射现象的基本规律，并可用作图法绘出晶体内部光波的波面。

上面已经提到，在晶体中，o 光和 e 光是以不同的速度传播的。o 光的速度在各个方向上是相同的，所以在晶体中任意一点所引起的子波波面是球形面。e 光的速度在各个方向上是不同的，在晶体中同一点所引起的子波波面可证明是旋转椭球面。两光线只有在光轴方向上的速度才是相等的，因此上述两子波波面在光轴上重合或相切，在垂直于光轴的方向上，两光线的速度相差最大，用 v_o 表示寻常光线的速度，v_e 表示非常光线在垂直于光轴方向上的速度。对于有些晶体，$v_o > v_e$，其子波波面为球面包围椭球面，如图 12 – 15（a）所示，这类晶体称为**正晶体**（例如石英）。另外有些晶体 $v_o < v_e$，其子波波面为椭球面包围球面，如图 12 – 15（b）所示，这类晶体称为**负晶体**（例如方解石）。根据 v_o、v_e，可以定义 $n_o = c/v_o$、$n_e = c/v_e$，n_o 表示寻常

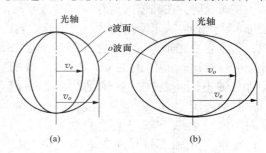

图 12 – 15　正晶体和负晶体的子波波面
（a）正晶体　（b）负晶体

光线的折射率，n_e 表示非常光线在垂直于光轴方向上的折射率，通常把 n_o 和 n_e 分别称为晶体对 o 光和 e 光的主折射律。表 12 – 1 中列出几种晶体的折射率。

表 12 – 1　几种双折射晶体的折射率（对波长为 589.3nm 的钠光）

晶体	n_o	n_e	$n_e - n_o$
方解石	1.658	1.486	− 0.172
电气石	1.669	1.638	− 0.031
白云石	1.681	1.500	− 0.181
菱铁矿	1.875	1.635	− 0.240
石英	1.544	1.533	− 0.011
冰	1.309	1.313	+ 0.004

根据上述 o 光、e 光在晶体中所引起的子波波面的概念，在下述三种特殊情况下（晶体的光轴均在入射面内），我们能够简单地用作图法求出单轴晶体中 o 光和 e 光的

波面。

　　1. 倾斜入射的平面波（晶体的光轴与晶体表面斜交），如图 12－16（a）所示，AC 是平面入射波的波面。当入射波由 C 传到 D 点时，自 A 向晶体内已发出球形和椭球形两个子波波面，这两个子波波面相切于光轴上的 G 点。做图时，设入射波由 C 传到 D 点所需的时间为 $t＝CD/c$（c 为真空或空气中的光速），球形波的半径为 $v_o t$，而椭球形与光轴垂直的长轴的长度为 $v_e t$。然后从 D 点画出两个平面 DE 和 DF 分别与球面和椭球面相切。在晶体中，DE 是寻常光线的新波面，DF 是非常光线的新波面、引 AE 及 AF 两线，就得到两条光线在晶体中传播的方向。这里注意，e 光的传播方向与波面并不垂直。

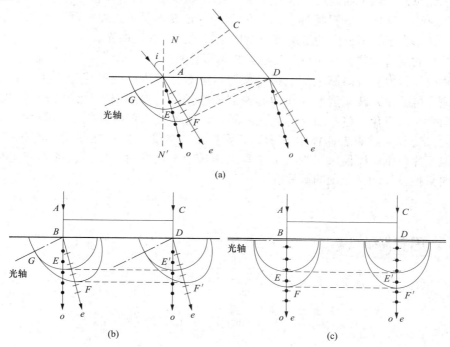

图 12－16　惠更斯原理在双折射现象中的应用
（a）平面波倾斜入射方解石的双折射现象　　（b）平面波垂直入射方解石的双折射现象
（c）平面波垂直入射方解石（光轴在折射面内并平行于晶面的双折射现象）

　　2. 垂直入射的平面波（晶体的光轴与晶体表面斜交），当平面波射到晶体的表面时，自平面波波面上任意两点 B 与 D 向晶体内发出球形和椭球形两个子波波面 ［图 12－16（b）］。这两个子波波面相切于光轴上的 G 点，EE' 面和 FF' 面分别与上述两子波波面相切，即得寻常光线与非常光线在晶体中的波面。引 BE 及 BF 两线，就得到两条光线在晶体中传播的方向。

　　3. 垂直入射的平面波（晶体的光轴平行于晶体表面），这里，两种光线折射后仍沿原入射方向传播 ［图 12－16（c）］。但应该注意，两者的传播速度和折射率都不相等，因而和光线在晶体内沿光轴方向传播时具有同速度、同折射率、无双折射现象的情况是有基本区别的。

三、偏振片与二向色性

晶体对互相垂直的两个光振动具有选择吸收的性能称为晶体的**二向色性**（dichroism）。例如电气石晶体，它对 o 光有强烈的吸收作用，而对 e 光则吸收很少。一般 1mm 厚的电气石晶体几乎能把 o 光全部吸收掉，而 e 光只略微吸收。自然光通过这样的晶片后就获得了线偏振光。除电气石晶体外还有一些有机化合物晶体，如碘化硫酸奎宁也有二向色性。

一种应用很广的人造偏振片是 H 偏振片，它是把聚乙烯醇薄膜在碘溶液里浸透后，在高温下经拉伸、烘干而制成。这时，碘 – 聚乙烯醇分子沿着拉伸方向有规则地排列，形成一条长链。这样的薄膜就具有二向色性，当光波入射时，光振动平行于长链方向的被吸收，垂直于长链方向的能通过，所以透过的光为线偏振光。

偏振片的制造工艺较为简单，而且面积可以做得很大、重量轻，成本较低，因此，相对于利用双折射现象而制成的尼科耳棱镜，偏振片有更广泛的应用。在一般使用的偏振光检测试验中，常用偏振片作为起偏器和检偏器。常用偏振片作为陈列文物及艺术品的橱窗，以避免一些不必要的光线。同样，还可使用偏振片制成的眼镜，以避免某些反射光的刺激或观看立体电影等。需要指出，尽管偏振片在使用中有很多优点，但通过偏振片产生的线偏振光没有尼科耳棱镜理想，这是由于二向色性不能完全吸收某一方向某种波长的光振动的缘故。

思考题

是否只有自然光通过双折射晶体才能获得 o 光和 e 光？为什么？

第五节 偏振光的干涉

一、圆偏振光与椭圆偏振光

光线射入各向异性晶体时将产生双折射现象，其中 o 光和 e 光是同频率且振动方向相互垂直的两偏振光，按照两个相互垂直的同频率的简谐振动的合成情况，o 光和 e 光在其相遇点的合成光矢量末端的轨迹，一般呈椭圆状，特殊情况下为圆或直线，这取决于 o 光与 e 光的相位差。

在图 12 – 17 中，假设通过起偏器后产生线偏光的振幅为 A，它与晶片（光轴平行与晶体表面）上光轴的方向成 α 角，线偏光进入晶体后一般也会产生双折射，其中沿光轴方向振动的 e 光振幅为 $A_e = A\cos\alpha$；垂直光轴方向振动的 o 光振幅是 $A_o = A\sin\alpha$。

由于 o 光与 e 光是由同一束单色线偏光分出来的两束线偏光，它们的频率相同，振动方向是相互垂直的。设 n_o 和 n_e 分别表示晶片对 o 光和 e 光的主折射率，d 表示晶片的厚度，则出离晶片后 o 光与 e 光的光程差为

$$\delta = (n_o - n_e)d \qquad (12 - 3)$$

相应的相位差为

$$\Delta \varphi = \frac{2\pi}{\lambda}\delta = \frac{2\pi}{\lambda}(n_o - n_e)d \qquad (12-4)$$

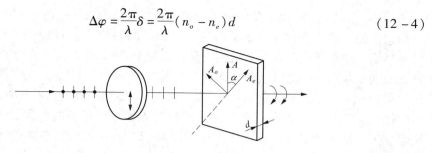

图 12 - 17　椭圆偏振光和圆偏振光

因此，只要适当选择晶片厚度，相位差 $\Delta \varphi$ 就将发生相应的变化，根据 $\Delta \varphi$ 的不同，o 光与 e 光合成后的光矢量具有不同的形态（见第四章中相互垂直简谐振动的合成）。

（1）若 $\Delta \varphi = 2k\pi$，即 $\delta = (n_o - n_e)d = k\lambda$ 时（$k = 1$，2，3，…），透过晶片后合成仍为线偏光，且振动方向不变。将满足此条件，即 $\delta = k\lambda$ 的晶片（$k = 1$，2，3，…）称为**全波片**。

（2）若 $\Delta \varphi = (2k+1)\pi$，即 $\delta = (2k+1)\frac{\lambda}{2}$ 时（$k = 1$，2，3，…），透过晶片后合成仍为线偏光，其振动方向为入射光振动方向向光轴转 2α 角。

将满足此条件，即 $\delta = (2k+1)\frac{\lambda}{2}$ 的晶片（其中 $k = 1$，2，3，…）称为半波片或 $\frac{\lambda}{2}$ 片。当 $\alpha = \frac{\pi}{4}$ 时，$\frac{\lambda}{2}$ 片可使线偏振光的振动面旋转 $\frac{\pi}{2}$。

若 $\Delta \varphi$ 为其他值时，透过晶片后，将合成为椭圆，称为**椭圆偏振光**（elliptic polarization light）。

在特殊情况下，若 $\Delta \varphi = (2k+1)\frac{\pi}{2}$，即 $\delta = (2k+1)\frac{\lambda}{4}$ 时（$k = 1$，2，3，…），将合成正椭圆（即椭圆长短轴与原 o、e 光振动方向重合）。这时若 $\alpha = \frac{\pi}{4}$ 时，由于 $A_o = A_e$，因而合成圆，即形成**圆偏振光**（circular polarization light）。

将满足此条件即 $\delta = (2k+1)\frac{\lambda}{4}$ 时（$k = 1$，2，3，…）的晶片称为四分之一波片、1/4 波片或 $\frac{\lambda}{4}$ 片。

二、偏振光的干涉

自然光通过双折射物质后，所产生的 o 光和 e 光是不相干的。因为在自然光中，不同振动面上的光振动是由光源中不同原子和分子所产生，相互之间没有恒定的相位差，所以不能产生干涉现象，但是由同一单色偏振光通过双折射物质后，所产生的 o 光和 e 光却是可能相干的。因为它们的振动频率相同，相位差恒定，只是振动方向相互垂直，只要设法将它们的振动方向引到同一方向上，就能满足相干条件，从而实现偏振光的干涉。

用图 12-18 所示的装置来说明实现偏振光干涉的方法。图中 M 和 N 是两个偏振化方向正交的偏振片，在没有双折射晶片 C 时，将没有光透过检偏器 N。现在，M 和 N 之间插有一块双折射晶片 C（光轴与晶片表面平行），起偏器 M 的透光轴与晶片 C 的光轴之间的夹角为 α。用单色自然光垂直入射起偏器 M，单色自然光通过起偏器 M 后成为线偏振光，再通过双折射晶片 C 后，分成振动面相互垂直的 o 光和 e 光。这两束光线再经检偏器 N 后，将得到振动方向与 N 的透光轴相平行的两束透射光。显然，它们是满足相干条件的两束偏振光，这样在屏幕 E 处可看到有明暗相间的干涉条纹出现，这种现象称为**偏振光的干涉**。

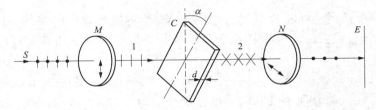

图 12-18　线偏振光的干涉

若 S 为白色光源，当晶片的厚度一定时，视场中将会出现一定的色彩，这种现象称为**色偏振**（chromatic polarization）。

偏振光的干涉和色偏振现象在化工、矿物、冶金、生物及医药领域得到广泛应用。偏振光显微镜就是依据偏振光干涉的原理制成的。在医药检验中，常用偏振光显微镜来观察生药切片及生物组织切片等。

思考题

有人说，某光束可能是自然光、圆偏振光或线偏振光，你如何通过实验来做出判断？

第六节　旋　光　现　象

当偏振光沿光轴方向通过某些物质时，偏振光的振动面将旋转一定的角度，这种现象称为**旋光现象**（optical active phenomenon）。这是法国物理学家阿喇果（Arago）在1811 年首先发现的。能够产生旋光现象的物质称为**旋光物质**（optical active substance）。石英等晶体以及糖、酒石酸等溶液都是旋光性较强的物质，一些药物如维生素 C 、青霉素、红霉素等也具有旋光性。

物质的旋光性，可用图 12-19 所示的装置来观察。图中 MN 是两个相互正交的偏振片，F 是滤光器，用来获得单色光，C 是旋光物质，例如光轴与晶面垂直的石英晶片。当旋光物质 C 放在两个相互正交的偏振片 M 与 N 之间时，将会看到视场由原来的黑暗变为明亮。将偏振片 N 旋转某一角度后，视场又将由亮变暗。由于晶体中沿光轴方向传播的光，不会产生双折射，这说明线偏振光通过旋光物质后仍然是线偏振光，但其振动面旋转了一个角度，这旋转角度就等于偏振片 N 旋转的角度。观察物质的旋光现象并测量振动面旋转角度的仪器旋光计就是根据这一原理制成的。

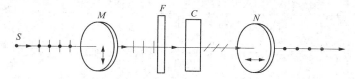

图 12 - 19　观测偏振光旋转的实验简图

实验发现，不同波长的光通过同一旋光物质时，振动面旋转的角度不同。例如 1mm 厚度的石英晶片所产生的旋转角对红光、钠黄光和紫光分别为 15°、21.7° 和 51°。这种现象称为**旋光色散**（rotatory dispersion）。

实验指出，对于晶体而言，其振动面旋转的角度 φ 与物质的厚度 d 成正比。即

$$\varphi = \alpha \cdot d \qquad (12-5)$$

式中 α 称为该物质的旋光率（specific rotation），单位是 °/mm（度/毫米），它与物质的性质及入射光的波长有关。

对于具有旋光性的溶液，其振动面旋转的角度 φ 还与溶液的浓度 c 成正比，即

$$\varphi = \alpha \cdot c \cdot d \qquad (12-6)$$

式中比例系数 α 称为该溶液的旋光率。它表示光线在单位浓度溶液中经过单位长度后，振动面所旋转的角度。它与溶质的性质及入射光的波长和温度都有关。式（12-6）中，旋光率 α 的单位是 $° \cdot cm^3/(g \cdot dm)$ [度·厘米³/（克·分米）]；振动面旋转角度 φ 的单位是 °（度）。溶液浓度 c 的单位是 g/cm^3（克/厘米³）；溶液厚度 d 的单位是 dm（分米）。

溶液的旋光性在制糖、制药和化工等方面有广泛的应用。对于已知旋光率的溶液，用旋光计测得旋转角，即可由式（12-6）得出旋光性溶液的浓度，这是在药物分析中常用的方法。在制糖工业中，测定糖溶液浓度的糖量计就是根据这一原理设计的（图 12-20）。

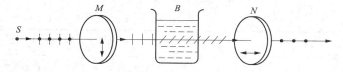

图 12 - 20　糖量计简图

溶液的旋光率一般用 $[\alpha]_\lambda^t$ 来表示，t 指温度，λ 指入射光波长，因此，式（12-6）可写成

$$\varphi = [\alpha]_\lambda^t \cdot c \cdot d \qquad (12-7)$$

旋光性药物的旋光率（即比旋度）在《中国药典》中有记载。在《中国药典》中，旋光率一般用 $[\alpha]_D^{20}$ 来表示，D 是指波长 $\lambda = 589.3nm$ 的钠黄光，$[\alpha]_D^{20}$ 是指在钠黄光和规定温度 20℃ 条件下的旋光率数值，一些药物的旋光率如表 12-2

所示。

表 12 – 2　一些药物的旋光率

药名	$[\alpha]_D^{20}$	药名	$[\alpha]_D^{20}$
乳糖	$+52.2° \sim +52.5°$	维生素 C	$+21° \sim +22°$
葡萄糖	$+52.5° \sim +53.0°$	樟脑（乙醇溶液）	$+41° \sim +44°$
蔗糖	$+66°$	薄荷油	$-17° \sim -24°$
右旋糖酐	$+190° \sim +200°$	薄荷脑（乙醇溶液）	$-49° \sim -50°$

不同的旋光物质可以使线偏振光的振动面向不同的方向旋转。面对光源观测，使振动面向右（顺时针）方向旋转的称为右旋，用"＋"表示；使振动面向左（逆时针）方向旋转的称为左旋，用"－"表示。有些物质如石英晶体，由于结晶形态的不同，具有右旋和左旋两种类型，称为**旋光异构体**（optical isomer）。

在药学上，有些药物也具有右旋和左旋的两种旋光异构体，而它们的药理作用却截然不同。例如，从一种链丝菌培养液中提取的天然氯霉素是左旋的，而人工合成的合霉素则是左右旋各半的混合物，其中只有左旋成分有疗效。直接生产出来的驱虫药四咪唑也是左右旋成分的混合物，其中有效的是左旋成分。又如自然界和人体中的葡萄糖是右旋的，而不同的氨基酸和 DNA 等也有左右旋的不同等等，这些都是药学和生物学研究的课题，同学们在后续专业课的学习中将进一步接触到这些内容。

例题 12 – 3　某药物水溶液 20℃时对钠黄光的比旋光率是 $6.2°\cdot cm^3/(g\cdot dm)$。现将其装入 20cm 长的玻璃管中，用旋光计测得旋转角度为 9.3°，求溶液的浓度。

解　由公式　$\varphi = [\alpha]_D^{20} \cdot c \cdot d$　得

$$c = \frac{\varphi}{[\alpha]_D^{20} \cdot d} = \frac{9.3}{6.2 \times 2} = 0.75 g/cm^3$$

重点小结

内容提要	重点和难点
自然光和偏振光	自然光、偏振光、部分偏振光的概念
偏振片的起偏和检偏	偏振片起偏和检偏的方法
马吕斯定律	马吕斯定律的应用
反射光和折射光的偏振	光在反射和折射时偏振态的变化 布儒斯特定律的应用
光的双折射现象	光产生双折射的原因，o 光和 e 光的特点 光轴、主截面、主平面的概念
偏振光的干涉	圆偏振光、椭圆偏振光的产生及特点
旋光现象	旋光现象的应用

习题十二

1. 回答问题

（1）自然光与线偏振光、部分偏振光有何区别？

（2）用哪些方法可以获得和检验线偏振光？

2. 何谓寻常光线和非常光线？它们的振动方向有何不同？

3. 太阳光射在水面上，如何测定从水面上反射的光线的偏振程度？偏振程度与什么有关，在什么时候偏振程度最大？

4. 回答问题

（1）求光在装满水的容器底部反射时的布儒斯特角。已知容器是用折射率 $n = 1.50$ 的玻璃制成的。（$n_水 = 1.33$）

（2）光线以起偏角从空气中入射到珐琅片上，现测得折射角为 30°，求该珐琅片的折射率。

5. 自然光通过两个相交 60° 的偏振片，求透射光与入射光强度之比。

6. 平行放置两偏振片，使它们的偏振化方向成 60° 的夹角。

（1）如果两偏振片对光振动平行于其偏振化方向的光线均无吸收，则让自然光垂直入射后，其透射光强与入射光强之比是多少？

（2）如果两偏振片对光振动平行于其偏振化方向的光线分别吸收了 10% 的能量，透射光强与入射光强之比是多少？

（3）在这两偏振片之间再平行地插入另一偏振片，使它的偏振化方向与前两个偏振片均成 30° 角，则透射光强与入射光强之比又是多少？先按无吸收情况计算，再按有吸收（均吸收 10%）情况计算。

7. 如图 12-21 所示的各种情况中，以线偏振光或自然光入射于界面时，问折射光和反射光各属于什么性质的光？并在图中所示的折射光线和反射光线上用点和短线把其振动方向表示出来，图中 $i_0 = \tan^{-1} n$，$i \neq i_0$。

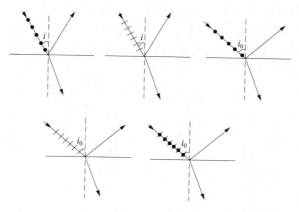

图 12-21　习题 7 示意图

8. 如图 12-22（a）所示，一束自然光入射在方解石晶体的表面上，入射光线与光轴成一定角度；问将有几条光线从方解石透射出来？如果把方解石切割成等厚的 A、B 两块，并平行地移开很短一段距离，如图 12－22（b）所示，此时光线通过这两块方解石后有多少条光线射出来？如果把 B 块绕光线转过一个角度，此时将有几条光线从 B 块射出来？为什么？

9. 用方解石割成一个正三角形棱镜，其光轴与棱镜的棱边平行，亦即与棱镜的正三角形横截面相垂直，如图 12－23 所示，今有一束自然光入射于棱镜，为使棱镜内的 e 光折射线平行于棱镜的底边，该入射光的入射角 i 应为多少？并在图中画出 o 光的光路。已知 $n_e = 1.49$（主折射率），$n_0 = 1.66$。

由此说明怎样用这种棱镜来测定方解石的 n_o、n_e（主折射率）。

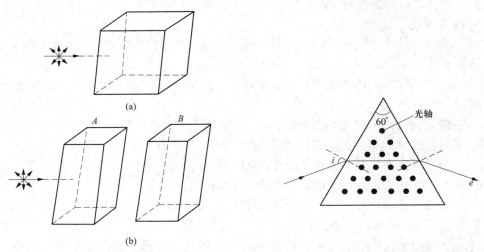

图 12－22　习题 8 示意图　　　　图 12－23　习题 9 示意图

10. 如果一个 1/2 波片或 1/4 波片的光轴与起偏振器的偏振化方向成 30°角，从 1/2 波片还是从 1/4 波片透射出来的光将是线偏振光、圆偏振光还是椭圆偏振光？为何？

11. 某药物的水溶液浓度为 0.050g/cm³，装在长 20cm 的玻璃管中，在 20℃ 时，测得其对钠黄光的旋光角为 5.3°，该药物的比旋光率是多少？

12. 将厚度为 1mm 且垂直于光轴切出的石英晶片，放在两平行的偏振片之间，对某一波长的光波，经过晶片后振动面旋转了 20°，石英晶片的厚度变为多少时，该波长的光将完全不能通过？

第十三章　光的吸收与散射

学习目标

1. 掌握朗伯－比尔定律，了解光电比色计和分光光度计的工作原理。
2. 了解光散射的概念及规律。

光的吸收、散射以及色散现象是光在介质中传播时所发生的普遍现象，都是由光与物质的相互作用引起的，实质上是由光与原子中电子的相互作用引起的，对它们的讨论可以为我们提供关于原子、分子和物质结构的内部信息。本章讨论物质对光的吸收和散射的基本规律及其应用。

第一节　光　的　吸　收

光通过媒质时，光的强度会减弱，这是由于媒质对光的吸收和散射所引起的。电磁辐射（如白光）通过物质时，它的强度将会有一定的减弱。减弱的原因是：①部分电磁辐射能量被原子、分子或悬浮粒子所散射，改变了行进方向；②部分电磁能量被物体吸收，除了有些物质能够将一部分能量贮存一些时间，重新以电磁能量向各个方向发射以外，基本上都转化为热运动的能量。这两种原因所引起的效果都使电磁辐射在行进方向上的强度降低，统称为**光的吸收**（absorption）。本节讨论物质对光的吸收的基本规律及其应用。

光的吸收分为两类：一类称为**一般吸收**（general absorption），另一类称为**选择吸收**（selective absorption）。若物质对给定波段内各种波长的光的吸收程度几乎相同，则称这种吸收为一般吸收；若物质对某些波长的光的吸收特别强烈，则称这种吸收为选择吸收。任一物质对光的吸收都是由这两种类型的吸收组成的，它们是对不同的波段而言的。

在可见光范围内的一般吸收意味着光束通过物质后只改变光强而不改变颜色，例如，空气、纯水和无色玻璃等物质，在可见光范围内都产生一般吸收，但是，对可见光范围内的选择吸收则意味着该物质会使通过它的白光变为彩色光。绝大部分物体之所以呈现颜色，都是其表面或体内对可见光进行选择吸收的结果。例如，白光照射下的一些物体之所以呈红色，是因为它们对白光中的红光吸收很少，而对其他颜色的光却有强烈的吸收；钠黄光照射下的红花绿叶之所以均呈黑色，是因为它们对黄光有强烈的吸收。

总之，当光通过介质时，总会消耗一部分光的能量，使透过光的光强度减弱，这是光吸收现象产生的主要原因。

下面进一步讨论光吸收时的定量规律，如图 13 – 1 所示，让一束平行的单色光通过厚度为 l 的均匀物质，取其中厚度为 dl 的薄层，设光进入薄层时光强 I_l，经过该薄层后光强的变化量为 $-dI_l$，实验告诉我们，在相当宽的光强范围内 $-dI_l$ 正比于 I_l 和 dl，即

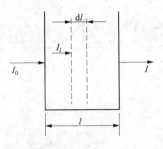

图 13 – 1　光的吸收

$$-dI_l \propto I_l \cdot dl$$
$$-dI_l = \alpha I_l \cdot dl$$

式中比例系数 α 称为该物质的**吸收系数**（absorption coef-fcient），系数 α 由吸收物质的特性而定。

为了求出光在厚度为 l 的吸收层中强度的减少规律，在 0 到 l 的范围内将上式整理后再积分，即

$$\int_{I_0}^{l} \frac{dI_l}{I_l} = -\int_0^l \alpha dl$$

式中，I_0 是入射光的强度，I 为通过厚度为 l 的吸收溶液后透射光的强度。

积分后得

$$\ln I - \ln I_0 = -\alpha l$$
$$I = I_0 e^{-\alpha l} \tag{13-1}$$

上式称为**朗伯定律**（Lambert law）。定律表明：吸收系数 α 愈大，光被吸收得愈强烈，吸收系数的大小反映了物质对光吸收的强弱。实验表明，各种物质的 α 值相差颇大。例如对于可见光，玻璃的 α 值约为 $10^{-2}/cm$，而在常压下空气的 α 值只有 $10^{-5}/cm$。对所有物质而言，吸收系数都要随波长而变化。

比尔（Beer）通过大量的实验得出如下结论：当光被溶剂中溶解的物质所吸收时，吸收系数 α 与溶液浓度 C 成正比。

即

$$\alpha = \beta C$$

其中 β 是一个与浓度无关的常量，仅仅决定于吸收物质分子特性的系数，将 $\alpha = \beta C$ 代入式（13 – 1）得

$$I = I_0 e^{-\beta Cl} \tag{13-2}$$

上式一般称为**朗伯 – 比尔定律**（Lamberbt – Beer law）。这一定律是有适用条件的，只有在单色光的情形下，溶液浓度不很大时（即稀薄溶液）才能成立。

对式（13 – 2）两边取常用对数，可得

$$-\lg \frac{I}{I_0} = (\beta \lg e) Cl \tag{13-3}$$

式中，$\frac{I}{I_0} = T$ 称为**透光率**。令 $A = -\lg \frac{I}{I_0}$，$E = \beta \lg e$，则式（13 – 3）可写成 $A = ECl$，A 称为**吸收度**或**光密度**（用 D 表示），E 称为溶液的**消光系数**。

式 $A = ECl$ 表明，对同一种溶液，吸收度的大小由光通过溶液的厚度和浓度所决定。

根据以上关系式，让同一强度的单色光分别通过同种类、同厚度的已知浓度溶液

和待测浓度溶液，分别测定它们的吸收度，用比较法求待测溶液浓度的方法称为光电比色分析法，简称**比色分析法**。

即
$$A_0 : C_0 = A_x : C_x$$

$$C_x = \frac{A_x}{A_0} C_0 \qquad\qquad (13-4)$$

式中 C_0、C_x 分别为溶液的已知浓度和未知浓度，A_0 为已知浓度溶液测定的吸收度，那么，只要测定了未知浓度溶液的吸收度 A_x，未知浓度 C_x 即可求出。

在分析化学中常用的光电比色计就是根据有色溶液对光的选择性吸收这一原理而制成的。图 13-2 是光电比色计的结构原理图。当电源接通，光源 D 发光，照亮滤光片 E，得到所需的单色光，此单色光通过装有溶液的比色杯 F 时被强烈吸收，强度减弱的透射光照射到光电池 P 上。溶液的浓度不同，吸收程度就不同，透射光强也不同，光电流强度随之不同，由此可根据光电流的大小测出待测溶液的浓度。

药物分析中的分光光度法就是使用分光光度计，它利用物质对不同波长的光有不同程度的吸收来分析样品。按照射光波波长的范围，通常把分光光度法分成可见光分光光度法、紫外分光光度法、红外分光光度法、原子吸收分光光度法等。用可见-紫外分光光度法测得的是物质可见、紫外光谱，波长范围在 10 ~ 760nm 之间，这类光谱能表征元素或物质的特性，一般适用于对含有发色团的分子的研究。

以各种波长的光依次照射样品溶液，并测定在每一波长下溶液的吸收度 A 或透光率 T，然后以 A 或 T 为纵坐标，以波长为横坐标做图，即可得该样品的**吸收光谱曲线**。图 13-3 为氢化可的松的吸收光谱曲线，图中可清楚地显示化合物在某些特定波长处的吸收峰，这些吸收峰的位置和相对高度可供我们进行一系列的分析和研究。在光谱曲线中，除常以波长 λ 表示横坐标外，也常以波数 $\tilde{\nu}$ 来表示。

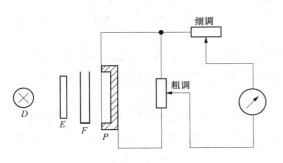

图 13-2　光电比色计原理图

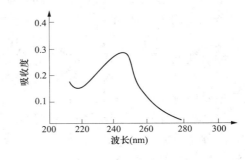

图 13-3　吸收光谱曲线

例题 13-1　光线经过一定厚度的溶液，测得透射光强度 I_1 与入射光强度 I_0 之比是 1/2。若溶液的浓度改变，而厚度不变，这时测得透射光强度 I_2 与入射光强度 I_0 之比是 1/8。问溶液浓度是如何改变的？

解　由朗伯-比尔定律可知

$$I_1 = I_0 e^{-\beta C_1 l} \quad \text{或} \quad \ln \frac{I_1}{I_0} = -\beta C_1 l$$

$$I_2 = I_0 e^{-\beta C_2 l} \quad \text{或} \quad \ln \frac{I_2}{I_0} = -\beta C_2 l$$

消去 β、l 后得

$$C_2 = \frac{\ln I_2/I_0}{\ln I_1/I_0} \cdot C_1 = \frac{\ln 1/8}{\ln 1/2} C_1 = 3C_1$$

即浓度变为原来的 3 倍。

第二节　光 的 散 射

光通过均匀介质时发生的反射、折射、色散和吸收现象已为我们所熟知。这些现象为我们提供了许多关于物质的结构和性质方面的信息和知识。现在来研究光通过非均匀介质时所发生的现象——**散射**（scattering）。散射光的一切性质，如强度、偏振、光谱成分等也都反映了散射物质的特性。

当光束通过均匀的透明介质时，其光强均限于给定的一些方向，而在其余方向上光强几乎为零。当光束通过非均匀介质时，却发现光会向四面八方散开，通常称这种现象为**光的散射**（scattering of light）。实质上，光的散射是指光在传播时因与物质中的分子作用而改变其光强的空间分布、偏振状态或频率的过程。因光的散射过程中，光与分子的作用几乎是瞬时的，不同于光被吸收后再发射出来，后者可测量的时间要延迟一些。

在均匀介质中，光只能沿着折射的方向传播。在这种情况下，光朝各方向散射是不可能的，因为当光通过光学均匀的介质时，介质中各带电粒子所形成的偶极子将发射次级波，其频率与入射光相同，位相差则保持一定，因此它们是相干光，其叠加结果正如计算所表明的在与折射光线不同的方向上，它们互相抵消，因此，均匀介质是不能散射光的。如果介质不均匀或均匀介质中不规则地散布着比光波波长还小的微粒，这时各个微粒所发射的次波之间没有一定的相位差，因此，叠加的结果在各个方向上并非完全抵消而是有一定的振幅，亦即向各个方向上散射一定强度的光。

散射现象有的属于悬浮微粒的散射，例如乳状液、悬浮液、胶体溶液等浑浊介质的系统，这些系统在药物制剂中是经常遇到的。光通过浑浊介质所发生的散射现象称为**丁达尔散射**（Tyndall scattering）。

散射现象有的属于分子散射，是分子（原子）产生的散射或物质中存在细微粒的折射率分布不均匀所发生的散射。通常我们把线度小于光的波长的微粒对入射光的散射称为**瑞利散射**（Rayleigh scattering）。

下面介绍光散射现象的基本知识。

一、瑞利散射定律

瑞利（Rayleigh）为了解释天空为什么呈现蔚蓝色，曾对线度比光的波长小的微粒的散射问题做了理论研究，他发现晴朗天空中的散射，分子散射占主导地位。瑞利于1871 年提出了散射光强与入射光波长的四次方成反比或与入射光频率的四次方成正比的关系，即

$$I \propto 1/\lambda^4 \text{ 或 } I \propto \nu^4$$

这一关系称为**瑞利定律**。

根据电磁理论，偶极子发射电磁波的功率是与 ν^4 成正比的，由于散射光是带电粒子受迫振动所产生的次级波，其频率与入射光频率相同，所以散射光的强度与频率的四次方成正比。由此可见，波长愈短的光愈容易被散射。

瑞利还认为，由于热运动破坏了散射微粒之间的位置关系，各偶极振子辐射的子波不再是相干的，计算散射光强时应将子波的强度而不是振幅叠加起来。

利用瑞利散射定律，可以解释许多日常熟悉的自然现象。例如，白昼天空之所以是亮的，完全是大气散射阳光的结果。太阳光是白光，当太阳光通过大气层时会受到大气分子的散射，波长较短的蓝、紫色光的散射强，散射光将呈蓝色，而波长较长的红、黄色光散射弱，大部分透射光将呈红色。这就是晴朗的天空呈蔚蓝色，而早晚日出和夕阳呈现红色的原因。

大气的散射主要是密度涨落引起的分子散射，其次是悬浮尘埃的散射，前者的尺度比后者小得多，瑞利的 λ^4 反比律的作用更加明显。所以，每当雨过天晴的时候，天空总是蓝得格外美丽。早晚阳光以很大的倾角穿过大气层，经历大气层的厚度要比中午大得多，从而大气的散射效应也要强烈得多，这就是日出时颜色显得特别殷红的原因。

二、散射光的强度和偏振情况

分子散射的强度随温度的升高而增加，因为温度增高时密度起伏变得更显著。据此可将分子散射与外来杂质微粒的散射区别开来。

光通过介质时，不仅介质的吸收会使透射光减弱，同时物质的散射也使透射光变弱。设光通过物质薄层 dl 后，因散射而减弱的光强为 $-dI$，它与在 dl 处的入射光强 I 和薄层厚度 dl 成正比，即

$$-dI = hIdl$$

式中，比例常数 h 称为**散射系数**，由上式积分可得

$$I = I_0 e^{-hl} \tag{13-5}$$

因此在测量光的吸收系数时，实际上包含两部分，一部分是真正的吸收系数 α，另一部分是散射系数 h。严格地讲，透射光强 I 与入射光强 I_0 的关系应为

$$I = I_0 e^{-(\alpha + h)l} \tag{13-6}$$

在很多情形下，α 和 h 二者中，一个往往比另一个小得多，因而可以忽略不计，但在有些情况下，两种作用都是同样重要的。

总之，散射和吸收一起，总要使穿过厚度为 d 的物质的光在原来传播方向上的光强减弱，它遵从于指数规律的变化。

当入射光是线偏振光时，各方向的散射光也都是线偏振光，但在垂直于入射光的方向上散射光的光强为零。如果散射分子是各向异性的，则分子的振动方向可以与入射光的振动方向不同。在具有这种分子的物质中，当线偏振光入射时，由于各分子取向的无规律性，其散射光叠加的结果使在各方向上的散射光都成为部分偏振的。

如图 13 - 4 所示，如果自然光沿 Oy 的方向射到分子上，则它的电矢量应当在 zOx 的平面内振动，如果在 Ox 方向观察散射光，则由于光波的横波性质，沿这个方向进行的波只由电矢量垂直于 Ox 振动的分量决定。由此可见，在与入射光成直角的散射光里，应当只有沿 Oz 方向振动的电矢量，即散射光应当是全偏振的。在实验室里做的一些实验都证实了这个被瑞利的理论所预示的结论。但是以后的观察都表明，散射光的偏振通常是不完全的，如果以 I_y 表示电矢量沿 Oy 轴振动的光强度，I_z 表示电矢量沿 Oz 轴振动的光的强度，则偏振度 P 决定于如下关系式

$$P = \frac{I_z - I_y}{I_z + I_y} \qquad (13 - 7)$$

上式的讨论引出了这样的结论：$I_y = 0$ 时，$P = 1$，光的偏振达到 100%，而实验得出，I_y 远远不恒等于零，光是部分的反偏振。

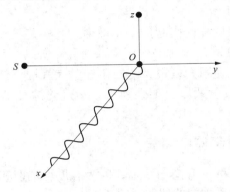

图 13 - 4　说明散射光的偏振图

通常用下式来量度反偏振度

$$\Delta = 1 - P = \frac{2I_y}{I_z + I_y} \qquad (13 - 8)$$

对于气体来说，Δ 不是零，如氢的 Δ 等于 1%，氮的 Δ 等于 4%，二氧化碳的 Δ 等于 7%。对于液体来说，反偏振度还要大，苯达到 44%，二硫化碳达到 68%，而硝基甲苯甚至达到 80%。

这个现象的解释也是瑞利提出的，他指出：这种现象应当与散射分子的光学各向异性密切相关。的确，对于各向异性的分子来说，在它里面发生的电极化方向一般并不与光波的电场方向相同。

三、拉曼散射

在光的散射过程中，如果分子的状态也发生改变，则入射光与分子交换能量的结果可以导致散射光的频率发生改变。1928 年拉曼（Raman）在苯、甲苯、水及其他多种液体，一些气体以及洁净的冰中发现了这种现象；同年曼杰斯塔姆和兰茨贝格也在石英晶体中发现了同种现象。通常，人们把这种现象称为**拉曼散射**（Raman scattering），其典型情况是：在散射光谱或称为拉曼光谱中除了与入射光原有角频率 ν_0 相同的瑞利散射线外，谱线两侧还有频率为 $\nu_0 \pm \nu_1$，$\nu_0 \pm \nu_2$ 等的散射线。拉曼散射的强度极小，约为瑞利散射的千分之一，这种散射称为拉曼散射或并合散射。拉曼散射的频率

是入射光频率 ν_0 及分子的固有频率 ν_1、ν_2……联合而成的。这些固有频率则是由分子的振动能级和转动能级之间的跃迁所决定的，因此拉曼散射光谱是研究分子结构和分析物质成分的重要方法。利用它可以确定多原子分子（尤其是有机化合物）的固有频率。如果已知某些分子的固有频率，则利用拉曼散射方法可以进行物质成分的分析。利用拉曼散射还可以分析分子结构，与红外光谱配合还可以研究分子与光的相互作用。由于拉曼散射发生频率移动，因此可将部分在红外或远红外区域的跃迁移到实验室易于观察和测量的可见光谱范围，这将大大简化实验条件。此外，在拉曼光谱中还可看到在普通吸收光谱中不能出现的跃迁（如 H_2、N_2、O_2 等没有偶极矩的对称分子的振动跃迁和转动跃迁）。在上述散射中，散射光强正比于入射光强，它们是不相干的。过去由于获得高强度的单色光源比较困难，大大限制了拉曼光谱的应用。然而，随着激光技术的出现，获得了高强度、高单色性和方向性极好的激光光源，当以强激光入射时，可使某些非线性介质的散射过程具有受激辐射的性质，即散射光突然变强，超过原来几倍到上千倍，光谱线变窄，并显示出与激光同样的方向性，称为受激拉曼散射或受激布里渊散射，它们是一类非线性现象。近年来激光拉曼光谱得到了迅速发展。激光拉曼光谱可在短时间内用很小体积的试样而得到所需的光谱，分辨本领很高，可分辨紧靠着的一些转动跃迁吸收峰，而且也能显示出很弱的跃迁。由于上述优点，激光拉曼光谱的应用日趋成熟。

四、超显微镜

根据微粒对光的散射来观察微粒存在的显微镜称为超显微镜。它能观察到一般光学显微镜不能观察到的相当于光波波长百分之一大小的细小微粒。

一般显微镜是让光线透过标本直接进入物镜，视场是明亮的，而超显微镜观察的是微粒的散射光。为提高散射光对人眼视觉程度，一般附有暗视野照明器，使透射光不进入视野，如图 13－5。在普通显微镜的镜台下装配一个特别的暗视野照明器，从下面射来的光被抛物面集光器表面所反射，形成从侧面聚射于物体的强烈光束，可照亮观察标本，但不直接进入显微镜，因此视场是暗的。若标本中有微粒存在，则微粒对光发生散射，一部分散射光进入物镜，便在暗背景上看到亮点，这亮点指示了微粒的存在及其位置，观察亮点的运动也就知道了微粒的运动。目前超显微镜对直径大于 $0.3\mu m$ 的微粒用超显微镜观察，既可以确定它的位置和运动情况，还可以确定其形状和大小，但对更小的微粒，就只能确定其存在和位置，而无法判断其形状和大小。

在药物研究和生产中，超显微镜起到重要作用，利用超显微镜可以检查注射剂中是否有杂质存在，检查乳剂的分散度等。

图 13－5　超显微镜

思考题

1. 光电比色计的原理是什么？
2. 请从互联网上查询药物研究和生产中超显微镜的重要作用。

重点小结

内容提要	重点难点
光的吸收	朗伯定律 $I = I_0 e^{-\alpha l}$
	朗伯－比尔定律 $I = I_0 e^{-\beta Cl}$
	吸收度或光密度 $A = -\lg T = -\lg \dfrac{I}{I_0}$
	消光系数 $E = \beta \lg e$
	比色分析法 $C_x = \dfrac{A_x}{A_0} C_0$
	分光光度法的原理
光的散射	丁达尔散射
	瑞利散射 $I \propto 1/\lambda^4$ 或 $I \propto \nu^4$
	散射光的强度 $I = I_0 e^{-hl}$
	透射光强 I 与入射光强 I_0 的关系 $I = I_0 e^{-(\alpha+h)l}$
	散射光偏振度 $P = \dfrac{I_z - I_y}{I_z + I_y}$
	反偏振度 $\Delta = 1 - P = \dfrac{2I_y}{I_z + I_y}$
	拉曼散射现象
	超显微镜结构及原理

 ## 习题十三

1. 据朗伯－比尔定律，在光通过溶液的厚度不变的条件下，溶液的吸收度与浓度的关系曲线是什么形状？下列为比色法测定水中铁的含量时所得的数据。

铁含量（%）	0	0.10	0.20	0.30	0.40	0.50
电流计读数（A）	100	88	77	68	59.5	52.5

试做吸收度校正曲线，并由此求出电流计读数为 95A 时某未知溶液中铁的含量。

2. 光线经过厚度为 l，浓度为 C 的某种溶液，其透射光强度 I 与入射光强度 I_0 之比是 1/3。如使溶液的厚度和浓度各增加 1 倍，那么这个比值将是多少？

3. 何谓瑞利散射？何谓拉曼散射？

4. 散射光的强度遵从什么变化规律？

5. 实验测出某一介质的吸收系数为 20/m，已知这种吸收系数中实际上有 1/4 是由散射引起的。问：如果消除了散射效应，光在这种介质中经过 3cm，光强将减弱到入射光强的百分之几？

6. 一溶液的浓度为 C，用光电比色计测得透光率为 50%，若将此溶液稀释为 $0.5C$，问透光率变为多少？若将溶液的浓度变为 $2C$，透光率又是多少？

第十四章 激 光

激光又名镭射、莱塞（laser），是受激辐射光放大（light amplification by stimulated emission of radiation）的简称。激光的发明可以追溯到 1916 年爱因斯坦提出的受激辐射概念，1926 年狄拉克指出根据受激辐射的特点可以制成量子放大器，1954 年 Townes 和他的同事使用 NH_3 制成了微波量子放大器（maser）。1960 年 Maiman 发明了世界上第一台红宝石激光器。从此，激光研究和发展突飞猛进，并促使光学发生了革命性的变化，派生了许多崭新的学科。目前，激光已广泛应用于科学研究、工业、农业、国防、医药卫生和日常生活等各个方面。本章主要介绍激光的基本原理、特性及其在医药领域的应用。

第一节 激光产生的原理

一、自发辐射、受激辐射与粒子数反转

处于激发态的原子自发地从高能级 E_2 跃迁到低能级 E_1，同时发射光子，这一过程称为**自发辐射**（spontaneous radiation）。对每个激发态原子来说，这种自发辐射都是独立地发出光子，光子的频率为

$$\nu = \frac{E_2 - E_1}{h} \tag{14-1}$$

自发辐射光子的相位、方向和偏振方向是彼此无关的，这种光是非相干光。

当原子受到频率为 ν 满足式（14-1）的外来光子照射时，处于低能级 E_1 的原子就有可能吸收这个光子的能量而被激发到高能级 E_2 上，如图 14-1（a），这个过程称为**受激吸收**（stimulated absorption）。显然，这个过程不是自发的，而是经过外来光子的作用才产生的。

对于处于高能级 E_2 上的原子，如果在它发生自发辐射以前，受到频率 ν 的外来光子的作用，就有可能在外来光子的影响下，发射出一个与外来光子完全相同的光子，而由高能级 E_2 跃迁到低能级 E_1 上，如图 14-1（b）。这种辐射不同于自发辐射，称为**受激辐射**（stimulated radiation）。由于受激辐射光子不是自发发生而是在入射光扰动下

被引发的,所以辐射光子除了频率相同外,其他性质、状态也与外来光子相同,这是受激辐射的重要特点。经过受激辐射,辐射光与入射光同相位、同频率、同方向、同偏振态、相互叠加,而使强度大大增加,使入射光得到受激辐射光放大。

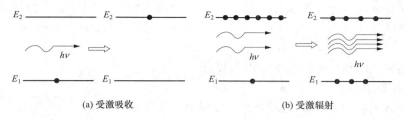

(a) 受激吸收   (b) 受激辐射

图 14 – 1 受激吸收与受激辐射

由上述可知,光的受激吸收和受激辐射这两个过程是同时存在的,但是它们发生的概率却不相同。这是因为在热平衡状态时,处于低能级的原子数总是比处于高能级的原子数多,所以光的吸收过程占优势,通常观察到的是原子系统的光吸收现象,而不是光的受激辐射现象。受激辐射是形成激光的重要基础。要想使受激辐射占优势,就必须使处于高能级上的原子数 n_2 超过处于低能级上的原子数 n_1。由于这种状态与热平衡时原子的正常分布情况相反,即 $n_2 > n_1$,所以称为**粒子数反转**(population reversion)。要形成粒子数反转就要由外界提供能量。通常采用光激励、放电激励、化学激励等方法形成粒子数反转。在粒子数反转的状态下,如果有一束能量等于高低能级差的光子通过物质,这时受激辐射就占主导地位,使输出光的能量超过入射光的能量,入射光得到受激辐射光放大。通常我们把能在某两个能级间呈现粒子数反转的这种物质称为**工作物质**。工作物质可以是气体、固体或者液体。气体可以是原子气体、分子气体或离子气体。

我们先以红宝石激光器为例,说明粒子数反转的建立过程,如图 14 – 2。红宝石的主要成分是三氧化二铝,其中掺有 0.05% 的杂质铬($Al_2O_3:Cr^{3+}$)。这些铬在晶体中呈 Cr^{3+} 的离子状态。当脉冲氙灯照射红宝石时,使处于基态能级 E_1 上的铬离子大量被激发到吸收带(晶体中各原子价电子能级所形成的能带)E_3 上去。由于 E_3 能级的平均寿命很短(10^{-8}s),铬离子很快通过碰撞交出部分能量以无辐射跃迁方式到 E_2 能级(E_2 包括两个子能级 $2A$ 和 E),E_2 的寿命很长

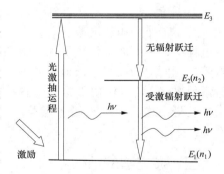

图 14 – 2 红宝石激光器能级图

(10^{-3}s),称为**亚稳态**,其自发辐射概率很小,于是在 E_2 能级上出现粒子的积累。在氙灯强大的激励下,在亚稳态 E_2 与基态 E_1 之间形成粒子数反转分布。从上面的分析可看出,在红宝石激光器中,上能级是亚稳态,下能级是基态,由于基态上总是聚集着大量的粒子,要实现粒子数反转分布,激励能源必须很强,所以这种三能级系统的转换效率也很低。在粒子数反转的条件下,当光通过工作物质时产生受激辐射光放大。

二、光学谐振腔

光学谐振腔是产生激光的必要条件之一。光学谐振腔的种类很多，例如，在工作物质的两端，分别放置一块全反射镜和一块部分反射镜，它们相互平行放置且垂直于工作物质的轴线，这两片反射镜就构成一个光学谐振腔（optical resonator）（图14–3）。

光学谐振腔的作用可以归纳为以下几点。

1. 方向选择

由于受激辐射的光子是向各个方向发射的，谐振腔的作用就是只让与反射镜轴向平行的光束在工作物质中来回反射，产生链锁式的光放大并形成稳定的激光输出，而偏离轴向的光经几次反射后，很快从谐振腔侧面逸出。谐振腔对光束方向的选择，保证了激光器输出的激光具有极好的方向性。

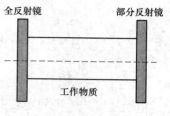

图14–3　光学谐振腔

2. 频率选择

光波在谐振腔的两个反射镜之间来回反射，因此谐振腔内存在着相向传播的两列相干波，当其频率 ν 或波长 λ 满足相干条件时，在谐振腔内形成稳定的驻波。其频率条件为：

$$\nu_k = \frac{kc}{2nL} \qquad (k = 1, 2, 3, \cdots) \tag{14-2}$$

式中，L 为腔长，n 为工作物质的折射率，k 为正整数。

不满足上式频率关系的光波，在腔内不能产生光振荡，也就形不成激光，因此，谐振腔的腔长起着对光频率的选择作用。

3. 阈值

有了工作物质和谐振腔后，还不一定能输出激光。这是因为激光在谐振腔内振荡的过程中，一方面工作物质的受激辐射使光得到放大，光强变强。另一方面，光在谐振腔的端面上的反射、透射等会使光能损耗，使光强变弱。受激辐射的光放大可用增益系数描述。若工作物质的增益小于损耗，则不会有激光输出，因此，存在一个能产生激光的最小增益，称为**阈值增益**。阈值增益与谐振腔的腔长 L 和两反射镜的反射率有关。

三、激光器的结构

综上所述，工作物质和谐振腔结合在一起，在外界能源激励下，在满足阈值增益条件的情况下就可以产生激光。激光器三个组成部分的作用概述如下。

（1）激活介质（工作物质）　具有适当的能级结构，能产生受激辐射光放大。

（2）光学谐振腔　维持光振荡。

（3）激励能源　供给能量，使粒子数反转。

工作物质、激励能源和光学谐振腔这三者是产生激光的基本条件，把它们组合在一起，就构成了激光器。

思考题

1. 什么是粒子数反转？
2. 激光器主要由哪几部分构成？

第二节　激光的特性

激光的产生机制与普通光很不相同，因此激光除具有普通光的性质外，更具有普通光所无法比拟的特性。激光的特性可归纳为以下几种，这些特性使它具有特殊的应用。

1. 单色性好

谱线宽度是衡量单色性好坏的标志，谱线宽度越窄，颜色越纯，则单色性越好。单色性表明光能量在频谱分布上的集中性。普通光源发出自然光的光子频率各异，含有各种颜色。激光则由于受激辐射的光子频率（或波长）相同使其具有很好的单色性。例如，普通光源中单色性最好的氪（Kr）灯，谱线宽度为 4.7×10^{-3} nm，而 He – Ne 激光器发出的红光（632.8nm）谱线宽度只有 10^{-9} nm，两者相差数万倍，故激光器是目前世界上最好的单色光源。

由于光的生物效应强烈地依赖于光的波长，使激光良好的单色性在临床治疗上获得重要应用。已成为基础医学研究与临床诊断的重要手段。激光的单色特性在光谱技术、全息技术及光学测量中得到广泛应用。

2. 方向性好

发散角是衡量光束方向性好坏的标志，方向性表明光能量在空间分布上的集中性。普通光源发出的自然光射向四面八方，常常使用聚光装置来改善它的方向性。激光由于谐振腔作用，使它产生的光束是沿一定方向发射的一束很细的光束，其发散角可做到小于或等于 $10^{-5} \sim 10^{-3}$ rad。利用激光的这一特性，把激光用于定位、准值、导向、测距等工作。例如，用于测量地球到月球的距离。从地球发射激光束，在月球上反射回来，再被探测到，几乎是一束平行的光束，用此方法测量地球到月球的距离，精确度可达5cm。利用透镜可把激光能量高度集中在很小的范围内，用来进行精密加工（如钻孔、焊接、切割等）或外科手术。

3. 亮度高、强度大

亮度是衡量光源发光强弱程度的标志，它表明光源发射的光能量对时间与空间方向的分布特性。激光器由于其输出端发光面积小、光束发散角小、输出功率高而使其亮度，尤其是超短脉冲激光的亮度可比普通光源高出 $10^{12} \sim 10^{19}$ 倍，因此激光器是目前世界上最亮的光源。对同一光束，强度与亮度成正比。激光极高的亮度加之方向性好而能被聚焦成很小的光斑，故激光的强度比普通光的强度大得多。目前激光的输出功率可达 1013W，可聚焦到 $10^{-3} \sim 10^{-2}$ mm 范围之内，强度可达 10^{17} W·cm^{-2}。利用高强脉冲激光加热氘和氚的混合物可使其温度达到 0.5 亿 ~ 12 亿℃，可用于实现受控热核聚变。在临床治疗中，激光这一特性被用作手术刀与用于体内碎石。

4. 相干性好

在光学中讲过，光波的相干长度与谱线宽度成反比，所以单色性越好的光相干长度越长，其相干性就越好。

在普通光源中，各发光中心彼此独立，相互之间基本没有相位的联系，因此，很难有恒定的相位差，也就不容易显示相干现象，或者说相干性很差。相反，对于激光器束说，各发光中心是相互联系的，具有恒定的相位差，加之单色性高，所以激光的相干性很好。有的激光束的相干长度比普通单色光源的相干长度高几十到几百倍，可对较长的（如几米至几十米）工件进行高精度测量、校验。

5. 偏振性好

受激辐射的特点表明激光束中各个光子的偏振状态相同。利用谐振腔输出端的布鲁斯特窗在临界角时只允许与入射面平行的光振动通过，可输出偏振光，并可对其调整，因此，激光具有良好的偏振性。

上述激光在五个方面的特性彼此是相互关联的，可以概括为两大方面。第一，与普通光源相比，激光器所输出的光能量的特别之处不在于其大小而在于分布特性，即光能量在空间、时间以及频谱分布上的高度集中，使激光成为极强的光。第二，激光是单色的相干光，而普通光是非相干光。显然，这些特性的产生都是源于激光特殊的发射原理与光学谐振腔的作用。这些特性正在不断地被应用，例如，激光通信是利用信号对激光载波进行调制而传递信息，其最大优点是传输的信息量大，理论上红外激光可同时传送上千亿个电话。利用激光技术获得低温的方法叫激光冷却，现已可使中性气体分子达到 10^{-10} K 的极低温状态。朱棣文（S. Chu）、达诺基（C. C. Tannoudji）和菲利浦斯（W. D. Phillips）因在激光冷却和捕陷原子研究中的出色贡献而获得 1997 年诺贝尔物理学奖。

思考题

激光相对于普通的光源有哪些优势和特点？

第三节　几种常见的激光器

综上所述，并不是任何物质都能产生激光的。只有具备一定能级结构的物质，即在一定条件下可形成粒子数反转状态的物质才能产生激光。此外还要有适当的激励方式和谐振腔等具体装置。通常把工作物质、激励（泵浦）系统和谐振腔三者总的称为**激光器**。激光器按工作物质不同可分为以下几种。

1. 固体激光器

如红宝石激光器、掺钕的钇铝石榴石激光器、掺钕的硅酸盐玻璃激光器（钕玻璃激光器）等，这类激光器应用最早，应用范围相当广泛。

2. 气体激光器

如氦－氖激光器、二氧化碳激光器、一氧化碳激光器、氩离子激光器、氮分子激光器、水蒸气激光器、氰化氢激光器等。二氧化碳激光器是目前输出功率最高的一种激光器，最高的连续输出功率已达几万瓦。

3. 半导体激光器

这种激光器是在以上两类激光器之后发展起来的，特点是效率高、体积小、重量轻、结构简单，但输出功率较小。这类激光器中以砷化镓激光器较为成熟。

4. 液体激光器

以有机染料激光器较为重要。有机染料激光器与其他类型激光器的最大不同特点是，它发出的激光的波长可以在一段范围内连续调节，同时效率不会降低。

另外，按激光器的工作方式可分为连续和脉冲激光器。现已获得 4.5fs 短脉冲激光。目前各种激光器发射的谱线涵盖了从 13nm 的极紫外到 774μm 的远红外。激光器的最大连续功率输出可达 10^{13} W。

第四节　激光对生物组织的作用和在医药领域中的应用

一、激光对生物组织的作用

激光和生物组织相互作用后所引起的生物组织的任何变化都称为**激光生物效应**。激光的生物作用一般认为有五种，即光化作用、热作用、机械作用、电磁场作用和生物刺激作用。

光化作用　激光与生物组织相互作用时，生物大分子吸收激光光子的能量受激活而引起生物组织内一系列的化学反应，称为**光化反应**。激光照射直接引起生物体发生光化反应的作用称为**光化作用**。如红斑效应，杀菌作用、晒焦作用、色素沉着、维生素的合成等。引起光化作用的光谱成分是可见光和紫外线，尤其是紫外线。但红光和红外线也能引起光化反应，而且红光和红外线还能起光催化剂作用。由于激光有高度的单色性和足够的光强，它的光化作用被应用于杀菌、同位素分离、物质提纯、分子剪裁等方面。

热作用　激光照射生物组织使组织温度升高，性质发生变化，称为**热作用**。低能量的光子，如红外激光，可使组织直接生热；高能量的光子，如可见光与紫外激光，需要中间过程才能使组织生热。激光进入组织被吸收而转化为热引起的升温，一般来说随组织深度加大而减小，但是如果激光聚焦于其深处或者深处有吸收体（如黑色素），那么此时深处的升温亦会比浅处高。例如，常见到激光使上层细胞热凝固而坏死，而下层细胞却因细胞内液体气化而出现微型爆炸，从而杀死深处癌细胞，破坏癌组织。

机械作用　如果我们在很短的时间内（$10^{-14} \sim 10^{-9}$s）把激光的能量高度集中在很小的空间里，激光的功率密度大大提高。实验表明，功率密度越大，生物效应会越强。当生物组织吸收激光光子能量产生冲击波、超声波、蒸发、谐波、介质击穿等作用称为**机械作用**。

电磁场作用　激光是某个波段内的电磁波，在强激光电磁场作用下发生的生物效应称为**电磁场作用**，如产生谐波和形成自由基。电子顺磁共振光谱的研究表明，用脉冲激光照射有色皮肤时会形成自由基，红细胞谱线也会增强。如果激光的电磁场达10^{10}V/m也会形成自由基。众所周知自由基是有害的，俗称人体内的垃圾。它相当活泼，会导致有机体死亡的氧化－还原反应加快进行，应引起我们的高度重视。

刺激作用　弱激光对生物体的作用主要表现在刺激作用上，它包括对生物生长过程的刺激、对神经刺激、对机体免疫功能等的刺激作用。

总之，激光对生物组织的作用是很复杂的，除上述效应外，还包括电化学、物理化学、免疫生物学等过程。我们深信，对激光生物效应的深入研究，会极大地推动激光医学的飞速发展。而在激光医学中提出的问题又会促进激光对生物组织作用机制的进一步研究。

最后提及一下关于激光的防护。正如一切事物都具有对立统一矛盾的两个侧面一样，激光也具有利弊两个方面。关于它的危害，我们不能掉以轻心，应该严格遵守安全操作规程。一般说来，激光器应尽可能封闭起来，激光室应通风，室壁应涂上浅色涂料。人眼不要和激光束处于同一水平且应戴上防护镜。激光器应远距离操作，特大功率激光器的操作者应在激光室隔壁操作，操作者应定期检查眼睛，对操作者应加强激光防护的安全教育。

二、激光在医药领域中的应用

从应用的角度来看，激光的基本特性可以概括为两个方面，一方面，它是定向的强光，这是指它的能量很集中，功率密度可以很高；另一方面，它是单色的相干光，这是指它的时间相干性和空间相干性都很好。因此在国防、工农业生产、医药卫生以及其他科学技术领域中激光都有着广泛的应用。下面主要列举一些在医药和化学方面应用的例子。

在医疗方面，用激光焊接剥落的视网膜，对虹膜进行打孔以及用激光刀做外科手术，具有流血少、手术时间短、愈合好等优点，大大减轻了患者的痛苦。激光已应用于无痛钻孔和牙面微孔熔补术。用激光治疗某些早期皮肤癌已获得成功。据国外报道，已经开发出用激光制止内脏出血的技术。把装有激光导管的内镜从口腔插入胃部。通过内镜确定出血部位，再将激光对准这个部位照射，产生的热可以使组织和血液的蛋白成分凝固，从而达到止血的目的。在制药厂，激光用于安瓿的切割和灯检已取得一定效果。

激光技术的引入使传统光谱分析的面貌焕然一新，目前主要是利用激光作为热源和光源进行光谱分析。例如，以激光作为热源得到激光微区光谱，这个方法具有分析速度快、灵敏度高、所需样品少（几微克）、样品不受金属的限制和不需要预先处理等优点。以激光作为光源的例子是激光喇曼光谱技术，此项技术已在核酸与蛋白质的高级结构、生物膜的结构和功能、酶的催化动力学、药理学（特别是抗癌药物与癌细胞的作用机制）等研究中得到应用。

激光共聚焦显微镜（laser scanning confocal microscope，LSCM）是一项集激光技术、电子技术、光学设计及计算机于一体的高科技产品，由激光器、荧光显微镜、共聚焦探测系统和图像分析系统等几部分组成，是近代生物医学图像分析仪器最重要的发展之一，它是在荧光成像基础上加装激光扫描装置，利用计算机进行图像处理，使用紫外线或可见光激发荧光探针，从而得到细胞或组织内部微细结构的荧光图像，在亚细胞水平上观察诸如 Ca^{2+}、pH、膜电位等生理信号及细胞形态的变化，成为形态学、分子细胞生物学、神经科学、药理学、遗传学等领域中新一代强有力的工具。激光扫描共聚焦显微术具有成像分辨率高、可实现对活性细胞动态定量测量及三维重建等优势，用于中药与天然药物诱导肿瘤细胞凋亡的研究中，包括以下几个方面：肿瘤细胞细胞核变化观察；细胞内钙离子浓度测定；线粒体膜电位测量；凋亡相关基因表达等。

在化学反应方面，可以用激光作为催化剂，实现定向化学反应或加快化学反应。这是由于物质的化学键各具有其固有频率，因此用可调激光器选择相应频率的激光，使参与化学反应分子中指定的化学键发生共振激发，从而人为地改变反应中心，达到上述目的。现在激光化学利用激光有选择性地切断分子中某一指定的化学键，从而达到预期的化合物的研究已在实验中获得了证实。激光"剪裁"分子化学键的选择性非常高，即使是对一些吸收波长相差甚微的化学键来说，也可能仅对其中一种化学键起作用。根据这一事实，目前人们正致力于发展用激光分离同位素的新工艺。激光分离同位素是根据同位素在光谱中存在的微小差异，有选择性地激发某一同位素，而不激发其他同位素。利用受激分子（原子）和未受激分子（原子）的物理和化学性能不同，在受激分子（原子）的能量还未转移时，采用适当的方法把它们分开。自 1970 年迈耶等首次用氟化氢气体激光器分离氢同位素成功之后，激光分离同位素进展很快，目前已分离了铀、氢等数十种元素的同位素。

近年来 LS 激光粒度分析仪在药物制剂研究和生产中所发挥的作用越来越大，LS 激光粒度分析仪的检测范围在 40nm~2000μm 之间，这在新剂型研究中的微粒分析起到重要作用。从近年来发展较快的微囊、微球、粉雾剂、脂质体、新型乳剂以及纳米粒等新剂型来看，引进激光粒度分析技术使制剂研究和产业化技术达到了纳米、亚微米和微米水平。

总之，激光技术应用广泛，发展很快，可以预期，新的激光器和新的应用还将不断涌现并更好地造福于人类。

思考题

激光粒度分析仪在制药中有什么优势？有哪些方面的应用？

重点小结

内容提要	重点难点
发光的辐射规律	自发辐射、受激辐射
激光的产生原理	粒子数反转
	光学谐振腔
	激光器的结构
激光的特性	激光的特点
	激光在不同领域中的应用

习题十四

1. 什么叫激光？它有哪些优点？应用在哪些方面？
2. 什么是粒子数反转分布？实现粒子数反转分布的条件是什么？
3. 激光器有哪些基本组成部分？它们各有何作用？
4. 激光主要的生物作用机制有哪些？
5. 激光在医药领域有哪些主要应用？

第十五章 光的量子性

19 世纪末，人们发现了一些物理现象，如黑体辐射、光电效应等，用经典物理学理论不能解释。1900 年，普朗克为了解释黑体辐射规律的问题，引入了**能量子**（quantum of energy）的概念。1905 年爱因斯坦为解释光电效应实验，提出了**光量子**（light quantum）的假说。自此，物理学的研究领域拓展到了微观世界，逐渐建立了**量子力学**（quantum mechanics）。本章从热辐射的一般规律出发，对黑体辐射、光电效应、康普顿效应进行研究，说明光除了具有波动性外，还具有量子性（粒子性）。

第一节 热 辐 射

一、热辐射

（一）热辐射的基本概念

在研究光谱时，人们发现任何物体在任何温度下都向周围空间辐射电磁波。研究发现，物体所辐射的电磁波的能量以及波长的分布随温度而变化，温度越高，辐射电磁波的能量越大，电磁波波长越短。这类取决于辐射体温度的辐射称为**热辐射**（thermal radiation），又称为温度辐射，它是一个普遍现象。太阳发光、火炉燃烧等是热辐射，人体表面也在不断进行热辐射。一切有温度的物体都有热辐射，物体向四周辐射的这种电磁能量称为辐射能。无论高温物体还是低温物体都具有连续的热辐射能谱。

物体温度在 800K 以下时所发射的电磁波一般都在不可见的红外区域，可以有热效应，但不能引起人的视觉。物体的温度进一步提高时，它在辐射红外线的同时，还辐射可见光和紫外线，人眼才能看到物体所发射出来的光。当对物体加温时，开始时物体是暗淡的，随着温度的升高，物体的颜色由红变黄，再由黄变白，在温度很高时变成青白色。就是在同一温度下，不同的物体辐射能量的本领也不一样。物体除了具有发射电磁波的本领外，还具有吸收和反射电磁波的本领。在同一时间内，如果物体辐射出去的能量恰好等于所吸收的能量，则该物体在辐射过程中达到热平衡，称为**平衡热辐射**（equilibrium radiation），物体在此时具有固定的温度 T。下面我们讨论这种平衡热辐射。

（二）平衡热辐射的基本物理量

1. 辐射度

单位时间内从物体表面单位面积上所辐射出来的各种波长电磁波能量的总和，称为该物体的**总辐射出射度**，简称**总辐射度**（total radiant emittance）。它是物体热力学温度 T 的函数，用 $M(T)$ 表示，单位为 W/m^2。如果在单位时间内从物体表面单位面积上所辐射出来的、波长在 λ 到 $\lambda + d\lambda$ 之间的电磁波的能量为 $dM(T)$，则 $dM(T)$ 与 $d\lambda$ 的比值称为物体的**单色辐射出射度**，简称**单色辐出度**（monochromatic radiant emittance），用 $M(\lambda, T)$ 表示，即

$$M(\lambda, T) = \frac{dM(T)}{d\lambda} \qquad (15-1)$$

$M(\lambda, T)$ 是物体的热力学温度 T 以及辐射波长 λ 的函数，单位为 W/m^3。反映了辐射体在不同温度下辐射能按波长分布的情况。单色辐出度与总辐出度在一定温度 T 时的关系为

$$M(T) = \int_0^\infty M(\lambda, T) d\lambda \qquad (15-2)$$

总辐出度是温度的函数，温度愈高，$M(T)$ 愈大。实验发现，对于不同的物体，特别是在不同表面情况（如不同粗糙程度等）下，$M(\lambda, T)$ 及 $M(T)$ 的量值也是不相同的。

2. 吸收率　反射率

物体发生热辐射不是孤立的，当它向周围辐射能量的同时，也在吸收和反射周围物体的辐射能。当辐射能 $M(\lambda, T)$ 入射到温度为 T 的一个不透明的物体表面时，一部分能量 $B(\lambda, T)$ 被物体吸收，另一部分能量 $R(\lambda, T)$ 从物体表面上反射（如果物体是透明的，则还有一部分能量透射）。根据能量守恒

$$\frac{B(\lambda, T)}{M(\lambda, T)} + \frac{R(\lambda, T)}{M(\lambda, T)} = 1 \qquad (15-3)$$

物体在温度 T 时，吸收和反射的波长在 λ 到 $\lambda + d\lambda$ 范围内的电磁波能量与相应波长的入射电磁波总能量之比，分别称为该物体的单色吸收率和单色反射率，分别记作 $\alpha(\lambda, T)$ 和 $\rho(\lambda, T)$。显然对于不透明的物体，式 15-3 可写成下面的形式

$$\alpha(\lambda, T) + \rho(\lambda, T) = 1 \qquad (15-4)$$

二、绝对黑体

（一）绝对黑体

一般物体的吸收率 $\alpha(\lambda, T)$ 都小于 1，也就是说，它只能部分地吸收入射到其表面上的辐射能，其余部分被其表面反射（或透明体透射一部分）出去。如果在任何温度下，对于任何波长的入射辐射能都被物体全部吸收时，即 $\alpha(\lambda, T) = 1$，则这种物体就称为绝对黑体，简称**黑体**（black body）。黑体和质点、刚体、理想流体等物理模型一样，也是理想化的模型。在自然界中，熏了煤烟的物体表面吸收率很高，对入射电磁波能量最多也只能吸收 98% 左右。我们可以在实验室中设计绝对黑体的理想模型进行研究。

（二）绝对黑体的模型

如图 15-1 所示，空心容器是用不透明材料制成的，在器壁上开一个很小的孔。

当电磁波射入小孔后，电磁波将在空腔内壁经过多次反射，每反射一次空腔内壁将吸收一部分能量。设吸收率为 α，射入小孔的电磁波总能量为 1，那么经过 N 次反射后，再由容器小孔射出容器外的能量将为 $(1-\alpha)^N$。设计小孔的面积远小于容器内表面总面积，数值 N 将很大，$(1-\alpha)^N$ 的值将非常小，趋近于零。这意味着由小孔射入空腔的电磁波的能量几乎全部被吸收，吸收率几乎为 1。因此，可以把小孔空腔看作是绝对黑体的模型。

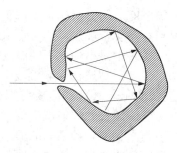

图 15-1 小孔的空腔黑体模型

同样，上述空腔包括腔壁具有一定的温度 T，则由小孔向外的辐射可以认为是绝对黑体在温度为 T 时的辐射，称为**黑体辐射**（black-body radiation）。换句话说，由小孔射出的辐射，相当于从面积等于小孔面积，温度为 T 的绝对黑体表面所射出。

在常温下，所有物体的辐射都很弱，黑色物体或空腔小孔的反射又极少，所以看起来它们就很暗，例如，白天看建筑物的窗口时，窗口看起来很黑，就是这个道理。但是，在高温下，黑体的辐射最强，故看起来它们最明亮。

三、基尔霍夫辐射定律

物体辐射会释放能量，物体吸收会得到能量。如果物体与周围环境处于热平衡，处于温度 T，则物体单位时间内辐射释放的能量必然等于其吸收的辐射能。1859 年德国物理学家**基尔霍夫**（Kirchhoff）发现：任何物体在相同温度 T 下对某一波长 λ 的单色辐出度 $M(\lambda, T)$ 与单色吸收率 $\alpha(\lambda, T)$ 的比值都等于该温度下黑体对该波长的单色辐出度 $M_0(\lambda, T)$。公式（15-5）就是**基尔霍夫辐射定律**（Kirchhoff law of radiation）。

$$\frac{M(\lambda, T)}{\alpha(\lambda, T)} = M_0(\lambda, T) \tag{15-5}$$

由此看到，对每一个物体来说，单色辐出度与吸收率的比值是一个与物体性质无关而只与温度和波长有关的普适函数。

从基尔霍夫辐射定律可知：吸收率高的物体，必定也是一个良好的辐射体；黑体是最好的吸收体，也是最好的辐射体，因此，研究黑体的辐射就具有一般意义。

思考题

1. 思考关于黑体的定义。为什么即使在晴天我们描述远处的山洞口常常用"黑黢黢"这样的形容词？

2. 黑体吸收与辐射各有什么特点？

第二节 黑体辐射

由基尔霍夫辐射定律可知，要了解一般物体的辐射性质，必须首先知道黑体的单色辐出度。历史上就是先在实验中利用分光设备，确定黑体的单色辐出度 $M_0(\lambda, T)$，得到有关实验规律，然后再从理论上对此进行探索、解释。

实验中得出的在不同温度下黑体单色辐出度 $M_0(\lambda, T)$ 与波长 λ 和温度 T 的关系曲线，如图 15 – 2 所示。从这些曲线可以看出，当温度升高时，任一波长的辐射度都增大，总辐射能量（曲线下与水平波长轴之间的面积）迅速增加。在任一温度的曲线都有一个峰值，对应辐射光谱中辐射最强的波长 λ_m。当温度升高时，短波辐射比长波辐射增加得更快，因此辐射最强的波长 λ_m 向短波方向移动。这种情况就是我们日常观察到的灼热物体的发光颜色由红转黄，然后又变白的情形，也是所谓的"白热化"。从这个实验结果，可总结出关于黑体辐射的两条普遍定律。

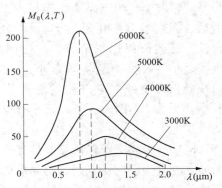

图 15 – 2　绝对黑体的单色辐出度
按波长分布曲线

一、斯特藩 – 玻耳兹曼定律

图 15 – 2 中，每条曲线表示黑体的单色辐射度在一定温度下随波长分布的情况。每一条曲线下的总面积就是黑体在一定温度下的总辐射度 $M_0(T)$。即

$$\int_0^\infty M_0(\lambda, T)\,\mathrm{d}\lambda = M_0(T)$$

由图可见，$M_0(T)$ 随温度升高而迅速增加。1879 年，**斯特藩**（Stefan）得出，黑体的总辐射度与黑体绝对温度的四次方成正比，即

$$M_0(T) = \sigma T^4 \qquad\qquad (15-6)$$

式中比例系数 $\sigma = 5.6705 \times 10^{-8}\,\mathrm{J/(s \cdot m^2 \cdot K^4)}$，称为**斯特藩常数**（Stefan constant）。1884 年**玻耳兹曼**（Boltzmann）从理论上证明了这一结果。通常将式（15 – 6）称为**斯特藩 – 玻耳兹曼定律**（Stefan – Boltzmann law）。根据此式，只要测出 $M_0(T)$，就可以计算出黑体的温度。

二、维恩位移定律

由图 15 – 2 中每条曲线上，黑体的绝对温度愈高，辐射度最强对应的波长 λ_m 值愈小。1893 年**维恩**（Wien）根据热力学理论导出，黑体辐射光谱中辐射最强的波长 λ_m 与黑体的绝对温度 T 成反比，即

$$T\lambda_m = b \qquad\qquad (15-7)$$

式中常数 $b = 2.897\,756 \times 10^{-3}\,\mathrm{m \cdot K}$。式（15 – 7）称为**维恩位移定律**（Wien displacement law）。该定律指出：当黑体的温度升高时，单色辐射度的最大值向短波方向移动。例如，低温度的火炉发出的光大部分是波长较长的红光，而高温度的白炽灯发出的光大部分是波长较短的绿光与蓝光。据维恩位移定律，只要测出 λ_m 就可以算出黑体的温度 T，常用这一定律测量远处高温物体的表面温度。例如，在地球大气层外测出太阳辐射中辐射度最大的单色波长 λ_m 约在 500nm 附近，如果把太阳看成黑体，据式（15 – 7）

算出太阳表面的温度为5796K。由于大气对太阳辐射的吸收，到达地面的太阳辐射光谱的峰值波长变为550nm左右。若把人体看作黑体，人体温度为37℃，则 $\lambda_m = 9.35\mu m$，所以人体辐射能量中最大波长在远红外区。

斯特藩－玻耳兹曼定律和维恩位移定律是黑体辐射的基本定律，在现代科学技术中具有广泛的应用，是测量高温、遥感和红外追踪等技术的物理基础，例如，恒星的有效温度通常也是通过这两个基本定律测量的。

例题 15-1　将恒星看作是绝对黑体，测出太阳的 $\lambda_m = 510nm$，北极星的 $\lambda_m = 350nm$，天狼星的 $\lambda_m = 290nm$，试求这些星球的表面温度及每单位面积上所发射的功率。

解　由题意，将星球看作是黑体，则根据维恩位移定律

$\lambda_m T = b$，$b = 2.898 \times 10^{-3} m \cdot K$，所以

对于太阳：
$$T_1 = \frac{b}{\lambda_{m_1}} = \frac{2.898 \times 10^{-3}}{510 \times 10^{-9}} \approx 5700K$$

对于北极星：
$$T_2 = \frac{b}{\lambda_{m_2}} = \frac{2.898 \times 10^{-3}}{350 \times 10^{-9}} \approx 8300K$$

对于天狼星：
$$T_3 = \frac{b}{\lambda_{m_3}} = \frac{2.898 \times 10^{-3}}{290 \times 10^{-9}} \approx 9993K$$

在5700K时，太阳表面辐射的能量大部分分布在可见光区域，这提示我们，在漫长的岁月中，人类的眼睛进化成适应于太阳，而变得对太阳辐射最强的峰值波长最为灵敏。由斯特藩－玻耳兹曼定律

$$M_0(T) = \sigma T^4 \qquad \sigma = 5.67 \times 10^{-8} J/(s \cdot m^2 \cdot K^4)$$

则星球的辐射出射度，即单位表面积上的发射功率分别为：

对于太阳：$M_1(T) = \sigma T_1^4 = 5.67 \times 10^{-8} \times 5700^4 \approx 6.0 \times 10^7 W/m^2$

对于北极星：$M_2(T) = \sigma T_2^4 = 5.67 \times 10^{-8} \times 8400^4 \approx 2.7 \times 10^8 W/m^2$

对于天狼星：$M_3(T) = \sigma T_3^4 = 5.67 \times 10^{-8} \times 9993^4 \approx 5.7 \times 10^8 W/m^2$

目前在医学上得到广泛应用的热像仪（因工作范围在远红外波段而称为红外热像仪），它的工作原理是以斯特藩－玻耳兹曼定律为依据的。具体工作过程是：以光敏元件为主的扫描器（测温控头），将接收到人体表面的红外辐射能量转换为电信号，再经放大后传输到显示单元上，最后显示器将人体温度分布以图像形式显示出来。目前，热像技术在临床诊断上应用非常广泛。最新的热像仪的温度分辨率已达到0.01℃，已确认的各种适应证包括：血液循环障碍、新陈代谢障碍、自主神经障碍、慢性疼痛、炎症、肿瘤等。

思考题

1. 观察家中的煤气炉灶上的火焰不同部位的颜色，关于炉火的温度，你能得出什么结论？

2. 思考一下非接触式体温计的工作原理。

第三节 普朗克的量子假设

黑体辐射的实验结果如图 15－2，但是如何从理论上导出与实验曲线相符的黑体单色辐出度 $M_0(\lambda, T)$ 的数学表达式，这成为 19 世纪末理论物理学者最感兴趣的课题之一。曾有许多物理学家试图根据经典物理学理论导出与实验曲线相对应的公式，但都失败了。其中最典型的是维恩公式和瑞利－金斯公式。

1896 年，维恩从热力学理论以及实验数据的分析，假定谐振子的能量按频率的分布类似于麦克斯韦速度分布率，由经典统计的物理学导出了以下的半经验公式：

$$M_0(\lambda, T) = C_1 \lambda^{-5} e^{-C_2/\lambda T} \tag{15-8}$$

称为**维恩公式**（Wien formula），其中 C_1 和 C_2 是两个需要用实验来确定的经验参量，所以不能看成是纯理论的结果，但是，维恩公式仅在短波波段与实验曲线符合，而在长波波段与实验曲线有明显的偏离，如图 15－3 所示。

1900 年，瑞利根据经典电动力学和统计物理学理论，将分子中的能量按自由度均分原理应用于电磁辐射，得到一个黑体辐射公式。1905 年，金斯（Jeans）修正了一个数值，给出了如下的**瑞利－金斯公式**（Rayleigh－Jeans formula），即

$$M_0(\lambda, T) = 2\pi ckT\lambda^{-4} \tag{15-9}$$

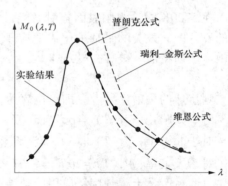

式中常量 $k = 1.380\,658 \times 10^{-23} \text{J/K}$，是我们熟悉的玻耳兹曼常量，$c$ 为真空中的光速。图 15－3 给出了瑞利－金斯公式与实验结果曲线的比较，发现它在长波波段的情况下与实验曲线比较接近；而在短波紫外区与实验曲线明显不符，尤其在短波波段，$M_0(T) \to \infty$，这就是物理学发展历史上的"紫外灾难"。

维恩公式和瑞利－金斯公式都是用经典物理学的方法研究热辐射，因此得出了与实验不符的结果，这明显地暴露了经典物理学的局限性。

图 15－3 黑体辐射的理论公式与
实验结果的比较

德国理论物理学家**普朗克**（Planck）一直密切注意着黑体辐射的实验与理论进展。1900 年，普朗克用内插法综合了维恩公式和瑞利－金斯公式，并大胆提出了与经典物理格格不入的能量子假设，得到了一个完全和实验曲线符合的黑体辐射公式，即

$$M_0(\lambda, T) = \frac{2\pi hc^2}{\lambda^5 (e^{hc/\lambda kT} - 1)} \tag{15-10}$$

称为**普朗克公式**。式中 λ 和 T 分别为波长和温度，k 为波尔兹曼常数，c 为光速，$h = 6.6262 \times 10^{-34} \text{J} \cdot \text{s}$，称为**普朗克常数**，$e$ 是自然对数的底。与式 15－8 对比，可见 $C_1 = 2\pi hc^2$，$C_2 = hc/k$。

根据普朗克公式，当 λT 很小时，就变成维恩公式。当 λT 很大时，指数项的值接近于 1，按 $e^x = 1 - x + \frac{1}{2}x^2 + \cdots$ 展开后，取前两项就可以变成瑞利－金斯公式。对普朗

克辐射公式按波长积分得到斯特藩－玻耳兹曼定律。对普朗克公式求极值可得到维恩位移定律。

由于普朗克公式与实验曲线惊人地符合，同时公式又十分简单，所以人们相信这里必定蕴藏着一个非常重要但尚未被人们揭示出来的科学原理。普朗克导出该公式时，提出了下面三项与经典物理学完全不同的基本假设。

（1）辐射黑体是由带电的谐振子或叫能量子（如分子、原子可看作谐振子）组成的，它们振动时向外辐射电磁波，并与周围电磁场交换能量。

（2）这些谐振子各自存在着一个特征频率 ν，谐振子不能具有任意的能量，其能量只能是

$$E = nh\nu \qquad (n = 1，2，3，\cdots) \qquad (15-11)$$

即能量是"量子"式的，n 是正整数，称为**量子数**（quantum number）。式中，ν 是谐振子的频率，对于频率为 ν 的谐振子来说，最小能量为

$$\varepsilon = h\nu \qquad (15-12)$$

（3）谐振子从它的一个量子能态改变为另一个量子能态时，要辐射或者吸收的能量为最小能量 $\varepsilon = h\nu$ 的整数倍。

根据普朗克这个量子假设，能量是不连续的，物体发射或吸收的能量必须是这个最小能量的整数倍，而且是按不连续的方式进行，但从经典物理学的角度看来，这种能量不连续的概念是完全不容许的。尽管从这个能量子的假说中导出了与实验结果极为符合的普朗克公式，然而在相当长的一段时间里，普朗克的这一工作却并未引起人们的普遍重视。但量子假设圆满地解释了热辐射现象，而且，这一事实迫使人们认真地思考，在微观领域的现象中，存在着与宏观现象中不同的概念和规律。普朗克的热辐射公式是现代量子理论的开端，对物理学的发展有着巨大的影响。由于提出普朗克公式这一成就，普朗克获得了 1918 年诺贝尔物理学奖。

思考题

1. 日常生活中有"量子"的概念吗？

2. 本节中讲到了"紫外灾难"，它在物理学史上曾被喻为两朵"乌云"之一，还有一朵"乌云"是指什么？

第四节　光　电　效　应

一、光电效应的基本规律

赫兹（Hertz）在 1886～1887 年间的实验中偶然发现，当紫外线照射在金属上时，其表面发射带电粒子。在汤姆逊发现电子以后，**勒纳**（Lenard）于 1900 年通过对这些带电粒子的荷质比的测定，证明了金属所发射的是电子。我们把金属及其化合物在电磁辐射照射下发射出电子的现象称为**光电效应**（photoelectric effect），所发射的电子称

为**光电子**（photoelectron）。

图 15-4 所示是一种研究光电效应基本规律的实验装置原理图。图中带有透明石英窗的真空管就是中封装有阴极 K 和阳极 A。阴极 K 是由被研究的金属物质制成，阳极 A 是收集电子的金属电极。当阴极 K 受到紫外光或短波长的可见光照射时，它将发射出电子，这些电子就是光电子。图中双刀双掷开关向上接通，阳极 A 接电路的高电势端；向下接通，阳极 A 接低电势端。当阳极 A 接高电势端时，电子在加速电场的作用下飞向阳极 A 而形成电流 I，由检流计 G 测定。此电流称为**光电流**（photocurrent）。A 和 K 两电极间电势差由伏特表 U 测出。

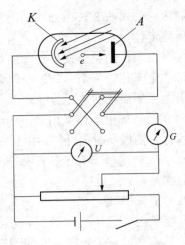

图 15-4 光电效应实验简图

由实验可得光电效应的基本规律如下。

1. 饱和光电流强度 I_m 与照射光强成正比

如果用一定强度和频率的单色光照射阴极 K，改变加在 A 和 K 两极间的电压 U，测量对应的光电流 I 的值，则可得到图15-5所示的伏安特性曲线，图中曲线 1 的照射光强大于曲线 2。实验表明，光电流 I 随正向电压 U 的增大而增大，并逐渐趋于其饱和值 I_m；I_m 称为**饱和光电流**（saturation current），其大小与照射光强成正比。

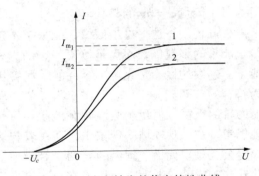

图 15-5 光电效应的伏安特性曲线

这一实验结果可解释为，当光电流达到饱和值 I_m 时，阴极 K 上所逸出的光电子全部飞到了阳极 A 上。饱和光电流说明了单位时间内从金属表面逸出的光电子数目与照射光强成正比。

2. 光电子的最大初动能随照射光频率的增加而线性地增加

由图 15-5 可见，随着加速电势差 U 的降低，光电流 I 也随之减小，当电压 U 为零时，光电流并不为零；只有当两极间加了反向电压 $U = -U_c < 0$ 时，光电流 I 才为零。U_c 称为**遏止电压**（cutoff voltage）。

这一实验结果表明，从阴极逸出的光电子必定有初动能。$U=0$ 时，两极间没有加速电场，具有足够动能的光电子仍能从阴极飞到阳极；只有当反向电压足够大至等于 $-U_0$ 时，就是那些具有最大初动能的光电子也必须将其初动能全部用于克服外电场力做功，光电流 I 才为零，即

$$e|U_c| = \frac{1}{2}mu_m^2 \qquad (15-13)$$

式中 m、e、u_m 分别为光电子的质量、电量、最大初速。由图可见，光电子的最大初动能与照射光强无关。

实验中用不同频率 ν 的光照射阴极 K 可得到不同的遏止电压 U_c。当照射光频率 ν 逐渐增大时，遏止电压 U_c 将随之线性地增加，关系曲线如图 15-6 所示。图中的线性

关系可表示为：

$$| U_c | = k\nu - U_0 \qquad (15-14)$$

式中，k 是与阴极金属材料性质无关的光电效应普适常量，U_0 则是由阴极金属材料性质决定的量。

将上式代入式（15-13）可得

$$\frac{1}{2}mu_m^2 = e | U_c | = ek\nu - eU_0 \qquad (15-15)$$

即光电子的最大初动能随照射光频率的增加而线性地增加。

3. 当照射光频率 ν 大于一定的频率 ν_0 时，才会产生光电效应

由于 $\frac{1}{2}mu_m^2$ 必须是正值，式（15-15）给出了光电效应的约束条件：

$$\nu > \frac{U_0}{k} \qquad (15-16)$$

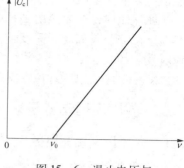

图 15-6　遏止电压与频率的关系曲线

即，ν 必须满足上述条件。对于给定金属材料制成的阴极，则照射光频率必须大于 $\nu_0 = \frac{U_0}{k}$ 才能产生光电效应。若照射光频率再降低，则无论照射光强多大，照射时间多长，都不能使金属放出电子，不发生光电效应。这个由阴极金属材料性质决定的频率 ν_0 称为金属的**截止频率**（cutoff frequency）相应的波长称为**红限波长**（threshold wavelength），用 λ_0 表示（表 15-1）。

表 15-1　金属的逸出功、截止频率和红限波长

金属	逸出功	截止频率和红限波长		波段
	$A(eV)$	$\nu_0(10^{14} Hz)$	$\lambda_0(nm)$	
金	4.80	11.60	258	远紫外
汞	4.53	10.95	273	远紫外
铍	3.90	9.40	319	远紫外
钙	3.20	7.73	387	远紫外
钠	2.29	5.53	541	绿
钾	2.25	5.44	551	绿
铷	2.13	5.15	582	黄
铯	1.94	4.69	639	红

4. 光电效应是瞬时发生的

只要照射光频率 $\nu > \nu_0$，无论光多微弱，从光照射阴极到光电子逸出这段时间不超过 10^{-9}s。

如果根据光的经典电磁理论来说明光电效应时，出现了与实验结果相矛盾的情形。①按照光的波动说，在光的照射下，金属中的电子受到入射光的作用而作受迫振动，这样电子从入射光中吸收能量，从而逸出金属表面，因此，光电子逸出时的初动能应决定于光振动的振幅，即决定于光的强度，但是，实验结果却表明光电子的初动能只

随照射光的频率线性地增加，而与照射光线的强度无关。②根据波动说，只要光的强度供给从金属表面逸出的电子所需要的足够的能量，光电效应对各种频率的光就应该都会发生，但实验事实却表明每一种金属都存在一个截止频率 ν_0。当入射光的频率 $\nu < \nu_0$ 时，那么无论它的强度有多大，都不能发生光电效应。③根据光的波动说，金属中的电子从入射光中吸收能量时，应该等于逸出功，才能释放出电子。显然，照射光愈弱，金属从照射光开始照射到释放出光电子的时间就愈长，也即能量积累的时间愈长。但实验结果却并不如此，只要照射光频率大于截止频率，不论光有多微弱，光电效应是瞬时发生的。

也就是说经典电磁理论在解释光电效应实验规律方面是无能为力的。

二、爱因斯坦光量子论

（一）爱因斯坦光电效应方程

在普朗克的能量子假说解释了黑体辐射之后，爱因斯坦首先注意到它有可能解决经典物理学所遇到的其他困难。为解释光电效应的实验事实，1905 年，爱因斯坦在普朗克量子假设的基础上提出了光量子的概念。

爱因斯坦认为：光不仅在发射或吸收时具有粒子性，而且在空间传播时也具有粒子性，即一束光是以光速 c 运动的粒子流。这些光粒子称为**光量子**（light quantum），也称为**光子**（photon）。每一个光量子的能量 E 与辐射频率 ν 的关系是

$$E = h\nu \tag{15-17}$$

式中 h 是普朗克常数。

根据光子假说，光电效应问题中所出现的上述矛盾就迎刃而解了。当光照射到金属表面时，一个光子的能量可以立即被金属的自由电子所吸收：一部分能量用于电子克服从金属表面逸出时所需的逸出功 A，另一部分转换为光电子的最大初动能，即

$$h\nu = \frac{1}{2}mu_{\mathrm{m}}^2 + A \tag{15-18}$$

这个方程称为**爱因斯坦光电效应方程**（Einstein photoelectric equation），它成功地解释了光电子的动能与照射光频率之间的线性关系，当照射光的强度增加时，光子数也增多，因而单位时间内释放出光电子数目也将随之增加，这也很自然地说明了饱和电流与光的强度之间的正比关系。此外，一个光子的能量一次性地被电子完全吸收，无须经过能量积累的时间，又说明了光电效应的瞬时性问题。不仅如此，式（15-18）不但指出了光电效应中有截止频率存在，而且还进一步说明了截止频率与金属的电子逸出功 A 的关系。由式（15-18），当 $\frac{1}{2}mu_{\mathrm{m}}^2 = 0$ 时，即得截止频率

$$\nu_0 = \frac{A}{h} \tag{15-19}$$

与式（15-15）对比得到

$$h = ek \tag{15-20}$$

$$A = eU_0 \tag{15-21}$$

式（15-20）和式（15-21）表明了普朗克常数与光电效应常数的关系。式中电子电量 e 为已知，常数 k 可由测定遏止电压 U_c 计算得到。将这些值代入式（15-20），可

以求出普朗克常数 h 的值，与用热辐射等其他方法所确定的 h 值相当准确地符合。同样，若测定了遏止电压 U_c，就可以确定 U_0，可由式（15-21）计算金属的电子逸出功 A，这个数值与热电子发射等其他方法所得到的结果也很一致。所有的这些事实，证明了爱因斯坦的光子假设的正确性。

光子假说不仅圆满地解释了光电效应，也能说明光的波动说不能解释的其他许多现象。1906 年，爱因斯坦还进一步把能量不连续的概念应用于固体中原子的振动，成功地解释了当温度趋近绝对零度时固体比热趋于零的现象。至此，普朗克提出的能量不连续的概念才引起物理学家们的普遍重视。

（二）光子的质量和动量

光子既然具有一定的能量 $h\nu$，就必须有质量，但是光子以光的速度运动，牛顿力学定律便不适用。按狭义相对论，能量和质量的关系式为 $E = mc^2$，可以决定一个光子的质量 m_φ

$$m_\varphi = \frac{E}{c^2} = \frac{h\nu}{c^2} \qquad (15-22)$$

而在狭义相对论中质量和速度的关系为

$$m_\varphi = \frac{m_0}{\sqrt{1 - u^2/c^2}} \qquad (15-23)$$

式中，m_0 为静止质量。光子永远以速度 c 运动，因而光子的静止质量必须等于零，否则 m_φ 将为 ∞。而由原子组成的一般物质的速度是永远小于光速的，它们的静止质量不等于零。光子的静止质量 $m_0 = 0$，而光子的动量为

$$P_\varphi = \frac{E}{c} = \frac{h\nu}{c} \qquad (15-24)$$

因为 $\lambda = \dfrac{c}{\nu}$，所以上式又可写成

$$P_\varphi = \frac{h}{\lambda} \qquad (15-25)$$

光子具有动量以及式（15-25）的正确性已经被许多实验事实所证实。

例题 15-2　当入射光波长 $\lambda_0 = 520\text{nm}$ 时，可以使金属锂可以产生光电效应。求这一波长的光子的动量和能量各是多少？

解　由式（15-24）和（15-17）

光子动量：$\qquad P = \dfrac{h}{\lambda} = \dfrac{6.626 \times 10^{-34}}{520 \times 10^{-9}} = 1.27 \times 10^{-27}\text{kg} \cdot \text{m/s}$

光子能量：$\qquad E = h\nu = \dfrac{hc}{\lambda} = \dfrac{6.626 \times 10^{-34} \times 3.00 \times 10^8}{520 \times 10^{-9}} = 3.81 \times 10^{-19}\text{J}$

例题 15-3　试求用波长 $\lambda = 4.00 \times 10^{-7}\text{m}$ 的光照射在金属铯的感光层上时所释放出的光电子速度。（铯的红限波长 $\lambda_0 = 639\text{nm}$）

解　应用爱因斯坦光电效应方程

$$h\nu = \frac{1}{2}mu_m^2 + A$$

得光电子速度 $\qquad u_m = \sqrt{\dfrac{2}{m}(h\nu - A)} = \sqrt{\dfrac{2}{m}\left(\dfrac{hc}{\lambda} - A\right)}$

因
$$A = h\nu_0 = h\frac{c}{\lambda_0}$$

所以
$$u_\mathrm{m} = \sqrt{\frac{2hc}{m}\left(\frac{1}{\lambda} - \frac{1}{\lambda_0}\right)}$$

把已知数据代入上式，可得 $u_\mathrm{m} = 6.50 \times 10^5 \mathrm{m/s}$

例题 15-4 一功率 $P = 1\mathrm{W}$ 的小灯泡，所消耗的能量均匀地向四周辐射出去，平均波长为 $\lambda = 1000\mathrm{nm}$。试求在距离 $d = 10\mathrm{km}$ 处，每秒通过垂直于光线的面积为 $S = 1.0\mathrm{cm}^2$ 的小平面上的光子数目。（假设空间没有光的吸收）

解 以距离 $d = 10\mathrm{km}$ 为半径做一球面，并令每秒通过此球面上 $S = 1.0\mathrm{cm}^2$ 面积的光子数为 n，则每秒通过此球面的能量应为

$$P = \frac{nh\nu}{S} \cdot 4\pi d^2 = \frac{nhc/\lambda}{S} \cdot 4\pi d^2$$

故得
$$n = \frac{PS}{4\pi d^2} \cdot \frac{\lambda}{hc} = \frac{1 \times 1.0 \times 10^{-4} \times 1000 \times 10^{-9}}{4 \times 3.14 \times (10^4)^2 \times 6.626 \times 10^{-34} \times 3.00 \times 10^8}$$
$$= 4.0 \times 10^9 \text{ （个）}$$

通过前面的讨论，证明光和物体相互作用时，如光电效应现象和黑体辐射等必须用光的粒子性加以解释；而光在传播过程中产生的一些现象如光的干涉、衍射和偏振则要用光的波动性才能解释，因此我们可以说光具有粒子性和波动性这两重性质，即光具有波粒二象性。在表达式 $E = h\nu$ 和 $P = \dfrac{h}{\lambda}$ 中，频率 ν 和波长 λ 是表示波动性质的物理量，能量 E 和动量 P 是表示粒子性质的物理量。这两种性质通过普朗克常数定量地联系起来了。

三、光电效应的应用

光电效应不仅在理论研究上有着重要的意义，而且在科技领域中得到广泛的应用。根据光效应原理制成的光电管和光电倍增管可广泛应用于光功率的测量、光信号传感、电影、电视、自动控制等很多方面。

最简单的真空光电管如图 15-7 所示，是一个抽空的玻璃小球，内表面上涂有感光层作为阴极 K。感光层采用具有不同截止频率的物质（如银、钾、锌等），可制成用于不同光谱范围的光电管，阳极 A 一般为圆环形，用电池组使阳极 A 和阴极 K 间保持恒定的电势差。当光照射在阴极 K 时，电路中就有电流通过。饱和电流的强度与光的功率有严格的直线关系。这种光电管具有很高的灵敏度。

在一些高灵敏度和高精确度的光探测仪器中，为了放大光电流，常采用结构图 15-8 所示的光电倍增管。当光照射在阴极 K 上时，发出的电子在外电场的加速下，以高速轰击相邻的金属表面，即图中的阴极 K_1。K_1 阴极经电子轰击后产生了次级电子，其数目多于入射电子，这些电子再被加速，去轰击另一金属表面阴极 K_2，从而产生更多的次级电子。如此继续下去，通常用 10~15 个金属表面作为阴极，可使光电流放大数百万倍。

上面讨论的光电效应都发生在金属的表面层上，光电子逸出表面层外，在空间内形成运动电子，所以称为外光电效应。另外，光还可以透入物体内部，例如晶体或半

导体在光的作用下，内部的原子可释放出电子，但这些电子仍留在物体内部，使物体的导电性增加，这种光电效应称为**内光电效应**（internal photoelectric effect），其应用也非常广泛，例如光敏电阻和硒光电池等。

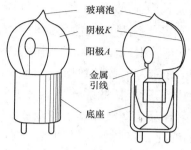
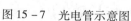

图 15-7 光电管示意图

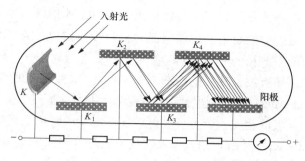

图 15-8 光电倍增管示意图

硒光电池的结构如图 15-9 所示，在铝片的上面涂上硒层，再用溅射的方法，在硒层上覆盖半透明的氧化镉薄层，电极是在正、反两面封装合金而成。氧化镉中的电子向硒扩散，最后达到平衡。硒对光的吸收能力很强，当入射光透过氧化镉照射在硒上时，硒中处于束缚态的电子吸收光子后成为自由电子，这些自由电子到达硒与氧化镉界面时，电场使之进入氧

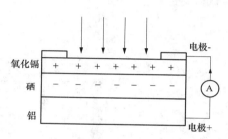

图 15-9 硒光电池的结构

化镉层，再经外电路回到硒中，形成光电流。硒光电池适用于可见光，对黄绿光（波长 550nm 左右）最敏感。光电比色法就是依据在外电阻不太高和光强度不太大时，光电流与光照强度成正比的原理来测得透光率或吸收率的。

思考题

1. 我们常有这样的说法："金属中的自由电子"。现在你对这一说法有什么新的认识？

2. 从互联网上查找一下，电影胶片是如何记录声音的？又是如何通过放映机获得声音的？

第五节　康普顿效应

光的粒子性在光与物质发生散射时从不同的角度表现出来。1922～1923 年康普顿（Compton）研究了 X 射线的散射问题，观察到 X 射线被物质散射后，除了有与入射波长相同的射线外，还有部分波长变长的现象，并用理论解释了这一现象，这就是**康普顿效应**（Compton effect），它继光电效应之后，进一步证明了光的粒

子性。

一、康普顿散射实验

康普顿散射实验装置如图 15-10，X 射线管发射出波长为 λ_0 的 X 射线，投射到作为散射体的石墨上，探测器（X 射线摄谱仪）在不同散射角上测量经过散射后的射线强度按波长的分布。实验结果指出：在散射线里，除了有与入射线波长 λ_0 相同的射线外，还有波长较长的射线（$\lambda > \lambda_0$）。这种改变波长的散射称为**康普顿散射**（Compton scattering）。康普顿散射实验表明：①对于原子量小的物质，康普顿散射较强；对于原子量大的物质，康普顿散射较弱。实验中常用石墨做散射样品。②波长的改变量 $\Delta\lambda = (\lambda - \lambda_0)$ 随散射角 α（入射线与散射线之间的夹角）而变化，当散射角增加时，波长的改变量也随之增加；对所有散射物质来说，在同一散射角下，波长的改变量 $\Delta\lambda$ 都相同。

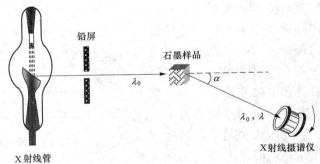

图 15-10　康普顿散射实验示意图

二、用光子理论解释康普顿散射

按照经典电磁理论，是无法解释散射光波长发生改变这一实验事实。康普顿根据光子理论，把 X 射线看成是一束频率很高而且具有一定能量、质量和动量的光子流，与电子发生弹性碰撞，遵守能量守恒和动量守恒定律。如图 15-11 表示波长为 λ_0 的入射光子沿一定方向与静质量为 m_0 的自由电子碰撞。碰撞后电子得到速度 v 沿角度 θ 方向射出（这称为反冲电子），这时光子的能量一部分供给了电子，因此散射光子的能量比入射光子小，变成波长为 λ 的光子，沿角度 α 方向散射，散射光频率变小波长变长。

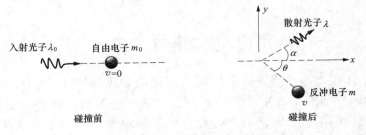

图 15-11　康普顿散射

电子的静止质量为 m_0，能量为 m_0c^2，碰撞后质量 $m = m_0 / \sqrt{1 - (u/c)^2}$，能量为 mc^2。

在碰撞前后总能量守恒，得

$$m_0c^2 + h\frac{c}{\lambda_0} = h\frac{c}{\lambda} + mc^2 \qquad (15-26)$$

又根据动量守恒定律，分别列出 x、y 方向的分量式

$$\frac{h}{\lambda_0} = \frac{h}{\lambda}\cos\alpha + mv\cos\theta \qquad (15-27)$$

$$0 = \frac{h}{\lambda}\sin\alpha - mv\sin\theta \qquad (15-28)$$

对以上三个方程式化简：消去 θ 并应用 m 与 m_0 的关系，得到散射光波长改变了量 $\Delta\lambda = (\lambda - \lambda_0)$：

$$\lambda - \lambda_0 = \frac{2h}{m_0c}\sin^2\frac{\alpha}{2} \qquad (15-29)$$

上式右侧中 α 是 X 射线的散射角，其他各量都是常数。这个结论与实验完全符合，说明了 $\Delta\lambda = (\lambda - \lambda_0)$ 与散射物质无关，仅决定于散射角 α。当 $\alpha = \pi$ 时，即与入射方向相反的散射线的波长变化最大，为 $\Delta\lambda_{\max} = \frac{2h}{m_0c} = 2.43 \times 10^{-3}\text{nm}$。

康普顿效应是光子与个别自由电子或束缚较弱的电子碰撞，相互交换能量的结果。只有在光子的能量比电子的逸出功大很多的情况下，才能观察到。实验中所用的石墨样品可以提供较多的近自由电子（逸出功几乎为零）。康普顿效应用 X 射线或比 X 射线能量更大的射线作为入射光子是因为波长改变量非常小，如用可见光做这样的散射就观察不到这种效应。另外，如果光子与原子中束缚较紧的电子碰撞，则光子将与整个原子之间交换能量，但原子的质量要比光子大得多，按照碰撞理论，光子不会显著地失去能量，因而散射光的频率不会显著地改变，这就是光的经典散射。

X 射线的散射现象在理论和实验上的符合，不仅有力地证实了光子假说，而且因为散射现象所研究的，不是整个光束与散射物质的相互作用，而只是个别光子与个别电子间的作用，所以康普顿效应进一步证实了光子理论的正确性，同时也证实了微观粒子相互作用的过程中，同样严格地遵守着能量守恒和动量守恒这两个重要的基本定律。

思考题

1. 一束光照射到镜子上被反射，这一过程中镜子会受到光束的作用力吗？

2. 我国物理学家吴有训曾经对康普顿效应有过重要贡献。请从互联网上查询有关历史细节。

重点小结

内容提要	重点难点
热辐射	单色辐出度的概念
	绝对黑体的概念
	基尔霍夫辐射定律
黑体辐射	斯特藩-玻耳兹曼定律
	维恩位移定律
普朗克的量子假设	光子能量量子化的理解
光电效应	光电效应的基本规律
	能量守恒定律在光电效应中的体现
康普顿效应	康普顿效应的实验规律
	散射光波长变长与散射角的关系

 习题十五

1. 将人体表面近似看成黑体。设人体表面平均面积为 1.73m^2，表面温度为 $33℃$。求人体辐射的峰值波长和总功率。

2. 夜间地面降温主要是由于地面的热辐射。如果晴天夜晚温度为 $-5℃$，按黑体辐射计算，每平方米地面失去热量的速率多大？

3. 在地球表面，太阳光的强度为 $1.0 \times 10^3 \text{W/m}^2$。地球绕太阳运动的轨道半径以 $1.5 \times 10^8 \text{km}$ 计，太阳半径以 $7.0 \times 10^8 \text{m}$ 计，并视太阳为黑体，试估算太阳表面的温度。

4. 有一内部温度为 $210℃$ 的烤箱放在温度为 $26℃$ 的房间里。

（1）求烤箱辐射光谱中对应的最大波长 λ_m；

（2）若在烤箱表面开一面积为 3.0cm^2 的小孔，求烤箱经小孔给房间辐射的净功率。

5. 用辐射高温计测得炉壁小孔的辐射度为 28.3W/cm^2。求炉内温度。

6. 某黑体在 $\lambda_m = 680\text{nm}$ 处辐射最强，若加热该黑体使 λ_m 变化到 540nm，求两种情况下辐出度之比。

7. 在光电效应实验中，有一学生测得某金属的遏止电压 U_c 的绝对值 $|U_c|$ 和入射光波长 λ 有下列对应的关系：

$|U_c|$（V）	1.30	2.10	3.00
λ_m（m）	3.50×10^{-7}	2.90×10^{-7}	2.04×10^{-7}

用作图法求：

（1）普朗克恒量 h 与电子电量 e 之比 h/e；

（2）该金属光电效应的截止频率；

（3）该金属的逸出功 A。

8. 有波长为 2.0×10^{-7}m 的光投射到金属铝表面，若铝的逸出功为 4.2eV。试求：

（1）发射出的光电子的最大动能是多少？

（2）遏止电压是多少？

（3）铝的截止波长是多少？

9. 在一定条件下，人眼视网膜能够对 5 个蓝绿光光子（$\lambda = 5.0 \times 10^{-7}$m）产生光的感觉，此时视网膜上接收的光能量为多少？如果每秒钟都能吸收 5 个这样的光子，到达眼睛的功率为多少？

10. X 射线光子的能量为 1.0×10^{-13} J，发生康普顿散射之后，其波长变化了 20%，求：

（1）散射 X 射线的波长；

（2）反冲电子获得的能量。

第十六章 | 相对论基础

1. 掌握伽利略变换，熟悉经典力学的时空观。
2. 熟悉迈克耳逊－莫雷实验原理和狭义相对论的基本假设，掌握洛伦兹变换。
3. 掌握相对论中长度收缩和时间延缓的原理及计算，理解同时性的相对性原理。
4. 掌握广义相对论的等效原理和相对性原理，了解广义相对论的检验。

　　17 世纪以来，以牛顿定律为基础的经典力学（classical mechanics）在科学技术的应用中取得了巨大的成就。然而，20 世纪初，人们发现经典力学对高速运动的物体和微观领域的研究不再适用，取而代之的是相对论力学和量子力学。

　　1905 年，爱因斯坦提出了**狭义相对论**（special relativity），这是 20 世纪物理学的最伟大成就之一。相对论从根本上动摇了经典力学的绝对时空观，提出了一种新的时空观，建立了适用于高速运动物体的相对论力学，而经典力学则是相对论力学在物体运动速度远小于光速条件下的近似。

　　20 世纪初建立起来的以相对论和量子力学为代表的**近代物理**，标志着人类认识的巨大进步，它已经成为许多基础科学以及现代工程技术不可缺少的理论基础。近代物理的巨大成就不仅极大地推动了从 20 世纪至今科学技术的迅猛发展，而且对人类的宇宙观、时空观以及对整个人类的文化都产生了极其深刻的影响。本章重点讲述狭义相对论的基本原理和主要结论，最后简要介绍**广义相对论**（general relativity）。

第一节　伽利略变换和经典力学时空观

一、相对性原理

　　我们知道，牛顿运动定律适用的参考系称为**惯性系**，而相对于已知惯性系静止或做匀速直线运动的参考系也都是惯性系。这就是说，力学现象对一切惯性系都是等价的。这一原理称为**伽利略相对性原理**（Galilean principle of relativity）或**力学相对性原理**，它可以表述为：**力学定律在所有惯性系中都是相同的**。力学相对性原理是根据大量实验事实总结出来的，因此它反映了客观的真理性。

二、伽利略变换

　　为了对上述原理做数学表述，在经典力学中采用如下的坐标变换。设有两个相对做匀速直线运动的惯性参考系 S 和 S'，在每一参考系中各取一直角坐标系。为了方便起见，令两坐标系对应轴互相平行，且 S' 相对 S 以速度 u 沿 x 轴正方向运动，并设 $t = t' = 0$ 时两坐标系的原点 O 与 O' 重合，如图 16 - 1 所示。现从两坐标系 S 和 S' 中观测同一质点 P 的运动，设任一时刻 t，P 点的坐标分别为（x、y、z）和（x'、y'、z'）。由图很容易得出：

$$\begin{cases} x' = x - ut \\ y' = y \\ z' = z \\ t' = t \end{cases} \quad 或 \quad \begin{cases} x = x' + ut' \\ y = y' \\ z = z' \\ t = t' \end{cases} \qquad (16-1)$$

式（16 - 1）称为**伽利略变换**（Galiean transformation），它给出了对同一事件在两个惯性系 S 和 S' 中时空坐标之间的变换公式。

将式（16 - 1）对时间 t 求导，可得速度和加速度的相应变换式为

$$\begin{cases} v_x' = v_x - u \\ v_y' = v_y \\ v_z' = v_z \end{cases} \quad 和 \quad \begin{cases} a_x' = a_x \\ a_y' = a_y \\ a_z' = a_z \end{cases} \qquad (16-2)$$

把加速度的变换写成矢量式，可得 $\boldsymbol{a}' = \boldsymbol{a}$，这表明在所有相互做匀速直线运动的惯性系观察到的同一质点的加速度是相同的。由此可见，在不同惯性系中，牛顿第二定律 $\boldsymbol{f} = m\boldsymbol{a}$ 不仅有相同的形式，而且，$\boldsymbol{f}$、m 和 $\boldsymbol{a}$ 各量都保持不变。同时，在伽利略变换下，动量守恒定律以及其他动力学规律的形式也都保持不变，即力学规律对于一切惯性系都是等价的，所以在经典力学中，常把伽利略变换下的不变性说成是力学相对性原理的数学表述。

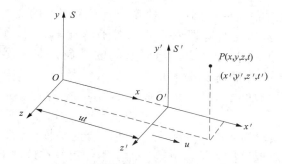

图 16 - 1 两惯性参考系的坐标变换

三、经典力学的时空观

经典力学是在绝对时空观的基础上建立的。按照这种绝对的时空观，空间可以看作盛有宇宙万物的一个无形的永不运动的框架，时间可以看作永远均匀流逝着的流水，与任何外界事物无关。因而，在不同参考系中，时间的流逝完全相同；量度空间大小的尺子也完全一样且固定不变。换句话说，这种绝对的时空观认为，时间和空间是可以独立存在，它们与参考系（观测者）的运动无关，是绝对不变的。认真考虑上述变换的导出，不难发现伽利略变换正是来源于这种绝对的时空观。如变换式中含有 $t' = t$ 的假定，因而 $\Delta t' = \Delta t$，即假定不同参考系中有完全相同的时间间隔。另外，若

从 S 系和 S' 系测量同一时刻空间两点间的长度，可得 $\Delta L = \sqrt{(\Delta x)^2 + (\Delta y)^2 + (\Delta z)^2}$ 和 $\Delta L' = \sqrt{(\Delta x')^2 + (\Delta y')^2 + (\Delta z')^2}$。应用伽利略变换，可知 $\Delta L = \Delta L'$。这就是说，空间任何两点间的距离具有与参考系无关的绝对不变的量值。可见，伽利略变换就是经典力学绝对时空观的具体体现和数学表示。

在经典力学中，又把物体的质量看作是与运动速度无关的恒量，所以时间、长度和质量这三个基本量，在经典力学中都是与参考系（或观测者）的相对运动无关的量。

思考题

1. 相对性原理与伽利略变换的关系是什么？
2. 如何理解经典力学时空观？

第二节 狭义相对论的基本假设

一、迈克耳逊－莫雷实验

19 世纪末，在麦克斯韦方程组的基础上确立了光的电磁理论，并证明了电磁波在真空中的传播速度是一个常量，即真空中的光速 c。人们还认为光波和其他电磁波是在一种称为"以太"（ether）的介质中传播的，而"以太"充满了整个空间。

按照伽利略变换，任何物体的速度对不同惯性系的观测者来说不可能是常量。那么，作为真空中光速的常量 c 到底是对哪个惯性系而言的呢？由于经典力学认为存在着绝对的空间。因此在所有惯性系中必然有一个相对于绝对空间静止的绝对参考系。当时人们认为"以太"就是绝对空间的代表，而速度 c 就是光在这个最优惯性系"以太"中的传播速度。于是，不少人开始尝试用实验方法测定地球相对"以太"的运动，从而找出绝对参考系。迈克耳逊－莫雷实验就是其中最著名的一个。

迈克耳逊－莫雷实验的装置是迈克耳逊干涉仪（见本书第十章光的干涉），它是迈克耳逊应用光的干涉原理设计的精密测量仪器。干涉仪放在地球上，设"以太"相对太阳静止；地球相对太阳的速度为 u。实验时，先将干涉仪一臂与地球运动方向平行，另一臂与地球运动方向垂直。由于光相对"以太"的速度是 c，根据伽利略速度变换公式（16－2），在地球参考系中，光沿不同方向传播速度的大小并不相等，因而可以看到干涉条纹。如果将整个实验装置缓慢转过 90° 后，应该发现干涉条纹的移动。根据干涉条纹移动的数目，则可以推算出地球相对"以太"参考系的绝对运动速度。若光波波长为 λ，光臂的长度为 L，经计算可得条纹移动数目为 $\Delta N = \dfrac{2Lu^2}{\lambda c^2}$。采用多次反射方法，使光臂的有效长度 L 增至 10m 左右，再将 $\lambda \approx 500\text{nm}$，地球公转速率 $u \approx 3 \times 10^4\text{m/s}$ 和光速 $c \approx 3 \times 10^8\text{m/s}$ 代入上式，得到预期可观测到的条纹移动数目 $\Delta N \approx 0.4$ 条。这比仪器可观测的条纹移动最小值（约 0.01 条）大得多。然而，实验的结果是否定的，并没有观测到条纹的移动。其后，这个实验又经迈克耳逊和莫雷以及很多人加以改进，并在不同条件下重复做实验，都始终没有观测到条纹的移动，即没有观测到地球相对"以太"参考系的绝对运动。这一实验结果表明：①相对于"以太"的绝对运动是不存在的，"以太"并不能作为绝对参考系；②在地球上光沿各个不同方向的传播速度都是相同的，它与地球的运动状态无关。

迈克耳逊－莫雷实验的结果动摇了"以太"假说，使得以静止"以太"为背景的经典力学的绝对时空观遇到了根本的困难。当时许多人曾提出不同的假说来解释迈克耳逊－莫雷实验的结果，但由于伽利略变换在通常条件下（$u \ll c$ 时）不容置疑的正确性，使得人们头脑中旧的绝对时空观根深蒂固，很少有人怀疑伽利略变换的正确性，因而他们都未能成功。只有年轻的爱因斯坦敢于冲破旧理论的束缚，他大胆地抛弃了"以太"假说，否定了绝对参考系的存在，另辟新路，提出了两个重要假设，创立了狭义相对论。

二、基本假设

1905 年爱因斯坦在他发表的《论运动物体的电动力学》中，肯定了相对性原理的重要地位，以新的时空观指明了与伽利略变换相联系的旧的时空观的局限性，首次提出了狭义相对论的两个基本假设。

1. 相对性原理（relativity principle）

物理定律在所有的惯性系中都是相同的，因此所有的惯性系都是等价的，不存在特殊的绝对的惯性系。

2. 光速不变原理（principle of constancy of light velocity）

在所有的惯性系中，光在真空中的传播速率具有相同的值 c。作为基本物理常数，真空中光速的定义值为 $c = 299\ 792\ 458\text{m/s}$。

第一个假设是把力学相对性原理的适用范围，从力学推广到所有物理学规律，同时否定了绝对静止参考系的存在。第二个假设与迈克耳逊－莫雷实验结果以及其他有关实验结果一致，但显然与伽利略变换不相容。爱因斯坦以两个基本假设为基础，提出了新的时空变换关系以代替伽利略变换。

三、洛伦兹变换

狭义相对论否定了伽利略变换，爱因斯坦从两个基本假设出发，选择**洛伦兹变换**（Lorentz transformation）作为狭义相对论的时空变换关系。这一变换可以由两个基本假设推出，下面略去推导过程，仅对这一变换加以介绍。

在图 16－1 所示的两个惯性系 S 和 S' 中，对同一事件的两组时空坐标（x、y、z、t）和（x'、y'、z'、t'）之间的关系，洛伦兹变换可以表示为

$$\begin{cases} x' = \gamma(x - ut) \\ y' = y \\ z' = z \\ t' = \gamma\left(t - \dfrac{u}{c^2}x\right) \end{cases} \quad \text{或} \quad \begin{cases} x = \gamma(x' + ut') \\ y = y' \\ z = z' \\ t = \gamma\left(t' + \dfrac{u}{c^2}x'\right) \end{cases} \quad (16-3)$$

式（16-3）中，$\gamma = \dfrac{1}{\sqrt{1-u^2/c^2}}$。由式（16-3）可见，在洛伦兹变换下，空间坐标和时间坐标是相互关联着的，这是与伽利略变换根本不同的。然而在低速情况下，$u \ll c$，$\gamma \to 1$，则洛伦兹变换将过渡到伽利略变换。这就是说，经典力学的伽利略变换是洛伦兹变换在低速情况下，即 $u \ll c$ 情况下的近似。

为了求得两个惯性系 S 和 S' 中，观测同一质点 P 在某一瞬时速度的变换关系，首先对式（16-3）左侧的等式两边求微分可得

$$\mathrm{d}x' = \gamma(\mathrm{d}x - u\mathrm{d}t) \qquad \mathrm{d}y' = \mathrm{d}y \qquad \mathrm{d}z' = \mathrm{d}z \qquad \mathrm{d}t' = \gamma\left(\mathrm{d}t - \frac{u}{c^2}\mathrm{d}x\right)$$

将上面的 1、4 项相比可得

$$v_x' = \frac{\mathrm{d}x'}{\mathrm{d}t'} = \frac{\mathrm{d}x - u\mathrm{d}t}{\mathrm{d}t - \dfrac{u}{c^2}\mathrm{d}x} = \frac{v_x - u}{1 - \dfrac{uv_x}{c^2}}$$

同理可得 v_y'、v_z' 以及式（16-3）右侧的速度变换，即可得如下的洛伦兹速度变换式

$$\begin{cases} v_x' = \dfrac{v_x - u}{1 - \dfrac{uv_x}{c^2}} \\[3mm] v_y' = \dfrac{v_y}{\gamma\left(1 - \dfrac{uv_x}{c^2}\right)} \\[3mm] v_z' = \dfrac{v_z}{\gamma\left(1 - \dfrac{uv_x}{c^2}\right)} \end{cases} \quad \text{或} \quad \begin{cases} v_x = \dfrac{v_x' + u}{1 + \dfrac{uv_x'}{c^2}} \\[3mm] v_y = \dfrac{v_y'}{\gamma\left(1 + \dfrac{uv_x'}{c^2}\right)} \\[3mm] v_z = \dfrac{v_z'}{\gamma\left(1 + \dfrac{uv_x'}{c^2}\right)} \end{cases} \qquad (16-4)$$

由上面速度的相对论变换式不难看出，在任何情况下，物体的运动速度都不能大于光速 c。即在相对论范围内，光速 c 是一个极限速率，在 $u \ll c$ 的低速情况下，$\gamma \to 1$，式（16-4）过渡到伽利略速度变换式。可见经典力学是相对论在速度远小于光速时的特殊情况。

例题 16-1 设火箭 A、B 沿 x 轴方向相向运动，在地面上测得它们的速度各为 $v_A = 0.9c$，$v_B = -0.9c$。试求火箭 A 上的观测者测得的火箭 B 的速度。

解 令地球为"静止"参考系 S，火箭 A 为参考系 S'。A 沿 x、x' 轴正方向以速度 $u = v_A$ 相对 S 运动，B 相对 S 的速度为 $v_x = v_B = -0.9c$，所以在 A 上观察到火箭 B 的速度为

$$v_x' = \frac{v_x - u}{1 - \dfrac{uv_x}{c^2}} = \frac{-0.9c - 0.9c}{1 - \dfrac{(0.9c)(-0.9c)}{c^2}} = \frac{-1.8c}{1.81} \approx -0.994c$$

按伽利略变换则得

$$v_x' = v_x - u = -0.9c - 0.9c = -1.8c$$

值得指出的是，前述式（16-4）的相对论速度变换式，是指同一物体在两个惯性系中速度之间的变换关系，它与计算两个物体在同一参考系中的相对速度（即两速度 v_A 与 v_B 的矢量差）是完全不同的两回事。如上例中，若问地面参考系中的观测者测得

火箭 B 相对火箭 A 的相对速度，则为

$$v_{B相对A} = v_B - v_A = -0.9c - 0.9c = -1.8c$$

思考题

1. 迈克耳逊–莫雷实验给你什么启发？
2. 如何理解光速不变原理？

第三节　相对论中的长度和时间

从洛伦兹变换出发，可以得出相对论运动学关于长度和时间的几个基本概念和主要结论。由此可以清楚地认识到，狭义相对论对绝对时空观进行了一次十分深刻的变革。

一、长度收缩

在图 $16-1$ 中，设有一刚性棒沿 x' 轴静止放置在 S' 系中。S' 系中的观测者测得棒两端点坐标为 x'_1 和 x'_2，可知棒长为 $L_0 = |x'_2 - x'_1|$。在 S 系中的观测者看来，棒沿 x 轴以速度 $\boldsymbol{u}$ 运动。为了测得棒的长度，观测者必须在同一时刻 t 测量棒两端的坐标 x_1 和 x_2，从而得棒长为 $L = |x_2 - x_1|$。由式 $(16-3)$，有 $x_1' = \gamma(x_1 - ut)$，$x_2' = \gamma(x_2 - ut)$，所以

$$L_0 = |x_2' - x_1'| = |\gamma(x_2 - ut) - \gamma(x_1 - ut)| = \gamma|x_2 - x_1| = \gamma L$$

或

$$L = \frac{1}{\gamma}L_0 \qquad\qquad (16-5)$$

在伽利略变换下，空间长度是不变量，但由式 $(16-5)$ 可见，在相对论中，长度的测量值不再是绝对的，而与观测者相对于被测物体的运动有关。观测者与被测物体相对静止时，长度的测量值 L_0 最大，称为该物体的**固有长度**（proper length）。观测者与被测物体有相对运动时，长度的测量值 L 等于其固有长度 L_0 的 $1/\gamma$，即物体沿运动方向缩短了，这就是所谓**长度收缩**（length contraction）或**洛伦兹收缩**。

应当指出，这种长度的收缩并不是由于运动引起物质之间的相互作用而产生的实在的收缩，而是一种相对性的时空属性。若将两个同样的棒分别静止置于 S 和 S' 系中，则两个参考系中的观测者都将看到对方参考系中的棒缩短了。

二、时间延缓

考虑在 S' 系中同一地点 x'_0 处发生的两个事件，时间间隔为 $\tau_0 = \Delta t' = t'_2 - t'_1$。由于 S' 系相对 S 系以速度 $\boldsymbol{u}$ 沿 x 轴方向运动，故从 S 系观察，发生事件的那个点是运动着的，即 S 系中的观测者看到这两个事件是发生在空间的两个不同位置上。根据式（16-3），可得 S 系中这两个事件发生的时刻分别为 $t_1 = \gamma\left(t'_1 + \dfrac{u}{c^2}x'_0\right)$ 和 $t_2 = \gamma\left(t'_2 + \dfrac{u}{c^2}x'_0\right)$，

故时间间隔为

$$\tau = \Delta t = t_2 - t_1 = \gamma(t_2' - t_1') = \gamma\tau_0 \qquad (16-6)$$

由此可见，在相对论中，时间间隔也不是不变量，而与参考系的运动有关。在与事件发生地点相对静止的参考系 S' 中，测得两事件的时间间隔 τ_0 最短，称为**固有时**（proper time）或**原时**。而从 S 系中观测，运动着的物体中发生事件的过程所费时间变长了，变为固有时 τ_0 的 γ 倍，这就是所谓**时间延缓**（time dilation），也称**时间膨胀**或**运动时钟变慢**。式（16-6）中的 γ 称为**时间膨胀因子**，其倒数 $1/\gamma$ 又称为**长度收缩因子**。通常也称 γ 为速度因数或质量增加因子，γ 值的大小体现了相对论效应的显著程度。

时间延缓效应来源于光速不变原理，它是时空的一种属性，并不涉及时钟内部的机械原因和原子内部的任何过程。

例题 16-2　当高能宇宙射线进入地球上层大气中时，会产生一种不稳定的粒子，称为 μ 子，μ 子会自发地衰变为一个电子和两个中微子。相对于 μ 子静止的参考系，它自发衰变的平均寿命为 2.15×10^{-6}s。假设来自太空的宇宙射线，在离地面 6500m 的高空所产生的 μ 子，以相对于地球 $0.997c$ 的速率由高空垂直向地面飞来，试问在地面上的实验室中能否测得 μ 子的存在。

解　（1）按经典理论，μ 子在消失前能穿过的距离为

$$L = 0.997c \times 2.15\times10^{-6} = 643\text{m}$$

这说明 μ 子在飞行了 643m 时，就已经衰变完了。因而不可能到达地面实验室，但这与在地面上能测得 μ 子存在的实验结果不符。

（2）按相对论，设地球参考系为 S，μ 子参考系为 S'。依题意，S' 系相对 S 系的运动速率为 $u = 0.997c$，μ 子在 S' 系中的固有寿命为 $\tau_0 = 2.15\times10^{-6}$s。将数值代入相对论时间延缓公式（16-6），得到在地球上观测 μ 子的平均寿命为

$$\tau = \gamma\tau_0 = \frac{1}{\sqrt{1-\dfrac{u^2}{c^2}}}\tau_0 = 2.78\times10^{-5}\text{s}$$

故在地面实验室中观测，可得 μ 子在时间 τ 内的飞行距离为

$$L = u\tau = 0.997c \times 2.78\times10^{-5} = 8.31\times10^3\text{m}$$

这一距离大于 6500m，所以 μ 子在衰变前可以到达地面，因而实验结果也验证了相对论理论的正确。

三、同时性的相对性

按经典力学理论，所有惯性系都具有同一的时间，时间是绝对的，因而同时性也是绝对的。这就是说，在一个惯性系 S 中观测是同时发生的事件，在另一个惯性系 S' 中看来也是同时发生的。但按相对论，同时性也不是绝对的。如图 16-1 所示，设在 S 系中有两个事件分别在 x_1 和 x_2 两点处，于时刻 t 同时发生，根据洛伦兹变换式（16-3），可得在 S' 系中这两事件发生的时间分别为 $t_1' = \gamma\left(t - \dfrac{u}{c^2}x_1\right)$ 和 $t_2' = \gamma\left(t - \dfrac{u}{c^2}x_2\right)$，故在 S' 系中测得的时间间隔为

$$\Delta t' = t_2' - t_1' = \gamma \frac{u}{c^2}(x_1 - x_2) \qquad (16-7)$$

式（16-7）表明，只有当 $x_1 = x_2$ 时，才有 $\Delta t' = t_2' - t_1' = 0$。即只有在一个惯性系 S 中同时同地发生的事件，在另一个惯性系 S' 中才是同时发生的。而在一般情况下，对于一个观测者是同时发生的两个事件，对于另一个观测者就不一定是同时发生的了，这就是**同时性的相对性**（relativity of simultaneity）。同时性的相对性否定了各个惯性系具有统一的时间和绝对的同时性，否定了牛顿的绝对时空观。

四、孪生子佯谬

设想地球上有一对孪生兄弟甲和乙，当甲乘飞船以接近光的速度 v 飞向距离地球为 S 的很远的某星球，而乙留在地球上。根据相对论，甲和乙每一方都会觉得对方的时间进程变慢了，即随着时间的推移，都认为对方比自己年轻了。那么，到底谁真正年轻了呢？对这一问题，若甲乘飞船一去不返，则没有办法进行比较，因为这时"地球"和"飞船"两参考系完全对称，这正如甲、乙两兄弟都认为对方是快速离开自己一样。然而，若甲到达目的星球后，立即以同样的速率返回地球，当他们重逢时情况如何呢？这就是相对论历史上有名的**"孪生子佯谬"**。佯谬的产生是由于从表面上看来孪生子扮演着对称的角色，而实际上"飞船"和"地球"这两个参考系此时是不对称的。地球可以看作是惯性系，飞船在匀速飞行过程中也可以看作是惯性系，但飞船往返必有一段变速的过程，即必有加速度。所以飞船在"调头"过程中就不再是一个惯性系，这就超出了狭义相对论的理论范围，而需要应用广义相对论来讨论。

应用广义相对论得到对这一问题的正确答案是：甲、乙两观测者在各自参考系中测得的结果是一致的，他们都认定乘坐飞船的甲要比留在地球上的乙年轻。广义相对论的这一结论在历史上曾引起了不少争论，至 20 世纪 70 年代，由于已能采用精确度极高的原子钟来做模拟"孪生子"实验，即将两个原子钟一个静止于地面，另一个放在飞机上环球飞行，结果实验得到的数据相当精确地证实了广义相对论的理论计算是正确的。

在上述问题中，由于留在地球上的乙是处于惯性系中，所以从乙的观点来分析很容易求得正确的结果。下面采用具体数值举例说明，设 $S = 9c$，$v = 0.6c$，所以在乙看来，飞船往返经过的时间为

$$\tau = \frac{2S}{v} = \frac{2 \times 9}{0.6} = 30 \text{ 年}$$

乙又根据狭义相对论判定，飞船上的钟在往返过程中都要比地球上的钟走得慢，它走过的时间为

$$\tau_0 = \frac{\tau}{\gamma} = \tau \times \sqrt{1 - v^2/c^2} = 30 \times 0.8 = 24 \text{ 年}$$

因而，乙得出结论：他的孪生兄弟甲返回时要比自己年轻了 $30 - 24 = 6$ 岁。

五、时序的相对性与因果佯谬

1. 时序的相对性

在前面对同时性的相对性进行讨论时，是假定 S 系中的两个事件 A 与 B 分别在 x_1

和 x_2 两点处于时刻 t 同时发生。当这两个事件分别于 t_1 时刻和 t_2 时刻先后发生时，经过同样的推导可得到在 S' 系中两事件发生的时间间隔为

$$\Delta t' = t'_2 - t'_1 = \gamma(t_2 - t_1) - \gamma \frac{u}{c^2}(x_2 - x_1) \tag{16-8}$$

设 $\Delta t = t_2 - t_1 > 0$，这表明在 S 系中事件 A 先于事件 B 发生。那么，在 S' 系中事件 A 和 B 的时序将会有以下三种可能。

（1）时序不变　即在 S' 系中，事件 A 仍然先于事件 B 发生，这就要满足条件

$$\Delta t' = t'_2 - t'_1 > 0 \tag{16-9}$$

（2）变为同时发生　这时要求满足条件

$$\Delta t' = t'_2 - t'_1 = 0 \tag{16-10}$$

（3）时序颠倒　这就是说在 S' 系中，事件 B 先于事件 A 发生，即满足

$$\Delta t' = t'_2 - t'_1 < 0, \tag{16-11}$$

由此可见，在相对论中，事件发生的先后顺序也是相对的，它与参考系的运动有关，当满足一定条件时时序会发生变化，这就是时序的相对性。

例题 16-3　如图 16-2 所示，设在地面参考系 S 中，甲于时刻 t_1 出生于 x_1 处，乙于时刻 t_2 出生于 x_2 处。飞船以速度 u 相对于地面沿 x 轴正方向飞行。若两地相距

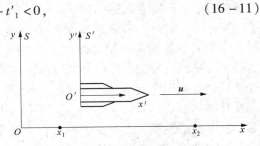

图 16-2　例题 16-3 示意图

$\Delta x = x_2 - x_1 = 3000 \text{km}$，$\Delta t = t_2 - t_1 = 0.006 \text{s}$，即甲先于乙 0.006s 出生。（1）当 $u = 0.6c$ 时，从飞船参考系 S' 中观测甲和乙谁先出生？（2）当 $u = 0.7c$ 时，前一问结果如何？（3）当 $u = 0.5c$ 时，结果又如何？

解　（1）由式（16-8），并将已知数值代入，计算后可得

$$\Delta t' = t'_2 - t'_1 = \gamma(t_2 - t_1) - \gamma \frac{u}{c^2}(x_2 - x_1) = 0$$

这个结果说明，在飞船中的观测者看来，甲和乙同时出生。

（2）将已知 $u = 0.7c$ 代入式（16-8），经计算可得

$$\Delta t' = t'_2 - t'_1 = -0.00071 \text{s} < 0$$

此结果表明，飞船中观测者测得乙先于甲 0.00071s 出生，即与地面上的时序发生了颠倒。

（3）将 $u = 0.5c$ 代入式（16-8）得　$\Delta t' = t'_2 - t'_1 > 0$

即飞船中的时序不变，仍为甲先于乙出生。

2. 因果佯谬

上述例题中，时序可颠倒的结论曾遭受质疑。有人提出，如果两事件间存在因果关系时，是否有可能在某个参考系中观测到"结果"先于"原因"呢？例如，在上例问题中，若事件 A 为从 x_1 处发射导弹，事件 B 为导弹在 x_2 处炸毁房屋，倘有某观测者称"房屋被炸"先于"导弹发射"岂不荒谬至极！这就是所谓"因果佯谬"。

为了弄清这个问题，下面从"因果颠倒"需满足的条件入手来进行分析。在前面

的讨论中已经指出，这时需满足式（16－8）和式（16－11），将两式联立解得

$$\frac{x_2 - x_1}{t_2 - t_1} > \frac{c^2}{u}$$

设 u 取最大值 c，仍需满足

$$\frac{x_2 - x_1}{t_2 - t_1} > c \qquad\qquad\qquad (16-12)$$

由式（16－12）可见，当两事件间无因果关系时（如例题 16－3 中甲和乙的出生），$\frac{x_2 - x_1}{t_2 - t_1}$ 可以很大，因而发生时序颠倒是可能的。当两事件间有因果关系时，这两个事件间必有某种关联，如开枪击鸟和鸟落地、导弹发射和击中目标、无线电波的发射和被接收等。有因果关系的相关联的事件之间必有相互作用或信息传递，式（16－12）中 $\frac{x_2 - x_1}{t_2 - t_1}$ 即为信息传递速率。根据相对论，最大信息传递速率不会超过光速，因而式（16－12）不会满足，这就是说，不可能发生"因果颠倒"这样荒谬的结论。

前面提到的"导弹发射"和"房屋被炸"这对因果关系中，$\frac{x_2 - x_1}{t_2 - t_1}$ 是导弹飞行速率，它不可能超光速，因而式（16－12）不会满足，所以根本不会出现"房屋被炸"先于"导弹发射"这样违背逻辑关系的"倒果为因"的问题，即相对论没有违背"因果律"。

思考题

1. 如何理解同时性的相对性？
2. 如何理解孪生兄弟佯谬？

第四节　相对论动力学基础

在相对论中，经典力学的一系列物理概念和基本规律都面临重新定义和重新改造的问题。重新改造的重要原则是：①必须满足相对性原理，即它在洛伦兹变换下是不变的；②满足对应性原理，即当 $u \ll c$ 时，它就过渡为经典力学中的形式；③尽量保持基本守恒定律继续成立。

一、动量和质量

在经典力学中，物体的动量定义为其质量与速度的乘积，即 $\boldsymbol{p} = m\boldsymbol{v}$，这里质量 m 是不随物体运动状态而改变的恒量。在狭义相对论中，如果动量仍然保留上述经典力学中的定义，则计算表明，动量守恒定律在洛伦兹变换下就不能对一切惯性系都成立。相对论理论和观察实验都证明了运动物体的质量并不是恒量，它满足下面的关系，即

$$m = \frac{m_0}{\sqrt{1 - \dfrac{v^2}{c^2}}} = \gamma m_0 \qquad (16-13)$$

式中，v 为物体运动的速度，m_0 为物体在相对静止的参考系中的质量，称为**静质量**（rest mass），m 为相对观测者速度为 v 时的质量，也称为**相对论性质量**（relativistic mass），简称**质量**。式（16-13）和 1901 年考夫曼在实验中发现的电子质量随速度的增大而增大的结果非常符合，后来又被其他大量实验所证实。这一关系式表明，在经典力学中认为绝对不变的又一个基本的物理量——质量，在相对论中也与长度、时间一样和物体对观测者的相对运动有关，会有相应的变化。这一质量与速度的关系式，深刻地揭示了物质和运动的不可分割性。

由式（16-13）可知，当 $v \ll c$ 时，$m \approx m_0$，这时物体的质量可以认为是不变的，这就是经典力学所讨论的情况。对一般物体，$m_0 > 0$，v 越大，m 就越大，当 $v \to c$ 时，$m \to \infty$，这是没有实际意义的。由此可见，对一般静质量不为零的物体，其速度不可能达到或大于光速。当 $m_0 = 0$ 时，以光速运动的粒子，其质量 m 却可以具有一定的量值。因而只有静质量为零的粒子，才能以光速运动。迄今为止，光子是物理学中主要的静质量为零的粒子。

在相对论中，采用式（16-13），定义动量 $\boldsymbol{p}$ 为

$$\boldsymbol{p} = m\boldsymbol{v} = \frac{m_0 \boldsymbol{v}}{\sqrt{1 - \dfrac{v^2}{c^2}}} = \gamma m_0 \boldsymbol{v} \qquad (16-14)$$

可以证明，新的动量定义式（16-14）满足爱因斯坦相对性原理。此外，不难看出，当 $v \ll c$ 时，可以认为 $m = m_0 = $ 恒量，这时相对论动量表达式及动量守恒定律就还原为经典力学中的形式。

二、力和动能

在经典力学中，质量 m 是恒量，故由牛顿第二定律 $\boldsymbol{f} = m\boldsymbol{a} = m\dfrac{\mathrm{d}v}{\mathrm{d}t}$，可得作用在物体上的力为

$$\boldsymbol{f} = \frac{\mathrm{d}(m\boldsymbol{v})}{\mathrm{d}t} = \frac{\mathrm{d}\boldsymbol{p}}{\mathrm{d}t} \qquad (16-15)$$

在相对论中，牛顿第二定律 $\boldsymbol{f} = m\boldsymbol{a}$ 不再成立，但满足动量守恒定律的式（16-15）仍然成立，只是其中 $\boldsymbol{p}$ 应取相对论动量，即

$$\boldsymbol{f} = \frac{\mathrm{d}\boldsymbol{p}}{\mathrm{d}t} = \frac{\mathrm{d}}{\mathrm{d}t}(m\boldsymbol{v}) = m\frac{\mathrm{d}\boldsymbol{v}}{\mathrm{d}t} + \boldsymbol{v}\frac{\mathrm{d}m}{\mathrm{d}t} \qquad (16-16)$$

式（16-16）就是**相对论动力学基本方程**，可以证明它满足相对性原理，且当 $u \ll c$ 时，$\dfrac{\mathrm{d}m}{\mathrm{d}t} = 0$，该方程还原为经典的牛顿第二定律。

在相对论中，我们假定功能关系仍具有经典力学中的形式，动能定理仍然成立，因此，物体动能的增量等于外力对它所做的功，即

$$\mathrm{d}E_k = \boldsymbol{f} \cdot \mathrm{d}\boldsymbol{s} = \frac{\mathrm{d}\boldsymbol{p}}{\mathrm{d}t} \cdot \mathrm{d}\boldsymbol{s} = \mathrm{d}(m\boldsymbol{v}) \cdot \boldsymbol{v}$$

$$= (\boldsymbol{v}\mathrm{d}m + m\mathrm{d}\boldsymbol{v}) \cdot \boldsymbol{v}$$

$$= \boldsymbol{v} \cdot \boldsymbol{v}\mathrm{d}m + m\boldsymbol{v} \cdot \mathrm{d}\boldsymbol{v}$$

由于 $\boldsymbol{v} \cdot \boldsymbol{v} = \boldsymbol{v}^2$，$\boldsymbol{v} \cdot \mathrm{d}\boldsymbol{v} = \dfrac{1}{2}\mathrm{d}(\boldsymbol{v} \cdot \boldsymbol{v}) = \dfrac{1}{2}\mathrm{d}v^2 = v\mathrm{d}v$，所以

$$\mathrm{d}E_k = v^2\mathrm{d}m + mv\mathrm{d}v$$

将式（16 – 13）微分，可得速率增量为 $\mathrm{d}v$ 时的质量增量

$$\mathrm{d}m = \frac{m_0 v\mathrm{d}v}{c^2\left(1 - \dfrac{v^2}{c^2}\right)^{3/2}} = \frac{mv\mathrm{d}v}{c^2 - v^2}$$

代入前式，可得

$$\mathrm{d}E_k = c^2\mathrm{d}m$$

取初态速率 $v = 0$，对应的 $m = m_0$，$E_k = 0$，将上式积分得

$$\int_0^{E_k} \mathrm{d}E_k = \int_{m_0}^m c^2\mathrm{d}m$$

$$E_k = mc^2 - m_0 c^2 \qquad\qquad (16 – 17)$$

这就是**相对论中的动能公式**，它与经典力学中的动能 $E_k = \dfrac{1}{2}mv^2$ 在形式上有很大的不同。然而，在 $v \ll c$ 的极限情况下，由于

$$m = \frac{m_0}{\sqrt{1 - \dfrac{v^2}{c^2}}} = m_0\left(1 + \frac{1}{2}\frac{v^2}{c^2} + \frac{3}{8}\frac{v^4}{c^4} + \cdots\right)$$

代入式（16 –17），略去高次项，可得

$$E_k \approx \frac{1}{2}m_0 v^2$$

即经典力学的动能表达式是其相对论表达式的低速近似，对于高速情况，前面展开式中高次项不能忽略。

三、能量质能关系

爱因斯坦将式（16 –17）中出现的 $m_0 c^2$ 项解释为物体静止时具有的能量，称为**静能**（rest energy），用 E_0 表示，即

$$E_0 = m_0 c^2 \qquad\qquad (16 – 18)$$

式（16 –17）中的 mc^2 项，在数值上等于物体动能 E_k 和静能 E_0 之和，爱因斯坦称之为物体的**总能量**，用 E 表示，即

$$E = mc^2 = \frac{m_0 c^2}{\sqrt{1 - \dfrac{v^2}{c^2}}} = \gamma m_0 c^2 \qquad\qquad (16 – 19)$$

这就是著名的**质能关系**（mass – energy relation），这一关系的重要意义在于它把物体的质量和能量不可分割地联系起来了。这就是说，一定的质量对应于一定的能量，两者在数值上只差一个恒定的因子 c^2。

如果当一物体的质量发生 Δm 的变化，根据上式可知，物体的能量就一定有相应的

变化，即

$$\Delta E = \Delta(mc^2) = c^2\Delta m \qquad (16-20)$$

反过来，如果物体的能量发生变化，那么它的质量也一定发生相应的变化。式（16 - 20）表明，对于由若干相互作用的物体构成的系统，若其总能量守恒，则其总质量必然守恒。可见，相对论质能关系将能量守恒和质量守恒这两条原来相互独立的自然规律完全统一起来了。值得注意的是，这里所说的质量守恒，指的是**相对论性质量守恒**，其静质量并不一定守恒。而在相对论以前所谓的质量守恒，实际上只涉及静质量，因此它只是相对论质量守恒在动能变化很小时的近似。

相对论推出的质能关系式的重大意义，还在于它为开创原子能时代提供了理论基础。在这一理论指导下，人类已成功地实现了核能的释放和利用，这是相对论质能关系的一个重要的实验验证，也是质能关系的重大应用之一。实验表明，原子核的静质量总是小于组成该原子核的所有核子的静质量之和，其差额称为原子核的**质量亏损**（mass defect），用 B 表示，与此相应的静能 Bc^2，称为原子核的**结合能**（binding ener-gy）用 E_B 表示，即 $E_B = Bc^2$，这就是平时俗称的**原子能**。

四、能量和动量的关系

根据相对论能量和动量的定义式

$$E = \frac{m_0 c^2}{\sqrt{1-\dfrac{v^2}{c^2}}} \qquad p = \frac{m_0 \boldsymbol{v}}{\sqrt{1-\dfrac{v^2}{c^2}}}$$

可以得到

$$\left(\frac{E}{c^2}\right)^2 - p^2 = \frac{m_0^2 c^2}{\sqrt{1-\dfrac{v^2}{c^2}}} - \frac{m_0^2 v^2}{\sqrt{1-\dfrac{v^2}{c^2}}} = m_0^2 c^2$$

改写后，有

$$E^2 = m_0^2 c^4 + p^2 c^2 = E_0^2 + p^2 c^2 \qquad (16-21)$$

这就是相对论中**能量和动量的关系式**。将这一关系式应用于光子，因光子静质量 $m_0 = 0$，可得到光子的能量和动量的关系为

$$E = pc \qquad (16-22)$$

又由光子的能量 $E = h\nu$，可得光子的动量

$$p = \frac{E}{c} = \frac{h\nu}{c} = \frac{h}{\lambda} \qquad (16-23)$$

根据质能关系，可得光子的质量

$$m = \frac{E}{c^2} = \frac{h\nu}{c^2} \qquad (16-24)$$

可见，光子不仅具有能量，而且具有动量和质量。因而，相对论揭示了光子的粒子性。

例题 16 - 4 在原子核聚变中，两个 ^{2}H 原子结合而产生 ^{4}He。求：（1）该反应中 ^{4}He 的结合能是多少？（2）聚合成 1kg ^{4}He 所能释放出的能量是多少？（已知 ^{2}H 静质量 $m_{01} = 3.344\ 497 \times 10^{-27} \mathrm{kg}$；^{4}He 静质量 $m_{02} = 6.646\ 482 \times 10^{-27} \mathrm{kg}$）

解 （1）两个 ^{2}H 结合成 ^{4}He 时，其质量亏损为

$$B = 2m_{01} - m_{02}$$
$$= (2 \times 3.344\ 497 - 6.646\ 482) \times 10^{-27}$$
$$= 4.251\ 2 \times 10^{-29}\ \text{kg}$$

相应的静能或 ^{4}He 的结合能为

$$E_B = Bc^2 = 4.251\ 2 \times 10^{-29} \times 8.987\ 6 \times 10^{16}$$
$$= 3.821 \times 10^{-12}\ \text{J}$$

（2）聚合成 $1\text{kg}\ ^4$He 所能释放出的能量约为

$$\Delta E = \frac{E_B}{m_{02}} = \frac{3.821 \times 10^{-12}}{6.646\ 5 \times 10^{-27}} = 5.749 \times 10^{14}\ \text{J/kg}$$

所得到的能量数值相当于每千克汽油燃烧时放出热量 $4.6 \times 10^7 \text{J/kg}$ 的约 1250 万倍，可见核能的巨大。

思考题

1. 什么是相对论性质量？
2. 试述质能关系及其应用。

第五节　广义相对论简介

上面介绍了狭义相对论，根据相对性原理，我们知道物理定律在所有惯性系中都是相同的。然而，狭义相对论并没有说明若采用非惯性参考系，物理定律又将如何的问题。为此，爱因斯坦由非惯性系入手，研究了物质在空间和时间中如何进行引力相互作用的理论，在此基础上，于 1915 年又提出了广义相对论。本节只简单介绍广义相对论中的**等效原理**（equivalence principle）和**广义相对性原理**（principle of general relativity），这两个原理是广义相对论的基础。

一、等效原理

大家知道，在一个唯一受引力场影响下的物体，其加速度和物体的质量无关。例如，质量为 m 的物体在地球表面的均匀引力场中自由落下时，根据万有引力定律，作用在物体上的引力大小是 $G_0 \dfrac{m'M_e'}{R_e^2}$，方向向下。由牛顿第二定律 $\boldsymbol{f} = m\boldsymbol{a}$，可知

$$ma = G_0 \frac{m'M_e'}{R_e^2}$$

其中，与动力学方程相联系的质量 m 称为**惯性质量**；而与万有引力定律相联系的质量 m' 称为**引力质量**；M_e' 和 R_e 表示地球的引力质量和半径。由上式可得

$$a = \frac{m'}{m} G_0 \frac{M_e'}{R_e^2}$$

实验表明，在同一引力强度 $G_0 \dfrac{M_e'}{R_e^2}$ 作用下，所有物体，不论其大小和材料性质如何，

都以相同的加速度 $a = g$ 下落，因而引力质量与惯性质量之比 m'/m 对于一切物体而言也必然是一样的。选取适当的单位，可使 $m' = m$。这就是说，物体的引力质量和它的惯性质量相等。

我们现在来考察一下具有加速度的非惯性参考系中的情况，设有一个密封舱在远离任何物体的太空中，并相对于某惯性系以加速度 a' 被均匀地加速，如图 16 – 3（a）所示。密封舱中的观测者在舱内的实验中会发现，舱内一切物体都会以相同的加速度 $a = -a'$ 自由"下落"。若他的质量为 M，当他站在弹簧磅秤上时，磅秤就会显示其大小为 Ma 的"重量"读数。这样，密封舱中的观测者根据牛顿第二定律，会认为舱内任何质量为 m 的物体都要受到一个大小为 ma 的向"下"的力的作用。这种由于非惯性系以加速度运动而引起的，物体在非惯性系中所受到的附加的力 $f_i = ma$，称为**惯性力**（inertial force）。惯性力并非物体间相互作用的力，它是在非惯性系中产生的效应。从惯性系来看，既无施力者也无反作用力，而完全是惯性的一种表现。

惯性力正比于惯性质量，引力正比于引力质量，这两种质量又严格相等，因而两种力的效应具有同样的性质，它们引起的加速度都与物体的性质无关。换句话说，它们对物体的影响应该是不可区分的。实际上，在此密封舱中，观测者的任何力学实验都不能区分他的舱是在太空中加速飞行还是静止（或匀速运动）于 $g = a$ 的均匀引力场里［图 16 – 3（b）］。这就是引力场和加速参考系的等效性。爱因斯坦进一步推论，这种等效性不仅适用于力学而且适用全部物理学。也就是说，任何物理实验，包括力学的、电磁学的和其他的物理实验，

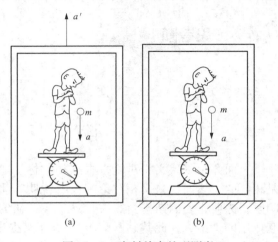

图 16 – 3　密封舱内的观测者

都不能区分密封舱是引力场中的惯性系还是不受引力的加速系。或者说，**一个均匀的引力场与一个匀加速参考系完全等价**，这就是通常所说的**等效原理**。

二、广义相对性原理

根据等效原理，即由引力场和加速参考系的等价性，很容易推知，若考虑等效的引力存在，则一个做加速运动的非惯性系，就可以与一个有引力场作用的惯性系等效。据此，爱因斯坦又把狭义相对论中的相对性原理，由惯性系推广到一切惯性的和非惯性的参考系。他指出，**所有参考系都是等价的，即无论是对惯性系或是非惯性系，物理定律的表达形式都是相同的**。这一原理称为**广义相对性原理**。

等效原理、广义相对性原理是爱因斯坦提出的广义相对论的基本原理。在此基础上，爱因斯坦采用了**黎曼几何**（Riemann geometry）来描述具有引力场的时间和空间，把引力同时空的几何性质联系起来，进一步揭示了物质、引力场和时空的紧密相关性，建立了全新的引力理论，写出了正确的引力场方程，进而精确地解释了水星近日点的反常进动，预言了光线的引力偏折、引力红移和引力辐射等一系列新的效应，并对宇

宙结构进行了开创性的研究。

三、广义相对论的检验

广义相对论建立后，由它推出的一些理论预测，已相继得到了一系列实验和天文观测的验证。首先，它成功地解释了令人困扰多年的**水星近日点的进动**问题。按照牛顿的引力理论，在太阳引力作用下，水星将围绕太阳做封闭的椭圆运动，但实际观测表明，水星的轨道并不是严格的椭圆，而是每转一圈它的长轴略有转动，称为水星近日点的进动。考虑到其他行星的影响，仍有每百年 43.11″ 的进动值，这使得牛顿的引力理论无法解释。爱因斯坦按广义相对论，计算结果为每百年 43.03″，这与观测值几乎相等，因而成为初期对广义相对论的有力验证之一。

广义相对论的另一重大验证是**光线的引力偏折**。根据广义相对论，光经过引力中心附近时，将会由于时空弯曲而偏向引力中心。爱因斯坦预言，若星光擦过太阳边缘到达地球，则太阳引力场造成的星光偏转角为 1.75″。1919 年，由英国天文学家领导的观测队分别从西非和巴西观测当年 5 月 29 日发生的日全食，从两地的实际观测照片计算出的星光偏转角分别为 1.61″ 和 1.98″，这与爱因斯坦的理论预测值十分接近，因而一度轰动了全世界。以后进行的多次观测都证实了爱因斯坦理论的正确，特别是近年来，应用射电天文学的定位技术已测得偏转角为 1.76″，与广义相对论的理论值符合得相当好。此外，广义相对论关于**引力红移**和**雷达回波延迟**的预言，也于 20 世纪 60 年代相继被实验所证实。**类星体**（quasar）、**脉冲星**（pulsar）和**微波背景辐射**的发现，不仅证实了以这个理论为基础的**中子星**（neutron star）理论和大爆炸宇宙论的预言，而且大大促进了相对论天体物理的发展。

20 世纪 60 年代以来，关于中子星的形成和结构以及**黑洞**（black hole）物理和黑洞探测方面的研究取得了很大进展，有关引力的量子理论以及把引力与其他相互作用统一起来的研究也极为活跃。20 世纪 70 年代以来，对于脉冲双星的观测又提供了关于**引力波**存在的证据。从 20 世纪后期以来，关于宇宙中存在着大量尚不为我们所认知的**暗物质**（dark matter）和**暗能量**（dark energy）的问题，已越来越引起人们的广泛关注并进行了很多实验探测和深入研究。据报道，宇宙中也许有多达 90% 以上的物质是由不发光但具有引力效应的暗物质组成，而占总能量多达 3/4 的未知能量是暗能量。因而，弄清暗物质和暗能量的性质被认为是当前宇宙学的首要问题。随着对此问题认识的深入，必将有助于揭示宇宙的起源和命运以及统治整个宇宙的物理学法则。人们有理由预计，在对如此重大课题的研究和探索中，广义相对论必将发挥重大作用。

总之，自广义相对论问世以来，科学研究和探索中的一系列新发现和新成果不仅丰富了对广义相对论理论基础的认识，开拓了广义相对论广阔的应用前景，同时也揭示了广义相对论本身还不能完满解决的一些重大疑难问题，为人类探索引力相互作用以及时间、空间和宇宙奥秘提出了新的课题。

思考题

1. 举例说明等效原理的应用。

2. 广义相对论如何检验?

 重点小结

内容提要	重点难点
伽利略变换和经典力学时空观	伽利略变换, 经典力学时空观
狭义相对论的基本假设	迈克耳逊－莫雷实验原理, 狭义相对论的基本假设, 洛伦兹变换
相对论中的长度和时间	长度收缩和时间延缓, 同时性的相对性原理
相对论动力学基础	能量及质能关系, 能量和动量的关系及其应用
广义相对论	广义相对论的等效原理、相对性原理及其应用

习题十六

1. 两宇宙飞船 A 和 B 静止在地球上的长度是 $18m$, 设两飞船分别以 $0.5c$ 和 $-0.6c$ 的速度平行于地面向相反方向飞行, 求:

(1) 飞船 B 上的宇航员测得飞船 A 的速度和长度是多少?

(2) 在地面上观测者看来, 两飞船的"相对速度"是多少?

2. 有一原子核相对于实验室以 $0.6c$ 的速度运动, 在运动方向上发射一电子, 电子相对于核的速度 $0.8c$, 又在相反方向发射一光子。求:

(1) 实验室中电子的速度;

(2) 实验室中光子的速度。

3. 地球绕太阳轨道运动的速度为 $3 \times 10^4 m/s$, 地球直径为 $1.27 \times 10^7 m$, 计算相对论长度收缩效应引起的地球直径在运动方向上的减少量。

4. 地面观测者测定某火箭通过地面上相距 $120km$ 的两城市花了 $5 \times 10^{-4}s$, 求火箭观测者测定的两城市空间距离和飞越时间间隔。

5. 有一短跑选手, 在地球上以 $10s$ 的时间跑完了 $100m$。在飞行速度为 $0.98c$, 飞行方向与跑动方向相反的飞船中观察者看来, 这选手跑了多长时间和多长距离?

6. 远方一颗星体, 以 $0.80c$ 的速度离开我们, 我们接收到它辐射出来的闪光按 5 昼夜的周期变化, 求固定在这星体上的参考系测得的闪光周期。

7. 1947 年, 在用乳胶研究高空宇宙射线时, 发现了一种不稳定的粒子称为 π 介子, 其质量约为电子质量的 273.12 倍。π 介子静止时的平均寿命为 $2.60 \times 10^{-8}s$, 设用高能加速器使其获得 $u = 0.75c$ 的速度。

(1) 在实验室中测定的 π 介子寿命增加到多少?

(2) 在实验室中测定的 π 介子衰变前走过的平均距离是多少?

8. 一个在实验室中以 $0.80c$ 的速度运动的粒子, 飞行 $3m$ 后衰变, 按这实验室中观测者的测量, 该粒子存在了多长时间? 由一个与该粒子一起运动的观测者测量, 这粒子衰变前存在了多长时间?

9. 已知某物体静止质量为 1kg，试问：

（1）当它相对于观测者以速率 $v_1 = 3.000 \times 10^7 \text{m/s}$ 运动时，其质量是多少？按牛顿力学和相对论力学的动能各为多少？

（2）当它相对于观测者以速率 $v_2 = 2.760 \times 10^8 \text{m/s}$ 运动时，前一问的结果如何？

（3）当观测者随物体一起运动时，结果又如何？

10. 试求由一个质子（静质量 $m_{0p} = 1.007\,277\text{u}$）和一个中子（静质量 $m_{0n} = 1.008\,665\text{u}$）结合成一个氘核（静质量 $m_{0d} = 2.013\,553\text{u}$）的结合能，并计算聚合成 1kg 氘核所能释放出来的能量。（原子质量单位 $1\text{u} = 1.660\,54 \times 10^{-27}\text{kg}$）

11. 已知 Na 原子的质量为 23u，Cl 原子的质量为 35.5u，当一个 Na 原子和一个 Cl 原子结合成一个 NaCl 原子时，释放出 4.2eV 的能量。求：

（1）当一个 NaCl 分子分解为一个 Na 原子和一个 Cl 原子时，质量增加多少？

（2）忽略这一质量差所造成的误差是百分之几？

第十七章　量子力学基础

学习目标

1. 掌握玻尔理论和对氢原子光谱的解释，理解玻尔理论假设。
2. 掌握德布罗意物质波的描述和物理思想，波函数的统计解释和不确定关系。
3. 理解薛定谔方程和对氢原子结构的量子力学描述。

　　自1897年汤姆逊从实验中发现了电子的存在并确认电子是原子的组成粒子后，物理学的中心问题之一就是探索原子内部的奥秘。人们逐步弄清了原子的内部结构，认识了微观粒子的波粒二象性，建立了描述微观粒子运动规律的理论体系——**量子力学**。量子力学的建立是人类智慧发展史上的一场革命，是深入了解物质内部及其特性的基础，它和相对论是近代物理学的两大支柱。1927年量子力学开始应用于固体物理，并导致了半导体、激光、超导研究的发展；此后又进一步导致了半导体集成电路、电子技术、通信、电子计算机的发展，使人类进入信息时代。由于量子力学所涉及的规律极为普遍，它不仅已深入到物理学的各个领域。同时在化学、药学、生物学和生命科学的研究中有着越来越广泛的应用。本章学习的主要内容是从半经典的理论入手过渡到原子结构的量子理论。首先以氢原子光谱的实验结果为依据，介绍玻尔的氢原子理论。其次，在理解德布罗意物质波假设和不确定原理的基础上，介绍非相对论性量子力学的一些最基本的概念和薛定谔方程，从一维无限深势阱和氢原子处理结果中领悟量子力学的主要精神。

第一节　原子光谱的实验规律

　　量子物理起源于对原子物理学的研究，原子光谱提供了原子内部信息的重要资料，不同的原子辐射其光谱特征也完全不同，所以研究原子光谱的规律是研究原子内部结构的重要途径。早在19世纪后半期，人们就对原子光谱进行了大量研究，发现一切元素的灼热蒸气发出的光谱都是一系列分离的明线光谱，称为**线状光谱**，并形成一个个谱线系。下面我们就以氢原子光谱为例介绍原子光谱的规律。

一、氢原子光谱

　　图17-1是氢原子光谱中可见光部分的实验结果，图中 H_α，H_β，H_γ，H_δ，分别代表红、深绿、青和紫四条特定的光谱线。

　　1885年，巴耳末发现氢原子在可见光部分的谱线波长可以归纳为一个简单关系，

即巴耳末公式

$$\lambda = B\frac{n^2}{n^2-4} \quad (n=3,4,5,\cdots)$$

$$(17-1)$$

如果令 $\tilde{\nu} = \frac{1}{\lambda}$ 称为**波数**，则巴耳末公式

（17-1）可改写成更为简单的形式，即

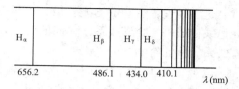

图 17-1 氢原子可见光谱

$$\tilde{\nu} = \frac{1}{\lambda} = R\left(\frac{1}{2^2} - \frac{1}{n^2}\right) \quad (n=3,4,5,\cdots)$$

$$(17-2)$$

其中 R 称为**里德伯常量**（Rydberg constant），近代测量值为 $R = 1.097\,373\,153\,4 \times 10^7$ （1/m），计算时常取 $R = 1.097 \times 10^7$ （1/m）。式（17-2）所表达的一组谱线称为**巴耳末系**（Balmer series），当 $n=3,4,5,\cdots$ 时可分别给出各谱线的波长，它位于可见光区。

通过进一步的观测，人们在紫外区发现了**莱曼系**（Lyman series）

$$\tilde{\nu} = R\left(\frac{1}{1^2} - \frac{1}{n^2}\right) \quad (n=2,3,4,\cdots)$$

在红外区发现**帕邢系**（Paschen series）

$$\tilde{\nu} = R\left(\frac{1}{3^2} - \frac{1}{n^2}\right) \quad (n=4,5,6,\cdots)$$

布拉开系（Brackett series）

$$\tilde{\nu} = R\left(\frac{1}{4^2} - \frac{1}{n^2}\right) \quad (n=5,6,7,\cdots)$$

普丰德系（Pfund series）

$$\tilde{\nu} = R\left(\frac{1}{5^2} - \frac{1}{n^2}\right) \quad (n=6,7,8,\cdots)$$

将这些公式合并，可得到如下的氢原子光谱公式或称为**广义巴耳末公式**。

$$\tilde{\nu} = R\left(\frac{1}{m^2} - \frac{1}{n^2}\right)$$

$$(17-3)$$

式中，$m=1,2,3,\cdots$ 每一个 m 值对应于一个线系；对于每一个确定的 m 值，有 $n = m+1, m+2, \cdots$。

二、里兹组合原理

1908 年，里兹发现，氢原子光谱系的波数还可进一步概括为如下的简单公式

$$\tilde{\nu} = T(m) - T(n)$$

$$(17-4)$$

式中两项 $T(m)$ 和 $T(n)$ 称为**光谱项**（spectral term）。参数 m 指各个光谱系，参数 n 指同一光谱系中的不同谱线。式（17-4）称为**里兹组合原理**（Ritz combination principle）。它表示把对应于任意两个不同整数的光谱项合起来，组成它们的差，就能得到一条氢原子光谱线的波数。对碱金属，函数形式与氢原子的相似，只是光谱项中多了修正数 α 和 β，其谱线波数可由下式给出

$$\tilde{\nu} = R\left(\frac{1}{(m+\alpha)^2} - \frac{1}{(n+\beta)^2}\right)$$

$$(17-5)$$

对以上氢原子光谱的情况，可以总结为下列三条：①光谱是线状的，谱线有一定位置，这就是说，有确定的波长值，而且是彼此分立的；②光谱线间有一定的关系，例如光谱线构成一个个谱线系，它们的波数可以用一个公式表达出来，不同系的谱线有些也有关系，例如有共同的光谱项；③每一光谱线的波数都可以表示为两光谱项之差，即。

以上三条也是所有原子光谱的普遍情况，不同的只是各原子的光谱项的具体形式各有不同。氢原子光谱体现的这些规律性也正是原子内在规律性的表现。

思考题

1. 原子光谱具有哪些特点？
2. 氢原子核外只有一个电子，为什么氢原子光谱有很多线系包含很多光谱线？

第二节 玻尔的氢原子理论

对原子的结构，人们曾提出各种不同的模型。经公认肯定的是 1911 年卢瑟福在 α 粒子散射实验的基础上所提出的原子有核模型或原子核式结构（atomic nuclear model structure），原子中正电部分集中在很小的区域（$<10^{-14}$m）中，形成原子核，原子质量主要集中在原子核，而电子则围绕着它运动。1913 年，盖革和马斯顿在卢瑟福的指导下做了进一步的实验，证实了卢瑟福原子模型的正确性。

按照卢瑟福提出的原子核模型结构。虽然可以成功地说明一些实验事实，但在用来解释原子光谱时却遇到明显的矛盾。根据经典电磁理论，绕核运动的电子必然具有加速度，应向外辐射电磁波，由于辐射能量逐渐减少，使电子轨道半径不断缩小而逐渐接近原子核，旋转频率也随着改变，最后电子将落到原子核上，因此，原子是一个短命不稳定的系统，原子所辐射的光谱应当是连续光谱。然而实验事实表明，原子是一个稳定系统，原子光谱是线状光谱。

一、玻尔理论的基本假设

1913 年，在卢瑟福的原子核式结构的基础上，玻尔以"原子和分子的结构"为题，接连发表了三篇划时代的论文，提出了量子论。即把量子概念应用于原子系统，并提出三个基本假设作为他的氢原子理论的出发点，使氢原子光谱实验规律获得很好的解释。

1. 玻尔理论的基本假设

对氢原子的核外电子分布，玻尔提出以下理论。

（1）原子系统只存在一系列不连续的能量状态，相应的能量分别取不连续的量值 E_1、E_2、E_3……处于这些状态的原子，其相应的电子只能在一定的轨道上绕核做圆周运动，但不辐射能量。这些状态称为原子系统的定态（stationary state）。

（2）电子以速度 v 在半径 r 的圆周上绕核运动时，只有电子的角动量 L 等于 $\hbar$（$\frac{h}{2\pi}$）的整数倍的那些轨道才是稳定的，即

$$L = mvr = n\hbar = n\frac{h}{2\pi} \qquad (17-6)$$

上式称为**量子化条件**，式中 h 称为普朗克常量（$h = 6.626\,068\,76 \times 10^{-34}\text{J} \cdot \text{s}$），$n$ 称为**主量子数** $n = 1$，2，3，$\cdots$。

（3）原子中处于某一轨道上运动的电子，由于某种原因发生跃迁（transition）时，原子就从能量为 E_n 某一定态过渡到能量为 E_m 另一定态，同时吸收或发出频率为 ν 的光子，且满足

$$h\nu = | E_n - E_m | \qquad (17-7)$$

上式称为**频率条件**。

2. 氢原子轨道半径和能量的计算

根据上述假设，玻尔进一步计算了原子在稳定态中的轨道半径和能量。在氢原子中，设质量为 m 的电子在半径为 r 的圆形轨道上以速度 v 运动，作用在电子上的库仑力为向心力，因此

$$m\frac{v^2}{r} = \frac{e^2}{4\pi\varepsilon_0 r^2} \qquad (17-8)$$

由玻尔的第二条假设式（17-6）和式（17-8）得一定 n 值时（第 n 个稳定轨道）的轨道半径 r_n

$$r_n = n^2\left(\frac{\varepsilon_0 h^2}{\pi m e^2}\right) = n^2 r_1 \qquad (n=1，2，3，\cdots) \qquad (17-9)$$

式（17-9）表明电子运动轨迹半径是量子化的，即电子运动轨道量子化。其中 $r_1 = \frac{\varepsilon_0 h^2}{\pi m e^2} = 5.29 \times 10^{-11}\text{m}$，称为**玻尔半径**，是电子的最小轨道半径（$n=1$）。

电子在第 n 个轨道上的能量是静电势能和电子运动的动能之和，即

$$E_n = E_k + E_P = \frac{1}{2}mv_n^2 - \frac{e^2}{4\pi\varepsilon_0 r_n}$$

利用式（17-8）和式（17-9）上式可写为

$$E_n = -\frac{me^4}{8\varepsilon_0^2 h^2}\frac{1}{n^2} = \frac{E_1}{n^2} \qquad (17-10)$$

由上式可知，氢原子的能量只能取 E_1，$\frac{1}{4}E_1$，$\frac{1}{9}E_1$，$\frac{1}{16}E_1$……不连续的量子化数值。

这些不连续能量称为**能级**。其中 $E_1 = -\frac{me^4}{8\varepsilon_0^2 h^2} = -13.6\text{eV}$，它和实验测得的氢的电离能（13.599eV）符合很好。显然，相应于 $n=1$ 的能级，能量最低（$E_1 = -13.6\text{eV}$），原子最稳定，这一原子状态称为**基态**。$n>1$ 的各个定态，其能量大于基态能量，称为**激发态**。原子吸收一定的能量时，电子可以从量子数较小的轨道跃迁到量子数较大的轨道，这时原子就从低能级跃迁到高能级。在激发状态下的原子，能自发地跃迁到能量较低的状态，从而发出一定频率的电磁辐射。氢原子基态能级和激发态能级的情况如图 17-2 所示。

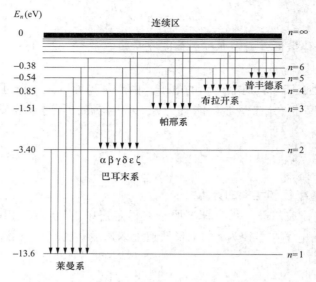

图 17 – 2   氢原子中不同线系的产生

3. 里德伯公式的推导

根据玻尔的第三条假设,原子中的电子从较高能级 E_n 跃迁到某一较低能级 E_m 时就发出单色光,其频率和波数分别为

$$\nu = \frac{1}{h}(E_n - E_m) \quad \text{或} \quad \tilde{\nu} = \frac{1}{hc}(E_n - E_m)$$

把玻尔能量公式(17 – 10)代入得

$$\tilde{\nu} = \frac{me^4}{8\varepsilon_0^2 h^3 c}\left(\frac{1}{m^2} - \frac{1}{n^2}\right) \tag{17 – 11}$$

与式(17 – 3)比较,可得里德伯常量的理论值 $R = \dfrac{me^4}{8\varepsilon_0^2 h^3 c} = 1.097\,373 \times 10^7\,(1/\mathrm{m})$,这一理论值与实验值 $R = 1.097\,373\,153\,4 \times 10^7\,(1/\mathrm{m})$ 符合相当好。式(17 – 11)与广义的巴耳末公式也相符。这是玻尔量子论的一大成功,解决了近 30 年之久的"巴耳末公式之谜",为里德伯常量找到了理论根据。

玻尔理论很好地解释了氢原子光谱中各线系的产生过程。如图 17 – 2,当电子从外层轨道跃迁到第一轨道时,产生莱曼系($m = 1$);从外层轨道跃迁到第二轨道时,产生巴耳末系($m = 2$);从外层轨道跃迁到第三轨道时,产生帕邢系($m = 3$)。同理,在红外部分发现的布拉开系和普丰德系,则分别对应 $m = 4$ 和 $m = 5$。

例题 17 – 1   求氢原子光谱巴耳末系的辐射的最长和最短波长。

解   巴耳末系的波数为

$$\tilde{\nu} = \frac{1}{\lambda} = R\left(\frac{1}{2^2} - \frac{1}{n^2}\right) \quad (n = 3,\ 4,\ 5,\ \cdots)$$

当 $n = 3$ 时,$\lambda = \lambda_{\max}$

$$\lambda_{\max} = \left[1.097 \times 10^7 \times \left(\frac{1}{2^2} - \frac{1}{3^2}\right)\right]^{-1} = 656.3\,\mathrm{nm}$$

当 $n = \infty$ 时,$\lambda = \lambda_{\min}$ 称为巴耳末系的**线系限**

$$\lambda_{min} = \left[1.097 \times 10^7 \times \left(\frac{1}{2^2} - \frac{1}{\infty^2} \right) \right]^{-1} = 364.6nm$$

二、玻尔理论的改进及其局限性

玻尔理论对于氢原子和类氢离子光谱的解释取得很大的成功，并从理论上算出了里德伯常数。但玻尔理论对于简单程度仅次于氢原子的氦原子光谱和复杂一点的碱金属谱线却无法解释。首先由于玻尔理论把微观粒子看作经典力学中的质点，把经典力学的规律用于微观粒子，就不可避免地存在难以解决的内在矛盾。其次，即使对氢原子，玻尔的量子论也不能提供处理光谱线相对强度的系统方法。不能处理非束缚态问题，例如散射等问题。第三从理论体系上来看，玻尔提出的与经典力学不相容的概念，例如原子能量不连续和角动量量子化条件等，多少带有人为的性质而没有提出适当的理论解释。因此，玻尔在 1929 领诺贝尔奖时说："这一理论还是十分初步的，许多基本问题还有待解决"。

思考题

1. 莱曼系的能级终态是基态，所以莱曼系光谱线的能量比巴耳末系高，为何巴耳末系是最早被发现的？

2. 玻尔理论可以解释氢原子光谱外还可以用在哪些情况下？

第三节　实物粒子的波粒二象性

光的干涉和衍射现象证实了光的波动性，而光电效应、康普顿散射和吴有训散射实验则为光的粒子性提供了有力的证据。光束可以看成是以光速运动的粒子流，而每个光子具有能量和动量，根据爱因斯坦的光子理论，描述粒子的特征量能量和动量与描述波动性的特征量波长和频率通过 h 联系起来。光具有波粒二象性的思想已被人们所熟悉和接受。那么像电子这样的粒子，它的粒子性早已被人们所熟知，它是否也具有波动性呢？正当物理学家们对上述问题以及玻尔原子结构理论中的量子假设感到困惑不解的时候，1924 年英国《自然哲学杂志》发表了法国青年物理学家德布罗意的一篇文章。在这篇文章中，他首次提出了实物粒子也具有波动性的设想，不仅辐射具有二象性而且一切实物粒子也具有二象性。为解决上述难题迈出了第一步。

一、德布罗意波

在人们对光本性认识由片面走向全面的启示下，德布罗意认为，如同过去对光的认识比较片面一样，对实物粒子运动本性认识或许也是片面的。既然光具有波粒二象性，那么电子为什么只显示粒子性，而不显示波动性呢？波粒二象性并不只有光子才具有，实物粒子也应具有波粒二象性，因此他提出德布罗意假设：电子等实物粒子如同光子一样也具有波动性，与运动的实物粒子相联系在一起的波的频率 ν 和波长 λ 与粒子的能量 E 和动量 p 之间也存在着与光子类似的定量关系，即

$$E = h\nu \qquad p = \frac{h}{\lambda}$$

根据德布罗意假设,以动量 p 运动的实物粒子的波的波长为

$$\lambda = \frac{h}{p} \tag{17-12}$$

式（17-12）称为**德布罗意公式**（de Broglie equation），这种与实物粒子相联系的波称为**德布罗意波**（de Broglie wave）或**物质波**（matter wave）。由此可见,实物粒子的运动,既可用动量、能量来描述也可用波长、频率来描述。只是在有的情况下,其粒子性表现得突出些,而在另一些情况下,又是波动性表现得突出些罢了。

若质量为 m_0 的粒子,其速度为 $v(v \ll c)$,粒子的动量 $p = m_0 v$,动能 $E_k = \frac{1}{2}m_0 v^2$,则粒子的德布罗意波长为

$$\lambda = \frac{h}{m_0 v} = \frac{h}{\sqrt{2 m_0 E_k}} \tag{17-13}$$

若粒子的速度 v 与光速 c 可以比较,则按相对论其动量 $p = m_0 v \dfrac{1}{\sqrt{1 - (v/c)^2}}$,则粒子的德布罗意波长为

$$\lambda = \frac{h}{m_0 v} \sqrt{1 - (v/c)^2} \tag{17-14}$$

例题 17-2　一电子经电场加速,设加速电压为 U,加速后电子的速率 $v \ll c$,求电子的德布罗意波长。

解　根据 $\lambda = \dfrac{h}{p} = \dfrac{h}{m_0 v}$

此时　$\dfrac{1}{2}m_0 v^2 = eU$

$$\lambda = \frac{h}{\sqrt{2 m_0 e}} \cdot \frac{1}{\sqrt{U}} = \frac{6.626 \times 10^{-34}}{\sqrt{2 \times 9.11 \times 10^{-31} \times 1.602 \times 10^{-19}}} \cdot \frac{1}{\sqrt{U}}$$

$$= \frac{12.26 \times 10^{-10}}{\sqrt{U}} \text{ m} = \frac{1.226}{\sqrt{U}} \text{ nm}$$

即

$$\lambda = \frac{1.226}{\sqrt{U}} \text{ nm} \tag{17-15}$$

式中,加速电压 U 的单位为伏特（V）。由此可见,用 150V 的电压所加速的电子,其德布罗意波长 $\lambda = 0.1$nm,与 X 射线波长的数量级相同。而当 $U = 10^4$V 时,其波长 $\lambda = 0.0122$nm。可见,实物粒子的德布罗意波的波长一般是很短的,故在通常的实验条件下其波动性显露不出来。

二、电子衍射实验

实物粒子的波动性,当时是作为德布罗意假设提出来的,直到 1927 年,戴维逊和革末的电子衍射实验首次成功地证实了实物粒子的波动性,实验装置和实验曲线如图 17-3 所示。

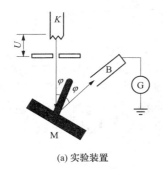

(a) 实验装置

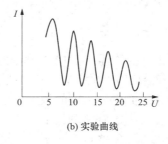

(b) 实验曲线

图 17－3　戴维逊－革末实验示意图

用一定的电压 U 把自热阴极 K 发出的电子加速后经一组单缝形成一束很细的平行电子射线，以一定的角度投射到镍单晶体 M 上，经晶面反射后用集电器 B 收集。进入集电器的电子的电流强度 I，由与 B 相连的电流计 G 量度。在实验过程中，使图中所示的两个 φ 角相等，并保持不变；逐渐增大电压 U，使电子的速度逐渐增大，测量对应的电子流强度，可以得到 U 与 I 之间的关系曲线［图 17－3（b）］。可以看出，电子流 I 并不随 U 单调地增大，而是明显地表现出有规律的选择性。即只有当电压为某些特定值时，电子流才有极大值。也就是说，凡是沿一定方向投射到晶面上的电子，只有当它的速度或能量满足一定的条件时，才能按反射定律自晶面反射。这种情形与 X 射线衍射的情况十分相似。当 X 射线投射到单晶体上时，只有波的波长符合布拉格公式 $2d\sin\varphi = k\lambda$（$k = 1$，2，3，$\cdots$）的那些射线，才能以一定的角度 φ 反射。布拉格公式中 d 为晶面间距。在电子衍射实验中，因所用的角度 φ 是事先安排好的，因而可用布拉格公式来检验电子射线的德布罗意波长是否与式（17－15）相符。戴维逊－革末实验中安排的 $\varphi = 65°$，当加速电压 $U = 54\text{V}$ 时测得出现电子流的峰值。镍的晶格常数 $d = 9.1 \times 10^{-11}\text{m}$，由布拉格公式求得波长 $\lambda = 0.165\text{nm}$，而由式（17－15）求得的德布罗意波长为 0.166nm。两者非常接近。因此，这一实验事实有力地证明了德布罗意物质波假说是正确的。

同年汤姆逊成功在实验中观察到电子透过铝箔的衍射图样，如图17－4（a），与 X 射线衍射图样相似，验证了电子的波动性。1937 年戴维逊与汤姆逊共同获得诺贝尔物理学奖。在各种电子衍射实验中最能直观证实电子波动性的实验应该是电子的双缝衍射实验。1961 年约恩逊研制出了宽为 $0.3\mu\text{m}$、缝间距为 $1.0\mu\text{m}$ 的多缝，并

(a) 铝箔

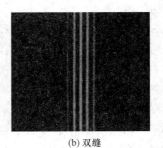

(b) 双缝

图 17－4　电子衍射图样

用50kV 的电压加速电子，使电子通过双缝得到了电子的双缝衍射图样，与光的衍射图样十分相似，如图 17－4（b）。后来，实验还证实了其他实物粒子，如原子、分子、中子、质子等也同样具有波动性，都会产生衍射现象，所以波动性是粒子本身的固有

属性，德布罗意关系是表示实物粒子波粒二象性的一个基本关系。

三、应用

物质波的一个最重要的应用就是电子显微镜。第一台电子显微镜是由德国鲁斯卡研制成功，他荣获 1986 年诺贝尔物理学奖。从波动光学可知，由于显微镜的分辨本领与波长成反比，光学显微镜的最大分辨距离大于 $0.2\,\mu m$，最大放大倍数也只有 1000 倍左右。自从发现电子有波动性后，电子束德布罗意波长比光波波长短得多，而且能极方便地改变电子波的波长，电子显微镜分辨率已达 $0.2\,nm$。电子显微镜在工业、生物、医学、药学等方面的应用不断发展。1981 年德国人宾尼希和瑞士人罗雷尔制成了扫描隧道显微镜，这种显微镜的分辨率可达 $0.001\,nm$，它对材料、生命科学等有着不可估量的作用。

四、德布罗意波的统计解释

既然电子、中子、原子等微观粒子具有波粒二象性，那么如何解释这种波动性呢？对于这个问题，历史上曾经有过不同的见解。现在公认的正确解释是玻恩的统计解释。下面以电子衍射实验来说明玻恩对物质波的解释。为了理解实物粒子的波粒二象性，我们不妨重新分析一下光的单缝衍射情况。根据波动光学观点，光是一种电磁波，在衍射图样中，亮处表示波的强度大，暗处表示波的强度最小。而波的强度与振幅平方成正比，所以，图样亮处波的振幅平方大，图样暗处波的振幅平方小。根据爱因斯坦的光子理论，光强大处表示单位时间内到达该处光子数多，光强小处表示单位时间到达该处光子数少。从统计观点看，这相当于认为光子到达亮处的概率大于到达暗处的概率，因此可以说，粒子在某处出现的概率与该处波的强度成正比，粒子在某处附近出现的概率与该处波的振幅平方成正比。

现在应用上述观点来分析一下电子的衍射图样。从粒子观点看，衍射图样的出现，是由于电子不均匀地投向照相底片各处所形成的，有些地方很密集，有些地方很稀疏。这表示电子射到各处的概率是不同的，电子密集处概率大，电子稀疏处概率小。从波动观点看，电子密集处波强大，电子稀疏处波强小。所以，电子出现的概率反映了波的强度。

普遍地说，**在某处德布罗意波的强度与粒子在该处附近出现的概率成正比**。这就是玻恩（Born）对于德布罗意波的统计解释。

应该指出，德布罗意波与经典物理研究的波是截然不同的。机械波是机械振动在空间的传播，而德布罗意波是对微观粒子运动的统计描述，德布罗意波的强度反映了粒子出现的概率。我们绝对不能把微观粒子的波动性机械地理解成经典物理当中的波，不能认为实物粒子变成了弯弯曲曲的波，因此，德布罗意波既不是机械波也不是电磁波，而是一种**概率波**（probability wave）。

思考题

1. 比较物质波的波函数和在一条拉紧绳子中的机械波波函数的相同点和不同点是

什么？

　　2. 怎样理解德布罗意波的统计解释？

第四节　不确定性原理

　　相对论改变了我们的时空观，而量子论则改变了我们关于自然现象的认识，即我们不可能做出具有绝对确定性的断言，而只能做具有某种可能性的断言，这种认识的集中表现就是玻恩对物质波的统计解释。对于微观粒子，我们只能给出在空间一定范围内找到粒子的概率，而不能确定哪一个粒子一定在什么地方。

　　在经典力学中，我们常常用坐标和动量（速度）来描述一个质点的运动。粒子的坐标位置和动量可以同时极为准确地确定，从而使我们可以用固定轨道来表示其运动轨迹，但是对于微观粒子如前所述，就不能这样描述了。物质波的统计解释指出，单个粒子的瞬时空间位置是具有概率性的，因此用坐标去描述粒子的空间位置就是一个不确定的量。那么用动量、能量等来描述微观粒子的运动是否也是一些不确定的量？这些不确定量之间存在什么关系？这就是不确定性原理（uncertainty principle）所要介绍的内容。

一、坐标和动量的不确定关系式

　　20 世纪 30 年代以后，物理学家们通过努力成功地实现了单缝、双缝和多缝电子衍射实验。下面我们以单缝电子衍射实验为例来讨论坐标和动量的不确定关系。如图 17 - 5 所示，让一束由电子枪发出，经过加速电场加速并通过阑孔的电子射线入射到单缝（缝宽为 a）上。在底片上得到如图 17 - 5 所示的衍射图样。如果我们沿用力学中的用坐标 x 和动量 p 去描述电子的运动状态，那么在电子通过狭缝时的坐标 x 是多少，由于实物粒子的波动性，我们无法给出准确结果。但

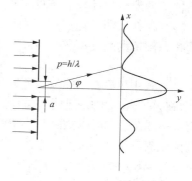

图 17 - 5　不确定关系式
推导说明图

实验中电子确实通过了狭缝，因此我们只能给出电子通过狭缝时 x 坐标的不确定范围，即最大不确定度 $\Delta x = a$。由于电子的衍射，在进入单缝之后电子的动量大小不变，但动量的方向有了改变。各个方向传播都是可能的，因此进入单缝的电子的动量方向就具有概率性，φ 在 $0 \sim \dfrac{\pi}{2}$ 的范围内都是可能的。如果只考虑零级衍射图样，则电子被限制在一级极小的范围内，电子动量 x 分量 p_x 满足下式：

$$0 \leqslant p_x \leqslant p\sin\varphi$$

根据单缝衍射公式一级极小对应的衍射角 $\sin\varphi = \lambda/a$ 和德布罗意公式 $p = h/\lambda$
故 p_x 的不确定量为

$$\Delta p_x = p\sin\varphi = h/a$$

因此得

$$\Delta x \Delta p_x = h$$

如果把次级极大全都考虑在内，则 $\Delta p_x \geqslant h/a$ 动量 x 分量 p_x 满足下式

$$\Delta x \Delta p_x \geqslant h \tag{17-16}$$

选择坐标 y 和 z，同理可以得到

$$\Delta y \Delta p_y \geqslant h \qquad (17-17)$$

和

$$\Delta z \Delta p_z \geqslant h \qquad (17-18)$$

这就是存在于坐标和动量之间海森伯不确定关系式（uncertainty relation）。它表明，坐标的不确定量和坐标方向上的动量不确定量的乘积不能小于 h。

例题 17-3 一电子具有 200m/s 的速率，动量不确定度为 0.01%，试确定电子位置不确定量为多少。

解 根据 $\Delta x \Delta p_x \geqslant h$ 则

$$\Delta x \geqslant h/\Delta p_x = \frac{h}{p_x \times 0.01\%}$$

$$= \frac{h}{0.0001 m v_x} = \frac{6.626 \times 10^{-34}}{10^{-4} \times 9.11 \times 10^{-31} \times 200} = 3.64 \times 10^{-2} \text{m}$$

二、能量和时间的不确定关系式

在不考虑固有能量的条件下，微观粒子的能量就是其动能和势能的总和。动能是速度的函数，而势能是坐标的函数。由于微观粒子的坐标和动量都具有不确定性，因此粒子的能量也就具有不确定性。原子被激发而发光的光谱线不是几何线而都具有一定的宽度就证明了这一点。光谱学指出，被激发电子的能量的不确定量与电子在该能量状态停留的时间有关，其不确定关系如下。

$$\Delta E \Delta t \geqslant h \qquad (17-19)$$

上式中 ΔE 表示能量的不确定量，但 Δt 并不是时间的不确定量，而是表示状态变化快慢的量。例如氢原子中的电子处于激发态，经过一段时间后将跃迁到能量较低的态。电子处于此激发态的平均时间 Δt 称为此态的**寿命**。根据式（17-19），此激发态的能量有一个不确定量 $\Delta E \geqslant h/\Delta t$，称为**能级宽度**。能级宽度 ΔE 大的其寿命 Δt 短，能级宽度 ΔE 小的其寿命 Δt 长。

应当指出，不确定关系源于微观粒子的波粒二象性，是一个普遍原理和客观规律，不是测量技术和主观能力的问题。对微观粒子不可能像经典力学那样，既可以知道它的准确位置又同时知道它的动量的准确值，因此，对微观粒子是用德布罗意波的统计解释和概率描述。

思考题

根据不确定关系，对于一个篮球我们可以说它有确定的位置和速度，对于一个电子却不能这样说，为什么？

第五节　波函数　薛定谔方程

力学原理指出，要全面研究质点的运动，就必须知道质点在某特定时刻的状态和质点运动状态变化所遵循的规律。在经典力学中，对于宏观物体，只要知道其初始的位置坐标和速度（动量），应用运动方程 $r = r(t)$ 和 $F = ma$ 即可推算任何时刻物体的运动状态和运动的轨迹。而对于微观粒子，由于其波粒二象性，用力学量描述其运动具有不确定性，轨道概念失去意义。那么应如何描述微观粒子的运动状态和变化的规律呢？1926 年薛定谔根据微观粒子的波粒二象性及玻恩对物质波的统计解释，提出了研究微观粒子运动的新的力学体系——波动力学。波动力学是用波函数来描述微观粒子的运动状态，用薛定谔方程描述微观粒子运动状态变化的基本规律。

一、波函数的意义和性质

根据微观粒子的波动性以及物质波的统计解释，薛定谔提出，微观粒子的运动状态要用具有统计特性的时空周期性函数 $\Psi(r, t)$（wave function）或 $\Psi(x, y, z, t)$ 来表示，此函数称为**波函数**，在这里 $\Psi(r, t)$ 既不是弹性波的振动位移，也不是电磁波的电场或磁场的场强矢量。$\Psi(r, t)$ 是什么？$\Psi(r, t)$ 本身的物理意义现在还不太清楚，通常只是通过它的统计特性来认识它的物理内容。根据玻恩对物质波的统计解释，在某处德布罗意波的强度与粒子在该处附近出现的概率成正比（亦即微观粒子在空间某处出现的概率与物质波在该处的强度成正比），我们知道机械波强度正比于其波函数振幅的平方。但是，在量子力学中波函数 $\Psi(r, t)$ 一般是复数函数，为了保证要求出的概率值都是正值，要用 $\Psi(r, t)$ 及其共轭复数 $\Psi^*(r, t)$ 之积计算概率密度。因而，粒子 t 时刻在 (x, y, z) 附近在 $\mathrm{d}V$ 内出现的概率为

$$|\Psi|^2 \mathrm{d}V = \Psi\Psi^* \mathrm{d}V \qquad (17-20)$$

粒子 t 时刻在 (x, y, z) 附近单位体积内出现的概率称为**概率密度**，为

$$|\Psi|^2 = \Psi\Psi^* \qquad (17-21)$$

根据物质波的统计解释，波函数 $\Psi(r, t)$ 必须满足以下条件：①波函数必须是单值和连续的。这是因为粒子在空间中某处出现的概率只能有一个定值，所以波函数在空间中任何一处都必须是单值的。又如果在空间中某处不连续，则在该处 $\Psi(r, t)$ 对坐标的一阶导数和二阶导数就不存在。从而使下述薛定谔方程失去意义。②波函数必须是有限的和可以归一化（normalization）的。由于粒子总是要在空间中出现的，所以粒子在空间中各点出现的概率的总和就应等于 1，即

$$\int_V |\Psi|^2 \mathrm{d}V = 1 \qquad (17-22)$$

这就是波函数的归一化条件。

波函数既然是表示微观粒子状态的函数，它的形式就将随粒子的状态和所处的环境不同而不同。

二、薛定谔方程

1926 年，薛定谔在德布罗意物质波假设的基础上，建立了势场中微观粒子的微分方程，即反映微观粒子运动的基本方程，称为**薛定谔方程**（Schrodinger equation），它可以正确地处理低速情况下各种微观粒子运动的问题。薛定谔所提出的这一套理论体系称为**波动力学**，与海森伯、玻恩等人差不多同时从不同角度提出的矩阵力学完全等价，统称为**量子力学**（quantum mechanics）。

一般薛定谔方程

下面我们从一维运动的自由粒子入手引入薛定谔方程。假设粒子是沿 x 方向做匀速直线运动的自由粒子，按照德布罗意物质波假设，该粒子相当于频率 $\nu = \dfrac{E}{h}$、波长 $\lambda = \dfrac{h}{p}$ 的单色平面波。从机械波可知单色平面波的波函数为

$$\varphi = \varphi_0 \cos 2\pi \left(\nu t - \frac{x}{\lambda} \right)$$

借鉴机械波的波函数，我们用复数表示自由粒子的德布罗意波的波函数为

$$\Psi(x,t) = \psi_0 e^{-i\frac{1}{\hbar}(Et - px)} \tag{17-23}$$

把上式对 x 取二阶偏导数

$$\frac{\partial^2 \Psi}{\partial x^2} = -\frac{p^2}{\hbar^2} \Psi \tag{17-24}$$

对 t 取一阶偏导数

$$\frac{\partial \Psi}{\partial t} = -\frac{i}{\hbar} E \Psi \tag{17-25}$$

用 $\dfrac{\hbar^2}{2m}$ 乘式（17-24），用 $i\hbar$ 乘式（17-25），由非相对论的动能和动量的关系 $E_k = \dfrac{p^2}{2m}$，最后得

$$-\frac{\hbar^2}{2m} \frac{\partial^2 \Psi}{\partial x^2} = i\hbar \frac{\partial \Psi}{\partial t} \tag{17-26}$$

这就是一维运动自由粒子含时间的薛定谔方程，简称**薛定谔方程**。

对于在势场 $V(x)$ 中运动的粒子，按照经典粒子的能量关系式 $E = V(x) + \dfrac{p^2}{2m}$，式（17-26）可写成

$$-\frac{\hbar^2}{2m} \frac{\partial^2 \Psi}{\partial x^2} + V(x)\ \Psi = i\hbar \frac{\partial \Psi}{\partial t} \tag{17-27}$$

这就是势场中一维运动粒子的一般薛定谔方程。这个方程描述了个质量为 m 的粒子在势场 $V(x)$ 中其状态随时间变化的规律。若势能 V 仅是坐标的函数，与时间无关。则式（17-27）所表达的波函数可以分解成坐标函数和时间函数的乘积，即

$$\Psi(x,t) = \psi(x) e^{-i\frac{E}{\hbar}t} \tag{17-28}$$

其中与时间无关的 $\psi(x = \psi_0 e^{i\frac{p}{\hbar}x})$ 称为粒子的**定态波函数**

将式（17-28）代入式（17-27）可得定态波函数满足的方程

$$-\frac{\hbar^2}{2m} \frac{\partial^2 \psi}{\partial x^2} + V\psi = E\psi \quad \text{或}$$

$$\frac{\partial^2 \psi}{\partial x^2} + \frac{2m}{\hbar^2}(E - V)\psi = 0 \tag{17-29}$$

其中 E 是粒子的能量，式（17-29）称为在势场中一维运动粒子的**定态薛定谔方程**。定态是粒子的概率密度分布不随时间变化的状态，同时粒子的能量具有确定的值。

若粒子在三维势场中运动，则式（17-29）可推广为

$$\left[\frac{\partial^2\psi}{\partial x^2}+\frac{\partial^2\psi}{\partial y^2}+\frac{\partial^2\psi}{\partial z^2}\right]+\frac{2m}{\hbar^2}(E-V)\psi=0$$

引入拉普拉斯算符 $\nabla^2=\dfrac{\partial^2}{\partial x^2}+\dfrac{\partial^2}{\partial y^2}+\dfrac{\partial^2}{\partial z^2}$，上式改写为

$$\nabla^2\psi+\frac{2m}{\hbar^2}(E-V)\psi=0 \qquad (17-30)$$

式（17-30）是一般的定态薛定谔方程。

　　从数学上讲，对于任何 E 值，定态薛定谔方程都有解，但是，并非对于一切 E 值所得出的解都能满足波函数物理上的要求。只有某些 E 值所对应的解才是物理上可接受的，这些 E 值称为**能量本征值**（energy eigenvalue），而相应于每个 E 值的解 $\psi_E(x,y,z)$ 称为**能量本征函数**（energy eigenfunction）。几十年来，关于微观系统的大量实验事实无不表明用薛定谔方程进行计算（包括近似计算）所得的结果都与实验结果符合得很好。因而以薛定谔方程作为基本方程的量子力学被认为是能够正确反映微观系统客观实际的近代物理理论。

思考题

波函数应该满足哪些条件？

第六节　一维定态问题

　　本节以一维无限深方势阱中粒子的运动问题为例，求解一维定态薛定谔方程。从中可以看到，玻尔理论中量子化条件是人为假设的，而在薛定谔方程的求解过程中量子化条件却能自然地得出。

一、一维无限深方势阱

　　设质量为 m 的粒子，只能在 $0<x<a$ 的区域内自由运动，粒子的势能不随时间变化而只是坐标的函数

$$V(x)=\begin{cases}0 & 0<x<a \\ \infty & x\le0,\ x\ge a\end{cases} \qquad (17-31)$$

因此可写出粒子的定态薛定谔方程（在 $0<x<a$ 区域内）为

$$\frac{\partial^2\psi}{\partial x^2}+\frac{2mE}{\hbar^2}\psi=0 \qquad (0<x<a) \qquad (17-32)$$

因为势阱的壁无限高，从物理上考虑，粒子不可能穿透无限高的势阱壁。按照波函数的统计解释，必然要求在势阱壁上及势阱外粒子出现的概率为零，因此，势阱内粒子的波函数必须满足如下的边界条件

$$\psi(0)=0 \qquad \psi(a)=0 \qquad (17-33)$$

二、求解定态薛定谔方程

引入符号 $k = \dfrac{\sqrt{2mE}}{\hbar}$，可把式（17-32）改写为

$$\frac{\partial^2 \psi}{\partial x^2} + k^2 \psi = 0 \qquad (17-34)$$

其通解可用三角函数形式写出，即

$$\psi(x) = A\sin kx + B\cos kx \qquad (17-35)$$

其中 A 和 B 是待定常量，按照边界条件 $\psi(0)$，则要求 $B=0$

式（17-35）化为 $\qquad\qquad \psi(x) = A\sin kx \qquad (17-36)$

按照边界条件 $\psi(a)=0$，一般情况 A 不可能为零，故要求 $\psi(a) = A\sin ka = 0$

即 $\qquad\qquad ka = n\pi \quad$ 或 $\quad k = \dfrac{n\pi}{a} \quad (n=1,2,3,\cdots)$

在此，我们舍去了 $n=0$ 的情况，因为 $n=0$ 必有 $\psi=0$，与题不符。由式 $k = \dfrac{\sqrt{2mE}}{\hbar}$ 可得

$$E_n = \frac{n^2 \pi^2 \hbar^2}{2ma^2} = \frac{h^2}{8ma^2} n^2 \qquad (17-37)$$

由此可见，只有当粒子的能量 E 具有从上式给出的，由 $n=1,2,3,\cdots$ 决定的、一系列不连续的值 E_n 时，相应的波函数才满足边界条件，从而才是物理上可接受的。E_n 称为**能量本征值**，对应的波函数称为**能量本征函数**，n 称为**量子数**（quantum number）。这里 n 即相当于玻尔理论中的量子数，但在这里却不是人为地加上去的，而是求波函数满足标准条件的解自然得出的。

当 $n=1$ 时，得粒子可能具有的最低能量 $E_1 = \dfrac{h^2}{8ma^2}$，也称为粒子的**基态能量**。注意，这与经典理论所得的结果不同，在经典理论中，一般认为粒子的最低能量必须为零。当 $n=2,3,4,\cdots$ 可得 $E_n = n^2 E_1$。对不同的 n 可得粒子的能级如图 17-6。

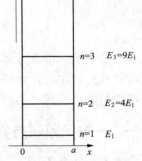

图 17-6 势阱中粒子的能量

E_n 对应的本征函数为

$$\psi_n(x) = A\sin \frac{n\pi}{a} x \quad (n=1,2,3,\cdots) \quad (0 < x < a)$$

式中 A 可由归一化条件确定如下

$$\int_0^a |\psi_n(x)|^2 \, \mathrm{d}x = \int_0^a \left(A\sin \frac{n\pi}{a} x\right)^2 \mathrm{d}x = 1$$

可得 $\qquad\qquad A = \sqrt{\dfrac{2}{a}}$

则归一化波函数 $\qquad \psi_n(x) = \sqrt{\dfrac{2}{a}} \sin \dfrac{n\pi}{a} x \quad (0 < x < a) \qquad (17-38)$

与能级 $n=1$，2，3，4 相应的波函数 $\psi_n(x)$ 以及概率密度 $|\psi_n(x)|^2$，如图 17-7 所示。由图中可见，粒子只能在势阱中运动，称为**束缚态**。粒子在势阱中各处的概率密度并不是均匀分布的，且随着量子数的不同而发生改变。例如基态（$n=1$），粒子在势阱中央出现的概率最大，在两端概率为零。这一点与经典力学的结果有很大的不同。经典力学中粒子不受限制因此在各处的概率是相同的。随着 n 的增大概率曲线的峰值个数逐渐增多，各峰值的间距逐渐减小，彼此靠得越来越近。当 n 趋于 ∞ 时，就非常接近于经典力学的等概率分布了。

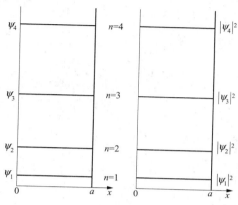

图 17-7　一维无限深方势阱中的粒子

三、势垒的穿透、隧道效应

对有限高且有限宽的势垒如图 17-8 所示，即使在粒子能量低于势垒高度的情况下，粒子在势垒区（$0 \leqslant x \leqslant a$）和势垒后（$x>a$）的波函数也都不为零，说明粒子在势垒内有一定的概率出现，甚至粒子有一定概率能穿透势垒并进入 $x>a$ 区域，这称为**势垒穿透或隧道效应**（tunnel effect）。这些效应，在经典理论中认为是不可能的，但是却得到大量实验观察（包括 α 衰变，场致电子发射等）所证实。半导体和超导体中的各种隧道器件就是隧道效应得到实际应用的一些重要例子。

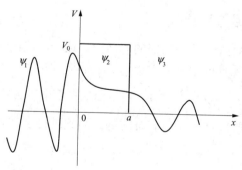

图 17-8　隧道效应示意图

江崎玲于奈和贾埃沃在半导体中发现了隧道穿透现象，约瑟夫森从理论上预言了超流隧道穿透性质，三人分享 1973 年诺贝尔物理学奖。1981 年宾尼希和罗雷尔制成了扫描隧道显微镜（STM），目前制造的扫描隧道显微镜已能看清大个的原子，人类第一次能够实时地观测单个原子的排列以及表面电子的行为，在表面科学、材料科学和生命科学中有着广泛的意义和前景。

例题 17 – 4 设原子的线度为 10^{-10} m 的数量级，原子核的线度为 10^{-14} m 的数量级。已知电子质量 $m_e = 9.11 \times 10^{-31}$ kg，质子质量 $m_p = 1.67 \times 10^{-27}$ kg。试估计电子在原子中的能量和质子在原子核中的能量。

解 把电子和质子看作分别局限在原子和原子核线度大小的无限深势阱中。则对

电子有
$$E_n = \frac{h^2}{8ma^2}n^2 \approx 38n^2 \, \text{eV}$$

取 $n = 1$，和 $n = 2$ 得 $\qquad E_1 = 38\,\text{eV} \qquad E_2 = 152\,\text{eV}$

对质子有
$$E_n = \frac{h^2}{8ma^2}n^2 \approx 2n^2 \, \text{MeV}$$

取 $n = 1$，和 $n = 2$ 得 $\qquad E_1 = 2\,\text{MeV} \qquad E_2 = 8\,\text{MeV}$

思考题

1. 从一维无限深方势阱的例子中我们怎样理解粒子出现的概率问题？
2. 怎样理解势垒穿透和隧道效应？

第七节 氢原子的量子力学处理方法

对氢原子及类氢离子的核外电子分布问题，由量子力学可写出其定态薛定谔方程并按一定的物理要求（单值、有限、连续并归一化）求解，就可得出分立的能级并得到一系列的量子化条件，量子力学的结果不仅能说明光谱线的实验规律，还可计算谱线的强度，并且，这一处理方法可推广到更复杂的原子系统。

由于氢原子的薛定谔方程的数学求解比较繁杂，本节只扼要说明其求解思路并介绍所得到的一些重要结果。

一、氢原子的薛定谔方程

氢原子中有一个核和一个电子绕它们的质量中心运动。但核的质量比电子大得多，所以作为一种近似，可把核看作静止不动，电子绕核运动。即将此看作一个单体问题，就是电子在核电荷的势场中运动。由静电学可知，电子与核系统的电势能为 $V(r) = -\dfrac{e^2}{4\pi\varepsilon_0 r}$；且 $V(r)$ 不随时间而改变，所以这是一个定态问题，因此可得定态薛定谔方程为

$$\nabla^2 \psi = \frac{2m}{h^2}\left(E + \frac{e^2}{4\pi\varepsilon_0 r}\right)\psi = 0 \qquad (17-39)$$

考虑到势能 V 是 r 的函数，为方便起见，用球坐标 (r, θ, φ) 代替直角坐标 (x, y, z)。可以通过解定态薛定谔方程式（17 – 39），得到满足波函数标准条件，归一化的本征函数 $\psi_{nlm_l}(r, \theta, \varphi) = R_{nl}(r) Y_{lm_l}(\theta, \varphi)$。其中，$R_{nl}(r)$ 是径向波函数，$Y_{lm_l}(\theta, \varphi)$ 是角度波函数。n、l、m_l 三个数称为**量子数**。

下面讨论氢原子的量子化特征。

1. 能量量子化——主量子数 n

氢原子的能量只能取一系列的分离值，这一特征称为**能量量子化**。这些分离值为

$$E_n = -\frac{me^4}{8\varepsilon_0^2 h^2}\frac{1}{n^2} \qquad (17-40)$$

式中，n 称为**主量子数**（principal quantum number），它可以取非零的任意正整数（$n = 1$，2，3，$\cdots$），它决定氢原子中电子的能量。$n = 1$ 时，电子离核的平均距离最近，能量最低。n 愈大，电子离核的平均距离愈远，能量愈高，所以 n 也称为**电子层数**（electron shell number）。式（17-40）与玻尔的氢原子理论结果完全一致，但没有人为假设因素，是薛定谔方程的必然结果。

2. 角动量量子化——角量子数 l

氢原子中电子角动量只能取一系列的分离值，这一特征称为角动量量子化。这些分离值为

$$L = \sqrt{l(l+1)}\,\hbar \qquad (17-41)$$

其中，l 称为**角量子数**（angular quantum number）。它只能取小于 n 的正整数并包括零，即 $l = 0$，1，2，$\cdots n^{-1}$，共可取 n 个数值。对不同的 n，若 l 取不同的值，则电子的角动量就不同。因此氢原子内电子的状态必须同时用 n 和 l 两个量子数才能确切的表征。一般用 s、p、d、f 等字母分别表示 $l = 0$，1，2 等状态。例如 $n = 3$，$l = 0$，1，2 的电子就分别称为 $3s$、$3p$ 和 $3d$ 电子。应当指出电子在原子核周围运动，并不是沿轨道运动，而是以概率形式出现，但电子仍然是绕核运动，所以习惯将 L 称为**轨道角动量**。

3. 空间量子化——磁量子数 m_l

角动量是矢量，在经典力学中，角动量矢量在空间的取向是任意的。在量子力学中，由定态薛定谔方程得出的结果是，角动量在空间的取向不是任意的，角动量在空间某一特定方向 z 轴上（外磁场方向）的分量只能取一系列的分离值，这一特征称为**空间量子化**。这些分离值为

$$L_z = m_l \hbar \qquad (17-42)$$

其中，m_l 称为**磁量子数**（magnetic quantum number），$m_l = 0$，± 1，± 2，± 3，$\cdots \pm l$。角动量相同的电子，可以有 $2l + 1$ 个不同的取向，对应 $2l + 1$ 种不同的状态。图 17-9 是 $l = 1$，2，3 时空间量子化情形。

塞曼效应是证明电子角动量存在空间量子化的一个重要实验。例如氢原子的第一激发态，其电子轨道角动量的大小为 $L = \sqrt{2}\hbar$（$l = 1$ 的 p 态），（由于电

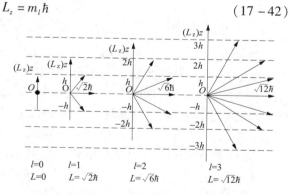

图 17-9　空间量子化的示意图

子绕核运动，与经典的环形电流相似，也形成磁矩，称为**轨道磁矩**）。对应的轨道磁矩 $\boldsymbol{M} = -\dfrac{e}{2m_e}\boldsymbol{L}$。在外磁场中电子轨道角动量相对于外磁场方向有三种不同的取向，即 $L_z = 0$，$\pm \hbar$，对应的磁矩 $\boldsymbol{M}$ 相对于外磁场方向也有三种不同的取向，从而导致氢原子与外磁场有三种不同的作用能，致使氢原子的第一激发态分裂为三个子能级（E_a'）。使

原来的从第一激发态跃迁到基态产生的一条谱线分裂为三条谱线（图17 – 10），这一类现象称为**塞曼效应**。空间量子化很好地解释了塞曼效应。

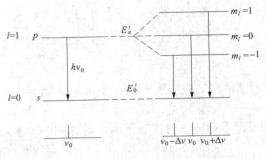

图 17 – 10　能级在磁场中的分裂（塞曼效应）

4. 电子云

根据波函数的统计解释，$|\psi_{nlm_l}(r,\theta,\varphi)|^2$ 代表电子处于由 (n, l, m_l) 决定的定态，在 (r, θ, φ) 附近的概率密度。为了形象直观的描述电子出现的概率，通常电子出现概率密度大的区域用浓影，概率小的区域用淡影表示出来。称为**电子云**。如图17 – 11所示。注意这只是一种形象直观的比喻，并非表示电子真的弥散成云雾状包在原子核的周围。

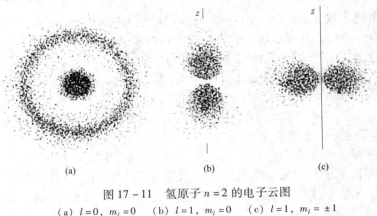

(a)　　　　　　　(b)　　　　　　　(c)

图 17 – 11　氢原子 $n = 2$ 的电子云图

(a) $l = 0$，$m_l = 0$　　(b) $l = 1$，$m_l = 0$　　(c) $l = 1$，$m_l = \pm 1$

二、电子自旋

20 世纪 30 年代，人们发现许多现象仅用 n、l、m_l 三个量子数来描述原子中电子的量子态是不能得到解释的。例如，1921年施特恩和格拉赫在非均匀磁场中观察处于 s 态的原子射线束时，发现一束分裂成两束的现象，如图 17 – 12。由于 s 态的原子（如 $1s$ 的氢原子）中电子磁矩和角动量都为零，所以这种分裂不能用上述的空间量子化加以解释。

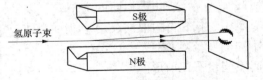

图 17 – 12　施特恩 – 格拉赫实验

科学技术的发展为物理学家提供了精密分光仪，用此仪器去观察碱金属原子光谱，发现光谱线大都有精细结构。由碱金属元素光谱可以看出，碱金属元素各激发态能级与 s 能级之间的跃迁而产生的光谱线都具有双线结构。以钠为例，由 $3p$ 和 $3s$ 二能级跃迁而产生的 589.3nm 谱线，就是由 589.0nm 和 589.6nm 两条非常接近的光谱线所组成。为了解释碱金属元素光谱的精细结构，1924 年乌仑贝克提出了电子自旋的假设。他认为，电子除绕核的轨道角动量外，还具有一种自旋运动，具有自旋角动量和自旋磁矩。

根据量子力学的计算，电子的自旋角动量 S

$$S = \sqrt{s(s+1)}\,\hbar \qquad\qquad (17-43)$$

其中，s 称为电子的**自旋量子数**，对于电子 $s = \dfrac{1}{2}$，$S = \dfrac{\sqrt{3}}{2}\hbar$。

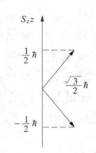

在外磁场中，自旋角动量只能有一定的量子化取向。由于在施特恩—格拉赫实验中所观察到的谱线分裂是双重的。因此自旋的空间取向只能有两种，即在外场方向的投影 S_z 只能取如下两种情况（图 17-13）

$$S_z = m_s \hbar, \quad m_s = +\frac{1}{2} \quad \text{或} \quad m_s = -\frac{1}{2}$$

其中，m_s 称为**自旋磁量子数**。

总体来看，氢原子核外电子的状态可由 n、l、m_l 和 m_s 四个量子数来确定。

图 17-13　电子自旋及
其空间取向

（1）主量子数 $n = 1$，2，3，…主要决定氢原子中电子的

能量 $E_n = -\dfrac{13.6}{n^2}\text{eV}$

（2）角量子数 $l = 0$，1，2，…$n-1$，决定电子的轨道角动量 $L = \sqrt{l(l+1)}\,\hbar$

（3）磁量子数 $m_l = 0$，±1，±2，±3，…$\pm l$，决定轨道角动量的空间取向 $L_m = m_l \hbar$

（4）自旋量子数 $m_s = \pm\dfrac{1}{2}$，决定电子自旋角动量的空间取向 $S_z = m_s \hbar$

综上所述，氢原子中电子需要四个量子数 n、l、m_l、m_s 来表征其稳定运动状态，而这四个量子数分别表示电子在该稳定状态时的能量、角动量以及角动量和自旋角动量在空间的取向。电子的能量除基本决定于 n 外，还受到 l、m_l 和 m_s 的影响。

三、原子的壳层结构

与氢原子类似，多电子原子的核外电子的运动状态也是由 4 个量子数 n、l、m_l、m_s 决定。核外电子是分层排列的，这称为原子的**壳层结构**。当 $n = 1$，2，3，4…时，电子分别处于 K，L，M，N…壳层上。n 确定后，l 不同的电子将同一壳层分为若干支壳层，$l = 0$，1，2，3，4…的各支壳层分别用符号 s，p，d，f，g…表示。原子核外电子的排列遵守以下两个原理。

1. 泡利不相容原理

1925 年泡利在仔细分析了原子光谱和塞曼效应后指出：**原子中不可能有两个或两个以上的电子具有完全相同的四个量子数**（n，l，m_l，m_s）。或者说，**原子中每一个状态只能容纳一个电子**，这个原理称为**泡利不相容原理**（Pauli exclusion principle）。根据泡利不相容原理和四个量子数取值的相互制约关系，我们可以确定原子核外各壳层的电子数目。当 n 给定时，l 可取 0，1，2，3，…$n-1$，共 n 个值。当 l 给定时，可取 0，±1，±2，…$\pm l$ 共 $2l+1$ 个值。当 n、l 和 m_l 都确定后，m_s 可取 $+\dfrac{1}{2}$，$-\dfrac{1}{2}$，因此，在主量子数 n 的壳层上，能够容纳的电子数为

$$\sum_{l=0}^{n-1} 2(2l+1) = 2n^2 \qquad\qquad (17-44)$$

2. 最小能量原理

原子系统内的每个电子趋于占有最低能级。由于原子中的电子处于最低能级时，其能量最小，这时的原子最稳定，这一原理称为**最小能量原理**。对一个具体的原子来说，它的电子在壳层上的排列，必须按照最小能量原理。即从能量最低的状态开始，根据泡利不相容原理填满最低的能量状态后，才依次填充更高的能量状态。一般来说，n 越小能量越低，电子应先填充 K 层，填满后再填充 L 层、M 层……但由于角量子数也与能级的量有关，能量的高低是由 n 和 l 共同确定。根据量子力学的计算可知，$4s$ 能量反比 $3d$ 能量更低，所以原子中各电子按照下列顺序由低到高排列

$$1s, 2s, 2p, 3s, 3p, 4s, 3d, 4p, 5s, 4d\cdots$$

例如，第一周期的元素氦有两个电子，两个电子填满 K 层闭合，这时电子总的角动量为零，其电子组态为 $1s^2$。第二周期的元素锂（$Z=3$）有 3 个电子，两个电子填满 K 层，构成闭合壳层，剩下一个电子只能填充到 L 壳层的 $2s$ 态上，因此锂原子的电子组态为 $1s^2 2s$，它是碱金属。元素碳（$Z=6$）有 6 个电子，2 个电子填满 K 层，构成闭合壳层，剩下 4 个电子只能填充到 L 壳层，两个电子在的 $2s$ 态，两个电子在的 $2p$ 态，碳原子的电子组态为 $1s^2 2s^2 2p^2$。因为碳原子的 L 壳层未填满，还差 4 个电子，不稳定，碳元素可以和其他元素分享电子，形成共价键。再如氖原子有 10 个电子，2 个电子填满 K 层，剩下 8 个电子填满 L 壳层，构成两个闭合壳层，是很稳定的原子，氖是惰性气体，其电子组态为 $1s^2 2s^2 2p^6$。

思考题

1. 泡利不相容原理说明了什么？怎样通过泡利不相容原理和最小能量原理确定电子的壳层结构？

2. 什么是电子云？怎样理解电子云的物理思想？

重点小结

内容提要	重点难点
玻尔理论	氢原子光谱的实验规律
	玻尔假设
	轨道能量量子化
德布罗意波	德布罗意波假设
	波恩的统计解释
	实物粒子德布罗意波长的计算
海森伯不确定关系	坐标和动量的不确定关系式
	能量和时间的不确定关系式

内容提要	重点难点
薛定谔方程	定态薛定谔方程
	定态薛定谔方程的求解
	波函数和本征能量
	隧道效应的应用
氢原子的量子力学处理	氢原子的薛定谔方程
	电子的自旋
	泡利不相容原理
	量子力学描述氢原子的 4 个量子数
	电子云的理解

 习题十七

1. 试确定在氢原子光谱中位于可见光区（$380 \sim 780\,\mathrm{nm}$）的那些波长。

2. 试计算氢原子光谱莱曼系的最短或最长波长。

3. 对处于第一激发态（$n=2$）的氢原子，如果用可见光照射，能否使之电离？

4. 氢原子处于基态时，根据玻尔理论，试求电子的：

（1）量子数；

（2）轨道半径；

（3）角动量；

（4）电子的动能、势能和总能量各是多少？

5. 质量为 $4.0 \times 10^{-2}\,\mathrm{kg}$ 的子弹，以速度 $1000\,\mathrm{m/s}$ 的速度飞行，它的德布罗意波长是多少？为什么子弹不能通过衍射效应显示其波动性？

6. 为使电子的德布罗意波长为 $0.1\,\mathrm{nm}$，需要多大的加速电压？

7. 一束带电粒子经 $206\mathrm{V}$ 的电压加速后，测得德布罗意波长为 $0.002\,\mathrm{nm}$，已知带电粒子所带电量与电子电量相等。求粒子的质量。

8. 计算动能分别为 $1\mathrm{keV}$、$1\mathrm{MeV}$ 和 $1\mathrm{GeV}$ 的电子的德布罗意波长？

9. 光子与电子的波长都是 $0.2\,\mathrm{nm}$，它们的动量和总能量是否相等？

10. 实物粒子的德布罗意波与电磁波有什么不同？解释实物粒子波函数的物理意义。

11. 将波函数在空间各点的振幅同时增大 D 倍，则粒子在空间的分布概率将

　　A. 增大 D^2 倍　　　　　　　B. 增大 $2D$ 倍

　　C. 增大 D 倍　　　　　　　 D. 不变

12. 玻尔理论中所说的能级是指

　　A. 原子系统总能量的能级　　B. 原子系统中电子的动能

　　C. 原子系统中的势能能级　　D. 以上答案均不对

13. 若氢原子中的电子处于主量子数 $n=3$ 的能级，则电子轨道角动量 L 和轨道角

动量在外磁场方向的分量 L_z 可能取的值分别为

    A. $L = \hbar$，$2\hbar$，$3\hbar$ $L_z = 0$，$\pm\hbar$，$\pm2\hbar$，$\pm3\hbar$

    B. $L = 0$，$\sqrt{2}\hbar$，$\sqrt{6}\hbar$ $L_z = 0$，$\pm\hbar$，$\pm2\hbar$

    C. $L = 0$，$\hbar$，$2\hbar$ $L_z = 0$，$\pm\hbar$，$\pm2\hbar$

    D. $L = \sqrt{2}\hbar$，$\sqrt{6}\hbar$，$\sqrt{12}\hbar$ $L_z = 0$，$\pm\hbar$，$\pm2\hbar$，$\pm3\hbar$

第十八章 | 原子核与放射性

学习目标

1. 理解原子核的一般性质及其核模型。
2. 掌握放射性衰变类型。
3. 掌握放射性衰变规律。

在现代科技中，无论是人类对微观物质的认识还是对自然能源的利用，原子核物理学都占有极其重要的位置。1896 年，贝可勒尔（Becguerel）发现天然放射性现象，这一重大发现是核物理学的开端。研究原子核的结构、性质和相互转变等问题的学科就是**核物理学**（nuclear physics）。在医学中，原子核物理学是核医学的理论基础，原子核技术和医学相结合，已经建立了一门新兴学科——核医学（nuclear medicine）。近 30 年来，人们又从原子核的研究进而深入到物质结构的新层次——基本粒子。粒子物理学是当前人类探索物质世界的一个重要前沿阵地。本章我们将介绍原子核的结构和基本性质，重点讨论核衰变的规律。

第一节 原子核的基本性质

一、原子核的组成

原子核是由**质子**（proton）和**中子**（neutron）组成的。组成原子核的质子和中子统称为核子(nucleon)。中子不带电，质子带一个单位正电荷。这一学说与大量的实验事实相符合，举世公认。

不同的原子核由数目不同的质子和中子组成，原子核中的质子数也称为电荷数，即元素的原子序数，用 Z 表示，与核的质量最接近的整数称为**核的质量数**（mass number），用 A 表示。核的质量数等于核中的质子数与中子数之和。例如，原子核用 ${}^A_Z X$ 表示，X 为相应原子的元素符号，有 Z 个质子，有（$A-Z$）个中子。在原子核物理中，对电子、中子等粒子也常采用这种方法表示，电子用 ${}^0_{-1}e$，中子用 ${}^1_0 n$ 来表示等。在自然界中最轻的原子核是 ${}^1_1 H$，只有 1 个质子无中子；最重的原子核是 ${}^{238}_{92}U$，由 92 个质子和 146 个中子组成。

同一种元素可以有几种不同的原子核，它们虽然有相同的质子数，其中子数不同，因而质量数 A 也不同。这种同一元素的不同原子核称为该元素的同位素(isotope)。如 ${}^1_1 H, {}^2_1 H, {}^3_1 H$ 表示氢的 3 种同位素，${}^{235}_{92}U, {}^{238}_{92}U$ 表示铀（U）的两种同位素。由于同位素仅是对某种元素而言，不能概括各种原子形式，因此常用**核素**(nuclide) 这一名词来泛指具有确定的电荷数和质量数的原子核对应的原子集合。对于质量数相同而电荷数不同的核素，如 $_1^3H$ 与 $_2^3He$ 称作**同量异位素**（isobar）。

核素可分为两大类：放射性核素和稳定性核素。放射性核素又分为天然放射性核素和人工放射性核素。人工放射性核素一般由核反应堆和带电粒子加速器制备。目前已发现的核素达 2600 种以上，稳定核素有 280 种左右，其他都为放射性核素，天然放射性核素仅有 50 种左右，临床上常用的放射性核素几乎都是人工放射性核素。

二、原子核的性质

（一）原子核的质量

原子核的质量不易直接测量，故一般用原子的质量来作为原子核的质量，这样一方面由于电子的质量非常小，另一方面原子核变化前后其核外电子数目不变，电子质量可以相互抵消。

利用现代科学技术可以精确测量质子、中子、电子以及原子核的质量。质子（p）即氢核的质量是 $m_p = 1.007\ 276u$，中子（n）的质量是 $m_n = 1.008\ 665u$。其中 u 是原子的质量单位（atomic mass unit），规定为：把自然界中含量最丰富的碳的同位素 ^{12}C 的原子质量规定为 12 个单位，每个单位等于 $1.660\ 565\ 5 \times 10^{-27} kg$。

各种原子的质量几乎是 $1.66 \times 10^{-27} kg$ 的整数倍，而核外每个电子的质量仅是 $9.1 \times 10^{-31} kg$，可见原子质量中的绝大部分是原子核的质量。表 18-1 列出了用原子质量单位表示的 9 种核素的质量。

表 18-1　九种核素的质量

核　素	质量数	核素质量（u）
$_1^1H$	1	1.007 825
$_1^2H$	2	2.014 102
$_1^3H$	3	3.016 050
$_6^{12}C$	12	12.000 000
$_6^{13}C$	13	13.003 354
$_7^{14}N$	14	14.003 074
$_7^{15}N$	15	15.000 108
$_8^{16}O$	16	15.994 915
$_8^{17}O$	17	16.999 133

（二）原子核大小和形状

卢瑟福（Rutherford）α 粒子散射实验证明，原子核的形状近似球形。如果将原子核看成球形，各种散射实验测定，不同原子核的核的半径均在 $1.5 \times 10^{-15} \sim 9.0 \times 10^{-15} m$ 之间。随着核的质量数 A 的增加，核半径近似地与质量数 A 的开立方成正比，即

$$R = R_0 A^{\frac{1}{3}} \qquad (18-1)$$

式中，比例常量 $R_0 = 1.2 \times 10^{-15} m$，由此得到一个非常重要的结论：原子核的体积与核子数 A 成正比；在一切原子核中，核物质的密度是一常量，与核子数的多少无关。

三、原子核的质量亏损与结合能

（一）原子核的质量亏损

原子核既然由质子和中子组成，似乎原子核的质量应该等于核内所有质子和中子质量的总和，但实验测定，原子核的质量总比核内所有质子和中子的质量总和小一些，比如：铍（^{9}Be）的原子核质量是 9.012 185 8u，氢原子质量（即质子质量）是 1.007 825 2u，中子的质量是 1.008 665 4u，^{9}Be 由 4 个质子、5 个中子构成，它的质量和为

$$1.007\ 825\ 2 \times 4 + 1.008\ 665\ 4 \times 5 = 9.074\ 63u$$

^{9}Be 的这些质子与中子的质量之和与 ^{9}Be 的原子核质量相差 Δm，其大小为

$$\Delta m = 9.074\ 63u - 9.012\ 19u = 0.062\ 4u$$

核子在组成原子核时，减少的这部分质量 Δm 称为原子核的**质量亏损**（mass defect），即

$$\Delta m = Zm_p + (A - Z)m_n - m_A \qquad (18-2)$$

式中，m_p、m_n 分别表示一个质子、中子的质量，m_A 表示质量数为 A 的原子核的质量。

（二）原子核的结合能

按相对论质能关系，系统的质量改变 Δm 时，一定伴有能量改变 $\Delta E = \Delta mc^2$ 将式 18-2 代入，则有

$$\Delta E = \left[Zm_p + (A - Z)m_n - m_A \right]c^2 \qquad (18-3)$$

由此可知，质子和中子组成核的过程中必有大量能量放出，能量 ΔE 称为**原子核的结合能**（binding energy）。结合能通常以兆电子伏特（MeV）为单位。质量为一个原子质量单位的能量，即

$$1u \cdot c^2 = 1.660\ 566 \times 10^{-27} \times (2.997\ 92 \times 10^8)^2 = 1.492\ 44 \times 10^{-10}J$$
$$= 931.5\text{MeV}。$$

同样，如果要使一个原子核分裂为单个的质子和中子，就必须供给与结合能等值的能量。

不同的核素稳定程度不同，大多数稳定核的结合能约为几十到几百 MeV。由于结合能非常大，所以一般原子核是非常稳定的系统，为了比较各种原子核的稳定性，引入核子的平均结合能 $\overline{\varepsilon}$，即

$$\overline{\varepsilon} = \frac{\Delta E}{A} = \frac{\Delta mc^2}{A} \qquad (18-4)$$

式 18-4 称为核子的**平均结合能公式**。平均结合能 $\overline{\varepsilon}$ 越大，核就越稳定。

实验表明，在天然存在的原子核中，质量数较小的轻核和质量数较大的重核，其平均结合能比质量数中等的核要小。由此可见，使重核分裂为中等质量的核，或使轻核聚变为中等质量的核即重核裂变及轻核聚变是核能的**两种重要途径**。核电站及核武器正是根据这两种途径获得核能。

表 18-2 列出某些原子核的结合能和核子的平均结合能。

表 18 – 2 　原子核的结合能和核子的平均结合能

核	结合能 ΔE（MeV）	核子的平均结合能 $\overline{\varepsilon}$（MeV）	核	结合能 ΔE（MeV）	核子的平均结合能 $\overline{\varepsilon}$（MeV）
$^{2}_{1}\text{H}$	2.83	1.11	$^{15}_{7}\text{N}$	115.47	7.70
$^{3}_{1}\text{H}$	8.47	2.83	$^{16}_{8}\text{O}$	127.50	7.97
$^{3}_{2}\text{He}$	7.72	2.57	$^{17}_{9}\text{F}$	128.22	7.54
$^{4}_{2}\text{He}$	28.28	7.07	$^{19}_{9}\text{F}$	147.75	7.78
$^{6}_{3}\text{Li}$	31.98	5.33	$^{20}_{10}\text{Ne}$	160.60	8.03
$^{7}_{3}\text{Li}$	39.23	5.60	$^{23}_{11}\text{Na}$	186.49	8.11
$^{9}_{4}\text{Be}$	57.88	6.42	$^{24}_{12}\text{Mg}$	198.21	8.26
$^{10}_{5}\text{B}$	64.73	6.47	$^{56}_{26}\text{Fe}$	492.20	8.79
$^{11}_{5}\text{B}$	76.19	6.93	$^{63}_{29}\text{Cu}$	552	8.75
$^{12}_{6}\text{C}$	92.16	7.68	$^{107}_{47}\text{Ag}$	915.2	8.55
$^{13}_{6}\text{C}$	93.09	7.47	$^{120}_{50}\text{Sn}$	1020	8.50
$^{14}_{7}\text{N}$	104.13	7.47	$^{238}_{92}\text{U}$	1802.6	7.57

以质量数为横坐标，以平均结合能为纵坐标绘制成的曲线称为**平均结合能曲线**，如图 18 – 1，从曲线上可以看出如下一些规律。

（1）当 $A < 30$ 时，曲线的趋势是上升的，但是有明显的起伏，峰值的位置都在 A 为 4 的整数倍的地方，如 ^{4}He、^{8}Be、^{12}C、^{16}O、^{20}Ne 等。这显示出 4 个核子（两个质子和两个中子）可构成一个稳定的原子核。

（2）当 $A > 30$ 时，$\overline{\varepsilon} = 8\text{MeV}$，近

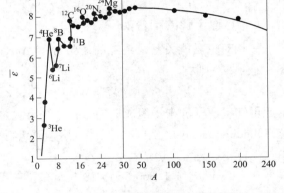

图 18 – 1 　原子的平均结合能曲线

似为常数，表明原子核平均结合能粗略地与核子数成正比。由此说明，核子之间的相互作用力具有饱和性。

（3）曲线中间高，两端低，说明 A 为 40～120 的中等质量的核结合得比较紧密，很轻（$A < 30$）和很重（$A > 200$）的核结合得比较松。当核的质量数大于 209 时，原子核都是不稳定的。

例题 18 – 1 　计算质量为 m，体积为 V 的原子核的密度。

解： 因为原子核可近似为密度均匀的球体

所以密度为

$$\rho = \frac{m}{V} = \frac{m}{\frac{4}{3}\pi R^3}$$

又

$$R = R_0 A^{\frac{1}{3}} = （1.20 \times 10^{-15}）A^{\frac{1}{3}}$$

$$m \approx 1.66 \times 10^{-27} A （各原子质量约是 1.66 \times 10^{-27}\text{kg} 的整数倍）$$

所以 $\rho = \dfrac{m}{\dfrac{4}{3}\pi R_0^3 A} = \dfrac{1.66\times10^{-27}A}{\dfrac{4}{3}\pi(1.20\times10^{-15})^3 A} = 2.3\times10^{17}\,\mathrm{kg\cdot m^{-3}}$

可见体积为 $1\mathrm{cm^3}$ 的核物质，其质量可达 $2.3\times10^8\mathrm{t}$，密度很大，是水密度的 10^{14} 倍。

例题 18-2　氦 $_2^4\mathrm{He}$ 的原子质量为 $4.002\,603\mathrm{u}$，计算 He 核的结合能和平均结合能。

解　对于氦核 $A=4$，$Z=2$，$m_A=4.002\,603\mathrm{u}$

因为 $\qquad\qquad m_p=1.007\,276\mathrm{u}$，$m_n=1.008\,665\mathrm{u}$

所以 $\qquad\qquad \Delta E=[Zm_p+(A-Z)m_n-m_A]c^2$

$\qquad\qquad\qquad =[2\times1.007\,276+(4-2)\times1.008\,665-4.002\,603]c^2\mathrm{u}$

为简化计算，可应用换算关系 $1\mathrm{u}\times c^2=931\mathrm{MeV}$

所以 $\quad \Delta E=[2\times1.007\,276+2\times1.008\,665-4.002\,603]\times931=28.28(\mathrm{MeV})$

$$\bar\varepsilon=\frac{\Delta E}{A}=\frac{28.28}{4}=7.07(\mathrm{MeV})$$

故聚合 $1\mathrm{mol}$ 氦核时，放出的能量 $E=6.022\times10^{23}\times28.28=1.70\times10^{25}\mathrm{MeV}=2.73\times10^{12}\mathrm{J}$，这相当于燃烧 100t 煤所发出的热量。

四、核力

原子核由中子和质子组成，究竟是什么力的作用使这些核子能紧密地束缚在一起组成稳定的原子核呢？研究指出存在于核子之间的这种强相互作用力称为**核力**（nuclear force）。理论表明，核力有以下主要性质。

1. 核力是短程力

实验证明，核力虽然很强，但作用距离只有 $10^{-15}\mathrm{m}$ 的数量级，当小于这一距离时具有强相互作用，在核力的作用范围内，核力比电力大得多。否则克服不了核子间的静电斥力，组成稳定的原子核。当大于这一距离时，核力很快减小到零，所以核力是短程力。

2. 核力与电荷无关

无论核子带电与否，在原子核中，质子和质子之间，中子和中子之间以及质子和中子之间都具有相同的核力。

3. 核力具有饱和性

一个核子只同紧邻的几个核子有作用，而不是和原子核中所有核子相互起作用，这与电力的行为不同，就电力而言，原子核中的每个质子与其他各个质子都相互排斥。一个核子所能相互作用的其他核子的最大数目是有限制的，这种性质叫核力的**饱和性**。

第二节　原子核的放射性衰变类型

放射性的原子核可以自发地放射出粒子，从一种核转变成另一种核，这种过程称为核的**放射性衰变**（radioactive decay），对于具有放射性的各种原子形式统称为**放射性核素**（radioactive nuclide）。

原子核在衰变过程中严格遵守：质量和能量守恒定律、核子数守恒定律、动量守恒定律、电荷数守恒定律。原子核的放射性衰变主要有 α 衰变、β 衰变和 γ 衰变。下面讨论这几种主要的核衰变类型。

一、α衰变

放射性原子核放射出 α 粒子，衰变而转变成为质量数较小的核，而趋于稳定的过程称为 **α 衰变**（α decay）**α 粒子**就是**氦核** $_2^4He$。这种衰变过程可表示为

$$_Z^A X \rightarrow _{Z-2}^{A-4} Y + _2^4 He + Q \qquad (18-5)$$

式中，X 称为母核，Y 称为子核。子核与母核比较，其质量数减少 4，电荷数减少 2，在元素周期表中的位置比母核的向前移两位。Q 是衰变前后静质量亏损转变而来的能量，称为**衰变能**（decay energy），主要由 α 粒子携带。子核所获得的反冲动能约占衰变能的 2%。式 18－5 称为 **α 衰变的位移定则**。

原子核具有一系列不连续的能量状态，称为**核能级**。能量最低的状态称为**基态**，比基态高的能量状态称为**激发态**，激发态有第一激发态，第二激发态等。原子核发生 α 衰变后，子核可以处于基态，也可以处于某激发态，因而，一种核素发出的 α 粒子可以分为能量不同的几群，每群 α 粒子对应一定的能量，子核对应于一定的状态。能量较高的粒子称为长射程的 α 粒子，能量较低的粒子称为短射程 α 粒子。如图 18－2，是 $_{92}^{238}U$ 到 $_{90}^{234}Th$ 和 $_{88}^{226}Ra$ 到 $_{86}^{222}Rn$ 的 α 衰变图。图中的斜线表示衰变过程。各有三群不同能量的 α 粒子。显然，长射程 α 粒子是母核直接衰变成子核的基态时所发射出的。短射程 α 粒子则是母核衰变成子核的某个激发态时发射出来的。同时，α 衰变往往伴随 γ 射线；也伴随内转换电子、俄歇电子的发生。图中标出了各种 α 粒子的能量和占衰变总数的百分比，母核靠右侧，子核画在母核的左侧，这表示衰变后的原子序数减少了。

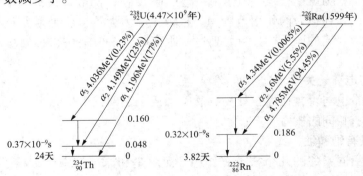

图 18－2 α衰变图

二、γ衰变和内转换

（一）γ衰变

经过 α 衰变的原子核（子核），可以处于不同的能量状态，即不同的能级。因为核子在核内不是静止不动的，而是处于一定的运动状态中，运动状态不同，相应地能量也不同。微观粒子能量状态的变化不是连续变化的，而是跳跃式变化的，即量子化的。核的能量状态也具有这样的变化特性。当原子核从较高能级向较低能级跃迁时，多余

的能量会以电磁波的形式释放，按爱因斯坦的光量子理论，这个电磁波的能量是集中于光量子上的。这种发自原子核内部的光子流就是 γ **射线**，上述过程就是 γ **衰变** （γ decay）。原子核的能级是分立的，所以 γ 射线的能量是单一的。图 18－5 定性地给出了 $_{26}^{57}\mathrm{Fe}$ 的 γ 衰变对应的能级跃迁（能级间的距离没有按比例画出）。原子核处于激发态的时间通常是非常短的，但有些核的激发态存在的时间较长。例如 $^{99}\mathrm{Tc}$ 的能量为 0.1426MeV 激发能级的寿命长达 6h。处于长寿命激发能级的核素我们称为**同质异能素**。一般在其符号的右上角加 m 表示。例如：$_{27}^{60m}\mathrm{Co}$、$_{48}^{99m}\mathrm{Tc}$ 等就是 $^{60}\mathrm{Co}$、$^{99}\mathrm{Tc}$ 的同质异能素。

经 γ 衰变的核素其质量 A 和原子序数 Z 都将保持不变，只是能量状态发生了变化，故 γ 衰变是同质异能跃迁。这样 $_{Z}^{Am}\mathrm{X}$ 的 γ 衰变方程式可表示为

$$_{Z}^{Am}\mathrm{X} \rightarrow {_{Z}^{A}\mathrm{X}} + \gamma$$

γ 衰变通常是伴随 α 衰变和 β 衰变而产生的。有时一次核衰变要经过两次成多次联级跃迁才回到基态，因此就有两组或多组能量不同的 γ 射线。

（二）内转换

原子核从激发态回到较低的能级或基态时，除了发射 γ 光子外，也可以直接把激发能传递给核外的内壳层电子，使其从原子中飞出，成为自由电子，这种现象称为**内转换**（internal conversion），发射的电子称为**内转换电子**。

三、β 衰变

原子核自发地放射出 β 粒子后，变成另一种核的过程称为 **β 衰变**。β 粒子是正电子和负电子（电子）的统称。β 衰变有 β^- 衰变、β^+ 衰变及电子俘获三种情况。

（一）β^- 衰变

β^- 衰变通常简称为 **β 衰变**。原子核是由中子和质子所组成，核内不存在电子，但在中子数过多的原子核中，在一定的条件下，核内的一个中子可以转变为质子并放出一个电子和一个反中微子 $\bar{\nu}$。用下式表示

$$_{0}^{1}\mathrm{n} \rightarrow {_{1}^{1}\mathrm{p}} + {_{-1}^{0}\mathrm{e}} + \bar{\nu} + Q \tag{18－6}$$

这个电子 $_{-1}^{0}\mathrm{e}$ 就称为 β^- **粒子**或 β **粒子**。原子核在此过程中的转变过程为

$$_{Z}^{A}\mathrm{X} \rightarrow {_{Z+1}^{A}\mathrm{Y}} + \beta^- + \bar{\nu} + Q \tag{18－7}$$

即原子核发射一个电子和一个反中微子 $\bar{\nu}$，核子总数不变，但增加了一个质子，减少了一个中子，从而改变了中子数与质子数的比例。母核与子核的质量数相同，但子核的原子序数增加 1，在元素周期表中的位置向后移一位。把这个过程称为 **β^- 衰变**，式 18－7 称为 **β^- 衰变的位移定则**。由图 18－3 画出了 $_{27}^{60}\mathrm{Co}$ 和 $_{15}^{32}\mathrm{P}$ 的 β^- 衰变图。子核画在母核的右侧，这表示衰变后的原子序数增加了。

中微子和反中微子都是不带电的粒子，它们的静止质量几乎等于零，与物质的相互作用非常微弱，因而不容易探测。

实验测得的 β^- 粒子的能谱不像 α 粒子的能级一样是分立的，而是连续的，如图 18－4 所示，这是由于子核的质量远大于电子和中微子的质量，衰变能放出的能量为 β^- 粒子和中微子所共有，但它们之间能量分配不是固定的。因此，同一放射源所放出的 β^- 粒子的动能不是单值的，而是具有各种不同的能量，且有一个最大值 $E_{\max}$（一般图表上所表示的 β^- 粒子的能量都是指 β^- 粒子的这个最高能量）。它们形成连续的能

谱。各种核素发出的 β^- 射线能谱 E_{max} 是不同的，但能谱的形状大致相似，能谱中能量是 $E_{max}/3$ 的 β^- 粒子居多。很多 β^- 衰变过程中，同时伴随 γ 射线的产生。这是因为子核也可处于不同的激发态上，它回到基态时就发射 γ 射线。

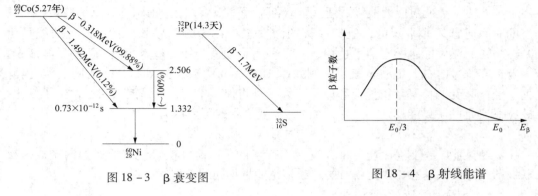

图 18 - 3　β 衰变图　　　　　　　　　图 18 - 4　β 射线能谱

（二）β⁺衰变

在中子数过少的原子核中，如果基态能量较高时，核中的一个质子可发射一个正电子（positron）和一个中微子而转变为一个中子。用下式表示

$$p \rightarrow n + {}^{0}_{+1}e + \nu + Q \tag{18-8}$$

这里的正电子也称 **β⁺粒子**，原子核的转变过程可表示为

$$^{Z}_{A}X \rightarrow {}^{A}_{Z-1}Y + \beta^+ + \nu + Q \tag{18-9}$$

这种衰变方式称为 **β⁺衰变**。子核的质量数与母核的质量数相同，而原子序数减少 1，即在元素周期表中前移一位。

（三）电子俘获

自由质子并不能转变为中子，因为其质量比中子质量小。在中子数过少的原子核内部可以发生质子向中子的转变。质子可以俘获核外的一个电子，发射一个中微子后而转变成中子。把这个过程称为**电子俘获**（electron capture），用 EC 表示。其过程为

$$^{A}_{Z}X + {}^{0}_{-1}e \rightarrow {}^{A}_{Z-1}Y + \nu + Q \tag{18-10}$$

子核的质量数与母核相同，但原子序数减 1，在元素周期表中前移一位。

第三节　放射性衰变规律

一、衰变定律

放射性原子核不稳定，会自发地放射出射线而发生衰变。放射性原子核会随时间而变得越来越少。对于某个原子核来说，什么时候发生衰变是随机的，但大量原子核组成的放射性物质，其衰变服从统计规律。设 t 时刻原子核的数目为 N，经过 dt 时间后，其中有 dN 个核衰变了，则 $\dfrac{dN}{dt}$ 就是 t 时刻单位时间内发生衰变的核数目，即 t 时刻的衰变率。实验和理论都证明，放射性原子核的衰变率与放射性核素的原子核个数 N 成正比，即

$$\frac{\mathrm{d}N}{\mathrm{d}t} = -\lambda N \qquad (18-11)$$

式中，右边的负号表示衰变率是负值。λ 称为**衰变常数**（decay constant），物理意义是：λ 越大，核衰变的越快。将上式表示为

$$\lambda = -\frac{\mathrm{d}N}{N\mathrm{d}t} \qquad (18-12)$$

由上式也可以看出，λ 是单位时间内一个原子核衰变的几率。若一种核素能够进行几种类型的衰变或子核处于几种不同的状态，则对应于每种衰变类型和子核状态，各自都有一个衰变常数 λ_1、λ_2、$\lambda_3\cdots\lambda_N$，则总的衰变常数是多个衰变常数的和，即

$$\lambda = \lambda_1 + \lambda_2 + \lambda_3 + \cdots + \lambda_N$$

对式 18-11 进行积分，并设 $t=0$ 时，$N=N_0$。解微分方程得到

$$N = N_0\exp(-\lambda t) \qquad (18-13)$$

上式就是**放射性衰变定律**，它告诉我们放射性核素的数量是随时间按指数规律衰减的。

二、平均寿命

每个核在衰变前平均能存在的时间，称为**平均寿命**（mean life time）。核医学中常用平均寿命来描写核衰变的快慢，N_0 个母核的平均寿命为 τ，设在 t 到 $t+\mathrm{d}t$ 时间间隔内有 $-\mathrm{d}N$ 个原子核衰变，在 $-\mathrm{d}N$ 个核中的每个核的寿命为 t，则总寿命为 $t\,(-\mathrm{d}N)$，则 N_0 个母核的平均寿命为

$$
\begin{aligned}
\tau &= \frac{1}{N_0}\int_{N_0}^{0} t(-\mathrm{d}N) \\
&= \frac{1}{N_0}\int_{0}^{\infty} t(\lambda N)\,\mathrm{d}t \\
&= \int_{0}^{\infty} t\lambda \exp(-\lambda t)\,\mathrm{d}t \\
&= \frac{1}{\lambda}
\end{aligned}
\qquad (18-14)
$$

显然平均寿命等于衰变常数的倒数。平均寿命越短，核衰变越快。

三、半衰期

放射性核素的数量因衰减而减少到原来的一半所经历的时间定义为**物理半衰期 T**，简称**半衰期**（half life period）。则有

$$\frac{N_0}{2} = N_0\exp(-\lambda T)$$

$$e^{-\lambda T} = \frac{1}{2}$$

方程两边取对数，得

$$T = \frac{\ln 2}{\lambda} = \frac{0.693}{\lambda} = 0.693\tau \qquad (18-15)$$

可见，放射性核素的半衰期 T 与衰变常数 λ 成反比。所以可以用半衰期表示放射性核素衰变的快慢。衰变得快，半衰期短，衰变得慢，半衰期长。

将半衰期 T 代入式 18 – 14，可以把衰变定律的形式写成

$$N = N_0 \exp\left(-\frac{\ln 2}{T}t \right) = N_0 \left(\frac{1}{2} \right)^{t/T} \qquad (18-16)$$

这是衰变定律的又一表达式。衰变时间是半衰期 T 的整数倍时，用式（18 – 16）计算就很方便。

四、放射性活度

实验证明放射源的强度不能用原子核数目 N 来表示，因为一个放射源即使有大量放射性的原子核，但如果它衰变很慢，单位时间内衰变的原子核数量很少，则从放射源内放射出的射线也很少。反之，即使放射性原子核数量不多，但如果衰变很快，则单位时间内衰变的原子核数量就多，放射出的射线就多。因而，放射源的放射强度要用单位时间内发生衰变的原子核的数量 A 来表示，称为**放射性活度**（radioactivity）。

$$A = -\frac{\mathrm{d}N}{\mathrm{d}t} = \lambda N \qquad (18-17)$$

将衰变定律代入得

$$A = \lambda N_0 \exp(-\lambda t) = A_0 \exp(-\lambda t) \qquad (18-18)$$

其中 $A_0 = \lambda N_0$ 表示 $t = 0$ 时刻的放射性活度，A 的国际单位为贝可（Bq），1 次核衰变/秒 = 1Bq。放射性活度的另一个单位是居里（Ci），贝可与居里的关系是：

$$1\mathrm{Ci} = 3.7 \times 10^{10}\mathrm{Bq}$$

例题 18 – 3 $^{32}\mathrm{P}$ 半衰期为 14.3 天，计算它的衰变常数。1mg 的纯 $^{32}\mathrm{P}$ 的放射性活度为多少？

解 由 $T = \dfrac{0.693}{\lambda}$

则 $\lambda = \dfrac{0.693}{T} = \dfrac{0.693}{14.3 \times 24 \times 3600} = \dfrac{0.693}{0.12355 \times 10^7} = 5.61 \times 10^{-7}\mathrm{s}^{-1}$

1mg $^{32}\mathrm{P}$ 中的原子核数量为

$$N = \frac{1 \times 10^{-3}}{32} \times 6.022 \times 10^{23} = 1.88 \times 10^{19}$$

所以由放射性活度的定义得

$$A = \lambda N = 5.61 \times 10^{-7} \times 1.88 \times 10^{19} = 1.05 \times 10^{13}\mathrm{Bq}$$

例题 18 – 4 已知某放射性核素在 5 分钟内衰减了 43.2%，求它的衰变常数，半衰期和平均寿命。

解 由衰变定律 $N = N_0 e^{-\lambda t}$

将已知条件 $t = 5\mathrm{min} = 300\mathrm{s}$，$N = （1 - 43.2\%）N_0$ 代入

则有 $\qquad (1 - 43.2\%)N_0 = N_0 e^{-\lambda t}$

所以 $\qquad e^{-300\lambda} = 0.568$

得 $\qquad \lambda = 0.00188\mathrm{s}^{-1}$

又据 $T = \dfrac{0.693}{\lambda}$，得半衰期 $T = \dfrac{0.693}{0.00188} = 368\mathrm{s}$

$$平均寿命 \tau = \frac{1}{\lambda} = 532\mathrm{s}$$

思考题

1. 原子核的性质有哪些?
2. 放射性衰变有几种类型?

重点小结

内容提要	重点难点
原子核的性质	
放射性衰变类型	α 衰变
	β 衰变
	γ 衰变与内转换
放射性衰变规律	衰变常数
	平均寿命
	半衰期
	放射性活度

 习题十八

1. ^{14}C(半衰期为 5730 年)的活度可以用来确定一些考古发现的物品的年代。假定某样品中含 $2.8 \times 10^7 Bq$ 的 ^{14}C,试求:

(1) ^{14}C 的衰变常数;

(2) 样品中 ^{14}C 核的数目;

(3) 1000 年后和 4 倍半衰期后样品的活度。

2. 核半径可按公式 $R = 1.2 \times 10^{-15} A^{\frac{1}{3}} m$ 来确定,其中 A 为核的质量数。试求核物质的单位体积内的粒子数。

3. $^{238}_{92}U$ 因放射性变成 $^{206}_{82}Pb$,问需经过几次 α 衰变和几次 β 衰变?

4. $^{32}_{15}P$ 的半衰期 T 为 14.3 天,计算 $1\mu g$ 的同位素在一昼夜的衰变中放出多少粒子数?

5. ^{226}Ra 的半衰期是 1600 年,求它的衰变常量和 1g 镭的放射性活度。

6. 已知放射性 $^{55}_{27}Co$ 的活度在 1 小时内减少 3.8%,衰变产物是放射性的,求核素衰变常量和半衰期。

7. 一病人内服 600mg 的 Na_2HPO_4,其中含有放射性活度为 $5.55 \times 10^7 Bq$ 的 $^{32}_{15}P$,在第一昼夜排出的放射性物质活度有 $2.0 \times 10^7 Bq$,而在第二昼夜排出 $2.66 \times 10^6 Bq$(测量是在收集放射性物质在立即进行的)。试计算病人服用两昼夜后,尚存留在体内的 $^{32}_{15}P$ 的百分数和 Na_2HPO_4 的克数。$^{32}_{15}P$ 半衰期是 14.3 天。

8. 以能量为 2.5MeV 的光子打击氘核,结果把质子和中子分开,这时质子,中子所具有的动能各是多少?($m_n = 1.008\,66u$,$m_p = 1.007\,83u$,$m_D = 2.014u$)

附录

物理学常用常量（2010 年推荐值）

量	符号	数值	相对标准不确定度
真空中的光速	c	299 792 458m/s	定义值
真空磁导率	μ_0	$1.256\ 637\ 061\ 4 \times 10^{-6}\,\text{N/A}^2$	定义值
真空介电常量 $1/\mu_0 c^2$	ε_0	$8.854\ 187\ 817 \times 10^{-12}\,\text{F/m}$	定义值
万有引力常量	G	$6.673\ 84(80) \times 10^{-11}\,\text{m}^3/(\text{kg}\cdot\text{s}^2)$	1.2×10^{-4}
普郎克常量	h	$6.626\ 069\ 57(29) \times 10^{-34}\,\text{J}\cdot\text{s}$	4.4×10^{-8}
约化普朗克常量	$\hbar$	$1.054\ 571\ 726(47) \times 10^{-34}\,\text{J}\cdot\text{s}$	4.4×10^{-8}
元电荷	e	$1.602\ 176\ 565(35) \times 10^{-19}\,\text{C}$	2.2×10^{-8}
磁通量子 $h/2e$	Φ_0	$2.067\ 833\ 758(46) \times 10^{-15}\,\text{Wb}$	2.2×10^{-8}
电导量子 $2e^2/h$	G_0	$7.748\ 091\ 734\ 6(25) \times 10^{-5}\,\text{S}$	3.2×10^{-10}
电子静质量	m_e	$9.109\ 382\ 91(40) \times 10^{-31}\,\text{kg}$	4.4×10^{-8}
质子静质量	m_p	$1.672\ 621\ 777(74) \times 10^{-27}\,\text{kg}$	4.4×10^{-8}
质子 – 电子质量比	m_p/m_e	$1\ 836.152\ 672\ 45(75)$	4.1×10^{-10}
精细结构常量	α	$7.297\ 352\ 569\ 8(24) \times 10^{-3}$	3.2×10^{-10}
精细结构常量的倒数	α^{-1}	$137.035\ 999\ 074(44)$	3.2×10^{-10}
里德伯常量	R_∞	$10\ 973\ 731.568\ 549(55)/\text{m}$	5.0×10^{-12}
阿伏伽德罗常量	N_A	$6.022\ 141\ 29(27) \times 10^{23}/\text{mol}$	4.4×10^{-8}
法拉第常量	F	$96\ 485.336\ 5(21)\,\text{C/mol}$	2.2×10^{-8}
玻耳兹曼常量	k_B	$1.380\ 648\ 8(13) \times 10^{-23}\,\text{J/K}$	9.1×10^{-7}
斯特藩 – 玻耳兹曼常量	σ	$5.670\ 373(21) \times 10^{-8}\,\text{W/(m}^2\cdot\text{K}^4)$	3.6×10^{-6}